简明高等数学(上)

王海敏 主编

浙江工商大学出版社
ZHEJIANG GONGSHANG UNIVERSITY PRESS
·杭州·

图书在版编目(CIP)数据

简明高等数学. 上 / 王海敏主编. — 杭州: 浙江工商大学出版社, 2018.9(2023.8 重印)

ISBN 978-7-5178-2789-4

Ⅰ. ①简… Ⅱ. ①王… Ⅲ. ①高等数学 - 高等学校 - 教材 Ⅳ. ①O13

中国版本图书馆 CIP 数据核字(2018)第 126912 号

简明高等数学(上)

王海敏 主编

责任编辑 吴岳婷

封面设计 林朦朦

责任印制 包建辉

出版发行 浙江工商大学出版社

(杭州市教工路 198 号 邮政编码 310012)

(E-mail:zjgsupress@163.com)

(网址:http://www.zjgsupress.com)

电话:0571-88904980,88831806(传真)

排　　版 杭州朝曦图文设计有限公司

印　　刷 杭州宏雅印刷有限公司

开　　本 787mm×960mm 1/16

印　　张 20.25

字　　数 409 千

版 印 次 2018 年 9 月第 1 版 2023 年 8 月第 5 次印刷

书　　号 ISBN 978-7-5178-2789-4

定　　价 49.00 元

前　　言

高等数学是工科类各专业本科生的一门数学基础课程，它以微积分为主要内容。通过这门课的学习，不仅能为今后学习各类后课程和进一步扩大数学知识面奠定必要的连续量、离散量和随机变量方面的数学基础，还能得到抽象思维和逻辑思维的理性思维能力的培养。

本教材是在我们多年的教学实践的基础上并按照工科类本科数学基础课程教学基本内容和要求编写的。全书共分10章，分别介绍了一元函数微积分及其应用、常微分方程、向量代数与空间解析几何、多元函数微积分及其应用、无穷级数等方面的基本概念、基本理论和基本方法。

在内容的编写上，我们试图将严谨的理论推导和扎实的技巧训练结合在一起，并在使这两者之间达成合理的均衡方面做了些尝试。作为演绎学科论述微积分时，我们不忽视它对实际问题的应用。记住这样一点是十分重要的：微积分根深于实际问题，而且正是从种种应用中显示出它的力与美。在阐述每个重要的新概念之前，我们都会追溯由早期的直观概念到精确的数学描述的发展过程。这就把那些前人的努力和在本学科上最有贡献的人取得的成就介绍给了读者。因此，读者在概念的发展中就成了主动的参与者，而不仅是结论的被动的旁观者。我们对很多重要定理的证明常常以几何的或直观的讨论为前导，以使读者领会这些证明为什么要采取特定的形式。虽然这样的直观讨论已能满足那些对详细证明不感兴趣的读者，但对那些要求更严密表达方式的读者，我们也给出了完全的证明。

本教材的大纲和体系由集体讨论而定。第1、10章由袁中扬执笔；第2、4、5、6、7章由王海敏执笔；第3、8、9章由韩兆秀执笔，全书最后由王海敏统稿定稿。

本书编写过程中参考了大量的国内外教材；浙江工商大学出版社对本书的编审和出

版给予了热情支持和帮助,尤其是吴岳婷老师在本书的编辑和出版过程中付出了大量心血;浙江工商大学统计与数学学院自始至终对本书的出版给予了大力支持,在此一并致谢!

由于编者水平有限,加之时间比较仓促,教材中一定存在不妥之处,恳请专家、同行、读者批评指正,使本书在教学实践中不断完善。

编者于浙江工商大学

目　录
Contents

第 1 章　函数与极限

“微积分学”是用来研讨变动事物的“变量数学”,我们用实数系去表达、计算各种“度量型”的量,如长度、质量、时间等;用变数符号来表达各种变量;用函数关系来表达一个事物或现象中各种变量之间的关联. 所以,微积分学也可以说是研究函数的一门数学.

微积分的基本方法就是极限方法. 极限方法的原理是以简御繁,是一种简单朴素的想法. 实用时,我们选用一类“已知的简”在某些性质上数量化地逼近所要研究的“未知的繁”;从而把原先未知的繁复问题简化成已知问题而加以解答.

本章将介绍函数、极限和函数的连续性等基本概念,以及它们的一些性质.

第 1 节　函　数

一、函数的概念

“函数”这个词是由莱布尼茨引进数学的,他使用这一术语主要是针对某种类型的数学公式. 其后,人们认识到莱布尼茨的函数概念在范围上太受限制,而这个词的意义从那时以来经历了许多阶段的推广. 今天,函数的意义本质上是这样的:给定两个集合,比方说 X 和 Y, 函数是把 X 的每个元素和 Y 的一个且只有一个元素联系在一起的一个对应. 集合 X 叫作函数的定义域. 与 X 中的元素相联系的 Y 中的元素组成的集合称为函数的值域(它可以是也可以不是 Y 的全部).

定义 1　设 D 是一个给定的数集,如果对于每个数 $x \in D$, 按照一定对应法则 f, 总有唯一确定的值 y 与之对应,则称 f 是 D 的函数,记为

$$y = f(x),x \in D,$$

其中, x 称为**自变量**, y 称为**因变量**, D 称为**定义域**,记作 D_f, 即 $D_f = D$.

当 x 取数值 $x_0 \in D$ 时,与 x_0 对应的 y 的数值称为函数 $y = f(x)$ 在点 x_0 处的**函数值**,记作 $f(x_0)$. 当 x 遍取 D 的各个数值时,对应的函数值全体组成的数集称为函数 f 的**值域**,记作 R_f 或 $f(D)$, 即

$$R_f = f(D) = \{y \mid y = f(x),x \in D\}.$$

英文字母和希腊字母常用来表示函数,除了常用的 f 外,还可用如 g, F, φ 等. 相应地,

函数可记作 $y=g(x)$, $y=F(x)$, $y=\varphi(x)$ 等. 有时还直接用因变量的记号来表示函数，即把函数记作 $y=y(x)$. 但在同一个问题中，讨论到几个不同的函数时，为了表示区别，须用不同的记号来表示它们.

这里，我们把函数的定义域和对应法则称为函数的两个**基本要素**. 如果两个函数具有相同的定义域和对应法则，那么这两个函数就是相同的，与自变量、因变量采用什么样的符号无关.

函数的定义域通常约定是使函数表达式有意义的自变量的一切实数值所组成的数集，这种定义域称为函数的**自然定义域**. 另外，在实际问题中，函数的定义域是根据问题的实际意义确定的.

表示函数的方法主要有三种：解析法(公式法)、表格法和图形法，这在中学时大家已经熟悉. 其中，用图形法表示函数是基于函数图形的概念，即坐标平面上的点集

$$\{P(x,y) \mid y=f(x), x\in D\}$$

称为函数 $y=f(x)$, $x\in D$ 的**图形**(图 1-1).

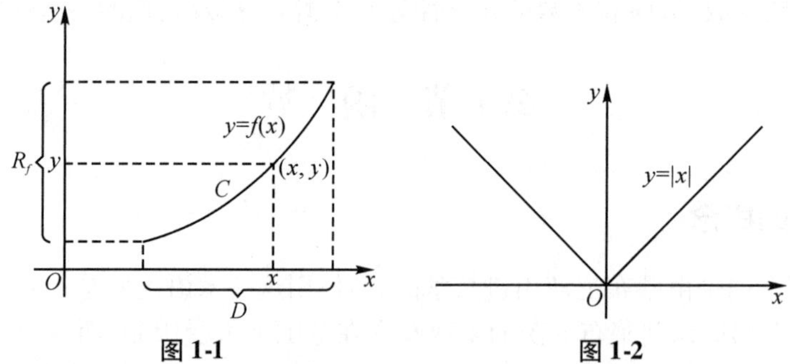

图 1-1　　图 1-2

下面举几个函数的例子.

(1) 函数

$$y=|x|=\begin{cases} x, & x\geqslant 0, \\ -x, & x<0 \end{cases}$$

称为**绝对值函数**，它的定义域 $D=(-\infty,+\infty)$，值域 $R_f=[0,+\infty)$，其图形如图 1-2 所示.

(2) 函数

$$y=\operatorname{sgn}x=\begin{cases} 1, & x>0, \\ 0, & x=0, \\ -1, & x<0 \end{cases}$$

称为**符号函数**，它的定义域 $D=(-\infty,+\infty)$，值域 $R_f=\{-1,0,1\}$，其图形如图 1-3 所示. 对于任何实数 x，下列关系成立：

$$x=\operatorname{sgn}x\cdot|x|.$$

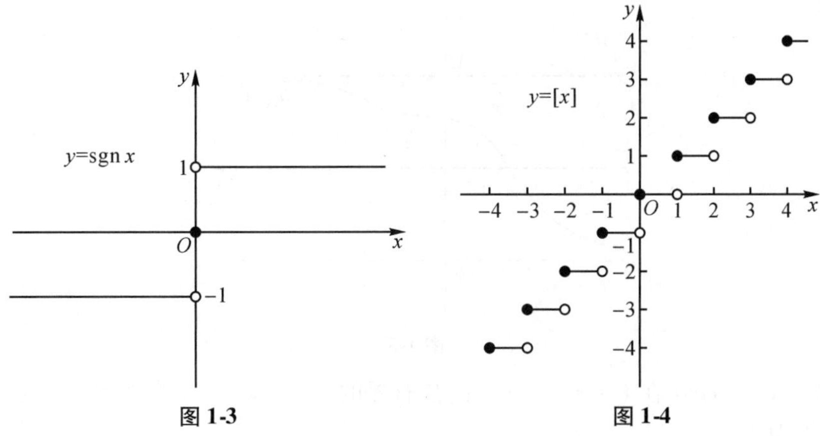

图 1-3　　　　图 1-4

(3) 函数

$$y = [x]$$

称为**取整函数**，其中 $[x]$ 表示不超过 x 的最大整数. 它的定义域 $D = (-\infty, +\infty)$，值域 $R_f = \mathbf{Z}$，其图形如图 1-4 所示. 例如，$[0.3] = 0$，$[\sqrt{5}] = 2$，$\left[-\dfrac{1}{3}\right] = -1$，$[-1] = -1$.

有时一个函数要用几个式子表示，这种在自变量的不同变化范围内，对应规则用不同式子来表示的函数，通常称为**分段函数**.

二、具有某种特性的函数

关于函数还有几个常用的概念必须作叙述，这些概念都和函数图形的几何特性有关.

1. 有界函数

设函数 $f(x)$ 的定义域为 D，数集 $X \subseteq D$. 如果存在正数 M，使得对任一数 $x \in X$，都满足

$$|f(x)| \leqslant M,$$

则称函数 $f(x)$ 在 X 上**有界**，或称 $f(x)$ 为 X 上的**有界函数**；否则称为**无界函数**，这就是说，如果对于任何正数 M，总存在 $x_1 \in X$，使得 $|f(x_1)| > M$，那么函数 $f(x)$ 在 X 上无界.

函数有界的定义也可以这样表述：如果存在常数 M_1 和 M_2，使得对任一数 $x \in X$，都有

$$M_1 < f(x) < M_2,$$

就称 $f(x)$ 在 X 上有界，并分别称 M_1 和 M_2 为 $f(x)$ 在 X 上的一个**下界**和**上界**.

不难看出，有界函数 $y = f(x)$ 的图形必介于两条平行线 $y = -M$ 和 $y = M$ 之间（如图 1-5）.

例如，余弦函数 $f(x) = \cos x$ 在 $(-\infty, +\infty)$ 内，由于 $|\cos x| \leqslant 1$ 对任一实数 x 都成

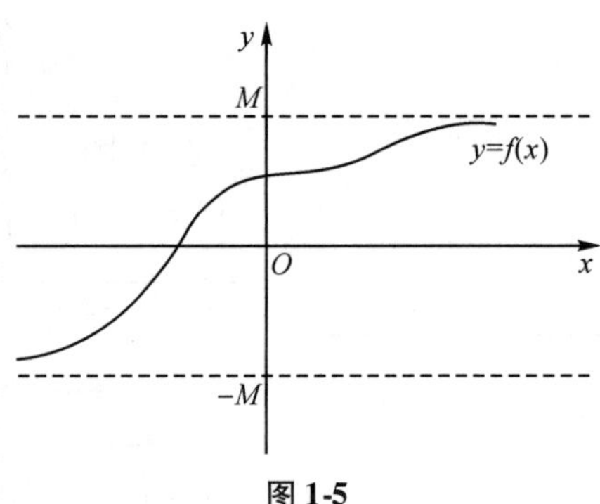

图 1-5

立,故函数 $f(x) = \cos x$ 在 $(-\infty, +\infty)$ 内是有界的,这里 $M = 1$(当然也可以取大于1的任何数作为 M).

又如函数 $y = \ln x$ 在开区间 $(0, \mathrm{e})$ 上有上界(如1就是它的一个上界),但没有下界,因而它是无界的.

2. 单调函数

设函数 $f(x)$ 的定义域为 D, 区间 $I \subseteq D$. 如果对于任意的 $x_1, x_2 \in I$, 当 $x_1 < x_2$ 时,恒有

$$f(x_1) < f(x_2),$$

则称函数 $f(x)$ 在区间 I 上是**单调递增**的;如果对于任意的 $x_1, x_2 \in I$,当 $x_1 < x_2$ 时,恒有

$$f(x_1) > f(x_2),$$

则称函数 $f(x)$ 在区间 I 上是**单调递减**的. 单调递增函数和单调递减函数统称为**单调函数**.

单调递增函数在区间 I 上的图形是上升的曲线(图 1-6),单调递减函数在区间 I 上的图形是下降的曲线(图 1-7).

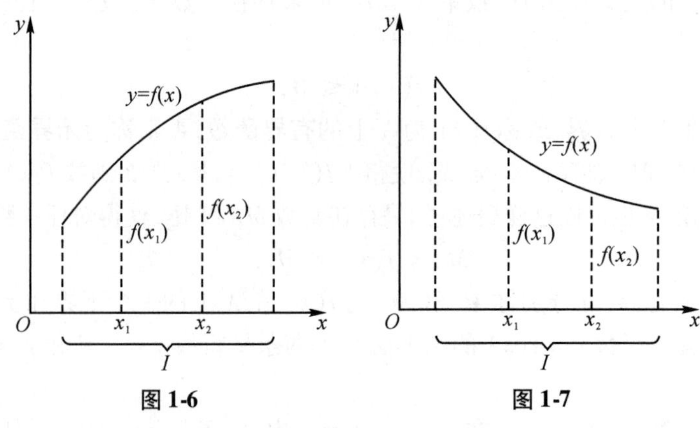

图 1-6　　图 1-7

例如，函数 $y = x^2$ 在区间 $(-\infty,0]$ 上是单调递减的，在区间 $[0,+\infty)$ 上是单调递增的；在区间 $(-\infty,+\infty)$ 上函数 $y = x^2$ 不是单调的.

3. 奇(偶)函数

设函数 $f(x)$ 在关于原点对称的区间 I 上有定义，如果对于任意的 $x \in I$，恒有 $f(-x) = -f(x)$，则称 $f(x)$ 在区间 I 上是**奇函数**. 如果对于任意的 $x \in I$，恒有 $f(-x) = f(x)$，则称 $f(x)$ 在区间 I 上是**偶函数**.

奇函数的图形关于原点中心对称(图 1-8)，偶函数的图形关于 y 轴对称(图 1-9).

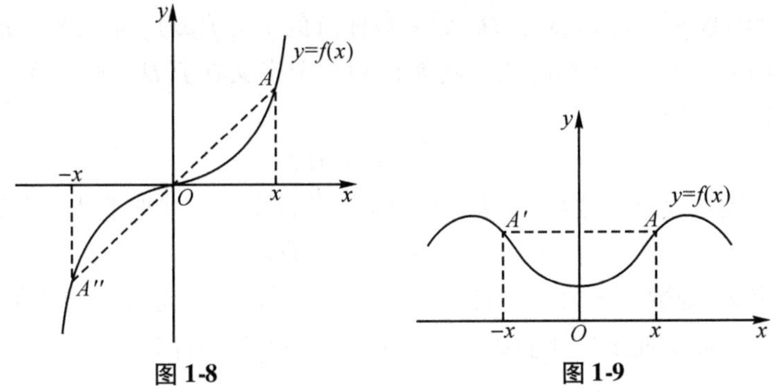

图 1-8　　图 1-9

例如，函数 $y = x^n$，当 n 为奇数时为奇函数，当 n 为偶数时为偶函数. 这正是奇函数、偶函数名称的由来.

4. 周期函数

设函数 $f(x)$ 的定义域为 D. 如果存在一个正数 T，使得对于任意的 $x \in D$，有 $x + T \in D$，且

$$f(x+T) = f(x)$$

恒成立，则称函数 $f(x)$ 为**周期函数**，T 称为 $f(x)$ 的一个**周期**. 满足上式的最小正数 T_0 称为 $f(x)$ 的**最小正周期**.

通常我们说的周期就是指最小正周期. 但并非每个周期函数都有最小正周期. 例如，**狄立克莱**(Dirichlet)**函数**

$$D(x) = \begin{cases} 1, & x \in \mathbf{Q} \\ 0, & x \in \mathbf{Q}^c \end{cases}.$$

这个函数的图形是画不出来的，但可以作一些直观的想象：有无数多个点稠密地分布在 x 轴上，也有无数多个点稠密地分布在直线 $y = 1$ 上.

容易验证这是一个周期函数，任何正有理数 r 都是它的周期. 因为不存在最小的正有理数，所以它没有最小正周期.

如果 $f(x)$ 是以 T 为周期的周期函数，则在这函数的定义域内，依次相接的每个长度为 T 的区间上，函数图形有相同的形状，如图 1-10 所示.

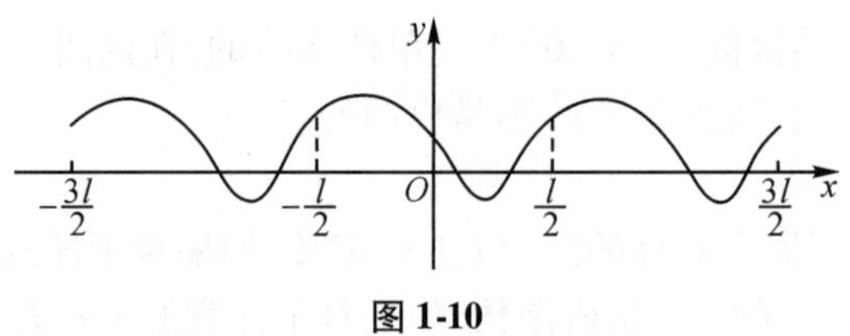

图 1-10

三、反函数与复合函数

定义 2 设函数 $y = f(x)$,$x \in D$. 如果对任意的 $y \in f(D)$,都有唯一的 $x \in D$ 与之对应,且满足 $f(x) = y$,按此对应法则就能得到一个定义在 $f(D)$ 上的函数,称这个函数为 $f(x)$ 的**反函数**,记作

$$x = f^{-1}(y),\ y \in f(D).$$

由于习惯上用 x 表示自变量,y 表示因变量,因而我们通常把上述反函数改写为

$$y = f^{-1}(x),\ x \in f(D).$$

根据反函数的定义,函数 $y = f(x)$ 与其反函数 $y = f^{-1}(x)$ 的定义域与值域是互换的,两者的图形在同一坐标平面上关于直线 $y = x$ 是对称的(图 1-11).

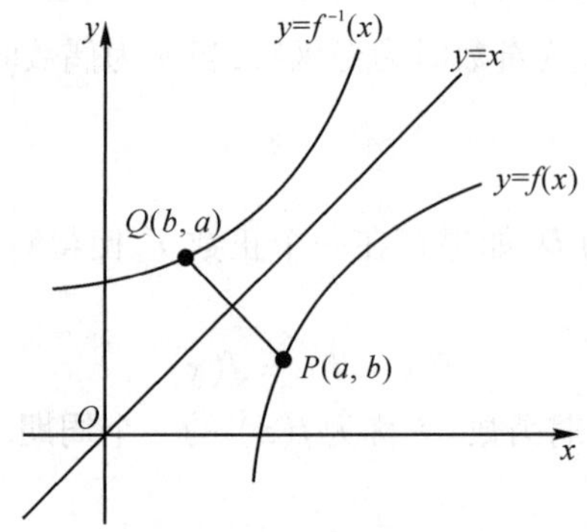

图 1-11

显然,由定义可知,单调函数一定有反函数.

例如,由 $y = e^x$,解得 $x = \ln y$,于是指数函数 $y = e^x$ 与对数函数 $y = \ln x$ 互为反函数.

定义 3 设函数 $y = f(u)$ 的定义域为 D_f,函数 $u = g(x)$ 的定义域为 D_g,且其值域 $R_g \subseteq D_f$,则由下式确定的函数

$$y = f[g(x)],\ x \in D_g,$$

称为由函数 $u = g(x)$ 和函数 $y = f(u)$ 构成的**复合函数**,变量 u 称为**中间变量**.

应该指出,函数 $u = g(x)$ 的值域不能超出函数 $y = f(u)$ 的定义域 D_f,这是极其重要的.

例如,函数 $y = \sqrt{u+1}$,它的定义域为 $D = [-1, +\infty)$,再设函数 $u = x^2 - 5$,它的

值域为 $[-5, +\infty)$，作为复合函数 $y = \sqrt{(x^2-5)+1} = \sqrt{x^2-4}$，其定义域只能是 $(-\infty, -2] \cup [2, +\infty)$，这时 $u = x^2 - 5$ 的值域是 $[-1, +\infty)$，它没有超出 D 的范围.

又如，函数 $y = \sqrt{u-2}$，它的定义域为 $D_f = [2, +\infty)$，再设函数 $u = \sin x$，它的值域为 $R_g = [-1,1]$，由于 $R_g \cap D_f = \varnothing$，表达式 $\sqrt{\sin x - 2}$ 没有任何意义，故上述两个函数不能构成复合函数.

四、基本初等函数

当人们将注意力集中在数量关系上时，他不是研究一个已知函数的性质，就是试图揭示一个未知函数的性质. 函数的概念是如此广泛和普遍，以致在自然界中可以找到无数种类的函数是不足为奇的. 奇怪的是一些相当特殊的函数支配了如此众多的完全不同类型的自然现象. 这里我们将介绍这些函数，它们是常值函数、幂函数、指数函数、对数函数、三角函数和反三角函数，这六类函数统称为**基本初等函数**. 这里只对这些函数的有关知识作简单的综述，以供今后学习中查用.

1. 常值函数

$$y = c,$$

其中 c 为任意常数.

2. 幂函数

$$y = x^{\mu},$$

其中 μ 为任意常数，称为**幂指数**.

对于不同的 μ，幂函数的定义域及性质也随之不同，因而情况比较复杂. 但不论 μ 为何值，x^{μ} 在 $(0, +\infty)$ 内总有定义，而且图形都经过点 $(1,1)$.

当 μ 为正整数或零时，幂函数的定义域是 $(-\infty, +\infty)$；当 μ 为负整数时，幂函数的定义域是 $(-\infty, 0) \cup (0, +\infty)$.

当 μ 为偶数时，x^{μ} 为偶函数；当 μ 为奇数时，x^{μ} 为奇函数.

当 $\mu > 0$ 时，x^{μ} 在 $(0, +\infty)$ 单调增加；当 $\mu < 0$ 时，x^{μ} 在 $(0, +\infty)$ 单调减少.

几个常见幂函数的图形如图 1-12，1-13 所示.

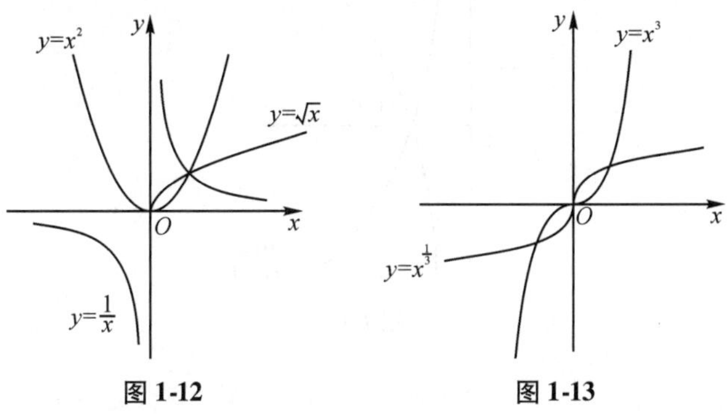

图 1-12　　图 1-13

3. 指数函数

$$y = a^x,$$

其中常数 $a > 0$, 且 $a \neq 1$.

定义域为 $(-\infty, +\infty)$, 值域为 $(0, +\infty)$. 不论 a 取何值,函数 a^x 的图形均在 x 轴上方且通过点 $(0,1)$.

当 $a > 1$ 时,函数 a^x 单调增加;当 $0 < a < 1$ 时,函数 a^x 单调减少(图 1-14).

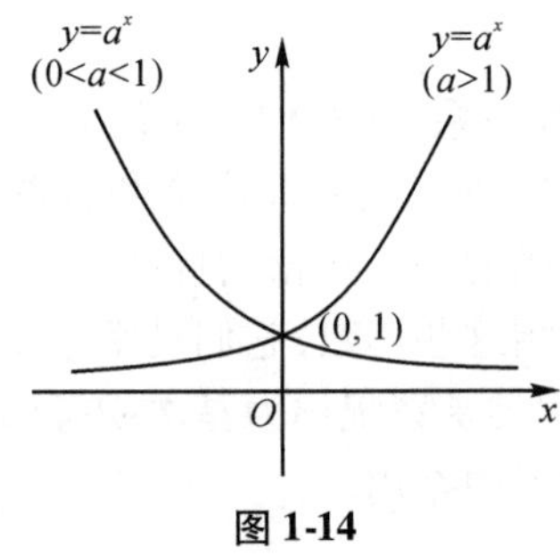

图 1-14

4. 对数函数

$$y = \log_a x,$$

其中常数 $a > 0$, 且 $a \neq 1$, 称为对数的**底**. 变量 x 称为**真数**.

它的定义域为 $(0, +\infty)$, 值域为 $(-\infty, +\infty)$. 对数函数是指数函数的反函数. $y = \log_a x$ 的图形与 $y = a^x$ 的图形关于直线 $y = x$ 对称,总位于 y 轴的右侧且通过点$(1,0)$.

当 $a > 1$ 时, $\log_a x$ 单调增加;当 $0 < a < 1$ 时, $\log_a x$ 单调减少(图 1-15).

常用的对数有以 10 为底和以 e 为底的,这里

$$e = 2.718\ 281\ 828\ 459\ 045\cdots$$

是一个极其重要的无理数. 前者 $\log_{10} x$ 称为**常用对数**,简记为 $\lg x$; 后者 $\log_e x$ 称为**自然对数**,简记为 $\ln x$.

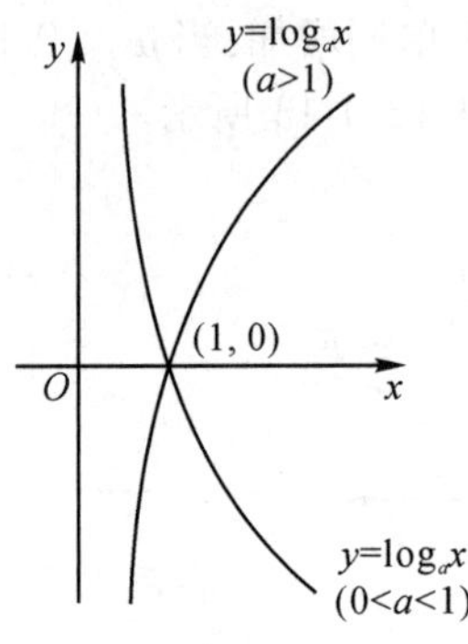

图 1-15

5. 三角函数

正弦函数　$y = \sin x$　（图1-16），

余弦函数　$y = \cos x$　（图1-17），

正切函数　$y = \tan x = \dfrac{\sin x}{\cos x}$　（图1-18），

余切函数　$y = \cot x = \dfrac{1}{\tan x}$　（图1-19），

正割函数　$y = \sec x = \dfrac{1}{\cos x}$　（图1-20），

余割函数　$y = \csc x = \dfrac{1}{\sin x}$　（图1-21）.

正弦函数和余弦函数的定义域均为区间$(-\infty,+\infty)$，值域均为闭区间$[-1,1]$，它们都是周期为2π的有界函数.

正弦函数是奇函数，余弦函数是偶函数.

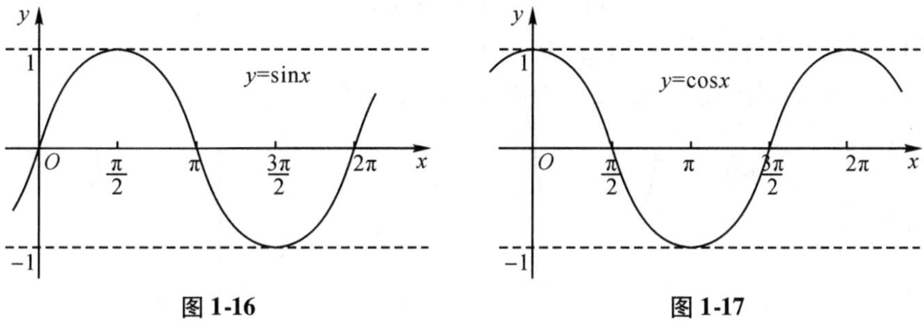

图1-16　　　　图1-17

正切函数的定义域为

$$\{x \mid x \in \mathbf{R},\ x \neq \frac{\pi}{2} + n\pi,\ n \in \mathbf{Z}\}.$$

余切函数的定义域为

$$\{x \mid x \in \mathbf{R},\ x \neq n\pi,\ n \in \mathbf{Z}\}.$$

它们的值域均为区间$(-\infty,+\infty)$.

正切函数和余切函数都是以π为周期的无界函数，它们都是奇函数.

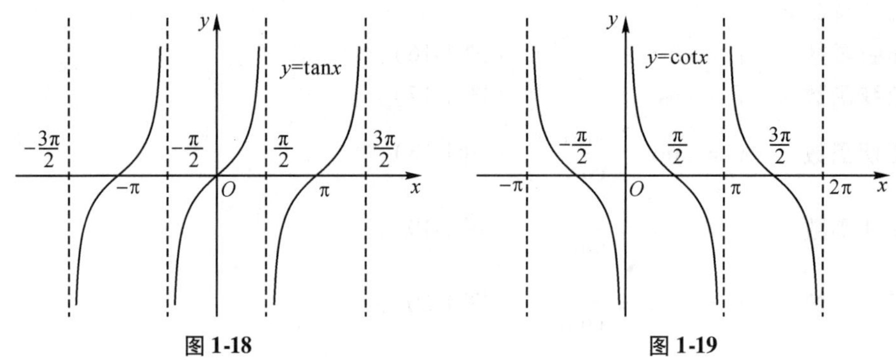

图 1-18　　图 1-19

正割函数的定义域为

$$\left\{x \mid x \in \mathbf{R},\ x \neq \frac{\pi}{2}+n\pi,\ n \in \mathbf{Z}\right\}.$$

余割函数的定义域为

$$\{x \mid x \in \mathbf{R},\ x \neq n\pi, n \in \mathbf{Z}\}.$$

它们的值域均为区间$(-\infty, -1] \cup [1, +\infty)$.

正割函数和余割函数都是以 2π 为周期的无界函数.

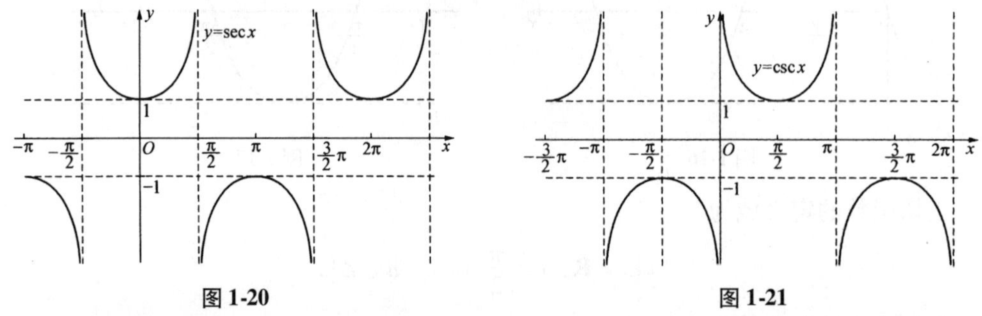

图 1-20　　图 1-21

6. 反三角函数

由于三角函数是周期函数,所以它们在各自的自然定义域上不存在反函数. 但按前所述,将三角函数的定义域限制在某一个单调区间上,就可以得到三角函数的反函数,称为**反三角函数**.

反正弦函数 $y = \arcsin x$ (图 1-22),

反余弦函数 $y = \arccos x$ (图 1-23),

反正切函数 $y = \arctan x$ (图 1-24),

反余切函数 $y = \operatorname{arccot} x$ (图 1-25).

将正弦函数 $y = \sin x$ 的定义域限制在单调区间$\left[-\frac{\pi}{2}, \frac{\pi}{2}\right]$,它的反函数记作 $y =$

arcsin$x$，称为反正弦函数，其定义域为$[-1,1]$，值域为$\left[-\frac{\pi}{2},\frac{\pi}{2}\right]$.

将余弦函数 $y=\cos x$ 的定义域限制在单调区间$[0,\pi]$，它的反函数记作 $y=\arccos x$，称为反余弦函数，其定义域为$[-1,1]$，值域为$[0,\pi]$.

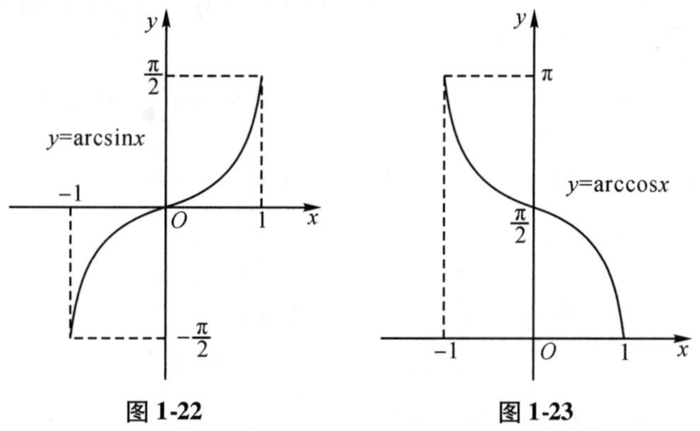

图 1-22　　图 1-23

将正切函数 $y=\tan x$ 的定义域限制在单调区间$\left(-\frac{\pi}{2},\frac{\pi}{2}\right)$，它的反函数记作 $y=\arctan x$，称为反正切函数，其定义域为$(-\infty,+\infty)$，值域为$\left(-\frac{\pi}{2},\frac{\pi}{2}\right)$.

将余切函数 $y=\cot x$ 的定义域限制在单调区间$(0,\pi)$，它的反函数记作 $y=\operatorname{arccot} x$，称为反余切函数，其定义域为$(-\infty,+\infty)$，值域为$(0,\pi)$.

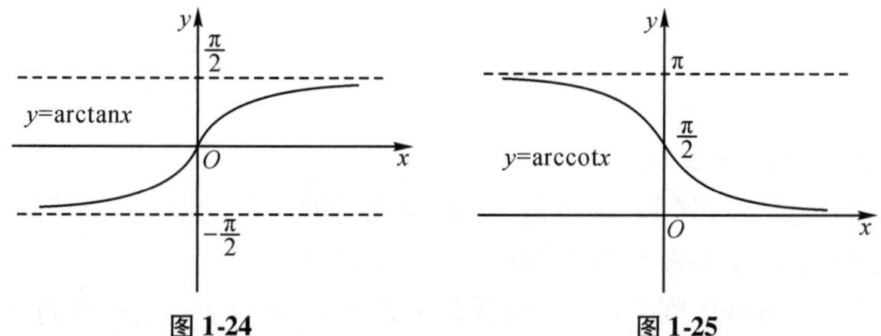

图 1-24　　图 1-25

由基本初等函数经过有限次的四则运算和复合运算所构成并可用一个式子表示的函数，称为**初等函数**. 例如，

$$y=\sqrt{1+\sin x},y=\ln(1+e^x),y=\arccos\frac{1-x}{2}$$

等都是初等函数. 本课程中所讨论的函数绝大多数都是初等函数.

习题 1.1

1. 判断下列各组中的函数是否相同？为什么？

(1) $y=x+1, s=t+1$;　　(2) $y=x, y=\sqrt{x^2}$;

(3) $y=\ln x^2, y=2\ln x$;　　(4) $y=1, y=\sec^2 x-\tan^2 x$.

2. 求下列函数的定义域:

(1) $y=\dfrac{x-2}{x^2-4x}$;　　(2) $y=\lg(5-x)+\lg(x-3)$;

(3) $y=\sqrt{\dfrac{1+x}{1-x}}$;　　(4) $y=\sqrt{x^2-4x+3}$;

(5) $y=\arcsin(x-3)$;　　(6) $y=e^{\frac{1}{x}}$.

3. 设函数

$$f(x)=\begin{cases}x^2, & x<-1,\\ 1+x^2, & -1\leqslant x<2,\\ \sin x, & x\geqslant 2,\end{cases}$$

求 $f(-2), f(-1), f(\sqrt[3]{3}), f(\pi), f(a-1)$.

4. 指出下列函数在指定区间内的单调性:

(1) $y=-2x-6,\ x\in\mathbf{R}$;　　(2) $y=|x+1|,\ x\in[-5,1]$;

(3) $y=\cos x+3,\ x\in(0,2\pi)$;　　(4) $y=x+\log_2 x,\ x\in(0,+\infty)$.

5. 下列函数中哪些是奇函数,哪些是偶函数,哪些是非奇非偶函数?

(1) $y=\ln(\sqrt{x^2+1}+x)$;　　(2) $y=x\sqrt{x^4-1}+\tan x$;

(3) $y=\lg\dfrac{1-x}{1+x}$;　　(4) $y=xf(x^2)$;

(5) $y=\begin{cases}1-x, & x<0,\\ 1+x, & x\geqslant 0.\end{cases}$

6. 设函数都是定义在区间 $(-l,l)$ 上的,证明:两个偶函数的乘积是偶函数,两个奇函数的乘积是偶函数,偶函数与奇函数的乘积是奇函数.

7. 试证:定义在对称区间 $(-l,l)$ 的任意函数 $f(x)$ 均可表示为一个奇函数与一个偶函数之和.

8. 判断下列函数是否有界? 并根据定义说明你的理由:

(1) $y=2^{\frac{1}{x}}$;　　(2) $y=\dfrac{1+3x^2}{1+x^2}$.

9. 下列各函数中哪些是周期函数? 对于周期函数,指出其周期:

(1) $y=\sin x+\cos x$;　　(2) $y=x\cos x$;

(3) $y=\sin^2 x$;　　(4) $y=x-[x]$.

10. 求下列函数的反函数:

(1) $y=e^x-1$; (2) $y=\frac{1-x}{1+x}$;

(3) $y=\sqrt{1-x^2}, x\in[-1,0]$; (4) $y=\begin{cases}x, & x<1,\\ x^2, & 1\leqslant x<4,\\ 2^x, & x\geqslant 4.\end{cases}$

11. 求由下列函数复合而成的复合函数:

(1) $y=u^3, u=\cos x$; (2) $y=\sqrt{u}, u=3^x$;

(3) $y=\lg u, u=v^2+1, v=\sec x$; (4) $y=\sin u, u=\sqrt{v}, v=2x+1$.

12. 将下列函数分解成较简单函数:

(1) $y=\sqrt{x+2}$; (2) $y=e^{x^2+1}$;

(3) $y=\lg(\arcsin\sqrt{2+x})$; (4) $y=\frac{1}{2+\sqrt{\tan x}}$.

13. 已知 $f(x^2-1)=\ln\frac{x^2+1}{x^2-3}$, 且 $f[\varphi(x)]=x^2$, 求 $\varphi(x)$ 及其定义域.

14. 设 $f(x)=\begin{cases}1+x, & x<0,\\ 1, & x\geqslant 0,\end{cases}$ 求 $f[f(x)]$.

15. 求下列各式的值:

(1) $\arcsin\frac{1}{2}$; (2) $\arcsin\left(-\frac{1}{2}\right)$;

(3) $\arccos\left(-\frac{\sqrt{2}}{2}\right)$; (4) $\arctan\sqrt{3}$.

16. 求下列各式的值:

(1) $\cot\left(\arcsin\frac{1}{2}\right)$; (2) $\tan\left(\arccos\left(-\frac{1}{2}\right)\right)$;

(3) $\sin\left(2\arctan\frac{4}{3}\right)$; (4) $\cos\left(2\operatorname{arccot}\left(-\frac{5}{12}\right)\right)$.

17. 利用反正弦函数的概念,写出函数 $y=\sin x, x\in\left(\frac{\pi}{2},\frac{3\pi}{2}\right)$ 的反函数的解析表达式.

18. 华氏温度 F 与摄氏温度 C 是一种线性关系. 在一个标准大气压下,水的冰点 0℃ 对应 32℉,水的沸点 100℃ 对应 212℉. 试写出华氏温度 F 关于摄氏温度 C 的函数表达式.

19. 某企业对某产品制定了如下的销售策略:购买不超过 20 千克,每千克 10 元;购买不超过 200 千克,其中超过 20 千克的部分,每千克 7 元;购买超过 200 千克的部分,每千克 5 元. 试写出购买量为 x 千克的费用函数 $C(x)$.

第2节　数列的极限

为了掌握变量的变化规律,有时不仅要考察变量的变化过程,还要判断它的变化趋势.

一、数列的概念

定义1　按照一定顺序排列的无穷多个数

$$x_1,x_2,\cdots,x_n,\cdots$$

称为一个**数列**,简记为数列$\{x_n\}$. 数列中的每一个数称为数列的**项**,第n项x_n称为数列的**一般项**.

例如:

(1) $\left\{\dfrac{(-1)^{n-1}}{n}\right\}$,表示数列$1,-\dfrac{1}{2},\dfrac{1}{3},-\dfrac{1}{4},\cdots,\dfrac{(-1)^{n-1}}{n},\cdots$;

(2) $\left\{\dfrac{n}{n+1}\right\}$,表示数列$\dfrac{1}{2},\dfrac{2}{3},\dfrac{3}{4},\dfrac{4}{5},\cdots,\dfrac{n}{n+1},\cdots$;

(3) $\{(-1)^n\}$,表示数列$-1,1,-1,1,\cdots,(-1)^n,\cdots$;

(4) $\{\sqrt{n}\}$,表示数列$1,\sqrt{2},\sqrt{3},\sqrt{4},\cdots,\sqrt{n},\cdots$;

(5) $\{[1+(-1)^n]n\}$,表示数列$0,4,0,8,\cdots,[1+(-1)^n]n,\cdots$.

从函数的观点来看数列,可以认为按照某一法则,对于每个$n\in\mathbf{N}^+$,对应着一个确定的实数x_n,这样可以把数列理解为定义域为$\mathbf{N}^+$的函数

$$x_n=f(n),n\in\mathbf{N}^+.$$

当我们说某个数列是**单调递增(减)**时,其意是指:对于任意的$m,n\in\mathbf{N}^+,m<n$,总有

$$x_m<x_n(x_m>x_n).$$

当我们说某个数列是**有界的**,其意是指:存在一个与n无关的正数$M>0$,使得对于任意的$n\in\mathbf{N}^+$,总有

$$|x_n|\leqslant M.$$

反之,则称数列是**无界的**.

例如,数列(2)(4)是单调递增的;数列(1)(2)(3)是有界的,而(4)(5)是无界的.

在数列$\{x_n\}$中任意抽取无穷多项并保持这些项在原数列$\{x_n\}$中的先后次序,这样构成的数列称为原数列$\{x_n\}$的一个**子数列**,简称**子列**. 一般记为$\{x_{n_k}\}$,即

$$x_{n_1},x_{n_2},\cdots,x_{n_k},\cdots.$$

二、数列极限

现在我们转向这样一个新问题的研究：对于数列 $\{x_n\}$，在它的变化过程中，随着 n 的无限增大，x_n 是否能无限接近于某个确定的数值？如果能够的话，这个数值等于多少？

例如，数列(1)无限接近于0，数列(2)无限接近于1，而数列(3)(4)(5)却没有这样的趋势.

对数列(2)进一步分析.虽然从直观上很容易看出，数列 $\left\{\frac{n}{n+1}\right\}$ 无限接近于1，但如何用数学的语言把这样的事实表达出来？

我们知道，两个数 a 与 b 之间的接近程度可以用这两个数之差的绝对值 $|b-a|$ 来度量(在数轴上表示点 a 与点 b 之间的距离)，$|b-a|$ 越小，a 与 b 就越接近.

所谓数列 $\left\{\frac{n}{n+1}\right\}$ 与1无限接近是指：当 n 相当大时，$\left|\frac{n}{n+1}-1\right|$ 将相当小.进一步又可以说，随便给定一个无论多么小的正数 ε，$\left|\frac{n}{n+1}-1\right|$ 总会小于这个 ε，条件是 n 必须充分大.但究竟 n 要多大呢？这只要按照下面的办法去做就可以了：为了使得

$$\left|\frac{n}{n+1}-1\right|=\frac{1}{n+1}<\varepsilon,$$

解此不等式，可得 $n>\frac{1}{\varepsilon}-1$，即只要 $n>\frac{1}{\varepsilon}-1$ 就可以了.

把上面的话连接起来就是：对于任意给定的 $\varepsilon>0$，只要 $n>\frac{1}{\varepsilon}-1$，就能保证 $\frac{n}{n+1}$ 与1之差小于 ε，这就意味着 $\left\{\frac{n}{n+1}\right\}$ 与1无限接近.把这句话略加抽象，便得到数列极限的“$\varepsilon-N$”语言定义.

定义2　设 $\{x_n\}$ 为一数列，如果存在常数 a，对于任意给定的正数 ε(不论它多么小)，总存在正整数 N，使得当 $n>N$ 时，不等式

$$|x_n-a|<\varepsilon$$

都成立，则称常数 a 是数列 $\{x_n\}$ 的**极限**，或者称数列 $\{x_n\}$ **收敛**于 a，记为

$$\lim_{n\to\infty}x_n=a,$$

或

$$x_n\to a\quad(n\to\infty).$$

如果不存在这样的常数 a，就说数列 $\{x_n\}$ 没有极限，或者说数列 $\{x_n\}$ 是**发散**的，习惯上也说 $\lim\limits_{n\to\infty}x_n$ 不存在.

定义中，ε 可以任意给定是很重要的，如果让 ε 任意小，不等式 $|x_n - a| < \varepsilon$ 则充分表达了 x_n 无限接近于 a 的意思. 此外，正整数 N 是与任意给定的正数 ε 有关的.

数列极限的几何意义是：如果用数轴上的点表示 $\{x_n\}$ 的值，则对于任意给定的 $\varepsilon > 0$，总存在着一个非负整数 N，使得数列从第 $N+1$ 项开始，以后的一切点 $x_{N+1}, x_{N+2}, \cdots, x_n, \cdots$ 都落在开区间 $(a-\varepsilon, a+\varepsilon)$ 内，而落在这个区间之外的点至多有 N 个. 由于 ε 可以任意小，区间 $(a-\varepsilon, a+\varepsilon)$ 内总有无穷多个 $\{x_n\}$ 中的点，而区间外仅有有限个 $\{x_n\}$ 中的点，换句话说，$\{x_n\}$ 中的点几乎都"凝聚"在点 a 的附近，所以也称 a 为 $\{x_n\}$ 的**聚点**（见图 1-26）.

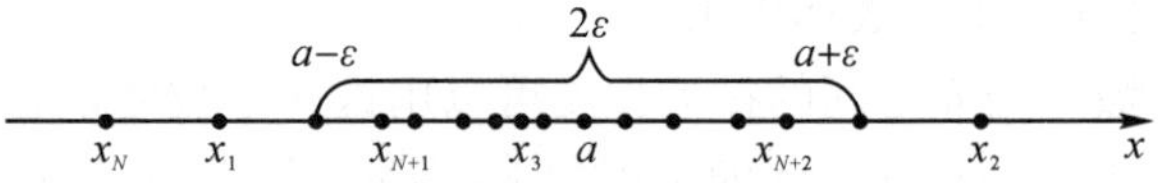

图 1-26

数列极限的定义并未直接提供求极限的方法，只给出了论证数列 $\{x_n\}$ 的极限为 a 的方法，常称为 **$\varepsilon - N$ 论证法**.

例 1 用极限定义证明：当 $|q| < 1$ 时，$\lim\limits_{n\to\infty} q^n = 0$.

证 对于 $\forall\ 0 < \varepsilon < 1$，要使不等式

$$|q^n - 0| = |q|^n < \varepsilon$$

成立，只要 $n\ln|q| < \ln\varepsilon$，即 $n > \dfrac{\ln\varepsilon}{\ln|q|}$ 便可. 所以，取正整数 $N = \left[\dfrac{\ln\varepsilon}{\ln|q|}\right]$，则当 $n > N$ 时，恒有

$$|q^n - 0| < \varepsilon,$$

即 $\lim\limits_{n\to\infty} q^n = 0$.

例 2 用极限定义证明：$\lim\limits_{n\to\infty} \dfrac{n}{2n+1} = \dfrac{1}{2}$.

证 对于 $\forall\ \varepsilon > 0$，要使不等式

$$\left|\frac{n}{2n+1} - \frac{1}{2}\right| = \frac{1}{2(2n+1)} < \frac{1}{2n+1} < \frac{1}{n} < \varepsilon$$

成立，只要 $n > \dfrac{1}{\varepsilon}$ 便可. 所以，取正整数 $N = \left[\dfrac{1}{\varepsilon}\right] + 1$，则当 $n > N$ 时，恒有

$$\left|\frac{n}{2n+1} - \frac{1}{2}\right| < \varepsilon,$$

即 $\lim\limits_{n\to\infty} \dfrac{n}{2n+1} = \dfrac{1}{2}$.

从例 2 可以看出，给定 ε 以后，正整数 N 的取法可能因推理方法的不同而不同（读者

可以直接利用不等式 $\frac{1}{2(2n+1)}<\varepsilon$ 解得另外形式的 N),不同的方法所得的 N 可能有大有小,有时还可找到最小的 N. 然而,为了去找出最小的那个 N 而花费功夫实在是不必要的. 实际上极限的定义只要求我们保证序号 n 比我们取定的 N 大时满足 $|x_n-a|<\varepsilon$ 就足够了. 至于序号 n 比 N 小时,有无 x_n 的项仍满足 $|x_n-a|<\varepsilon$, 这一点无须关心. 数列的极限反映的是数列 $\{x_n\}$ 的趋势,而不是反映 $\{x_n\}$ 的某几项与 a 有什么关系. 这一点需读者仔细体会.

三、收敛数列的性质

定理1(唯一性)　如果数列 $\{x_n\}$ 收敛,则其极限是唯一的.

证　反证法. 假设 $\lim\limits_{n\to\infty}x_n=a$ 及 $\lim\limits_{n\to\infty}x_n=b$, 且 $a<b$. 取 $\varepsilon=\frac{b-a}{2}$, 则存在正整数 N_1 和 N_2, 当 $n>N_1$ 时,有

$$|x_n-a|<\frac{b-a}{2};\tag{1}$$

当 $n>N_2$ 时,有

$$|x_n-b|<\frac{b-a}{2}.\tag{2}$$

取 $N=\max\{N_1,N_2\}$, 则当 $n>N$ 时,上面两个式子同时成立. 但由(1)式有 $x_n<\frac{a+b}{2}$; 由(2)式有 $x_n>\frac{a+b}{2}$, 这是不可能的,故收敛数列的极限是唯一的.

定理2(有界性)　如果数列 $\{x_n\}$ 收敛,则数列 $\{x_n\}$ 一定有界.

证　设 $\lim\limits_{n\to\infty}x_n=a$, 根据数列极限的定义,取 $\varepsilon=1$, 则存在正整数 N, 当 $n>N$ 时,有

$$|x_n-a|<1$$

成立. 此时,

$$|x_n|=|x_n-a+a|\leqslant|x_n-a|+|a|<1+|a|.$$

取 $M=\max\{|x_1|,|x_2|,\cdots,|x_N|,1+|a|\}$, 则对数列 $\{x_n\}$ 的所有项都有 $|x_n|<M$ 成立,故数列 $\{x_n\}$ 有界.

定理3(保号性)　如果 $\lim\limits_{n\to\infty}x_n=a$, 且 $a>0$ (或 $a<0$),则存在正整数 N, 当 $n>N$ 时,恒有 $x_n>0$ (或 $x_n<0$).

证　下面给出 $a>0$ 的证明. 因为 $\lim\limits_{n\to\infty}x_n=a>0$, 取 $\varepsilon=\frac{a}{2}>0$, 则存在正整数 N, 当 $n>N$ 时,有 $|x_n-a|<\frac{a}{2}$, 从而有

$$x_n > a - \frac{a}{2} = \frac{a}{2} > 0.$$

同理可证 $a < 0$ 的情形.

推论 如果数列 $\{x_n\}$ 从某项起有 $x_n \geqslant 0$(或 $x_n \leqslant 0$),且 $\lim\limits_{n\to\infty} x_n = a$, 则 $a \geqslant 0$(或 $a \leqslant 0$).

证 设数列 $\{x_n\}$ 从第 N_1 项起,即当 $n > N_1$ 时,有 $x_n \geqslant 0$. 用反证法.

假设 $\lim\limits_{n\to\infty} x_n = a < 0$, 则由定理 3 知,存在正整数 N_2, 当 $n > N_2$ 时,有 $x_n < 0$. 取 $N = \max\{N_1, N_2\}$, 当 $n > N$ 时,按题设有 $x_n \geqslant 0$; 按定理 3 有 $x_n < 0$,矛盾. 故必有 $a \geqslant 0$.

同理可证数列 $\{x_n\}$ 从某项起有 $x_n \leqslant 0$ 的情形.

定理 4(收敛数列与其子列间的关系) 如果数列 $\{x_n\}$ 收敛于 a, 则它的任一子列也收敛,且极限也是 a.

证 设数列 $\{x_{n_k}\}$ 是数列 $\{x_n\}$ 的任一子列. 由于 $\lim\limits_{n\to\infty} x_n = a$, 故对于任意的 $\varepsilon > 0$, 存在正整数 N, 当 $n > N$ 时, $|x_n - a| < \varepsilon$ 成立. 取 $K = N$, 则当 $k > K$ 时,

$$n_k > n_K = n_N \geqslant N,$$

于是 $|x_{n_k} - a| < \varepsilon$. 这就证明了 $\lim\limits_{k\to\infty} x_{n_k} = a$.

如果数列 $\{x_n\}$ 有子数列收敛于不同的极限,则数列 $\{x_n\}$ 是发散的. 例如,数列

$$1, -1, 1, -1, \cdots, (-1)^{n+1}, \cdots,$$

其子数列 $\{x_{2k-1}\}$ 收敛于 1, 而子数列 $\{x_{2k}\}$ 收敛于 -1, 因此数列 $\{(-1)^{n+1}\}$ 是发散的.

习题 1.2

1. 观察下列数列,当 $n \to \infty$ 时,极限是否存在,如存在,请写出其极限值.

(1) $x_n = \dfrac{(-1)^{n-1}}{n-3}$;　　(2) $x_n = 3^{(-1)^n}$;

(3) $x_n = \lg \dfrac{1}{n}$;　　(4) $x_n = \dfrac{n-1}{n+2}$;

(5) $0, \dfrac{1}{2}, 0, \dfrac{1}{4}, 0, \dfrac{1}{6}, \cdots$;　　(6) $-\dfrac{1}{3}, \dfrac{3}{5}, -\dfrac{5}{7}, \dfrac{7}{9}, -\dfrac{9}{11}, \cdots$.

2. 设数列 $\{x_n\}$ 的一般项 $x_n = \dfrac{\cos\frac{n\pi}{2}}{n}$, 问 $\lim\limits_{n\to\infty} x_n = ?$ 求出正整数 N, 使当 $n > N$ 时, x_n 与其极限之差的绝对值小于正数 $\varepsilon = 0.001$.

3. 有人说:数列极限 $\lim\limits_{n\to\infty} x_n = a$ 表示当 n 充分大后, x_n 越来越接近于 a. 这种说法对吗?

4. 利用数列极限的定义证明:

(1) $\lim\limits_{n\to\infty}\dfrac{n}{n^2+1}=0$;　　(2) $\lim\limits_{n\to\infty}\dfrac{3n+2}{2n+3}=\dfrac{3}{2}$;

(3) $\lim\limits_{n\to\infty}\dfrac{\sqrt{n^2+a^2}}{n}=1$;　　(4) $\lim\limits_{n\to\infty}\dfrac{4n^5-2n^{10}}{n^{10}+n^2+5}=-2$.

5. 设数列 $\{x_n\}$ 有界，又 $\lim\limits_{n\to\infty}y_n=0$，证明：$\lim\limits_{n\to\infty}x_ny_n=0$.

6. 对于数列 $\{x_n\}$，若 $x_{2k-1}\to a(k\to\infty)$，且 $x_{2k}\to a(k\to\infty)$，证明：$x_n\to a(n\to\infty)$.

第3节　函数的极限

数列 $\{x_n\}$ 可以看作是定义在正整数集上的函数，它的极限研究的是当自变量 n“离散地”取正整数且无限增大时，函数 $f(n)=x_n$ 是否无限接近于某一常数 a. 本节将数列极限的概念推广到函数. 讨论定义在区间上的函数 $f(x)$，当自变量 x 在区间上“连续地”变化时，函数 $f(x)$ 是否无限接近于某一常数 a. 两者的不同主要表现在自变量的变化状态上，前者是“离散变量”，后者是“连续变量”. 根据自变量变化情况的不同，函数极限主要讨论两类问题：一是自变量趋于无穷大时函数的极限；二是自变量趋于有限值时函数的极限.

一、自变量趋于无穷大时函数的极限

先来考虑函数 $y=\dfrac{1}{x}$，如图 1-27.

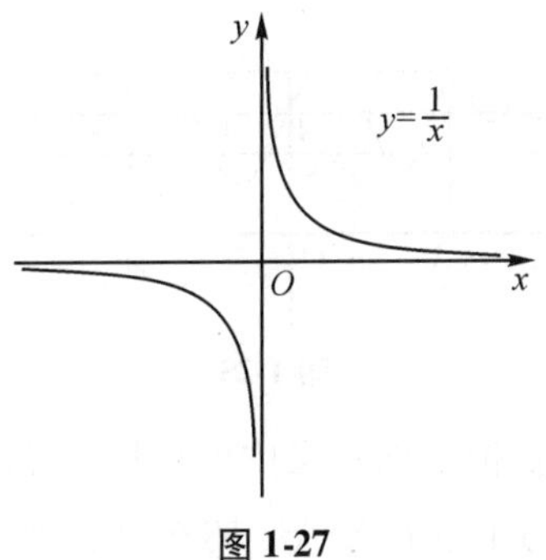

图 1-27

在 $x>0$ 的范围内，当 x 无限增大(即 x 向右无限延伸)时，记作 $x\to+\infty$，函数值 $\dfrac{1}{x}$ 无限地接近于0，我们把0称为函数 $y=\dfrac{1}{x}$ 当 $x\to+\infty$ 时的极限；

在 $x<0$ 的范围内,当 x 无限增大(即 x 向左无限延伸)时,记作 $x\to-\infty$,函数值 $\frac{1}{x}$ 也无限地接近于0,我们把0称为函数 $y=\frac{1}{x}$ 当 $x\to-\infty$ 时的极限;

当自变量的绝对值 $|x|$ 无限增大(即 x 向左、向右同时无限延伸)时,记作 $x\to\infty$,函数值 $\frac{1}{x}$ 无限地接近于0,我们把0称为函数 $y=\frac{1}{x}$ 当 $x\to\infty$ 时的极限.

仿照数列极限的定义,下面用"$\varepsilon-X$"语言来描述这类极限.

定义1 设函数 $f(x)$ 当 $|x|$ 大于某一正数时有定义.如果存在常数 A,对于任意给定的正数 ε(不论它多么小),总存在正数 X,使得当 $|x|>X$ 时,对应的函数值 $f(x)$ 都满足不等式

$$|f(x)-A|<\varepsilon,$$

则称常数 A 为函数 $f(x)$ 当 $x\to\infty$ 时的**极限**,记作

$$\lim_{x\to\infty}f(x)=A \quad 或 \quad f(x)\to A(x\to\infty).$$

注 定义中 ε 刻画了 $f(x)$ 与 A 的接近程度,X 刻画了 $|x|$ 充分大的程度,X 通常是由 ε 确定的.

$\lim\limits_{x\to\infty}f(x)=A$ 的几何意义:

对于给定的 $\varepsilon>0$,作直线 $y=A+\varepsilon$ 和 $y=A-\varepsilon$,则总有一个正数 X 存在,使得当 $x>X$ 或 $x<-X$ 时,函数 $f(x)$ 的图形位于这两条直线之间(图1-28).

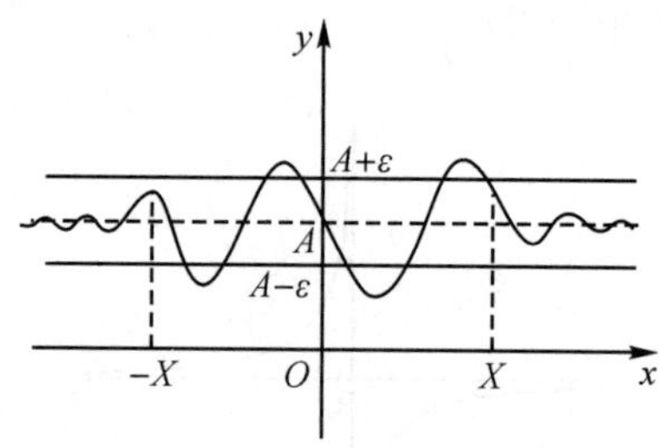

图1-28

如果 $x>0$ 且无限增大,只要把上面定义中的 $|x|>X$ 改为 $x>X$,就可得 $\lim\limits_{x\to+\infty}f(x)=A$ 的定义.同样,如果 $x<0$ 且 $|x|$ 无限增大,那么只要把 $|x|>X$ 改为 $x<-X$,便得 $\lim\limits_{x\to-\infty}f(x)=A$ 的定义.

由极限的定义,容易证明下面定理.

定理1 $\lim\limits_{x\to\infty}f(x)=A$ 的充分必要条件是 $\lim\limits_{x\to+\infty}f(x)=\lim\limits_{x\to-\infty}f(x)=A$.

例1　$\lim\limits_{x\to\infty}\dfrac{1}{x}=0.$

证　对于 $\forall\varepsilon>0$, 欲使

$$\left|\frac{1}{x}-0\right|=\frac{1}{|x|}<\varepsilon,$$

只要 $|x|>\dfrac{1}{\varepsilon}$ 即可. 因此,如果取 $X=\dfrac{1}{\varepsilon}$, 那么当 $|x|>X=\dfrac{1}{\varepsilon}$ 时,不等式 $\left|\dfrac{1}{x}-0\right|<\varepsilon$ 成立,这就证明了 $\lim\limits_{x\to\infty}\dfrac{1}{x}=0.$

例2　证明: $\lim\limits_{x\to+\infty}\arctan x=\dfrac{\pi}{2}.$

分析　欲使

$$\left|\arctan x-\frac{\pi}{2}\right|=\frac{\pi}{2}-\arctan x<\varepsilon,$$

等价于要满足

$$\arctan x>\frac{\pi}{2}-\varepsilon,$$

利用函数 $y=\tan x,x\in\left(-\dfrac{\pi}{2},\dfrac{\pi}{2}\right)$ 的单调递增性,上式又等价于

$$x>\tan\left(\frac{\pi}{2}-\varepsilon\right)=\cot\varepsilon,$$

故此时取 $X=\cot\varepsilon$(可以认为 ε 是很小的正数,从而 $\cot\varepsilon$ 为正数)即可.

证　对于 $\forall\ \varepsilon>0$, 不妨设 $0<\varepsilon<\dfrac{\pi}{2}$, 取 $X=\cot\varepsilon$, 则当 $x>X$ 时,恒有

$$x>\tan\left(\frac{\pi}{2}-\varepsilon\right),$$

即

$$\arctan x>\frac{\pi}{2}-\varepsilon,$$

故

$$\left|\arctan x-\frac{\pi}{2}\right|=\frac{\pi}{2}-\arctan x<\varepsilon,$$

从而说明 $\lim\limits_{x\to+\infty}\arctan x=\dfrac{\pi}{2}.$

类似地,也可以证明 $\lim\limits_{x\to-\infty}\arctan x=-\dfrac{\pi}{2}$, 但需要注意的是,此时 $\lim\limits_{x\to\infty}\arctan x$ 不存在.

二、自变量趋于有限值时函数的极限

首先引入邻域的定义.

以点 a 为中心的任何开区间称为**点 a 的邻域**,记作 $U(a)$.

设 δ 是任一正数,则开区间 $(a-\delta,a+\delta)$ 就是点 a 的一个邻域,这个邻域称为**点 a 的 δ 邻域**,记作 $U(a,\delta)$, 即

$$U(a,\delta) = \{x \mid a-\delta < x < a+\delta\},$$

或

$$U(a,\delta) = \{x \mid |x-a| < \delta\}.$$

点 a 称为该邻域的**中心**, δ 称为该邻域的**半径**,如图 1-29 所示.

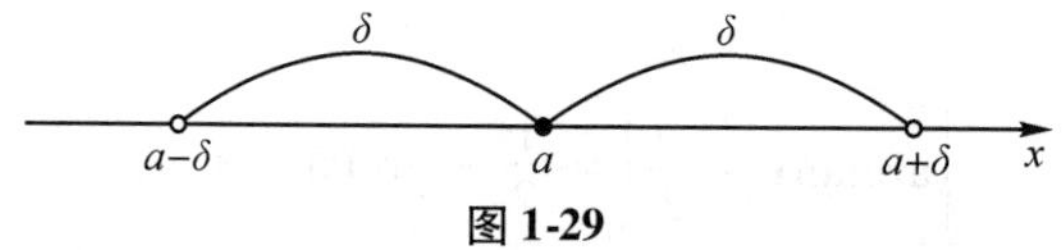

图 1-29

有时用到的邻域需要把邻域的中心去掉. 点 a 的 δ 邻域去掉中心 a 后,称为点 a 的**去心 δ 邻域**,记作 $\mathring{U}(a,\delta)$, 即

$$\mathring{U}(a,\delta) = \{x \mid 0 < |x-a| < \delta\}.$$

为了方便,有时把开区间 $(a-\delta,a)$ 称为点 a 的**左 δ 邻域**,把开区间 $(a,a+\delta)$ 称为点 a 的**右 δ 邻域**.

现在研究自变量 x 趋于有限值 x_0 (记作 $x \to x_0$)时的极限.

考察函数 $y = x+1$, 容易看出当 $x \to 1$ 时, y 无限接近于 2. 再来考察函数 $y = \dfrac{x^2-1}{x-1}$, 尽管点 $x_0 = 1$ 不在其定义域中,但该点附近有无穷多个自变量的取值点,仍可以考虑自变量趋于点 $x_0 = 1$ 时,函数对应的值有无明确变化趋势的问题. 从图 1-30 容易看出,当 $x \to 1$ 时, y 也无限接近于 2.

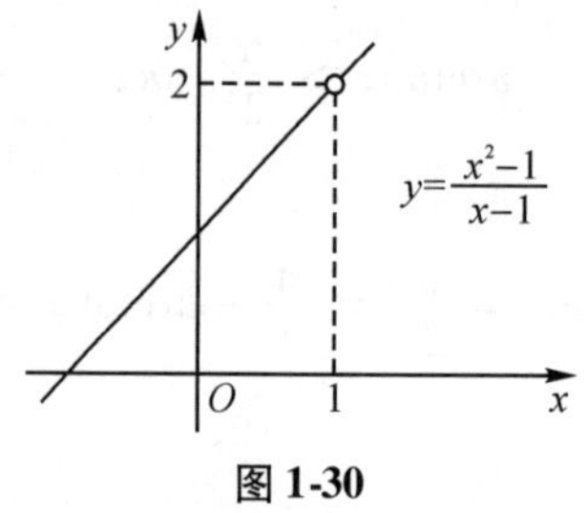

图 1-30

一般来说,函数 $f(x)$ 在点 x_0 处的极限是否存在与它在点 x_0 处有无定义没有必然联

系. 设 $y=f(x)$ 在点 x_0 的某去心邻域内有定义. 在 $x\to x_0$ 的过程中 $(x\neq x_0)$，对应的函数值 $f(x)$ 无限接近于 A，可用

$$|f(x)-A|<\varepsilon$$

来表达,这里 ε 是任意给定的正数. 又因为函数值 $f(x)$ 无限接近于 A 是在 $x\to x_0$ 的过程中实现的,所以对于任意给定的正数 ε，只要求充分接近于 x_0 的 x 所对应的函数值 $f(x)$ 满足不等式 $|f(x)-A|<\varepsilon$，而充分接近于 x_0 的 x 可表达为

$$0<|x-x_0|<\delta,$$

这里 δ 为某个正数.

通过以上分析,我们给出当 $x\to x_0$ 时,用"$\varepsilon-\delta$"的语言来描述的函数极限的定义.

定义2　设函数 $f(x)$ 在点 x_0 的某去心邻域内有定义,如果存在常数 A，对于任意给定的正数 ε（不论它多么小）,总存在正数 δ，使得当 x 满足不等式 $0<|x-x_0|<\delta$ 时,对应的函数值 $f(x)$ 都满足不等式

$$|f(x)-A|<\varepsilon,$$

则称常数 A 为函数 $f(x)$ 当 $x\to x_0$ 时的极限. 记作

$$\lim_{x\to x_0}f(x)=A \text{ 或 } f(x)\to A(x\to x_0).$$

注　(1)函数极限与 $f(x)$ 在点 x_0 上是否有定义无关;(2) δ 与任意给定的正数 ε 有关.

$\lim\limits_{x\to x_0}f(x)=A$ 的几何意义：

对于任意给定的 $\varepsilon>0$，作平行于 x 轴的两条直线 $y=A+\varepsilon$ 和 $y=A-\varepsilon$，介于这两条直线之间是一横条区域. 根据定义,对于给定的 ε，存在着点 x_0 的一个去心 δ 邻域 $\{x\mid 0<|x-x_0|<\delta\}$，当 $y=f(x)$ 的图形上的点的横坐标 x 落在该去心邻域内时,这些点对应的纵坐标落在这两条直线之间,见图1-31.

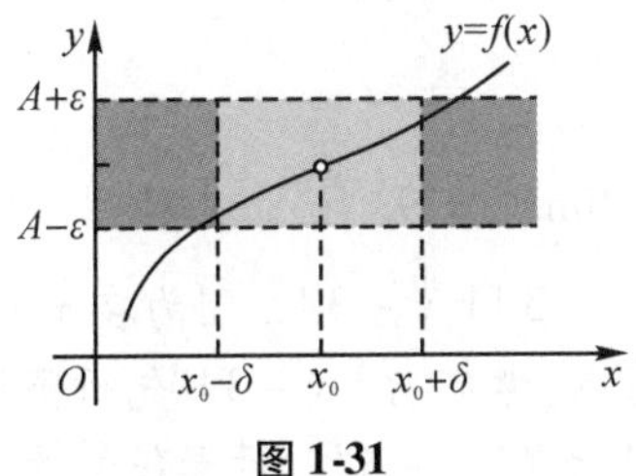

图1-31

例3　证明：$\lim\limits_{x\to x_0}c=c$（$c$ 为一常数）.

证　对于 $\forall\varepsilon>0$，因为 $|f(x)-A|=|c-c|=0$，故可任取 $\delta>0$，当 $0<|x-x_0|<\delta$ 时,能使不等式

$$|f(x)-A|=|c-c|=0<\varepsilon$$

成立. 所以 $\lim\limits_{x \to x_0} c = c$.

例 4 证明: $\lim\limits_{x \to x_0} x = x_0$.

证 对于 $\forall \varepsilon > 0$, 因为 $|f(x) - A| = |x - x_0|$, 故总可取 $\delta = \varepsilon$, 当 $0 < |x - x_0| < \delta = \varepsilon$ 时,能使不等式 $|f(x) - A| = |x - x_0| < \varepsilon$ 成立. 所以 $\lim\limits_{x \to x_0} x = x_0$.

例 5 证明: $\lim\limits_{x \to -3}\left(\frac{1}{3}x + 2\right) = 1$.

证 对于 $\forall\ \varepsilon > 0$, 欲使

$$\left|\left(\frac{1}{3}x + 2\right) - 1\right| = \left|\frac{1}{3}x + 1\right| = \frac{1}{3}|x + 3| < \varepsilon,$$

只要 $|x + 3| < 3\varepsilon$ 即可. 因此取 $\delta = 3\varepsilon$, 则当 $0 < |x - (-3)| < \delta$ 时,恒有

$$\left|\left(\frac{1}{3}x + 2\right) - 1\right| < \varepsilon,$$

从而 $\lim\limits_{x \to -3}\left(\frac{1}{3}x + 2\right) = 1$.

例 6 证明: $\lim\limits_{x \to 1}\frac{x^2 - 1}{x - 1} = 2$.

分析 这里,函数在点 $x = 1$ 是没有定义的,但是函数当 $x \to 1$ 时的极限存在与否与它并无关系.

证 对于 $\forall\ \varepsilon > 0$, 欲使

$$\left|\frac{x^2 - 1}{x - 1} - 2\right| = |x - 1| < \varepsilon,$$

只要取 $\delta = \varepsilon$ 即可,那么当 $0 < |x - 1| < \delta$ 时,恒有

$$\left|\frac{x^2 - 1}{x - 1} - 2\right| < \varepsilon,$$

所以 $\lim\limits_{x \to 1}\frac{x^2 - 1}{x - 1} = 2$.

例 7 用极限的定义证明: $\lim\limits_{x \to 3} x^2 = 9$.

分析 考察 $|x^2 - 9| = |x + 3||x - 3|$, 因为在 $x \to 3$ 的过程中, x 只在 3 附近取值,为了估计 $|x + 3|$ 的取值范围,考虑对 $|x - 3|$ 先行限制,如取 $|x - 3| < 1$, 于是 $2 < x < 4$, $|x + 3| < 7$, 因此 $|x^2 - 9| < 7|x - 3|$. 对于任给的 $\varepsilon > 0$, 欲使 $|x^2 - 9| < \varepsilon$, 只要 $7|x - 3| < \varepsilon$ 即可.

证 令 $|x - 3| < 1$, 则 $2 < x < 4$, $|x + 3| < 7$, 故

$$|x^2 - 9| = |x + 3||x - 3| < 7|x - 3|.$$

对于 $\forall\ \varepsilon > 0$, 欲使 $|x^2 - 9| < \varepsilon$, 只要 $7|x - 3| < \varepsilon$, 即 $|x - 3| < \frac{\varepsilon}{7}$. 取 $\delta =$

$\min\left\{1,\frac{\varepsilon}{7}\right\}$, 则当 $0<|x-3|<\delta$ 时,有

$$|x^2-9|<\varepsilon,$$

所以 $\lim\limits_{x\to 3}x^2=9$.

当 $x\to x_0$ 时,函数的极限概念中, x 是既从 x_0 的左侧又从 x_0 的右侧趋于 x_0 的. 但有时对于某些函数(如单调函数、分段函数等)在研究其变化趋势时,往往只能或只需考虑 x 仅从 x_0 的一侧趋于 x_0 时,函数 $f(x)$ 的极限,我们称之为单侧极限.

定义3　设函数 $f(x)$ 在点 x_0 的某个左邻域内有定义,如果存在常数 A, 对于任意给定的正数 ε (不论它多么小),总存在着正数 δ,使得当 $-\delta<x-x_0<0$ 时,有 $|f(x)-A|<\varepsilon$ 成立,则称 A 为函数 $f(x)$ 当 $x\to x_0$ 时的**左极限**,记作

$$\lim_{x\to x_0^-}f(x)=A \text{ 或 } f(x_0^-) \text{ 或 } f(x_0-0).$$

设函数 $f(x)$ 在点 x_0 的某个右邻域内有定义,类似地,将定义3中 $-\delta<x-x_0<0$ 改为 $0<x-x_0<\delta$, 则称 A 为函数 $f(x)$ 当 $x\to x_0$ 时的**右极限**,记作

$$\lim_{x\to x_0^+}f(x)=A \text{ 或 } f(x_0^+) \text{ 或 } f(x_0+0).$$

左极限与右极限统称为**单侧极限**.

根据 $x\to x_0$ 时函数 $f(x)$ 的极限的定义,以及左、右极限的定义,容易证明如下定理:

定理2　$\lim\limits_{x\to x_0}f(x)$ 存在且等于 A 的充要条件是 $f(x)$ 在点 x_0 处的左、右极限都存在且都等于 A, 即

$$\lim_{x\to x_0^+}f(x)=\lim_{x\to x_0^-}f(x)=A.$$

对于分段函数,在分界点处使用左、右极限的概念及定理2是很方便的.

例8　讨论 $\lim\limits_{x\to 0}\frac{|x|}{x}$ 的存在性.

解　由函数

$$\frac{|x|}{x}=\begin{cases}1, & x>0\\ -1, & x<0\end{cases},$$

可得

$$\lim_{x\to 0^+}\frac{|x|}{x}=\lim_{x\to 0^+}1=1,\quad \lim_{x\to 0^-}\frac{|x|}{x}=\lim_{x\to 0^-}(-1)=-1,$$

左、右极限都存在,但不相等,因此 $\lim\limits_{x\to 0}\frac{|x|}{x}$ 不存在.

例9　设函数 $f(x)=\begin{cases}x, & x>1,\\ x^2, & x<1,\end{cases}$ 求 $\lim\limits_{x\to 1}f(x)$.

解　由于

$$\lim_{x\to1^-}f(x)=\lim_{x\to1^-}x^2=1,\quad \lim_{x\to1^+}f(x)=\lim_{x\to1^+}x=1,$$

左、右极限都存在且相等,因此 $\lim\limits_{x\to1}f(x)=1$.

三、函数极限的性质

利用函数极限的定义,采用与数列极限相应性质的证明中类似的方法,可得函数极限的一些相应性质.由于函数极限的定义按自变量的变化过程不同有各种形式,下面仅以 $x\to x_0$ 的极限形式为代表给出这些性质,并就其中的几个给出证明.至于其他形式的极限的性质及其证明,只要相应地作一些修改即可得到.

定理3(唯一性) 如果 $\lim\limits_{x\to x_0}f(x)$ 存在,则极限唯一.

定理4(局部有界性) 若 $\lim\limits_{x\to x_0}f(x)=A$,则存在常数 $M>0$ 和 $\delta>0$,使得当 $0<|x-x_0|<\delta$ 时,有 $|f(x)|\leqslant M$.

证 因为 $\lim\limits_{x\to x_0}f(x)=A$,所以取 $\varepsilon=1$,则存在常数 $\delta>0$,当 $0<|x-x_0|<\delta$ 时,有

$$|f(x)-A|<1,\text{即} |f(x)|\leqslant|f(x)-A|+|A|<|A|+1,$$

记 $M=|A|+1$,则定理4得证.

定理5(局部保号性) 若 $\lim\limits_{x\to x_0}f(x)=A$,而且 $A>0$(或 $A<0$),则存在常数 $\delta>0$,使得当 $0<|x-x_0|<\delta$ 时,有 $f(x)>0$(或 $f(x)<0$).

证 就 $A>0$ 的情形证明.

因为 $\lim\limits_{x\to x_0}f(x)=A>0$,所以,取 $\varepsilon=\dfrac{A}{2}>0$,则存在常数 $\delta>0$,使得当 $0<|x-x_0|<\delta$ 时,有

$$|f(x)-A|<\frac{A}{2},\text{即} f(x)>A-\frac{A}{2}=\frac{A}{2}>0.$$

类似地,可以证明 $A<0$ 的情形.

由定理3,易得以下推论:

推论 如果在点 x_0 的某去心邻域内 $f(x)\geqslant0$(或 $f(x)\leqslant0$),而且 $\lim\limits_{x\to x_0}f(x)=A$,那么 $A\geqslant0$(或 $A\leqslant0$).

定理6(函数极限与数列极限的关系) 如果极限 $\lim\limits_{x\to x_0}f(x)=A$,$\{x_n\}$ 为函数 $f(x)$ 的定义域内任一收敛于 x_0 的数列,且满足 $x_n\neq x_0(n\in\mathbf{N}^+)$,则相应的函数值数列 $\{f(x_n)\}$ 必收敛,且 $\lim\limits_{n\to\infty}f(x_n)=A$.

证 因为 $\lim\limits_{x\to x_0}f(x)=A$,则对于任意给定的 $\varepsilon>0$,存在常数 $\delta>0$,当 $0<|x-x_0|<\delta$

时，有$|f(x)-A|<\varepsilon$.

又因为$\lim\limits_{n\to\infty}x_n=x_0$，故对$\delta>0$，存在正整数$N$，当$n>N$时，有$|x_n-x_0|<\delta$.

由假设$x_n\neq x_0(n\in\mathbf{N}^+)$，故当$n>N$时，$0<|x_n-x_0|<\delta$，从而$|f(x_n)-A|<\varepsilon$，即$\lim\limits_{n\to\infty}f(x_n)=A$.

习题1.3

1. 下列说法是否可作为极限$\lim\limits_{x\to x_0}f(x)=A$的等价定义：

(1)任给$\varepsilon>0$，存在$\delta>0$，当$0<|x-x_0|<k\delta$时，有$|f(x)-A|<l\varepsilon$（其中k，l为任意确定的正数）.

(2)任给$\varepsilon>0$，存在$\delta>0$，当$0<|x-x_0|\leqslant\delta$时，有$|f(x)-A|\leqslant\varepsilon$.

2. 根据极限的定义证明：

(1) $\lim\limits_{x\to\infty}\dfrac{1+3x^3}{2x^3}=\dfrac{3}{2}$；　　(2) $\lim\limits_{x\to+\infty}\dfrac{\sin x}{\sqrt{x}}=0$；

(3) $\lim\limits_{x\to-\infty}3^x=0$；　　(4) $\lim\limits_{x\to 2}(5x-2)=8$；

(5) $\lim\limits_{x\to 3}\dfrac{x^2-4x+3}{2x-6}=1$；　　(6) $\lim\limits_{x\to 2}\dfrac{2x^2-3x-2}{x^2-4}=\dfrac{5}{4}$.

3. 证明：若$x\to+\infty$及$x\to-\infty$时，函数$f(x)$的极限都存在且都等于A，则$\lim\limits_{x\to\infty}f(x)=A$.

4. 根据极限的定义证明：函数$f(x)$当$x\to x_0$时极限存在的充分必要条件是左极限、右极限各自存在并且相等.

5. 试给出$x\to\infty$时函数极限的局部有界性定理，并加以证明.

第4节　无穷小与无穷大

本节将讨论在理论和应用上都比较重要的两种变量：无穷小量和无穷大量.为叙述简便，我们用$\lim f(x)$来泛指在自变量的各种变化过程中函数的极限.自变量的变化过程，包括$x\to x_0$，$x\to x_0^+$，$x\to x_0^-$，$x\to\infty$，$x\to+\infty$，$x\to-\infty$，$n\to\infty$等.在论证时，仅就$x\to x_0$的情形给出证明，其他情形的证明完全类似.本章后面小节中也有这种表述，不再赘述.

一、无穷小

定义1　如果在自变量x的某个变化过程中$\lim f(x)=0$，则称函数$f(x)$为x在该变化过程中的**无穷小量**,简称**无穷小**.

例如,

(1) $\lim\limits_{x\to0}\sin x=0$, 所以函数 $\sin x$ 是当 $x\to0$ 时的无穷小;

(2) $\lim\limits_{x\to\infty}\dfrac{1}{x}=0$, 所以函数 $\dfrac{1}{x}$ 是当 $x\to\infty$ 时的无穷小;

(3) $\lim\limits_{n\to\infty}\dfrac{(-1)^n}{n}=0$, 所以数列 $\left\{\dfrac{(-1)^n}{n}\right\}$ 是当 $n\to\infty$ 时的无穷小.

注 无穷小是极限为0的变量,不可与很小的数混为一谈,但0是可作为无穷小的唯一常数;如果不提 $x\to x_0$ (或 $x\to\infty$),单说 $f(x)$ 为无穷小是没有意义的.

无穷小与函数极限有如下关系:

定理1 在自变量的同一变化过程中,函数 $f(x)$ 有极限 A 的充分必要条件是 $f(x)=A+\alpha$, 其中 α 是无穷小.

证 先证必要性. 设 $\lim\limits_{x\to x_0}f(x)=A$, 则对于 $\forall\ \varepsilon>0$, $\exists\ \delta>0$, 使得当 $0<|x-x_0|<\delta$ 时,有

$$|f(x)-A|<\varepsilon.$$

令 $\alpha=f(x)-A$, 则 α 是 $x\to x_0$ 时的无穷小,且

$$f(x)=A+\alpha.$$

这就证明了 $f(x)$ 等于它的极限 A 与一个无穷小 α 之和.

再证充分性. 设 $f(x)=A+\alpha$, 其中 A 是常数, α 是当 $x\to x_0$ 时的无穷小,于是

$$|f(x)-A|=|\alpha|.$$

因 α 是 $x\to x_0$ 时的无穷小,所以对于 $\forall\ \varepsilon>0$, $\exists\ \delta>0$, 使当 $0<|x-x_0|<\delta$ 时,有 $|\alpha|<\varepsilon$, 即

$$|f(x)-A|<\varepsilon.$$

这就证明了 A 是 $f(x)$ 当 $x\to x_0$ 时的极限.

二、无穷小的运算性质

定理2 有限个无穷小的和仍是无穷小.

证 只证两个无穷小的和的情形即可. 设 α 和 β 是当 $x\to x_0$ 时的无穷小,则对于 $\forall\ \varepsilon>0$, $\exists\ \delta_1,\delta_2>0$, 使得当 $0<|x-x_0|<\delta_1$ 时,有

$$|\alpha|<\frac{\varepsilon}{2};$$

当 $0<|x-x_0|<\delta_2$ 时,有

$$|\beta|<\frac{\varepsilon}{2}.$$

取 $\delta=\min\{\delta_1,\delta_2\}$，则当 $0<|x-x_0|<\delta$ 时，有

$$|\alpha+\beta|\leqslant|\alpha|+|\beta|<\frac{\varepsilon}{2}+\frac{\varepsilon}{2}=\varepsilon,$$

这就证明了 $\alpha+\beta$ 是当 $x\to x_0$ 时的无穷小.

定理3 有界函数与无穷小的乘积是无穷小.

证 设函数 u 在 x_0 的某一去心邻域 $\mathring{U}(x_0,\delta_1)$ 内是有界的，即存在 $M>0$，使得当 $0<|x-x_0|<\delta_1$ 时，有 $|u|\leqslant M$.

再设 α 是当 $x\to x_0$ 时的无穷小，则对于 $\forall\ \varepsilon>0$，$\exists\ \delta_2>0$，使得当 $0<|x-x_0|<\delta_2$ 时，有 $|\alpha|<\frac{\varepsilon}{M}$.

取 $\delta=\min\{\delta_1,\delta_2\}$，则当 $0<|x-x_0|<\delta$ 时，

$$|u|\leqslant M \text{ 及 } |\alpha|<\frac{\varepsilon}{M}$$

同时成立，从而

$$|u\alpha|=|u|\cdot|\alpha|<M\cdot\frac{\varepsilon}{M}=\varepsilon,$$

这就证明了 $u\alpha$ 是当 $x\to x_0$ 时的无穷小.

推论1 常数与无穷小的乘积是无穷小.

推论2 有限个无穷小的乘积仍是无穷小.

例1 求 $\lim\limits_{x\to\infty}\frac{\sin x}{x}$.

解 当 $x\to\infty$ 时，分子分母的极限都不存在，故关于商的极限的运算法则不能应用. 如果把 $\frac{\sin x}{x}$ 看作 $\sin x$ 与 $\frac{1}{x}$ 的乘积，由于 $\frac{1}{x}$ 当 $x\to\infty$ 时，为无穷小，而 $\sin x$ 是有界函数，则根据定理3，有

$$\lim_{x\to\infty}\frac{\sin x}{x}=0.$$

三、无穷大

定义1 如果在自变量 x 的某个过程中，对应的函数值的绝对值 $|f(x)|$ 无限增大，则称函数 $f(x)$ 为 x 在该变化过程中的**无穷大量**，简称**无穷大**. 记作

$$\lim f(x)=\infty.$$

如对 $x\to x_0$（或 $x\to\infty$）而言，精确地说，就是

设函数 $f(x)$ 在点 x_0 的某个去心邻域内（或当 $|x|$ 大于某一正数时）有定义，如果对于任意的正数 M（不论它多么大），总存在正数 δ（或正数 X），使得当 $0<|x-x_0|<\delta$（或

$|x|>X$)时,都有不等式

$$|f(x)|>M,$$

则称函数$f(x)$当$x\to x_0$(或$x\to\infty$)时为**无穷大**.

当$x\to x_0$(或$x\to\infty$)时的无穷大函数$f(x)$,按极限定义来说,极限是不存在的.但为了便于叙述函数的这一性态,我们也说"函数的极限是无穷大",并记作

$$\lim_{x\to x_0}f(x)=\infty\ (或\lim_{x\to\infty}f(x)=\infty).$$

如果在无穷大的定义中,把$|f(x)|>M$换成$f(x)>M$(或$f(x)<-M$),就记作

$$\lim_{\substack{x\to x_0\\(x\to\infty)}}f(x)=+\infty\ (或\lim_{\substack{x\to x_0\\(x\to\infty)}}f(x)=-\infty).$$

与无穷小类似,无穷大是一个变量,不可与绝对值很大的数混为一谈.

例 2 证明:$\lim\limits_{x\to 1}\dfrac{1}{x-1}=\infty$.

证 对于$\forall M>0$,要使

$$\left|\frac{1}{x-1}\right|>M,$$

只要$|x-1|<\dfrac{1}{M}$.所以,取$\delta=\dfrac{1}{M}$,则当$0<|x-1|<\delta$时,就有

$$\left|\frac{1}{x-1}\right|>M.$$

这就证明了$\lim\limits_{x\to 1}\dfrac{1}{x-1}=\infty$.

四、无穷小与无穷大的关系

定理 4 在自变量的同一变化过程中,

(1)若$f(x)$为无穷小,且$f(x)\neq 0$,则$\dfrac{1}{f(x)}$为无穷大;

(2)若$f(x)$为无穷大,则$\dfrac{1}{f(x)}$为无穷小.

证 (1)设$\lim\limits_{x\to x_0}f(x)=0$,且$f(x)\neq 0$.

对于$\forall M>0$,根据无穷小的定义,对于$\varepsilon=\dfrac{1}{M}$,存在$\delta>0$,使得当$0<|x-x_0|<\delta$时,有$|f(x)|<\varepsilon=\dfrac{1}{M}$,同时$f(x)\neq 0$,从而

$$\left|\frac{1}{f(x)}\right|>M,$$

所以 $\dfrac{1}{f(x)}$ 为当 $x\to x_0$ 时的无穷大.

(2)设 $\lim\limits_{x\to x_0}f(x)=\infty$.

对于 $\forall\ \varepsilon>0$，根据无穷大的定义，对于 $M=\dfrac{1}{\varepsilon}$，存在 $\delta>0$，使得当 $0<|x-x_0|<\delta$ 时，有 $|f(x)|>M=\dfrac{1}{\varepsilon}$，即

$$\left|\frac{1}{f(x)}\right|<\varepsilon.$$

所以 $\dfrac{1}{f(x)}$ 为当 $x\to x_0$ 时的无穷小.

这个定理反映了无穷小与无穷大之间的重要关系，尤其是对无穷大的研究，通过此定理可归结为对无穷小的讨论.

习题 1.4

1. 两个无穷小的商是否一定是无穷小？说明理由.

2. 根据定义证明：$\lim\limits_{x\to 2}\dfrac{x+1}{x-2}=\infty$.

3. 求下列极限并说明理由：

(1) $\lim\limits_{x\to\infty}\dfrac{2x+1}{x}$；　　(2) $\lim\limits_{x\to 0}\dfrac{1-x^2}{1-x}$；

(3) $\lim\limits_{x\to\infty}\dfrac{\arctan x}{x}$.

4. 函数 $y=x\cos x$ 在 $(-\infty,+\infty)$ 内是否有界？这个函数是否为 $x\to+\infty$ 时的无穷大？为什么？

5. 证明：函数 $y=\dfrac{1}{x}\sin\dfrac{1}{x}$ 在区间 $(0,1]$ 内无界，但这函数不是 $x\to 0^+$ 时的无穷大.

第5节　极限运算法则

直接由定义出发证明或计算极限是不方便的，在大多数情形下也是不可行的. 本节主要是建立极限的四则运算法则和复合函数的极限运算法则，利用这些法则，可以求出某些函数的极限. 本书以后章节还将继续讨论求极限的其他方法.

一、极限四则运算法则

定理1　在自变量 x 的同一变化过程中，如果 $\lim f(x)=A$，$\lim g(x)=B$，则

(1) $\lim[f(x) \pm g(x)] = \lim f(x) \pm \lim g(x) = A \pm B$;

(2) $\lim[f(x) \cdot g(x)] = \lim f(x) \cdot \lim g(x) = AB$;

(3) $\lim \dfrac{f(x)}{g(x)} = \dfrac{\lim f(x)}{\lim g(x)} = \dfrac{A}{B}(B \neq 0)$.

证 因为 $\lim f(x) = A, \lim g(x) = B$, 由上一节定理 1 有

$$f(x) = A + \alpha, g(x) = B + \beta,$$

其中 α 与 β 为自变量 x 同一变化过程中的无穷小. 由无穷小的运算性质得

(1) $[f(x) \pm g(x)] - (A \pm B) = \alpha \pm \beta \to 0$, 即 $\lim[f(x) \pm g(x)] = A \pm B$;

(2) $[f(x) \cdot g(x)] - AB = (A + \alpha)(B + \beta) - AB = (A\beta + B\alpha) + \alpha\beta \to 0$, 即 $\lim[f(x) \cdot g(x)] = AB$;

(3) $\dfrac{f(x)}{g(x)} - \dfrac{A}{B} = \dfrac{A + \alpha}{B + \beta} - \dfrac{A}{B} = \dfrac{B\alpha - A\beta}{B(B + \beta)}$, 注意到 $B\alpha - A\beta \to 0$. 又因为 $\beta \to 0, B \neq 0$, 于是存在某个时刻,从该时刻起 $|\beta| < \dfrac{|B|}{2}$, 所以 $|B + \beta| \geqslant |B| - |\beta| > \dfrac{|B|}{2}$, 故 $\left|\dfrac{1}{B(B + \beta)}\right| < \dfrac{2}{B^2}$ (有界),从而

$$\frac{f(x)}{g(x)} - \frac{A}{B} = \frac{B\alpha - A\beta}{B(B + \beta)} \to 0,$$

即 $\lim \dfrac{f(x)}{g(x)} = \dfrac{A}{B}$.

法则(1)(2)可以推广到有限个函数的和或乘积的极限情况. 例如在自变量 x 的同一变化过程中,如果 $\lim f(x), \lim g(x), \lim h(x)$ 都存在,则

$\lim[f(x) + g(x) - h(x)] = \lim f(x) + \lim g(x) - \lim h(x)$,

$\lim[f(x) \cdot g(x) \cdot h(x)] = \lim f(x) \cdot \lim g(x) \cdot \lim h(x)$.

推论 1 如果 $\lim f(x)$ 存在,且 C 为常数,则

$$\lim Cf(x) = C\lim f(x).$$

就是说,求极限时,常数因子可以提到极限记号外面. 这是因为 $\lim C = C$.

推论 2 如果 $\lim f(x)$ 存在,且 n 为正整数,则

$$\lim [f(x)]^n = [\lim f(x)]^n.$$

这是因为

$$\begin{aligned}\lim [f(x)]^n &= \lim[f(x) \cdot f(x) \cdot \cdots \cdot f(x)] \\ &= \lim f(x) \cdot \lim f(x) \cdot \cdots \cdot \lim f(x) = [\lim f(x)]^n.\end{aligned}$$

例 1 求 $\lim\limits_{x \to 1}(3x^2 - 2x + 1)$.

解 $\lim\limits_{x \to 1}(3x^2 - 2x + 1) = \lim\limits_{x \to 1}3x^2 - \lim\limits_{x \to 1}2x + \lim\limits_{x \to 1}1$

$$= 3\left(\lim_{x\to 1}x\right)^2 - 2\lim_{x\to 1}x + 1 = 3\cdot 1^2 - 2\cdot 1 + 1 = 2.$$

例2　求 $\lim\limits_{x\to 2}\dfrac{x^3-1}{x^2-5x+3}$.

解　这里分母的极限不为零,故

$$\lim_{x\to 2}\frac{x^3-1}{x^2-5x+3} = \frac{\lim\limits_{x\to 2}(x^3-1)}{\lim\limits_{x\to 2}(x^2-5x+3)} = \frac{\left(\lim\limits_{x\to 2}x\right)^3 - \lim\limits_{x\to 2}1}{\left(\lim\limits_{x\to 2}x\right)^2 - 5\lim\limits_{x\to 2}x + \lim\limits_{x\to 2}3}$$

$$= \frac{2^3-1}{2^2-5\cdot 2+3} = -\frac{7}{3}.$$

从上面两个例题可以看出,求多项式或有理函数(分式)当 $x\to x_0$ 的极限时,只要把 x_0 代替函数中的 x 就行了(对于有理函数(分式)需假定这样代入后分母不等于零).

例3　求 $\lim\limits_{x\to 1}\dfrac{x^2-2x+1}{x^2-1}$.

解　当 $x\to 1$ 时,分子及分母的极限都是零,于是分子、分母不能分别取极限. 因分子及分母有公因子 $x-1$, 而 $x\to 1$ 时, $x\neq 1$, 可约去 $x-1$ 这个不为零的公因子. 所以

$$\lim_{x\to 1}\frac{x^2-2x+1}{x^2-1} = \lim_{x\to 1}\frac{x-1}{x+1} = \frac{0}{2} = 0.$$

例4　求 $\lim\limits_{x\to 2}\dfrac{x^3+2x^2}{(x-2)^2}$.

解　因为分母的极限 $\lim\limits_{x\to 2}(x-2)^2 = (2-2)^2 = 0$, 不能应用商的极限的运算法则. 但因

$$\lim_{x\to 2}\frac{(x-2)^2}{x^3+2x^2} = \frac{(2-2)^2}{2^3+2\cdot 2^2} = 0,$$

故由第4节的定理4得

$$\lim_{x\to 2}\frac{x^3+2x^2}{(x-2)^2} = \infty.$$

例5　求 $\lim\limits_{x\to\infty}\dfrac{3x^3+4x^2+2}{7x^3+5x^2-3}$.

解　先用 x^3 去除分母及分子,然后取极限:

$$\lim_{x\to\infty}\frac{3x^3+4x^2+2}{7x^3+5x^2-3} = \lim_{x\to\infty}\frac{3+\dfrac{4}{x}+\dfrac{2}{x^3}}{7+\dfrac{5}{x}-\dfrac{3}{x^3}} = \frac{3+4\lim\limits_{x\to\infty}\dfrac{1}{x}+2\left(\lim\limits_{x\to\infty}\dfrac{1}{x}\right)^3}{7+5\lim\limits_{x\to\infty}\dfrac{1}{x}-3\left(\lim\limits_{x\to\infty}\dfrac{1}{x}\right)^3}$$

$$= \frac{3+4\cdot 0+2\cdot 0^3}{7+5\cdot 0-3\cdot 0^3} = \frac{3}{7}.$$

例 6 求 $\lim\limits_{x\to\infty}\dfrac{2x^2-x}{3x^3-2x+1}$.

解 先用 x^3 去除分母和分子,然后求极限,得

$$\lim_{x\to\infty}\frac{2x^2-x}{3x^3-2x+1} = \lim_{x\to\infty}\frac{\dfrac{2}{x}-\dfrac{1}{x^2}}{3-\dfrac{2}{x^2}+\dfrac{1}{x^3}} = \frac{0}{3} = 0.$$

例 7 求 $\lim\limits_{x\to\infty}\dfrac{3x^3-2x+1}{2x^2-x}$.

解 应用例 6 的结果并根据上节定理 4,即得

$$\lim_{x\to\infty}\frac{3x^3-2x+1}{2x^2-x} = \infty.$$

事实上,例 5、例 6、例 7 是下列一般情形的特例:

$$\lim_{x\to\infty}\frac{a_0x^m+a_1x^{m-1}+\cdots+a_m}{b_0x^n+b_1x^{n-1}+\cdots+b_n} = \begin{cases}\dfrac{a_0}{b_0}, & m=n,\\ 0, & m<n,\\ \infty, & m>n,\end{cases}$$

其中 $a_0b_0\neq 0$,m 和 n 为非负整数.

二、复合函数的极限运算法则

定理 2 设函数 $y=f[g(x)]$ 由函数 $y=f(u)$ 与 $u=g(x)$ 复合而成,$f[g(x)]$ 在点 x_0 的某个去心邻域内有定义.若 $\lim\limits_{x\to x_0}g(x)=u_0$,$\lim\limits_{u\to u_0}f(u)=A$,且存在 $\delta_0>0$,当 $x\in \mathring{U}(x_0,\delta_0)$ 时,有 $g(x)\neq u_0$,则

$$\lim_{x\to x_0}f[g(x)] = \lim_{u\to u_0}f(u) = A.$$

证 按函数极限的定义,要证:$\forall\varepsilon>0$,$\exists\delta>0$,使得当 $0<|x-x_0|<\delta$ 时,

$$|f[g(x)]-A|<\varepsilon$$

成立.

由于 $\lim\limits_{u\to u_0}f(u)=A$,$\forall\varepsilon>0$,$\exists\eta>0$,当 $0<|u-u_0|<\eta$ 时,$|f(u)-A|<\varepsilon$ 成立.

又由于 $\lim\limits_{x\to x_0}g(x)=u_0$,对于上面得到的 $\eta>0$,$\exists\delta_1>0$,当 $0<|x-x_0|<\delta_1$ 时,$|g(x)-u_0|<\eta$ 成立.

由假设，当 $x \in \mathring{U}(x_0, \delta)$ 时，$g(x) \neq u_0$. 取 $\delta = \min\{\delta_0, \delta_1\}$，则当 $0 < |x - x_0| < \delta$ 时，$|g(x) - u_0| < \eta$ 及 $|g(x) - u_0| \neq 0$ 同时成立，即 $0 < |g(x) - u_0| < \eta$ 成立，从而

$$|f[g(x)] - A| = |f(u) - A| < \varepsilon$$

成立.

定理2中，如果把 $\lim\limits_{x \to x_0} g(x) = u_0$ 换成 $\lim\limits_{x \to x_0} g(x) = \infty$ 或 $\lim\limits_{x \to \infty} g(x) = \infty$，而把 $\lim\limits_{u \to u_0} f(u) = A$ 换成 $\lim\limits_{u \to \infty} f(u) = A$，可得类似的定理.

定理2表示，如果函数 $g(x)$ 和 $f(u)$ 满足该定理的条件，那么作代换 $u = g(x)$ 可把求 $\lim\limits_{x \to x_0} f[g(x)]$ 转化为求 $\lim\limits_{u \to u_0} f(u)$，这里 $u_0 = \lim\limits_{x \to x_0} g(x)$.

例8　求 $\lim\limits_{x \to 1} \cos(\ln x)$.

解　函数 $\cos(\ln x)$ 由 $f(u) = \cos u$ 与 $u = \ln x$ 复合而成. 当 $x \to 1$ 时，$u \to 0$，所以

$$\lim_{x \to 1} \cos(\ln x) = \lim_{u \to 0} \cos u = 1.$$

例9　求 $\lim\limits_{x \to 1^+} \arctan \dfrac{x^2 + 2x - 3}{(x - 1)^2}$.

解　函数 $\arctan \dfrac{x^2 + 2x - 3}{(x - 1)^2}$ 由 $f(u) = \arctan u$ 与 $u = \dfrac{x^2 + 2x - 3}{(x - 1)^2}$ 复合而成. 当 $x \to 1^+$ 时，$u \to +\infty$，所以

$$\lim_{x \to 1^+} \arctan \frac{x^2 + 2x - 3}{(x - 1)^2} = \lim_{u \to +\infty} \arctan u = \frac{\pi}{2}.$$

习题 1.5

1. 计算下列极限：

(1) $\lim\limits_{x \to 2} \dfrac{x^2 + 5}{x - 3}$；　　(2) $\lim\limits_{x \to \sqrt{3}} \dfrac{x^2 - 3}{x^2 + 1}$；

(3) $\lim\limits_{x \to 3} \dfrac{x - 3}{x^2 - 9}$；　　(4) $\lim\limits_{x \to 0} \dfrac{4x^3 - 2x^2 + x}{3x^2 + 2x}$；

(5) $\lim\limits_{x \to 1} \dfrac{x^3 - 2x^2 + 1}{x - x^3}$；　　(6) $\lim\limits_{h \to 0} \dfrac{(a + h)^2 - a^2}{h}$；

(7) $\lim\limits_{x \to 1} \dfrac{x^n - 1}{x^m - 1}$；　　(8) $\lim\limits_{x \to 1} \dfrac{2x - 3}{x^2 - 5x + 4}$；

(9) $\lim\limits_{x \to \infty} \dfrac{x^2 - 1}{2x^2 - x - 1}$；　　(10) $\lim\limits_{x \to \infty} \dfrac{3x^2 - 2x - 1}{2x^3 - x^2 + 5}$；

(11) $\lim\limits_{x \to \infty} \left(2 - \dfrac{1}{x} + \dfrac{1}{x^2}\right)$；　　(12) $\lim\limits_{x \to \infty} \left(1 + \dfrac{1}{x}\right)\left(2 - \dfrac{1}{x^2}\right)$；

(13) $\lim\limits_{n\to\infty}\left(1+\frac{1}{2}+\frac{1}{4}+\cdots+\frac{1}{2^n}\right)$;　　(14) $\lim\limits_{n\to\infty}\frac{5^n-4^{n-1}}{5^{n+1}+3^{n+2}}$;

(15) $\lim\limits_{n\to\infty}\frac{1+2+\cdots+n}{n^2}$;　　(16) $\lim\limits_{n\to\infty}\frac{(n+1)(n+2)(n+3)}{5n^3}$;

(17) $\lim\limits_{x\to1}\left(\frac{x}{x-1}-\frac{1}{x^2-x}\right)$;　　(18) $\lim\limits_{x\to1}\left(\frac{1}{1-x}-\frac{3}{1-x^3}\right)$.

2. 设 $f(x)=x^2+2x\lim\limits_{x\to1}f(x)$，其中 $\lim\limits_{x\to1}f(x)$ 存在,求 $f(x)$ 的表达式.

3. 设 $\lim\limits_{x\to\infty}\left(\frac{x^2+1}{x+1}-ax-b\right)=0$，求常数 $a,\ b$.

4. 已知 $\lim\limits_{x\to2}\frac{2x^2-ax-2}{x^2-4}=k$，求常数 a 与 k 之值.

5. 已知 $\lim\limits_{x\to2}\frac{x^2+ax+b}{x^2-x-2}=2$，求 a,b.

第6节　极限存在准则　两个重要极限

本节介绍极限存在的两个准则,并根据它们来导出两个重要极限.这两个极限作为新工具,在极限求值时有着非常重要的作用.

一、两个准则

准则Ⅰ(夹逼准则)　如果函数满足 $f(x)\leqslant g(x)\leqslant h(x)$，且在自变量 x 的同一变化过程中,

$$\lim f(x)=\lim h(x)=A,$$

则 $\lim g(x)=A$.

证　设 $\lim\limits_{x\to x_0}f(x)=A,\lim\limits_{x\to x_0}h(x)=A$. 根据函数极限的定义,对于任意给定的 $\varepsilon>0$，存在常数 $\delta_1,\delta_2>0$，使得当 $0<|x-x_0|<\delta_1$ 时,有

$$|f(x)-A|<\varepsilon;$$

当 $0<|x-x_0|<\delta_2$ 时,有

$$|h(x)-A|<\varepsilon.$$

现在取 $\delta=\min\{\delta_1,\delta_2\}$，则当 $0<|x-x_0|<\delta$ 时,有

$$|f(x)-A|<\varepsilon,\quad |h(x)-A|<\varepsilon$$

同时成立,即

$$A-\varepsilon<f(x)<A+\varepsilon,\quad A-\varepsilon<h(x)<A+\varepsilon.$$

又因为 $f(x)\leqslant g(x)\leqslant h(x)$，故当 $0<|x-x_0|<\delta$ 时,有

$$A - \varepsilon < f(x) \leqslant g(x) \leqslant h(x) < A + \varepsilon,$$

即

$$|g(x) - A| < \varepsilon.$$

这就证明了 $\lim\limits_{x \to x_0} g(x) = A$.

这一准则不但可以用于判别极限的存在性,而且可以用来求极限.

例 1　求 $\lim\limits_{n \to \infty}\left(\dfrac{1}{\sqrt{n^2+1}} + \dfrac{1}{\sqrt{n^2+2}} + \cdots + \dfrac{1}{\sqrt{n^2+n}}\right)$.

解　因为

$$\frac{n}{\sqrt{n^2+n}} \leqslant \frac{1}{\sqrt{n^2+1}} + \frac{1}{\sqrt{n^2+2}} + \cdots + \frac{1}{\sqrt{n^2+n}} \leqslant \frac{n}{\sqrt{n^2+1}},$$

又

$$\lim_{n \to \infty} \frac{n}{\sqrt{n^2+n}} = \lim_{n \to \infty} \frac{1}{\sqrt{1+\frac{1}{n}}} = 1, \lim_{n \to \infty} \frac{n}{\sqrt{n^2+1}} = \lim_{n \to \infty} \frac{1}{\sqrt{1+\frac{1}{n^2}}} = 1,$$

故由夹逼准则知

$$\lim_{n \to \infty}\left(\frac{1}{\sqrt{n^2+1}} + \frac{1}{\sqrt{n^2+2}} + \cdots + \frac{1}{\sqrt{n^2+n}}\right) = 1.$$

例 1 中,当 $n \to \infty$ 时,和式中的项数有无限个,尽管和式中的每一项 $\dfrac{1}{\sqrt{n^2+i}}(i = 1, 2, \cdots, n)$ 当 $n \to \infty$ 时均为无穷小,但我们可以看到,无穷多个无穷小之和已经不再等于无穷小了. 这也表明,无限多项和求极限时不宜直接用四则运算法则,读者需加以注意.

准则 Ⅱ(单调有界准则)　单调有界数列必有极限.

在第 2 节中曾证明:收敛的数列一定有界. 但有界的数列不一定收敛. 准则 Ⅱ 表明,如果一数列不仅有界,并且是单调的,那么该数列的极限必定存在,也就是该数列一定收敛.

准则 Ⅱ 的证明超出教材要求,在此从略. 下面给出该准则的几何解释.

当数列 $\{x_n\}$ 单调增加时,数轴上对应的点 x_n 只能向数轴的正向移动,所以只有两种可能:或者点 x_n 沿数轴正向移向无穷远(即 $x_n \to +\infty$),或者点 x_n 无限趋向于一个定点 A(即 $x_n \to A$),如图 1-32 所示. 因为数列 $\{x_n\}$ 有上界 M, 所以排除第一种可能,即数列 $\{x_n\}$ 必有极限,且此极限不超过 M. 类似可以给出当数列 $\{x_n\}$ 单调减少时的几何解释.

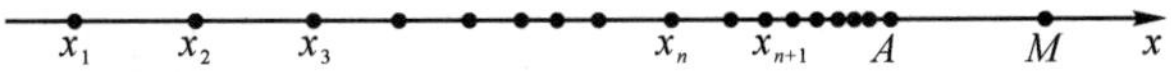

图 1-32

二、两个重要极限

公式 1 $\lim\limits_{x\to 0}\dfrac{\sin x}{x}=1.$

表 1-1 是函数 $\dfrac{\sin x}{x}$ 的一些取值情况.

表 1-1

x	$\frac{\pi}{2}$	$\frac{\pi}{4}$	$\frac{\pi}{8}$	$\frac{\pi}{16}$	$\frac{\pi}{32}$	$\frac{\pi}{64}$	$\frac{\pi}{128}$
$\frac{\sin x}{x}$	0.636 6	0.900 3	0.974 5	0.993 6	0.998 4	0.999 6	0.999 9

下面我们利用准则 I 来证明.

证 首先考虑 $0<x<\dfrac{\pi}{2}$，在图 1-33 的单位圆中，设圆心角 $\angle AOB=x$，点 A 处的切线与 OB 的延长线相交于 D，又 $BC\perp OA$，

则 $\sin x=|CB|$，$\tan x=|AD|$.

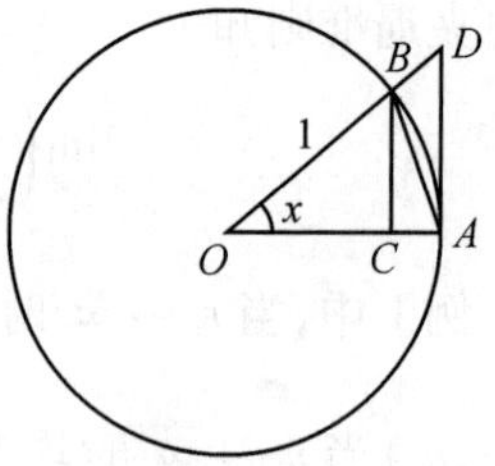

因为 $S_{\triangle AOB}<S_{扇AOB}<S_{\triangle AOD}$，所以

$$0<\frac{1}{2}\sin x<\frac{1}{2}x<\frac{1}{2}\tan x,$$

即

$$\sin x<x<\tan x,$$

图 1-33

不等式两边都除以 $\sin x(>0)$，有

$$1<\frac{x}{\sin x}<\frac{1}{\cos x},$$

从而

$$\cos x<\frac{\sin x}{x}<1, \tag{1}$$

因为当 x 用 $-x$ 代替时，$\cos x$ 与 $\dfrac{\sin x}{x}$ 的值都不变的，所以上面的不等式对于开区间 $\left(-\dfrac{\pi}{2},0\right)$ 内的一切 x 也是成立的. 下面来证 $\lim\limits_{x\to 0}\cos x=1$.

事实上，当 $0<|x|<\dfrac{\pi}{2}$ 时，

$$0<1-\cos x=2\sin^2\frac{x}{2}<2\left(\frac{x}{2}\right)^2=\frac{x^2}{2},$$

当 $x \to 0$ 时，$\frac{x^2}{2} \to 0$，由准则Ⅰ有 $\lim\limits_{x\to 0}(1 - \cos x) = 0$，即 $\lim\limits_{x\to 0}\cos x = 1$.

由不等式(1)及准则Ⅰ，即得

$$\lim_{x\to 0}\frac{\sin x}{x} = 1.$$

例 2　求 $\lim\limits_{x\to 0}\frac{\tan x}{x}$.

解　$\lim\limits_{x\to 0}\frac{\tan x}{x} = \lim\limits_{x\to 0}\frac{1}{\cos x}\cdot\frac{\sin x}{x} = \lim\limits_{x\to 0}\frac{1}{\cos x}\cdot\lim\limits_{x\to 0}\frac{\sin x}{x} = 1.$

例 3　求 $\lim\limits_{x\to 0}\frac{\sin 2x}{x}$.

解　$\lim\limits_{x\to 0}\frac{\sin 2x}{x} = \lim\limits_{x\to 0}2\cdot\frac{\sin 2x}{2x} = 2.$

这里极限值的运算用到了复合函数的极限运算法则. 实际上 $\frac{\sin 2x}{2x}$ 可看作由 $\frac{\sin u}{u}$ 及 $u = 2x$ 复合而成. 因 $\lim\limits_{x\to 0}2x = 0$，而 $\lim\limits_{u\to 0}\frac{\sin u}{u} = 1$，故 $\lim\limits_{x\to 0}\frac{\sin 2x}{2x} = 1$.

例 4　求 $\lim\limits_{x\to 0}\frac{1 - \cos x}{x^2}$.

解　$\lim\limits_{x\to 0}\frac{1 - \cos x}{x^2} = \lim\limits_{x\to 0}\frac{2\sin^2\frac{x}{2}}{x^2} = \frac{1}{2}\lim\limits_{x\to 0}\left(\frac{\sin\frac{x}{2}}{\frac{x}{2}}\right)^2 = \frac{1}{2}.$

例 5　求 $\lim\limits_{x\to 0}\frac{\arcsin x}{x}$.

解　令 $t = \arcsin x$，则 $x = \sin t$，当 $x \to 0$ 时，$t \to 0$，故由复合函数的极限运算法则得

$$\lim_{x\to 0}\frac{\arcsin x}{x} = \lim_{t\to 0}\frac{t}{\sin t} = 1.$$

类似地，可得

$$\lim_{x\to 0}\frac{\arctan x}{x} = 1.$$

在公式 1 的运用上，我们应抓住其本质，即在自变量的某个变化过程中，若 $\alpha(x)$ 是无穷小量，则

$$\lim\frac{\sin\alpha(x)}{\alpha(x)} = 1.$$

公式 2　$\lim\limits_{x\to\infty}\left(1 + \frac{1}{x}\right)^x = \mathrm{e}.$

首先来考虑 x 取正整数 n 而趋于 $+\infty$ 的情形. 设 $x_n=\left(1+\frac{1}{n}\right)^n$，其一些取值情况见表 1-2.

表 1-2

n	1	10	100	1 000	10 000	100 000
$\left(1+\frac{1}{n}\right)^n$	2	2.593 74	2.704 81	2.716 92	2.718 14	2.718 27

考虑 $x_n=\left(1+\frac{1}{n}\right)^n$ 的值是单调递增的，并且当 $n\geqslant 10\,000$ 时，x_n 的前面 3 个数字已经保持不变，可见 x_n 不大可能会超过 3.

下面证明数列 $\{x_n\}$ 单调增加并且有界. 按牛顿二项公式，有

$$\begin{aligned}x_n&=\left(1+\frac{1}{n}\right)^n\\&=1+n\cdot\frac{1}{n}+\frac{n(n-1)}{2!}\cdot\frac{1}{n^2}+\frac{n(n-1)(n-2)}{3!}\cdot\frac{1}{n^3}+\cdots\\&\quad+\frac{n(n-1)\cdots(n-n+1)}{n!}\cdot\frac{1}{n^n}\\&=1+1+\frac{1}{2!}\cdot\left(1-\frac{1}{n}\right)+\frac{1}{3!}\cdot\left(1-\frac{1}{n}\right)\cdot\left(1-\frac{2}{n}\right)+\cdots\\&\quad+\frac{1}{n!}\cdot\left(1-\frac{1}{n}\right)\cdot\left(1-\frac{2}{n}\right)\cdots\left(1-\frac{n-1}{n}\right),\end{aligned}$$

类似地，

$$\begin{aligned}x_{n+1}&=1+1+\frac{1}{2!}\cdot\left(1-\frac{1}{n+1}\right)+\frac{1}{3!}\cdot\left(1-\frac{1}{n+1}\right)\cdot\left(1-\frac{2}{n+1}\right)+\cdots\\&\quad+\frac{1}{n!}\cdot\left(1-\frac{1}{n+1}\right)\cdot\left(1-\frac{2}{n+1}\right)\cdots\left(1-\frac{n-1}{n+1}\right)\\&\quad+\frac{1}{(n+1)!}\cdot\left(1-\frac{1}{n+1}\right)\cdot\left(1-\frac{2}{n+1}\right)\cdots\left(1-\frac{n}{n+1}\right).\end{aligned}$$

比较 x_n,x_{n+1} 的展开式，可以看到除前两项外，x_n 的每一项都小于 x_{n+1} 的对应项，并且 x_{n+1} 还多了最后的一项，其值大于 0，因此 $x_n<x_{n+1}$，这就说明数列 $\{x_n\}$ 是单调增加的.

这个数列同时还是有界的. 这是因为，如果 x_n 的展开式中各项括号内的数用较大的数 1 代替，得

$$x_n<1+1+\frac{1}{2!}+\frac{1}{3!}+\cdots+\frac{1}{n!}<1+1+\frac{1}{2}+\frac{1}{2^2}+\cdots+\frac{1}{2^{n-1}}$$

$$= 1 + \frac{1 - \frac{1}{2^n}}{1 - \frac{1}{2}} = 3 - \frac{1}{2^{n-1}} < 3.$$

根据极限存在准则Ⅱ,这个数列 $\{x_n\}$ 的极限存在,通常用字母 e 来表示它,即

$$\lim_{n \to \infty} \left(1 + \frac{1}{n}\right)^n = \mathrm{e}.$$

在第 1 节中提到的指数函数 $y = \mathrm{e}^x$ 以及自然对数 $y = \ln x$ 中的底 e 就是这个常数.

可以证明,当 x 取实数且趋于 $+\infty$ 或 $-\infty$ 时,函数 $\left(1 + \frac{1}{x}\right)^x$ 的极限都存在且都等于 e. 因此

$$\lim_{x \to \infty} \left(1 + \frac{1}{x}\right)^x = \mathrm{e}.$$

利用极限的变量替换 $t = \frac{1}{x}$, 公式 2 转化为另一种形式

$$\lim_{t \to 0} (1 + t)^{\frac{1}{t}} = \mathrm{e}.$$

更一般的结论是:在自变量的某个变化过程中,若 $\alpha(x)$ 是无穷小量,则

$$\lim \left[1 + \alpha(x)\right]^{\frac{1}{\alpha(x)}} = \mathrm{e}.$$

例 6　求 $\lim\limits_{x \to 0} (1 + 2x)^{\frac{1}{x}}$.

解　$\lim\limits_{x \to 0} (1 + 2x)^{\frac{1}{x}} = \lim\limits_{x \to 0} (1 + 2x)^{\frac{1}{2x} \cdot 2} = \lim\limits_{x \to 0} \left[(1 + 2x)^{\frac{1}{2x}}\right]^2 = \mathrm{e}^2.$

例 7　求 $\lim\limits_{x \to \infty} \left(1 - \frac{2}{x}\right)^{x+1}$.

解

$$\lim_{x \to \infty} \left(1 - \frac{2}{x}\right)^{x+1} = \lim_{x \to \infty} \left(1 - \frac{2}{x}\right)^x \cdot \left(1 - \frac{2}{x}\right)$$

$$= \lim_{x \to \infty} \left[\left(1 - \frac{2}{x}\right)^{-\frac{x}{2}}\right]^{-2} \cdot \lim_{x \to \infty} \left(1 - \frac{2}{x}\right) = \mathrm{e}^{-2} \cdot 1 = \mathrm{e}^{-2}.$$

例 8　求 $\lim\limits_{x \to \infty} \left(\frac{x + 1}{x - 2}\right)^x$.

解　$\lim\limits_{x \to \infty} \left(\frac{x + 1}{x - 2}\right)^x = \lim\limits_{x \to \infty} \left(\frac{1 + \frac{1}{x}}{1 - \frac{2}{x}}\right)^x = \lim\limits_{x \to \infty} \frac{\left(1 + \frac{1}{x}\right)^x}{\left[\left(1 - \frac{2}{x}\right)^{-\frac{x}{2}}\right]^{-2}} = \frac{\mathrm{e}}{\mathrm{e}^{-2}} = \mathrm{e}^3.$

习题 1.6

1. 计算下列极限：

(1) $\lim\limits_{n\to\infty} n\sin\frac{\pi}{n}$；

(2) $\lim\limits_{x\to0}\frac{\sin ax}{\tan bx}(a,b\neq0)$；

(3) $\lim\limits_{x\to0}\frac{x-\sin x}{x+\sin x}$；

(4) $\lim\limits_{x\to0^+}\frac{x}{\sqrt{1-\cos x}}$；

(5) $\lim\limits_{x\to1}\frac{\sin(x-1)}{x^2+5x-6}$；

(6) $\lim\limits_{x\to0}(1-x)^{\frac{1}{x}}$；

(7) $\lim\limits_{x\to\infty}\left(\frac{1+x}{x}\right)^{3x}$；

(8) $\lim\limits_{n\to\infty}\left(1+\frac{1}{n}\right)^{-2n}$；

(9) $\lim\limits_{x\to\frac{\pi}{2}}(1+\cos x)^{4\sec x}$.

2. 已知 $\lim\limits_{x\to0}\frac{ab-\cos x}{x^2}=b+1$，求常数 a 与 b 的值.

3. 设 $f(x)=\begin{cases}\dfrac{a\cos\frac{\pi}{2}x}{x-1}, & x<1,\\ x^{\frac{1}{1-x}}, & x>1,\end{cases}$ 若 $\lim\limits_{x\to1}f(x)$ 存在，则 a 为何值？

4. 设 $f(x-2)=\left(1-\frac{3}{x}\right)^x$，求 $\lim\limits_{x\to\infty}f(x)$.

5. 利用极限存在准则证明：$\lim\limits_{n\to\infty}n\left(\frac{1}{n^2+\pi}+\frac{1}{n^2+2\pi}+\cdots+\frac{1}{n^2+n\pi}\right)=1$.

6. 证明数列 $\sqrt{2},\sqrt{2+\sqrt{2}},\sqrt{2+\sqrt{2+\sqrt{2}}},\cdots$ 的极限存在，并求此极限.

第 7 节　无穷小的比较

在自变量的同一变化过程中，不同的无穷小的商的极限会出现不同的情况. 例如，当 $x\to0$ 时，$x,x^2,\sin x$ 都是无穷小，但是有 $\lim\limits_{x\to0}\frac{x^2}{x}=0$，$\lim\limits_{x\to0}\frac{\sin x}{x}=1$.

这反映了它们趋于 0 的“快慢”程度是不同的. 我们说 x^2 比 x 趋于 0 的“速度”要快，而 $\sin x$ 和 x 趋于 0 的“速度”相当. 为了描述这一现象，引入无穷小阶的比较的概念.

定义 1　设 α 与 β 是自变量 x 在同一变化过程中的两个无穷小，且 $\alpha\neq0$.

(1) 如果 $\lim\frac{\beta}{\alpha}=0$，则称 β 是比 α **高阶的无穷小**，记作 $\beta=o(\alpha)$；

(2)如果 $\lim \dfrac{\beta}{\alpha} = \infty$，则称 β 是比 α **低阶的无穷小**；

(3)如果 $\lim \dfrac{\beta}{\alpha} = c \neq 0$，则称 β 与 α 是**同阶无穷小**，记作 $\beta = O(\alpha)$；特别地，当 $c = 1$ 时，即 $\lim \dfrac{\beta}{\alpha} = 1$，则称 β 与 α 是**等价无穷小**，记作 $\alpha \sim \beta$.

(4)如果 $\lim \dfrac{\beta}{\alpha^k} = c \neq 0(k > 0)$，则称 β 是 α 的 k **阶无穷小**.

如上面的例子，当 $x \to 0$ 时，x^2 是比 x 高阶的无穷小，即 $x^2 = o(x)$.

又如 $\lim\limits_{x\to 0} \dfrac{1-\cos x}{x^2} = \dfrac{1}{2}$，说明当 $x \to 0$ 时，$1 - \cos x$ 是与 x^2 同阶的无穷小，或者说 $1 - \cos x$ 是 x 的二阶无穷小. 同时，该极限也可以写为 $\lim\limits_{x\to 0} \dfrac{1-\cos x}{\frac{1}{2}x^2} = 1$，所以 $1 - \cos x$ 与 $\dfrac{1}{2}x^2$ 是当 $x \to 0$ 时的等价无穷小，即 $1 - \cos x \sim \dfrac{1}{2}x^2$.

例1 当 $x \to 0$ 时，比较 $x^2 - 3x^3$ 与 $2x + x^3$ 的阶.

解 因为当 $x \to 0$ 时，$x^2 - 3x^3$ 与 $2x + x^3$ 均为无穷小，且

$$\lim_{x\to 0} \frac{x^2 - 3x^3}{2x + x^3} = \lim_{x\to 0} \frac{x - 3x^2}{2 + x^2} = 0,$$

所以当 $x \to 0$ 时，$x^2 - 3x^3$ 是比 $2x + x^3$ 的高阶无穷小.

例2 证明：当 $x \to 0$ 时，$\sqrt[n]{1+x} - 1 \sim \dfrac{1}{n}x$.

证 因为

$$\lim_{x\to 0} \frac{\sqrt[n]{1+x} - 1}{\frac{1}{n}x} = \lim_{x\to 0} \frac{(\sqrt[n]{1+x})^n - 1}{\frac{1}{n}x\left(\sqrt[n]{(1+x)^{n-1}} + \sqrt[n]{(1+x)^{n-2}} + \cdots + 1\right)}$$

$$= \lim_{x\to 0} \frac{n}{\sqrt[n]{(1+x)^{n-1}} + \sqrt[n]{(1+x)^{n-2}} + \cdots + 1} = 1,$$

所以 $\sqrt[n]{1+x} - 1 \sim \dfrac{1}{n}x$.

应该指出，并不是任何两个无穷小都可进行比较的. 比如，当 $x \to 0$ 时，$x\sin\dfrac{1}{x}$ 和 x 虽然都是无穷小量，但是却不可比较，也就是说既无高低阶之分，也无同阶可言，因为

$$\lim_{x\to 0} \frac{x\sin\frac{1}{x}}{x} = \lim_{x\to 0}\sin\frac{1}{x} \text{ 不存在.}$$

关于等价无穷小,有下面定理.

定理(等价无穷小替换原理) 设在自变量的同一变化过程中,$\alpha \sim \alpha'$,$\beta \sim \beta'$,且 $\lim \frac{\beta'}{\alpha'}$ 存在,则

$$\lim \frac{\beta}{\alpha} = \lim \frac{\beta'}{\alpha'}.$$

证 $\lim \frac{\beta}{\alpha} = \lim \frac{\beta}{\beta'} \cdot \frac{\beta'}{\alpha'} \cdot \frac{\alpha'}{\alpha} = \lim \frac{\beta}{\beta'} \cdot \lim \frac{\beta'}{\alpha'} \cdot \lim \frac{\alpha'}{\alpha} = \lim \frac{\beta'}{\alpha'}.$

上述定理表明,求两个无穷小之比的极限时,分子或分母都可用适当的等价无穷小来代替,从而使得计算简捷.

例 3 求 $\lim\limits_{x \to 0} \frac{\arctan x}{\sin 4x}$.

解 当 $x \to 0$ 时,$\arctan x \sim x$,$\sin 4x \sim 4x$,所以

$$\lim_{x \to 0} \frac{\arctan x}{\sin 4x} = \lim_{x \to 0} \frac{x}{4x} = \frac{1}{4}.$$

例 4 求 $\lim\limits_{x \to 0} \frac{(1 + x^2)^{\frac{1}{3}} - 1}{\cos x - 1}$.

解 当 $x \to 0$ 时,$(1 + x^2)^{\frac{1}{3}} - 1 \sim \frac{1}{3}x^2$,$\cos x - 1 \sim -\frac{1}{2}x^2$,所以

$$\lim_{x \to 0} \frac{(1 + x^2)^{\frac{1}{3}} - 1}{\cos x - 1} = \lim_{x \to 0} \frac{\frac{1}{3}x^2}{-\frac{1}{2}x^2} = -\frac{2}{3}.$$

例 5 求 $\lim\limits_{x \to 0} \frac{\tan x - \sin x}{\sin x^3}$.

解 $\lim\limits_{x \to 0} \frac{\tan x - \sin x}{\sin x^3} = \lim\limits_{x \to 0} \frac{\tan x(1 - \cos x)}{x^3} = \lim\limits_{x \to 0} \frac{x \cdot \frac{1}{2}x^2}{x^3} = \frac{1}{2}.$

注 如果分子或分母是若干项之代数和,则一般不能对其中的某个项作等价无穷小替换.如在例 5 中,若

$$\lim_{x \to 0} \frac{\tan x - \sin x}{\sin x^3} = \lim_{x \to 0} \frac{x - x}{x^3} = 0,$$

则得到的是错误的结果.此时 $\tan x - \sin x$ 与 $x - x$ 不是等价无穷小(0 是比任何无穷小都要高阶的无穷小).

习题 1.7

1. 当 $x \to 0$ 时,$2x - x^2$ 与 $x^2 - x^3$ 相比,哪一个是高阶无穷小?

2. 验证当 $x \to 1$ 时，$x^2 - 1$ 与 $x^3 - 1$ 是同阶无穷小.

3. 验证当 $x \to 0$ 时，$(1 - \cos x)^2$ 是 x^2 的高阶无穷小.

4. 利用等价无穷小的性质，求下列极限：

(1) $\lim\limits_{x \to 0} \dfrac{\tan 3x}{2x}$；　　(2) $\lim\limits_{x \to 0} \dfrac{\sin x}{x^3 + 3x}$；

(3) $\lim\limits_{x \to 0} \dfrac{1 - \cos 2x}{x^2}$；　　(4) $\lim\limits_{x \to 0} \dfrac{\sin x^n}{\sin^m x}$（$m,n$ 为正整数）；

(5) $\lim\limits_{x \to 0} \dfrac{\sin x - \tan x}{(\sqrt[3]{1 + x^2} - 1)(\sqrt{1 + \sin x} - 1)}$.

5. 已知 $x^2 + ax + b = o(x^2 - 1)$（当 $x \to 1$），求常数 a 与 b 的值.

6. 设 $f(x) = \dfrac{x^2 - 6x - 7}{x^2 + 2ax + b}$ 当 $x \to 1$ 时为无穷大，而当 $x \to -1$ 时与 $g(x) = x^2 - 1$ 为等价无穷小，求常数 a 与 b 的值.

第8节　连续函数

自然界中的很多现象，如气温的变化、河水的流动、生物的生长等，都是连续变化的；在稳定的社会经济系统中，如人口数、国民收入、价格指数等许多经济量也都是连续变化的. 这种现象都有一种规律，即当时间的变化很微小时，它们各自的变化也是很微小的，这种规律在函数关系上的反映，就是函数的连续性. 它是与函数极限密切相关的另一基本概念. 本节将给出函数连续与间断的概念，并介绍连续函数的性质及初等函数的连续性.

一、函数的连续性

首先引入函数增量的概念.

设变量 x 从它的一个初值 x_0 变到终值 x，终值与初值的差 $x - x_0$，称为变量 x 在 x_0 处的**增量**（或**改变量**），记作 Δx，即

$$\Delta x = x - x_0.$$

增量 Δx 可以是正的，也可以是负的. 当 Δx 为正时，变量从 x_0 变到 $x = x_0 + \Delta x$ 时是增大的；当 Δx 为负时，变量 x 是减小的.

设函数 $y = f(x)$ 在点 x_0 的某个邻域内有定义，当自变量在这个邻域内从 x_0 变到 $x_0 + \Delta x$ 时，相应的函数 $y = f(x)$ 从 $f(x_0)$ 变到 $f(x_0 + \Delta x)$，此时函数 $y = f(x)$ 对应的增量为

$$\Delta y = f(x_0 + \Delta x) - f(x_0).$$

这个关系的几何解释如图 1-34 所示.

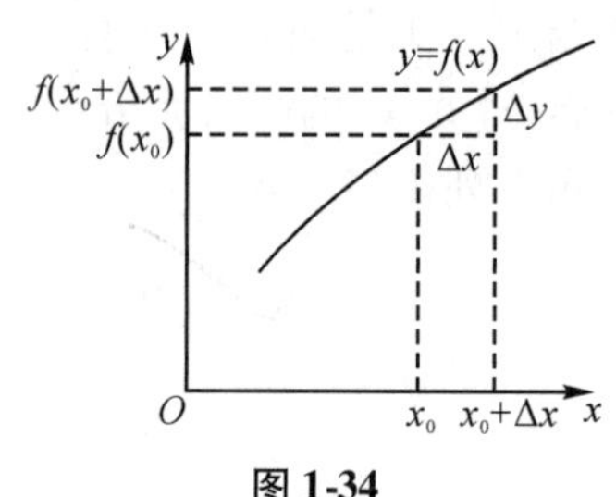

图 1-34

直观上看,所谓函数的"连续性"就是当自变量 x 的增量很微小时,函数值的增量也很微小.

定义 1 设函数 $y=f(x)$ 在点 x_0 的某个邻域内有定义,如果

$$\lim_{\Delta x\to 0}\Delta y=\lim_{\Delta x\to 0}[f(x_0+\Delta x)-f(x_0)]=0,$$

则称函数 $f(x)$ 在点 x_0 处**连续**,并称 x_0 是 $f(x)$ 的一个**连续点**. 否则就称函数 $f(x)$ 在点 x_0 处**间断**(或**不连续**),并称 x_0 是 $f(x)$ 的一个**间断点**(或**不连续点**).

例 1 证明:$y=x^2$ 在其定义域内任意点 x_0 处连续.

证 因为

$$\Delta y=f(x_0+\Delta x)-f(x_0)=(x_0+\Delta x)^2-x_0^2=2x_0\Delta x+(\Delta x)^2,$$

所以

$$\lim_{\Delta x\to 0}\Delta y=\lim_{\Delta x\to 0}[2x_0\Delta x+(\Delta x)^2]=0,$$

即 $y=x^2$ 在 x_0 处连续.

为了应用方便起见,利用复合函数的极限运算法则,连续的定义还可以用另一种方式来叙述.

设 $x=x_0+\Delta x$, 则当 $\Delta x\to 0$ 时, $x\to x_0$, 于是

$$\lim_{\Delta x\to 0}\Delta y=\lim_{x\to x_0}[f(x)-f(x_0)]=0,$$

即 $\lim\limits_{x\to x_0}f(x)=f(x_0)$. 因此,我们可以得到函数连续性的另一等价定义:

定义 1′ 设函数 $y=f(x)$ 在点 x_0 的某个邻域内有定义,如果

$$\lim_{x\to x_0}f(x)=f(x_0),$$

则称函数 $y=f(x)$ 在点 x_0 处**连续**.

由此可见,函数 $f(x)$ 在点 x_0 处连续包含了三个条件:

(1) $f(x)$ 在点 x_0 处有定义;

(2) 极限 $\lim\limits_{x\to x_0}f(x)$ 存在;

(3) 极限值等于函数值 $f(x_0)$.

这三个条件中只要有一条不成立,函数 $f(x)$ 在点 x_0 处必间断.

例2 讨论函数$f(x)=\begin{cases}x\sin\dfrac{1}{x}, & x\neq 0,\\ 0, & x=0\end{cases}$在点$x=0$处的连续性.

解 因为

$$\lim_{x\to 0}f(x)=\lim_{x\to 0}x\sin\frac{1}{x}=0,$$

且$f(0)=0$,故有$\lim\limits_{x\to 0}f(x)=f(0)$. 由连续的定义知,$f(x)$在$x=0$处连续.

如果我们只讨论函数在某点一侧的连续性称为**单侧连续性**.

定义2 如果函数$y=f(x)$在$(a,x_0]$(或$[x_0,b)$)内有定义,且

$$\lim_{x\to x_0^-}f(x)=f(x_0)\ (\text{或}\ \lim_{x\to x_0^+}f(x)=f(x_0)),$$

则称函数$y=f(x)$在点x_0处**左连续**(或**右连续**).

由单侧连续的定义,我们不难推出如下定理.

定理1 函数$f(x)$在点x_0处连续的充要条件是:$f(x)$在点x_0处既左连续又右连续.

在区间上每一点都连续的函数,叫作在该区间上的**连续函数**,或者说**函数在该区间上连续**. 如果区间包括端点,那么函数在右端点连续是指左连续,在左端点连续是指右连续.

连续函数的图形是一条连续而不间断的曲线.

例3 讨论函数$f(x)=\begin{cases}x+2, & x\geqslant 0,\\ x-2, & x<0\end{cases}$在点$x=0$处的连续性.

解 因为

$$\lim_{x\to 0^+}f(x)=\lim_{x\to 0^+}(x+2)=2,\ \lim_{x\to 0^-}f(x)=\lim_{x\to 0^-}(x-2)=-2,$$

而$f(0)=2$,所以$f(x)$在点$x=0$右连续,但不左连续,从而它在$x=0$处不连续,也即间断.

例4 证明:函数$y=\sin x$在$(-\infty,+\infty)$内是连续的.

证 设x是区间$(-\infty,+\infty)$内任意取定的一点. 当 有增量Δx时,对应的函数的增量为

$$\Delta y=\sin(x+\Delta x)-\sin x.$$

由三角公式有

$$\sin(x+\Delta x)-\sin x=2\sin\frac{\Delta x}{2}\cos\left(x+\frac{\Delta x}{2}\right).$$

注意到

$$\left|2\sin\frac{\Delta x}{2}\right|<2\left|\frac{\Delta x}{2}\right|=|\Delta x|,\qquad \left|\cos\left(x+\frac{\Delta x}{2}\right)\right|\leqslant 1,$$

就推得

$$|\Delta y| = |\sin(x+\Delta x) - \sin x| \leqslant |\Delta x|.$$

因此,当 $\Delta x \to 0$ 时,由夹逼准则得 $|\Delta y| \to 0$, 这就证明了 $y = \sin x$ 对于任一 $x \in (-\infty, +\infty)$ 是连续的.

类似地可以证明,函数 $y = \cos x$ 在区间 $(-\infty, +\infty)$ 内是连续的.

二 、函数的间断点

由函数在某点处连续的定义知, $f(x)$ 在 x_0 处间断只能是下列三种情况之一:

(1) $f(x)$ 在点 x_0 处无定义;

(2) 虽在 $x = x_0$ 有定义,但 $\lim\limits_{x \to x_0} f(x)$ 不存在;

(3) $f(x)$ 在点 x_0 处有定义,且 $\lim\limits_{x \to x_0} f(x)$ 存在,但 $\lim\limits_{x \to x_0} f(x) \neq f(x_0)$.

函数的间断点通常分为下面两类:

设点 x_0 为函数 $f(x)$ 的间断点.

(1) 如果 $f(x)$ 在点 x_0 处的左、右极限都存在,则称 x_0 为 $f(x)$ 的**第一类间断点**.

对于第一类间断点,我们又可细分为两种情形:

其一,如果极限 $\lim\limits_{x \to x_0} f(x)$ 存在(即 $f(x)$ 在点 x_0 处的左、右极限都存在且相等),但是 $\lim\limits_{x \to x_0} f(x) \neq f(x_0)$, 或者 $f(x)$ 在点 x_0 处无定义,则称 x_0 为 $f(x)$ 的**可去间断点**.

其二,如果函数 $f(x)$ 在点 x_0 处的左、右极限都存在,但两者不相等,则称 x_0 为 $f(x)$ 的**跳跃间断点**.

(2) 如果 $f(x)$ 在点 x_0 处的左、右极限至少有一个不存在,则称 x_0 称为 $f(x)$ 的**第二类间断点**.

第二类间断点的情况比较复杂,常见的有**无穷间断点**(如 $\lim\limits_{x \to x_0} f(x) = \infty$)和**振荡间断点**(在 $x \to x_0$ 的过程中, $f(x)$ 无限振荡,极限不存在).

例 5 符号函数 $\operatorname{sgn} x = \begin{cases} 1, & x > 0, \\ 0, & x = 0, \\ -1, & x < 0 \end{cases}$ 在点 $x = 0$ 处的左、右极限分别为 -1 和 1, 故 $x = 0$ 是 $\operatorname{sgn} x$ 的第一类间断点中的跳跃间断点.

例 6 函数 $f(x) = \dfrac{x^2 - 1}{x - 1}$ 在点 $x = 1$ 处没有定义,所以点 $x = 1$ 是函数的间断点. 又因为

$$\lim_{x \to 1} \frac{x^2 - 1}{x - 1} = \lim_{x \to 1}(x + 1) = 2,$$

所以 $x = 1$ 是函数 $f(x)$ 的第一类间断点中的可去间断点,如图 1-35 所示.

此时，如果我们对 $f(x)$ 在点 $x=1$ 处补充或重新定义函数，令

$$f(x)=\begin{cases}\dfrac{x^2-1}{x-1}, & x\neq 1,\\ 2, & x=1,\end{cases}$$

则 $f(x)$ 在点 $x=1$ 处就是连续的了. 这也是为什么将这种间断点称为可去间断点的理由.

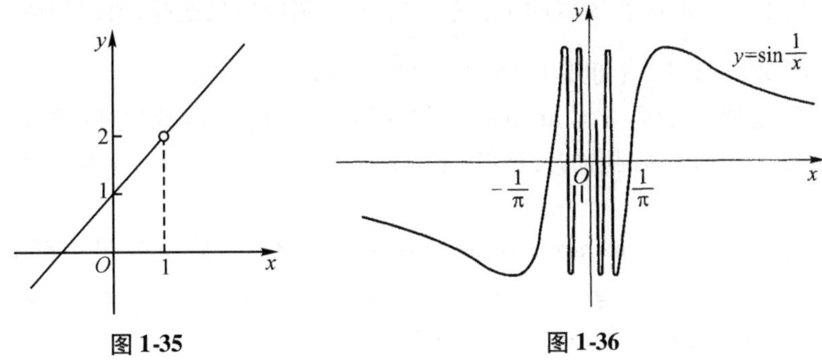

图 1-35　　图 1-36

例 7　正切函数 $y=\tan x$ 在点 $x_n=n\pi+\dfrac{\pi}{2}(n\in\mathbf{Z})$ 处无定义，所以 x_n 是函数 $\tan x$ 的间断点，又因为

$$\lim_{x\to x_n}\tan x=\infty,$$

$x_n=n\pi+\dfrac{\pi}{2}(n\in\mathbf{Z})$ 是函数 $\tan x$ 的第二类间断点，且是无穷间断点.

例 8　函数 $f(x)=\begin{cases}\sin\dfrac{1}{x}, & x\neq 0,\\ 0, & x=0\end{cases}$ 在点 $x=0$ 处有定义，当 $x\to 0$ 时，函数值在 -1 与 $+1$ 之间变动振荡，极限 $\lim\limits_{x\to 0}\sin\dfrac{1}{x}$ 不存在，如图 1-36 所示，故 $x=0$ 是 $f(x)$ 的第二类间断点，且是振荡间断点.

三、连续函数的运算法则与初等函数的连续性

由函数在某点连续的定义和极限的四则运算法则，立即可得出下面的定理.

定理 2　若 $f(x)$ 及 $g(x)$ 在点 x_0 处连续，则

$$f(x)\pm g(x),\ f(x)\cdot g(x),\ \frac{f(x)}{g(x)}(\text{当 } g(x_0)\neq 0 \text{ 时})$$

在点 x_0 处也连续.

例 9 因 $\tan x = \dfrac{\sin x}{\cos x}, \cot x = \dfrac{\cos x}{\sin x}$, 而 $\sin x$ 和 $\cos x$ 都在区间 $(-\infty, +\infty)$ 内连续(第一目),故由定理 2 知 $\tan x$ 和 $\cot x$ 在它们的定义域内是连续的.

定理 3 如果函数 $y = f(x)$ 在其定义区间 D_f 上单调增加(或单调减少)且连续,则它的反函数 $x = f^{-1}(y)$ 也在对应区间 R_f 上单调增加(或单调减少)且连续.

证明从略.

例 10 由于 $y = \sin x$ 在闭区间 $\left[-\dfrac{\pi}{2}, \dfrac{\pi}{2}\right]$ 上单调增加且连续,所以他的反函数 $y = \arcsin x$ 在闭区间 $[-1,1]$ 上也是单调增加且连续的.

同样,应用定理 3 可证: $y = \arccos x$ 在闭区间 $[-1,1]$ 单调减少且连续, $y = \arctan x$ 在区间 $(-\infty, +\infty)$ 内单调增加且连续, $y = \text{arccot}\, x$ 在区间 $(-\infty, +\infty)$ 内单调减少且连续.

总之,反三角函数 $\arcsin x, \arccos x, \arctan x, \text{arccot}\, x$ 在它们的定义域内都是连续的.

定理 4 设函数 $y = f[g(x)]$ 由函数 $y = f(u)$ 与函数 $u = g(x)$ 复合而成. 若 $\lim\limits_{x \to x_0} g(x) = u_0$, 而函数 $y = f(u)$ 在 $u = u_0$ 连续,则

$$\lim_{x \to x_0} f[g(x)] = \lim_{u \to u_0} f(u) = f(u_0).$$

证 在第 5 节定理 2 中,令 $A = f(u_0)$ (这时 $f(u)$ 在点 u_0 连续,并取消"存在 $\delta_0 > 0$, 当 $x \in \mathring{U}(x_0, \delta_0)$ 时,有 $g(x) \neq u_0$ "这条件,便得上面的定理. 这里 $g(x) \neq u_0$ 这条件可以取消的理由是: $\forall \varepsilon > 0$, 使 $g(x) = u_0$ 成立的那些点 x, 显然也使 $|f[g(x)] - f(u_0)| < \varepsilon$ 成立. 因此附加 $g(x) \neq u_0$ 这条件就没有必要了.

因为在定理 4 中有

$$\lim_{x \to x_0} g(x) = u_0, \quad \lim_{u \to u_0} f(u) = f(u_0),$$

故定理 4 结论又可以写成

$$\lim_{x \to x_0} f[g(x)] = f\left[\lim_{x \to x_0} g(x)\right].$$

定理 4 的结论表示,如果作代换 $u = g(x)$, 那么求 $\lim\limits_{x \to x_0} f[g(x)]$ 就化为求 $\lim\limits_{u \to u_0} f(u)$, 这里 $u_0 = \lim\limits_{x \to x_0} g(x)$. 而上式表示,在定理 4 的条件下,求复合函数 $f[g(x)]$ 的极限时,函数符号 f 与极限符号 $\lim\limits_{x \to x_0}$ 可以交换次序.

在定理 4 中的 $x \to x_0$ 换成 $x \to \infty$, 可得类似的定理.

例 11 求 $\lim\limits_{x \to +\infty} \arcsin(\sqrt{x^2 + x} - x)$.

解 $y = \arcsin(\sqrt{x^2 + x} - x)$ 可看作由 $y = \arcsin u$ 与 $u = \sqrt{x^2 + x} - x$ 复合而成. 因为

$$\lim_{x\to+\infty}(\sqrt{x^2+x}-x)=\lim_{x\to+\infty}\frac{x}{\sqrt{x^2+x}+x}=\lim_{x\to+\infty}\frac{1}{\sqrt{1+\frac{1}{x}}+1}=\frac{1}{2}.$$

而函数 $y=\arcsin u$ 在 $u=\frac{1}{2}$ 连续,所以

$$\lim_{x\to+\infty}\arcsin(\sqrt{x^2+x}-x)=\arcsin\left[\lim_{x\to+\infty}(\sqrt{x^2+x}-x)\right]=\arcsin\frac{1}{2}=\frac{\pi}{6}.$$

定理 5　设函数 $y=f[g(x)]$ 由函数 $y=f(u)$ 与函数 $u=g(x)$ 复合而成. 若函数 $u=g(x)$ 在 $x=x_0$ 连续,且 $g(x_0)=u_0$,而函数 $y=f(u)$ 在 $u=u_0$ 连续,则复合函数 $y=f[g(x)]$ 在 $x=x_0$ 也连续.

证　只要在定理 4 中令 $u_0=g(x_0)$,这就表示 $g(x)$ 在点 x_0 连续,于是由定理 4 得

$$\lim_{x\to x_0}f[g(x)]=f(u_0)=f[g(x_0)],$$

这就证明了复合函数 $f[g(x)]$ 在点 x_0 连续.

例 12　讨论函数 $y=\sin\frac{1}{x}$ 的连续性.

解　函数 $y=\sin\frac{1}{x}$ 可看作是由 $u=\frac{1}{x}$ 及 $y=\sin u$ 复合而成的. $\frac{1}{x}$ 当 $-\infty<x<0$ 和 $0<x<+\infty$ 时是连续的. $\sin u$ 当 $-\infty<x<+\infty$ 时是连续的. 根据定理 5,函数 $\sin\frac{1}{x}$ 在无限区间 $(-\infty,0)$ 和 $(0,+\infty)$ 内是连续的.

前面我们证明了三角函数及反三角函数在它们的定义域内是连续的. 还可以证明:**基本初等函数在它们的定义域内都是连续的.**

最后,根据第 1 节中关于初等函数的定义,由基本初等函数的连续性以及本节定理 2、定理 5 可得下列重要结论:一切初等函数在其定义区间内都是连续的. 所谓定义区间,就是包含在定义域内的区间.

根据函数 $f(x)$ 在点 x_0 连续的定义,如果已知 $f(x)$ 在点 x_0 连续,那么求 $f(x)$ 当 $x\to x_0$ 的极限时,只要求 $f(x)$ 在点 x_0 的函数值就行了. 因此,上述关于初等函数连续性的结论提供了求极限的一个方法,这就是:如果 $f(x)$ 是初等函数,且 x_0 是 $f(x)$ 的定义区间内的点,那么

$$\lim_{x\to x_0}f(x)=f(x_0).$$

例 13　求 $\lim\limits_{x\to1}\frac{x+e^x}{\arctan x}$.

解　点 $x=1$ 是初等函数 $f(x)=\frac{x+e^x}{\arctan x}$ 在其定义区间 $(-\infty,0)\cup(0,+\infty)$ 内的点,所以

$$\lim_{x\to1}\frac{x+e^x}{\arctan x}=\frac{1+e^1}{\arctan 1}=\frac{4(1+e)}{\pi}.$$

例 14 求 $\lim\limits_{x\to0}\dfrac{\log_a(1+x)}{x}$.

解 $\lim\limits_{x\to0}\dfrac{\log_a(1+x)}{x}=\lim\limits_{x\to0}\log_a(1+x)^{\frac{1}{x}}=\log_a\left[\lim\limits_{x\to0}(1+x)^{\frac{1}{x}}\right]=\log_a e=\dfrac{1}{\ln a}$.

例 15 求 $\lim\limits_{x\to0}\dfrac{a^x-1}{x}$.

解 设 $a^x-1=t$, 则 $x=\log_a(1+t)$, 当 $x\to0$ 时, $t\to0$, 于是

$$\lim_{x\to0}\frac{a^x-1}{x}=\lim_{t\to0}\frac{t}{\log_a(1+t)}=\ln a.$$

例 16 求 $\lim\limits_{x\to0}\dfrac{(1+x)^\alpha-1}{x}\ (-\infty<x<+\infty)$.

解 设 $(1+x)^\alpha-1=t$, 则当 $x\to0$ 时, $t\to0$, 于是

$$\begin{aligned}\lim_{x\to0}\frac{(1+x)^\alpha-1}{x}&=\lim_{x\to0}\left[\frac{(1+x)^\alpha-1}{\ln(1+x)^\alpha}.\frac{\alpha\ln(1+x)}{x}\right]\\&=\lim_{t\to0}\frac{t}{\ln(1+t)}.\lim_{x\to0}\frac{\alpha\ln(1+x)}{x}=\alpha.\end{aligned}$$

由例 14、例 15、例 16 可得下列三个常用的等价无穷小关系式:
$x\to0$ 时,

$$\log_a(1+x)\sim\frac{x}{\ln a},\quad a^x-1\sim x\ln a,\quad (1+x)^\alpha-1\sim\alpha x.$$

例 17 求 $\lim\limits_{x\to0}(1+x^2e^x)^{\frac{1}{1-\cos x}}$.

解 因为

$$(1+x^2e^x)^{\frac{1}{1-\cos x}}=\left[(1+x^2e^x)^{\frac{1}{x^2e^x}}\right]^{\frac{x^2e^x}{1-\cos x}},$$

利用定理 4,便有

$$\lim_{x\to0}(1+x^2e^x)^{\frac{1}{1-\cos x}}=e^{\lim\limits_{x\to0}\frac{x^2e^x}{1-\cos x}}=e^{\lim\limits_{x\to0}\frac{x^2e^x}{\frac{1}{2}x^2}}=e^2.$$

习题 1.8

1. 下列函数在指出的点处间断,说明这些间断点属于哪一类. 如果是可去间断点,那么补充或改变函数的定义使它连续:

(1) $f(x)=\dfrac{x^2-1}{x^2-3x+2},x=1,x=2$;

(2) $f(x)=\dfrac{x}{\tan x},x=k\pi,x=k\pi+\dfrac{\pi}{2}\ (k=0,\pm1,\pm2,\cdots)$;

(3) $f(x)=\cos^2\dfrac{1}{x},x=0$;

(4) $f(x)=\begin{cases}x-1, & x\leqslant 1\\ 3-x, & x>1\end{cases},x=1$.

2. 研究下列函数的连续性:

(1) $f(x)=\begin{cases}x^2, & 0\leqslant x\leqslant 1,\\ 2-x, & 1<x\leqslant 2;\end{cases}$

(2) $f(x)=\begin{cases}x, & -1\leqslant x\leqslant 1,\\ 1, & x<-1\text{ 或 }x>1;\end{cases}$

(3) $f(x)=\begin{cases}\ln(1+x), & -1<x\leqslant 0,\\ e^{\frac{1}{x-1}}, & x>0\text{ 且 }x\neq 1.\end{cases}$

3. 求函数 $f(x)=\dfrac{x^3+3x^2-x-3}{x^2+x-6}$ 的连续区间，并求极限 $\lim\limits_{x\to0}f(x)$, $\lim\limits_{x\to-3}f(x)$ 及 $\lim\limits_{x\to2}f(x)$.

4. 设函数 $f(x)=\begin{cases}e^x, & x<0,\\ a+x, & x\geqslant 0.\end{cases}$ 应当怎样选择数 a，才能使得 $f(x)$ 成为在 $(-\infty,+\infty)$ 内的连续函数.

5. 求下列极限:

(1) $\lim\limits_{x\to0}\sqrt{x^2-2x+5}$;

(2) $\lim\limits_{\alpha\to\frac{\pi}{4}}(\sin2\alpha)^3$;

(3) $\lim\limits_{x\to\infty}e^{\frac{1}{x}}$;

(4) $\lim\limits_{x\to0}\ln\dfrac{\sin x}{x}$;

(5) $\lim\limits_{x\to1}\dfrac{\sqrt{5x-4}-\sqrt{x}}{x-1}$;

(6) $\lim\limits_{x\to5}\dfrac{1-\sqrt{x-4}}{x-5}$;

(7) $\lim\limits_{x\to+\infty}\left(\sqrt{x+\sqrt{x}}-\sqrt{x-\sqrt{x}}\right)$;

(8) $\lim\limits_{x\to-\infty}x\left(\sqrt{x^2+100}+x\right)$;

(9) $\lim\limits_{n\to\infty}\left(\dfrac{n}{n-1}\right)^{2-n}$;

(10) $\lim\limits_{n\to\infty}\left(1+\dfrac{1}{n}+\dfrac{1}{n^2}\right)^n$;

(11) $\lim\limits_{x\to\infty}\left(\dfrac{3+x}{6+x}\right)^{\frac{x-1}{2}}$;

(12) $\lim\limits_{x\to0}(\cos x)^{\frac{1}{x^2}}$;

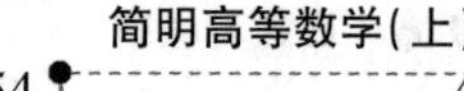

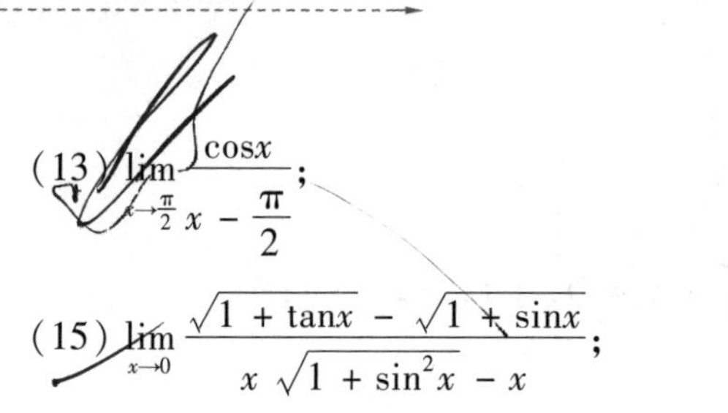

(13) $\lim\limits_{x\to\frac{\pi}{2}}\dfrac{\cos x}{x-\dfrac{\pi}{2}}$; (14) $\lim\limits_{x\to1}(1-x)\tan\dfrac{\pi}{2}x$;

(15) $\lim\limits_{x\to0}\dfrac{\sqrt{1+\tan x}-\sqrt{1+\sin x}}{x\sqrt{1+\sin^2 x}-x}$; (16) $\lim\limits_{x\to0}\dfrac{e^{3x}-e^{2x}-e^{x}+1}{\sqrt[3]{(1-x)(1+x)}-1}$.

第9节 闭区间上的连续函数

闭区间上的连续函数有很多重要的性质,它们是研究函数性态的理论基础. 从几何上看,这些性质都是十分明显的,但这些性质的证明要用到实数理论,故仅以定理的形式叙述它们.

先说明最大值和最小值的概念. 对于在区间 I 上有定义的函数 $f(x)$ 设函数 $f(x)$ 在区间 I 上有定义,如果有 $x_0\in I$, 使得对于任意的 $x\in I$, 都有

$$f(x)\leqslant f(x_0)\ (\text{或} f(x)\geqslant f(x_0)),$$

则称 $f(x_0)$ 为 $f(x)$ 在区间 I 上的**最大值**(或**最小值**),点 x_0 为**最大值点**(或**最小值点**).

函数的最大值和最小值统称为**最值**,最大值点和最小值点统称为**最值点**.

定理1(最值定理) 在闭区间上连续的函数一定有最大值和最小值.

定理1表明,若函数 $f(x)$ 在闭区间 $[a,b]$ 上连续,则至少存在两点 $\xi_1,\xi_2\in[a,b]$, 使得对任意的 $x\in[a,b]$, 有 $f(x)\leqslant f(\xi_1)$ 与 $f(x)\geqslant f(\xi_2)$ (图1-37).

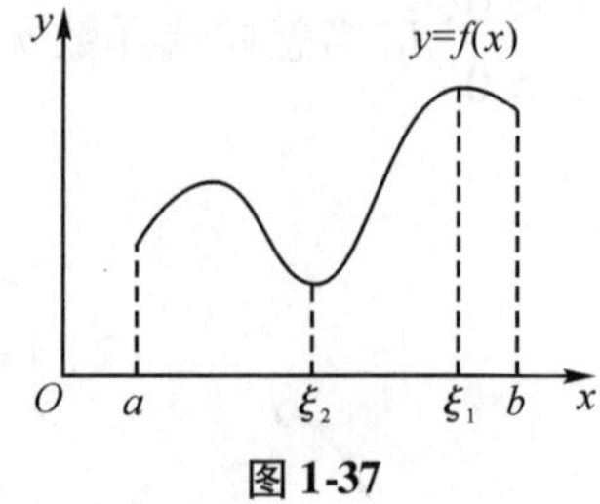

图 1-37

由定理1易得如下定理:

定理2(有界性) 在闭区间上连续的函数一定是有界的.

定理1和定理2从几何上是明显的. 设 $f(x)$ 在闭区间 $[a,b]$ 上连续,从图1-37不难看出,从点 $(a,f(a))$ 到点 $(b,f(b))$ 的连续曲线 $y=f(x)$ 一定有最高点 $(\xi_1,f(\xi_1))$ 和最低点 $(\xi_2,f(\xi_2))$, 最大值与最小值也是函数的上界与下界,从而函数 $f(x)$ 在 $[a,b]$ 上是有界的.

需要注意的是,最值定理中"闭区间 $[a,b]$"与"连续"这两个条件缺一不可. 若函数

在开区间连续，则不一定有界，如 $f(x)=\frac{1}{x}$ 在 $(0,1)$ 内连续，但无界，且无最大值和最小值(图 1-38)；若函数有间断点，也不一定能取到最值，如

$$f(x)=\begin{cases}-x+1, & 0\leqslant x<1,\\ 1, & x=1,\\ -x+3, & 1<x\leqslant 2\end{cases}$$

在 $[0,2]$ 上有间断点 $x=1$，而 $f(x)$ 在 $[0,2]$ 上既无最大值又无最小值(图 1-39).

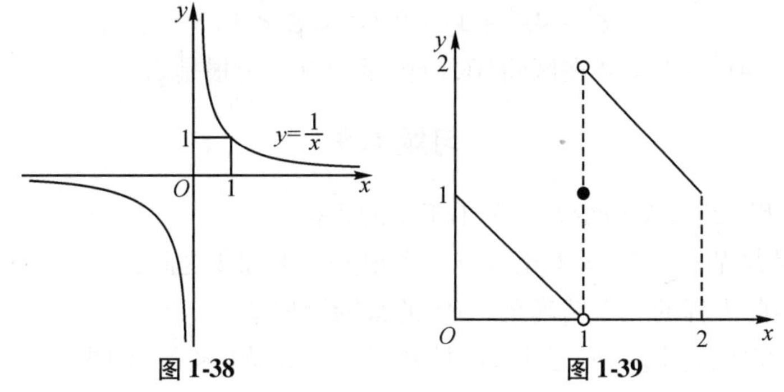

图 1-38　　　　图 1-39

定理 3(介值定理)　设函数 $f(x)$ 在闭区间 $[a,b]$ 上连续，且在这区间的端点取不同的函数值 $f(a)=A$ 及 $f(b)=B$，则对于 A 与 B 之间的任意一个数 C，在区间 (a,b) 内至少有一点 ξ，使得

$$f(\xi)=C\quad(a<\xi<b).$$

定理 3 的几何意义是：连续曲线弧 $y=f(x)$ 与水平直线 $y=C$ 至少相交于一点(图 1-40).

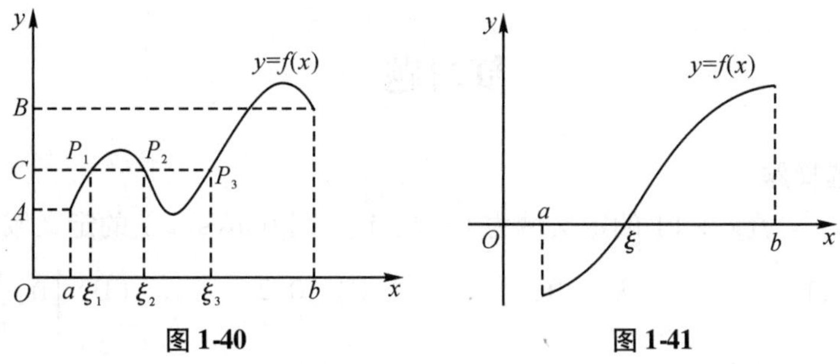

图 1-40　　　　图 1-41

推论 1　如果函数 $f(x)$ 在闭区间 $[a,b]$ 上连续，则 $f(x)$ 在 $[a,b]$ 上能取到最大值和最小值之间的任何数值.

如果 x_0 使得 $f(x_0)=0$，则称 x_0 为函数 $f(x)$ 的**零点**.

推论 2(零点定理)　如果函数 $f(x)$ 在闭区间 $[a,b]$ 上连续，且两个端点的值 $f(a)$

与 $f(b)$ 异号,则至少存在一点 $\xi \in (a,b)$,使 $f(\xi)=0$.

零点定理的几何意义是:一条连续不间断的曲线从上(或下)半平面到达下(或上)半平面时,至少穿过 x 轴一次(图 1-41).

例 1 证明方程 $x^3-4x^2+1=0$ 在区间(0,1)内至少有一个根.

证 设函数 $f(x)=x^3-4x^2+1$,则 $f(x)$ 在闭区间[0,1]上连续,又

$$f(0)=1>0,\quad f(1)=-2<0,$$

根据零点定理,在 $(0,1)$ 内至少有一点 ξ,使得 $f(\xi)=0$,即

$$\xi^3-4\xi^2+1=0\ (0<\xi<1),$$

这说明方程 $x^3-4x^2+1=0$ 在区间(0,1)内至少有一个根是 ξ.

习题 1.9

1. 证明:方程 $x2^x=1$ 至少有一个小于 1 的正根.

2. (1)证明方程 $x^5-3x=1$ 至少有一个根介于 1 和 2 之间;

(2)求出此方程的一个精确至 0.01 的根的近似值.

3. 设 $f(x)$ 在闭区间 $[a,b]$ 上连续,且 $f(a)>a$,$f(b)<b$. 证明:在开区间 (a,b) 内至少存在一点 ξ,使 $f(\xi)=\xi$.

4. 已知函数 $f(x)$ 在[0,2]上连续,且有 $f(0)=f(2)$,求证:必存在一点 $\xi\in[0,2]$,使得 $f(\xi)=f(\xi+1)$.

5. 设函数 $f(x)$ 在 $[a,b]$ 上连续,$a<x_1<x_2<\cdots<x_n<b$,证明:在区间 (a,b) 内至少存在一个 ξ,使

$$f(\xi)=\frac{f(x_1)+f(x_2)+\cdots+f(x_n)}{n}.$$

复习题一

一、单项选择题

1. 设函数 $y=f(x+1)$ 的定义域为 $[-1,1]$,则 $f(\arcsin x)$ 的定义域为(　　).

(A) $[-1,1]$　　(B) $[0,1]$　　(C) $[0,2]$　　(D) $\left[0,\frac{\pi}{2}\right]$

2. 若 $f(x)=\begin{cases}\left(\frac{1}{2}\right)^x, & x>0,\\ g(x), & x<0\end{cases}$ 为奇函数,则 $g(x)=$(　　).

(A) $\frac{1}{2^x}$　　(B) $-\frac{1}{2^x}$　　(C) 2^x　　(D) -2^x

3. 当 $x \in [0,\pi]$ 时，$f(x) \neq 0$，且 $f(x+\pi) = f(x) + \sin x$，则在 $(-\infty, +\infty)$ 内 $f(x)$ 是(　　).

(A)以 π 为周期的函数　　(B)以 2π 为周期的函数

(C)以 3π 为周期的函数　　(D)不是周期函数

4. 设 $f(x) = \begin{cases} x, & x > 0 \\ 1-x, & x < 0 \end{cases}$，则有(　　).

(A) $f[f(x)] = [f(x)]^2$　　(B) $f[f(x)] = f(x)$

(C) $f[f(x)] > f(x)$　　(D) $f[f(x)] < f(x)$

5. 数列 $\{x_n\}$ 收敛于实数 a 等价于(　　).

(A)对任给 $\varepsilon > 0$，在 $(a-\varepsilon, a+\varepsilon)$ 内有数列的无穷多项

(B)对任给 $\varepsilon > 0$，在 $(a-\varepsilon, a+\varepsilon)$ 内有数列的有穷多项

(C)对任给 $\varepsilon > 0$，在 $(a-\varepsilon, a+\varepsilon)$ 外有数列的无穷多项

(D)对任给 $\varepsilon > 0$，在 $(a-\varepsilon, a+\varepsilon)$ 外有数列的有穷多项

6. 若数列 $\{x_n\}$ 和 $\{y_n\}$ 满足 $\lim\limits_{n\to\infty} x_n y_n = 0$，则(　　).

(A) $\lim\limits_{n\to\infty} x_n = 0$ 且 $\lim\limits_{n\to\infty} y_n = 0$　　(B) $\lim\limits_{n\to\infty} x_n = 0$ 或 $\lim\limits_{n\to\infty} y_n = 0$

(C)当 $\lim\limits_{n\to\infty} x_n = 0$ 时，$\{y_n\}$ 有界　　(D)当 $\lim\limits_{n\to\infty} x_n = \infty$ 时，$\lim\limits_{n\to\infty} y_n = 0$

7. 当 $x \to 0$ 时，下列函数为无穷大量的是(　　).

(A) $\dfrac{\sin 3x}{x}$　　(B) $\cot x$　　(C) $\dfrac{1-\cos x}{x}$　　(D) $e^{\frac{1}{x}}$

8. 设 $f(x) = 2^x + 3^x - 2$，则当 $x \to 0$ 时，有(　　).

(A) $f(x)$ 与 x 是等价无穷小

(B) $f(x)$ 与 x 同阶但非等价无穷小

(C) $f(x)$ 是比 x 高阶的无穷小

(D) $f(x)$ 是比 x 低阶的无穷小

9. 当 $x \to 0$ 时，与 x 等价的无穷小是(　　).

(A) $\sqrt[3]{x} + x$　　(B) $\sqrt{1+\sin x} - 1$

(C) $\sin(e^x - 1)$　　(D) $1 - \cos x$

10. 设函数 $f(x) = \dfrac{\sin(x-1)}{x^2-1}$，则(　　).

(A) $x = -1$ 为无穷间断点，$x = 1$ 为可去间断点

(B) $x = -1$ 为可去间断点，$x = 1$ 为无穷间断点

(C) $x = -1$ 和 $x = 1$ 均为可去间断点

(D) $x = -1$ 和 $x = 1$ 均为无穷间断点

11. 设函数$f(x)=\dfrac{e^x-e^3}{(x-3)(x-e)}$,则(　　).

(A) $x=3$及$x=e$都是$f(x)$的第一类间断点

(B) $x=3$及$x=e$都是$f(x)$的第二类间断点

(C) $x=3$是$f(x)$的第一类间断点,$x=e$是$f(x)$的第二类间断点

(D) $x=3$是$f(x)$的第二类间断点,$x=e$是$f(x)$的第一类间断点

12. 设$f(x)$和$g(x)$在$\mathbf{R}$内有定义,$f(x)$连续且$f(x)\neq 0$,$g(x)$有间断点,则(　　).

(A) $g[f(x)]$必有间断点　　(B) $[g(x)]^2$必有间断点

(C) $f[g(x)]$必有间断点　　(D) $\dfrac{g(x)}{f(x)}$必有间断点

二、填空题

1. 函数$y=\ln\dfrac{x}{x-2}+\arcsin\dfrac{x}{3}$的定义域是__________.

2. 函数$y=x^2-2x-1,x\in(0,1)$的反函数为$y=1-\sqrt{x+2}$,其定义域为__________.

3. 函数$f(x)=\lg(\sqrt{4x^2+1}-2x)$的图形关于__________对称.

4. (1) $\arcsin(-x)=$__________(用$\arcsin x$表示);

(2) $\arccos(-x)=$__________(用$\arccos x$表示).

5. $\arcsin(\sin 6)=$__________.

6. 设$f(x)=\dfrac{x+|x|}{2}\ (-\infty<x<+\infty)$,$g(x)=\begin{cases}x, & x<0,\\ x^2, & x\geqslant 0,\end{cases}$则$f[g(x)]$ =__________.

7. $\lim\limits_{x\to\infty}\dfrac{\sqrt{x^2+2x+3}}{x-1}=$__________.

8. $\lim\limits_{x\to 0}x\sqrt[3]{\sin\dfrac{1}{x^2}}=$__________.

9. $\lim\limits_{x\to\infty}\dfrac{2x^2+1}{x+2}\sin\dfrac{2}{x}=$__________.

10. 当$x\to 0$时,$\dfrac{\ln(1-2x^2)}{x}$与$1-e^{kx}$是等价无穷小,则常数$k=$__________.

11. $\lim\limits_{x\to 0}\left(1+\sin\dfrac{x}{3}\right)^{\frac{2}{x}}=$__________.

12. $\lim\limits_{x\to 0}(e^x+x)^{\frac{3}{x}}=$__________.

13. 设函数 $f(x)=\begin{cases}\dfrac{x}{\sqrt[4]{1+2x}-1}, & x\neq 0,\\ a, & x=0\end{cases}$ 在 $x=0$ 处连续,则常数 $a=$________.

14. 设函数 $f(x)=\begin{cases}\dfrac{\sin kx}{3x}, & x<0,\\ e^{-3x}+\cos 3x, & x\geqslant 0\end{cases}$ 在 $x=0$ 处连续,则常数 $k=$________.

15. 函数 $f(x)=\dfrac{x}{\sqrt{1+\sin x}-1}$ 的第二类间断点为 $x=$________.

三、解答题

1. 计算下列极限:

(1) $\lim\limits_{x\to 0}\dfrac{\tan x-x}{x+\sin x}$;

(2) $\lim\limits_{x\to 0}\dfrac{e^{x^2}-\cos x}{x\sin x}$;

(3) $\lim\limits_{x\to 0}\dfrac{\ln(1+x^2)}{\sec x-\cos x}$;

(4) $\lim\limits_{n\to\infty}n[\ln n-\ln(n+3)]$;

(5) $\lim\limits_{x\to 0}\dfrac{1-\cos(\sin x)}{e^{x^2}-1}$;

(6) $\lim\limits_{x\to e}\dfrac{\ln x-1}{x-e}$;

(7) $\lim\limits_{x\to 0^+}\sqrt[x]{\cos\sqrt{x}}$;

(8) $\lim\limits_{x\to-\infty}(x-\sqrt{x^2-x+1})$;

(9) $\lim\limits_{x\to 0}\left(\dfrac{2+e^{\frac{1}{x}}}{1+e^{\frac{4}{x}}}+\dfrac{\sin x}{|x|}\right)$;

(10) $\lim\limits_{x\to 0}\left(\dfrac{a^x+b^x}{2}\right)^{\frac{1}{x}}\ (a,b>0)$.

2. 设 $f(x)$ 是三次多项式,且有

$$\lim_{x\to 2a}\frac{f(x)}{x-2a}=\lim_{x\to 4a}\frac{f(x)}{x-4a}=1\ (a\neq 0),$$

求 $\lim\limits_{x\to 3a}\dfrac{f(x)}{x-3a}$.

3. 确定 a,b, 使得 $\lim\limits_{x\to 0}(x^{-3}\sin 3x+ax^{-2}+b)=0$.

4. 已知 $\lim\limits_{x\to 0}\dfrac{f(x)}{1-\cos x}=4$, 求 $\lim\limits_{x\to 0}\left(1+\dfrac{f(x)}{x}\right)^{\frac{1}{x}}$.

5. 设 $F(x,t)=\left(\dfrac{x-1}{t-1}\right)^{\frac{1}{x-t}}\ ((x-1)(t-1)>0,x\neq t)$,函数 $f(x)$ 是由下列表达式确定:$f(x)=\lim\limits_{t\to x}F(x,t)$. 试求出函数 $f(x)$ 的连续区间和间断点,并研究 $f(x)$ 在其间断点处的左右极限.

6. 设函数 $f(x)=\lim\limits_{n\to\infty}\dfrac{1+x}{1+x^{2n}}$, 讨论 $f(x)$ 的间断点,并指出其类型.

7. 已知数列 $a_1=2, a_2=2+\frac{1}{2}, a_3=2+\cfrac{1}{2+\cfrac{1}{2}}, a_4=2+\cfrac{1}{2+\cfrac{1}{2+\cfrac{1}{2}}}, \cdots$ 的极限存在,求此极限.

8. 设 $a_1=2, a_{n+1}=\frac{1}{2}\left(a_n+\frac{2}{a_n}\right)\ (n=1,2,\cdots)$,求 $\lim\limits_{n\to\infty}a_n$.

9. 证明方程 $\sin x+x+1=0$ 在开区间 $\left(-\frac{\pi}{2},\frac{\pi}{2}\right)$ 内至少有一个根.

10. 证明方程 $x=a\sin x+b$, 其中 $a>0, b>0$, 至少有一个正根,并且它不超过 $a+b$.

11. 设函数 $f(x)$ 在闭区间 $[0,1]$ 上连续,且在 $[0,1]$ 上,都有 $0\leqslant f(x)\leqslant 1$, 证明在 $[0,1]$ 上至少存在一点 ξ, 使得 $f(\xi)=\xi$.

第 2 章　导数与微分

微分学的中心思想是导数的概念. 导数起源于一个几何问题——求曲线上一点的切线问题. 在数学史上,导数的发展相当迟,直到 17 世纪早期法国数学家费马(Pierrede Fermat)试图确定某些特殊函数的最大值和最小值时,导数概念才被明确地表达. 虽然系统地阐述导数起源于研究切线问题,但不久后发现它也提供了一种计算速度的方法以及更一般地计算函数变化率的方法.

本章中,我们主要讨论导数和微分的概念以及它们的计算方法.

第 1 节　导数的概念

一、引例

先讨论两个问题:速度问题和切线问题. 这两个问题的解包含导数概念的所有基本特征,并且有助于启发在第二目给出导数的一般定义.

1. 直线运动的速度

一个质点沿着直线运动,已知质点从始点开始走过的路程 s 与经历的时间 t 的函数关系为 $s = s(t)$, 这称为质点的运动规律. 我们希望考虑的问题是这样的:确定质点在其运动的每一瞬间的速度. 在我们了解这个问题之前,我们必须确定所谓每一瞬间的速度是什么. 为了做到这一点,首先引进在一段时间间隔内,比如说从时刻 t_0 到 t 这样一个时间间隔的平均速度的概念. 它定义为商

$$\frac{\text{时间间隔内距离的变化}}{\text{时间间隔的长度}} = \frac{s(t) - s(t_0)}{t - t_0}.$$

平均速度不能精确地表达质点在 t_0 那个瞬间的动态,但很明显,时间间隔越短,平均速度就越接近那个瞬间的动态. 当时间间隔无限缩短,也就是让 t 无限接近于 t_0 时,如果平均速度的极限存在,设为 $v(t_0)$, 即

$$v(t_0) = \lim_{t \to t_0} \frac{s(t) - s(t_0)}{t - t_0},$$

这时就把这个极限值 $v(t_0)$ 称为质点在时刻 t_0 的瞬时速度.

2. 切线问题

圆的切线可定义为“与圆只有一个交点的直线”. 但是对于一般曲线,用“与曲线只有一个交点的直线”作为切线的定义就不一定合适. 例如,对于抛物线 $y = x^2$, 在原点 O 处两个坐标轴都符合上述定义,难道我们也说 y 轴是该抛物线在原点 O 处的切线? 对于一般曲线,如何来定义它的切线还是一个新问题. 解决这个问题要用极限的想法.

设曲线 C (图 2-1) 上一点 P 的坐标为 $(x_0, f(x_0))$, 在点 P 外另取 C 上一点 P', 设其坐标为 $(x_0 + \Delta x, f(x_0 + \Delta x))$. 连接点 P 和 P' 的直线就是曲线 C 的一条割线,它的斜率显然是

$$\tan\varphi = \frac{|P'Q|}{|PQ|} = \frac{f(x_0 + \Delta x) - f(x_0)}{\Delta x}.$$

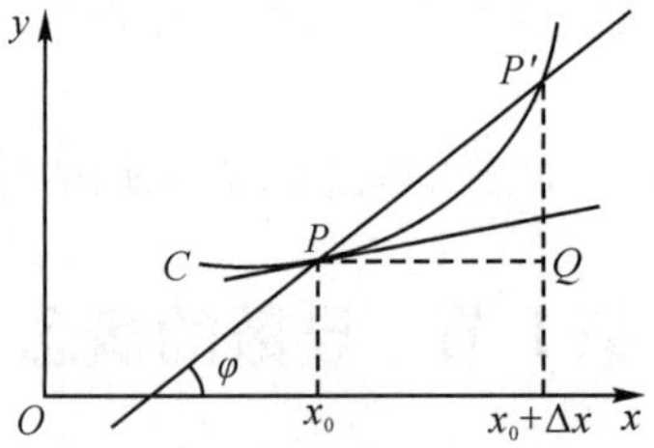

图 2-1

如果令点 P' 沿着曲线 C 移动并无限地接近于点 P, 那么割线 PP' 亦将随之而转动. 由于当 P' 无限地接近于 P 时, $\Delta x \to 0$, 所以割线 PP' 的斜率亦将趋于极限

$$k = \lim_{\Delta x \to 0} \tan\varphi = \lim_{\Delta x \to 0} \frac{f(x_0 + \Delta x) - f(x_0)}{\Delta x}.$$

这就是说,当 P' 无限地接近 P 时,割线 PP' 必无限地接近某一极限位置,处于这极限位置的直线自然就定义为曲线 C 在点 P 的切线.

二、导数的定义与几何意义

上面我们考虑了直线运动速度和切线两个问题,类似的问题不难从物理、化学、经济学科中找到. 例如,比热问题、密度问题、边际分析问题等. 它们虽然分属于不同的学科领域,但是都引导出和上面两个问题所指出的同样的数学运算,即必须求出,当自变量的改变量趋于零时,函数的改变量和相应的自变量的改变量之比的极限. 我们把这种具有特定意义的极限称作**函数的导数**,也叫作**函数的变化率**.

定义 设函数 $y = f(x)$ 在点 x_0 的某个邻域内有定义,当自变量 x 在 x_0 处取得增量 Δx 时,相应的函数取得增量 $\Delta y = f(x_0 + \Delta x) - f(x_0)$, 如果极限

$$\lim_{\Delta x \to 0} \frac{f(x_0 + \Delta x) - f(x_0)}{\Delta x} \tag{1}$$

存在，则称函数 $y=f(x)$ 在点 x_0 处**可导**，并称此极限为函数 $f(x)$ 在点 x_0 处的**导数**，记为 $f'(x_0)$，也可记作 $y'\big|_{x=x_0}$，$\dfrac{\mathrm{d}y}{\mathrm{d}x}\Big|_{x=x_0}$ 或 $\dfrac{\mathrm{d}f(x)}{\mathrm{d}x}\Big|_{x=x_0}$.

函数 $f(x)$ 在点 x_0 处可导，有时也说成 $f(x)$ 在点 x_0 具有导数或导数存在.

导数的定义式(1)也可取不同的形式，常见的有

$$f'(x_0)=\lim_{h\to 0}\frac{f(x_0+h)-f(x_0)}{h} \tag{2}$$

和

$$f'(x_0)=\lim_{x\to x_0}\frac{f(x)-f(x_0)}{x-x_0}. \tag{3}$$

从定义即可看出，按照极限存在的意义，如果 $f(x)$ 在点 x 处可导，必须而且仅需极限

$$\lim_{\Delta x\to 0^-}\frac{f(x_0+\Delta x)-f(x_0)}{\Delta x} \text{ 和 } \lim_{\Delta x\to 0^+}\frac{f(x_0+\Delta x)-f(x_0)}{\Delta x}$$

都存在且相等，它们分别称为 $f(x)$ 在点 x_0 的**左导数**和**右导数**，记作 $f'_-(x_0)$ 及 $f'_+(x_0)$，即

$$f'_-(x_0)=\lim_{\Delta x\to 0^-}\frac{f(x_0+\Delta x)-f(x_0)}{\Delta x},$$

$$f'_+(x_0)=\lim_{\Delta x\to 0^+}\frac{f(x_0+\Delta x)-f(x_0)}{\Delta x}.$$

现在可以说，函数 $f(x)$ 在点 x_0 处可导的充分必要条件是其左导数 $f'_-(x_0)$ 和右导数 $f'_+(x_0)$ 都存在且相等.

上面讲的是函数在一点处的导数. 如果函数 $y=f(x)$ 在开区间 (a,b) 内的每一点处都可导，就称函数在开区间 (a,b) 内可导. 这时，对于任一 $x\in(a,b)$，都对应着 $f(x)$ 的一个确定的导数值. 这样就构成了一个新的函数，这个函数叫作原来函数 $y=f(x)$ 的**导函数**(简称**导数**)，记作 y'，$f'(x)$，$\dfrac{\mathrm{d}y}{\mathrm{d}x}$ 或 $\dfrac{\mathrm{d}f(x)}{\mathrm{d}x}$.

在式(1)中把 x_0 换成 x，即得导函数的定义式

$$y'=\lim_{\Delta x\to 0}\frac{f(x+\Delta x)-f(x)}{\Delta x} \text{ 或 } f'(x)=\lim_{h\to 0}\frac{f(x+h)-f(x)}{h}.$$

显然，函数 $f(x)$ 在点 x_0 处的导数 $f'(x_0)$ 就是导函数 $f'(x)$ 在点 $x=x_0$ 处的函数值，即 $f'(x_0)=f'(x)\big|_{x=x_0}$.

如果函数 $f(x)$ 在开区间 (a,b) 内可导，且 $f'_+(a)$ 及 $f'_-(b)$ 都存在，就说 $f(x)$ 在闭区间 $[a,b]$ 上可导.

再来看看导数的几何意义. 由前面引述的切线问题及导数的定义可知：函数 $y=f(x)$

在点 x_0 处的导数 $f'(x_0)$ 在几何上表示曲线 $y=f(x)$ 在点 $P(x_0,f(x_0))$ 处的切线的斜率，即

$$f'(x_0)=\tan\alpha,$$

其中 α 是切线的倾角.

如果 $y=f(x)$ 在点 x_0 处的导数为无穷大,这时曲线 $y=f(x)$ 的割线以垂直于 x 轴的直线 $x=x_0$ 为极限位置,即曲线 $y=f(x)$ 在点 $P(x_0,f(x_0))$ 处具有垂直于 x 轴的切线 $x=x_0$.

根据导数的几何意义并运用直线的点斜式方程,可知曲线 $y=f(x)$ 在点 $P(x_0,f(x_0))$ 处的切线方程为

$$y-y_0=f'(x_0)(x-x_0).$$

过切点 $P(x_0,f(x_0))$ 且与切线垂直的直线叫作曲线 $y=f(x)$ 在点 P 处的**法线**. 如果 $f'(x_0)\neq 0$, 法线的斜率为 $-\dfrac{1}{f'(x_0)}$, 从而法线方程为

$$y-y_0=-\frac{1}{f'(x_0)}(x-x_0).$$

三、简单函数的导数

下面根据导数定义求一些简单函数的导数.

例 1 求常值函数 $f(x)=C$ 的导数.

解 $f'(x)=\lim\limits_{h\to 0}\dfrac{f(x+h)-f(x)}{h}=\lim\limits_{h\to 0}\dfrac{C-C}{h}=0,$

即

$$(C)'=0.$$

这就是说,常数的导数等于零.

这一结果从几何意义来看是容易理解的. 因为 $f(x)=C$ 在几何上表示一条水平直线,直线上每一点的切线就是它自己,斜率为0,而切线的斜率就是导数,所以常数的导数为零.

例 2 求函数 $f(x)=x^n$ (n 为正整数)在点 $x=a$ 处的导数.

解 $f'(a)=\lim\limits_{x\to a}\dfrac{f(x)-f(a)}{x-a}=\lim\limits_{x\to a}\dfrac{x^n-a^n}{x-a}$

$=\lim\limits_{x\to a}(x^{n-1}+ax^{n-2}+\cdots+a^{n-1})=na^{n-1}.$

把以上结果中的 a 换成 x 得 $f'(x)=nx^{n-1}$, 即

$$(x^n)'=nx^{n-1}.$$

更一般的,对于幂函数 $y=x^{\alpha}$ (α 为常数),有

$$(x^{\alpha})' = \alpha x^{\alpha-1}.$$

这就是幂函数的导数公式.这个公式的证明将在以后讨论.利用这一公式,可以很方便地求出幂函数的导数,例如,

$$(\sqrt{x})' = (x^{\frac{1}{2}})' = \frac{1}{2}x^{\frac{1}{2}-1} = \frac{1}{2\sqrt{x}};$$

$$\left(\frac{1}{x}\right)' = (x^{-1})' = -1 \cdot x^{-1-1} = -\frac{1}{x^2}.$$

例 3　求函数 $f(x) = \sin x$ 的导数.

解　$f'(x) = \lim\limits_{\Delta x \to 0}\dfrac{f(x+\Delta x) - f(x)}{\Delta x} = \lim\limits_{\Delta x \to 0}\dfrac{\sin(x+\Delta x) - \sin x}{\Delta x}$

$$= \lim_{\Delta x \to 0}\frac{2\cos\left(x+\frac{\Delta x}{2}\right)\sin\frac{\Delta x}{2}}{\Delta x} = \lim_{\Delta x \to 0}\cos\left(x+\frac{\Delta x}{2}\right)\frac{\sin\frac{\Delta x}{2}}{\frac{\Delta x}{2}} = \cos x,$$

即

$$(\sin x)' = \cos x.$$

以上推导中,我们利用了极限 $\dfrac{\sin h}{h} \to 1, h \to 0$ 及 $\cos x$ 的连续性.在极限 $\dfrac{\sin h}{h} \to 1$, $h \to 0$ 中, h 必须是弧度,正因如此,在微积分中所遇到的三角函数,其自变量 x 一般总是弧度.

用类似的方法,可求得

$$(\cos x)' = -\sin x.$$

例 4　求函数 $f(x) = \log_a x (a > 0, a \neq 1)$ 的导数.

解　$f'(x) = \lim\limits_{h \to 0}\dfrac{f(x+h) - f(x)}{h} = \lim\limits_{h \to 0}\dfrac{\log_a(x+h) - \log_a x}{h}$

$$= \lim_{h \to 0}\frac{1}{x} \cdot \frac{x}{h}\log_a\left(1+\frac{h}{x}\right) = \frac{1}{x}\lim_{h \to 0}\log_a\left(1+\frac{h}{x}\right)^{\frac{x}{h}}$$

$$= \frac{1}{x}\log_a\left[\lim_{h \to 0}\left(1+\frac{h}{x}\right)^{\frac{x}{h}}\right] = \frac{1}{x}\log_a e = \frac{1}{x\ln a},$$

即

$$(\log_a x)' = \frac{1}{x\ln a}.$$

这就是对数函数的导数公式.特殊地,当 $a = e$ 时,有

$$(\ln x)' = \frac{1}{x}.$$

四、函数可导性与连续性的关系

设函数 $y=f(x)$ 在点 x 处可导,即

$$\lim_{\Delta x\to 0}\frac{\Delta y}{\Delta x}=f'(x)$$

存在,则有

$$\lim_{\Delta x\to 0}\Delta y=\lim_{\Delta x\to 0}\frac{\Delta y}{\Delta x}\cdot\Delta x=\lim_{\Delta x\to 0}\frac{\Delta y}{\Delta x}\times\lim_{\Delta x\to 0}\Delta x=f'(x)\times 0=0,$$

这就是说,函数 $y=f(x)$ 在点 x 处是连续的. 所以,如果函数 $y=f(x)$ 在点 x 处可导,则函数在该点必连续. 然而,必须注意反过来是不正确的,亦即一个函数在某点连续却不一定在该点处可导. 举例说明如下.

例 5 函数 $y=f(x)=\sqrt[3]{x}$ 在区间 $(-\infty,+\infty)$ 内连续,但在点 $x=0$ 处不可导.

这是因为

$$f'(0)=\lim_{h\to 0}\frac{f(0+h)-f(0)}{h}=\lim_{h\to 0}\frac{\sqrt[3]{h}-0}{h}=\lim_{h\to 0}\frac{1}{h^{2/3}}=+\infty,$$

即导数为无穷大(注意,导数不存在). 这事实在图形中表现为曲线 $y=\sqrt[3]{x}$ 在原点 O 具有垂直于 x 轴的切线 $x=0$ (图 2-2).

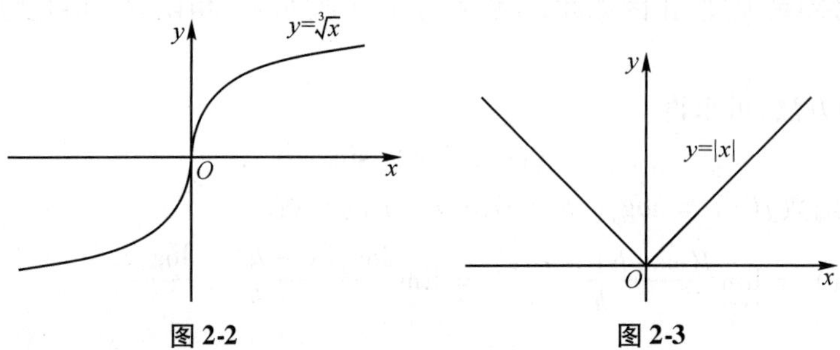

图 2-2　　图 2-3

例 6 函数 $y=f(x)=|x|$ 在 $(-\infty,+\infty)$ 内连续,但在点 $x=0$ 处不可导.

这是因为

$$f'_-(0)=\lim_{h\to 0^-}\frac{f(0+h)-f(0)}{h}=\lim_{h\to 0^-}\frac{-h-0}{h}=-1,$$

$$f'_+(0)=\lim_{h\to 0^+}\frac{f(0+h)-f(0)}{h}=\lim_{h\to 0^+}\frac{h-0}{h}=1.$$

所以 $f'(0)$ 不存在,即函数 $y=|x|$ 在点 $x=0$ 处不可导. 曲线 $y=|x|$ 在原点 O 没有切线.

在 19 世纪初期,微积分理论尚不完善时,一般人都认为每一个连续函数都是可导的,只可能是在一些孤立点处出现例外. 但德国数学家魏尔斯特拉斯在 1872 年构造出了

一个处处连续但处处不可导的函数,震惊了数学界.因为它说明了连续性并不蕴含有可导性,也说明函数可以具有各种各样的与人们直观相悖的反常性质.其历史意义非常巨大,它使数学家们再也不敢直观地或想当然地对待某些问题,促使了数学家在微积分研究中从依赖直观转向理性思维,从而大大促进了微积分逻辑基础的创建工作.

习题 2.1

1. 设 $f(x)=ax+b$(a,b 都是常数),试按定义求 $f'(x)$.

2. 按定义证明:$(\cos x)'=-\sin x$.

3. 按定义证明:可导的偶函数其导函数是奇函数,而可导的奇函数其导函数是偶函数.

4. 按定义证明:可导的周期函数的导数是周期函数.

5. 若函数 $f(x)$ 在点 $x=0$ 处连续,且 $\lim\limits_{x\to0}\dfrac{f(x)}{x}$ 存在,试问函数 $f(x)$ 在点 $x=0$ 是否可导.

6. 设 $f(x)$ 在点 x_0 可导,求 $\lim\limits_{x\to x_0}\dfrac{xf(x_0)-x_0f(x)}{x-x_0}$.

7. 设对任意 x 恒有 $f(x+1)=f^2(x)$,且 $f(0)=f'(0)=1$,求 $f'(1)$.

8. 设 $f(x)=(x^{2015}-1)g(x)$,其中 $g(x)$ 在点 $x=1$ 处连续,且 $g(1)=1$,求 $f'(1)$.

9. 设 $y(x)=\begin{cases}3x-\dfrac{x^2}{2}-2, & 0\leqslant x\leqslant 4,\\ 6-x, & x>4,\end{cases}$ 试问 $y(x)$ 在点 $x=4$ 处导数存在吗?

10. 已知 $f(x)=\begin{cases}\mathrm{e}^x, & x\leqslant 0,\\ ax+1, & x>0,\end{cases}$ 讨论 $f(x)$ 在点 $x=0$ 处的可导性.

11. 确定常数 a 与 b,使 $f(x)=\begin{cases}\dfrac{4}{x}, & x\leqslant 1,\\ ax^2+bx+1, & x>1\end{cases}$ 在点 $x=1$ 处的导数存在.

12. 求等边双曲线 $y=\dfrac{1}{x}$ 在点 $\left(\dfrac{1}{2},2\right)$ 处的切线的斜率,并写出在该点处的切线方程和法线方程.

13. 求曲线 $y=x^{\frac{3}{2}}$ 的通过点 $(0,-4)$ 的切线方程.

14. 在抛物线 $y=x^2$ 上取横坐标为 $x_1=1,x_2=3$ 的两点,作过这两点的割线,问抛物线上哪一点的切线平行于这条割线?

15. 已知一直线切曲线 $y=0.1x^3$ 于点 $x=2$,且交此曲线于另一点,求此点坐标.

16. 证明:双曲线 $xy=a^2$ 上任一点处的切线与两坐标轴构成的三角形的面积都等

于 $2a^2$.

17. 设 $f(x)$ 在 $(x_0-\delta,x_0+\delta)(\delta>0)$ 内有定义.

(1)若 $f(x)$ 在点 x_0 处导数 $f'(x_0)$ 存在,证明

$$\lim_{h\to 0}\frac{f(x_0+h)-f(x_0-h)}{2h}=f'(x_0);$$

(2)若上式左端极限存在,是否 $f(x)$ 在点 x_0 处一定可导?若结论成立,请证明;若结论不成立,请举反例.

18. 设函数 $f(x)$ 在 $(-\infty,+\infty)$ 内有定义,且对任何 x,y 有 $f(x+y)=f(x)f(y)$, $f(x)=1+xg(x)$, 其中 $\lim\limits_{x\to 0}g(x)=1$. 试证函数 $f(x)$ 在 $(-\infty,+\infty)$ 内处处可导.

第 2 节　函数的求导法则

上节中,我们根据导数的定义,求出了几个基本初等函数的导数.但对于比较复杂的函数,直接根据定义来求它们的导数往往很困难,所以,从本节开始将转而讨论求导法则.利用这些法则,我们将能较为简便地求得常见函数的导数.

一、函数的和、差、积、商的求导法则

定理 1 如果函数 $u=u(x)$ 及 $v=v(x)$ 都在点 x 具有导数,那么它们的和、差、积、商(除分母为零的点外)都在点 x 具有导数,且

(1) $(u\pm v)'=u'\pm v'$;

(2) $(uv)'=u'v+uv'$;

(3) $\left(\dfrac{u}{v}\right)'=\dfrac{u'v-uv'}{v^2}$.

证 (1)
$$\begin{aligned}[u(x)\pm v(x)]'&=\lim_{\Delta x\to 0}\frac{[u(x+\Delta x)\pm v(x+\Delta x)]-[u(x)\pm v(x)]}{\Delta x}\\&=\lim_{\Delta x\to 0}\frac{u(x+\Delta x)-u(x)}{\Delta x}\pm\lim_{\Delta x\to 0}\frac{v(x+\Delta x)-v(x)}{\Delta x}\\&=u'(x)\pm v'(x).\end{aligned}$$

于是法则(1)获得证明.

这个法则说明:两个函数之和(差)的导数等于这两个函数的导数之和(差).

这个法则可推广到任意有限项的情形,例如,

$$(u+v-w)'=u'+v'-w'.$$

(2) $[u(x)v(x)]'$

$$=\lim_{\Delta x\to 0}\frac{u(x+\Delta x)v(x+\Delta x)-u(x)v(x)}{\Delta x}$$

$$= \lim_{\Delta x \to 0}\left[\frac{u(x+\Delta x)-u(x)}{\Delta x}\cdot v(x+\Delta x)+u(x)\cdot\frac{v(x+\Delta x)-v(x)}{\Delta x}\right]$$

$$= \lim_{\Delta x \to 0}\frac{u(x+\Delta x)-u(x)}{\Delta x}\cdot\lim_{\Delta x \to 0}v(x+\Delta x)+u(x)\lim_{\Delta x \to 0}\frac{v(x+\Delta x)-v(x)}{\Delta x}$$

$$= u'(x)v(x)+u(x)v'(x).$$

其中 $\lim\limits_{\Delta x \to 0}v(x+\Delta x)=v(x)$ 是由于 $v'(x)$ 存在，从而 $v(x)$ 在点 x 连续. 于是法则(2)获得证明.

这个法则是说，两个函数乘积的导数为两项之和，其中第一项是第一个因子的导数与第二个因子的乘积，而第二项是第二个因子的导数与第一个因子的乘积. 这个法则告诉我们，两个函数乘积的导数不等于导数的乘积，即 $(uv)' \neq u'v'$，这是必须注意的.

这个法则也可推广到任意有限个函数之积的情形，例如

$$(uvw)' = u'vw + uv'w + uvw'.$$

特殊地，当 $v = C$（C 为常数）时，有

$$(Cu)' = Cu'.$$

这就是说，在求导数时可把常数因子提出来.

(3) $$\left[\frac{u(x)}{v(x)}\right]' = \lim_{\Delta x \to 0}\frac{\dfrac{u(x+\Delta x)}{v(x+\Delta x)}-\dfrac{u(x)}{v(x)}}{\Delta x}$$

$$= \lim_{\Delta x \to 0}\frac{u(x+\Delta x)v(x)-u(x)v(x+\Delta x)}{v(x+\Delta x)v(x)\Delta x}$$

$$= \lim_{\Delta x \to 0}\frac{[u(x+\Delta x)-u(x)]v(x)-u(x)[v(x+\Delta x)-v(x)]}{v(x+\Delta x)v(x)\Delta x}$$

$$= \lim_{\Delta x \to 0}\frac{\dfrac{u(x+\Delta x)-u(x)}{\Delta x}v(x)-u(x)\dfrac{v(x+\Delta x)-v(x)}{\Delta x}}{v(x+\Delta x)v(x)}$$

$$= \frac{u'(x)v(x)-u(x)v'(x)}{v^2(x)}.$$

于是法则(3)获得证明.

这个法则是说，两个函数商的导数等于分子的导数与分母的乘积减去分母的导数与分子的乘积，再除以分母的平方.

这个法则说明 $\left(\dfrac{u}{v}\right)' \neq \dfrac{u'}{v'}$，这一点也是应当注意的.

例 1　设 $y = 2x^3 + 5x^2 - 7x + 8$，求 y'.

解　$y' = (2x^3 + 5x^2 - 7x + 8)' = 2(x^3)' + 5(x^2)' - 7(x)' + (8)'$

$= 2 \cdot 3x^2 + 5 \cdot 2x - 7 \cdot 1 + 0 = 6x^2 + 10x - 7.$

例 2 设$f(x)=x^3+4\cos x-\sin\dfrac{\pi}{2}$，求$f'(x)$及$f'\left(\dfrac{\pi}{2}\right)$.

解 $f'(x)=(x^3)'+4(\cos x)'-\left(\sin\dfrac{\pi}{2}\right)'=3x^2-4\sin x$，

$$f'\left(\frac{\pi}{2}\right)=3\left(\frac{\pi}{2}\right)^2-4\sin\frac{\pi}{2}=\frac{3}{4}\pi^2-4.$$

例 3 设$y=x^4\sin x$，求y'.

解 $y'=(x^4)'\sin x+x^4(\sin x)'=4x^3\sin x+x^4\cos x$.

例 4 设$y=\tan x$，求y'.

解
$$y'=(\tan x)'=\left(\frac{\sin x}{\cos x}\right)'=\frac{(\sin x)'\cos x-\sin x(\cos x)'}{\cos^2 x}$$
$$=\frac{\cos^2 x+\sin^2 x}{\cos^2 x}=\frac{1}{\cos^2 x}=\sec^2 x,$$

即
$$(\tan x)'=\sec^2 x.$$
这就是正切函数的导数公式.

类似地，还可求得余切函数的导数公式：
$$(\cot x)'=-\csc^2 x.$$

例 5 设$y=\sec x$，求y'.

解
$$y'=(\sec x)'=\left(\frac{1}{\cos x}\right)'=\frac{(1)'\cos x-1\cdot(\cos x)'}{\cos^2 x}=\frac{\sin x}{\cos^2 x}=\tan x\sec x,$$

即
$$(\sec x)'=\tan x\sec x.$$
这就是正割函数的导数公式.

类似地，还可求得余割函数的导数公式：
$$(\csc x)'=-\cot x\csc x.$$

二、反函数的求导法则

定理 2 如果(1) $y=f(x)$在点x_0导数存在且不等于零；(2) $f(x)$在点x_0的某一邻域内单调、连续，则其反函数$x=g(y)$在点y_0可导，这里$y_0=f(x_0)$，并且有
$$\left.\frac{\mathrm{d}x}{\mathrm{d}y}\right|_{y=y_0}=\frac{1}{\left.\dfrac{\mathrm{d}y}{\mathrm{d}x}\right|_{x=x_0}}.$$

证 记$\Delta x=g(y_0+\Delta y)-g(y_0)$，$\Delta y=f(x_0+\Delta x)-f(x_0)$. 现在考虑极限：

$$\lim_{\Delta y \to 0} \frac{\Delta x}{\Delta y}.$$

由 $\Delta y \neq 0$ 可知 $\Delta x \neq 0$，因而可以用 Δx 除以上面极限号内的分子分母. 同时由于条件(2)，函数 $f(x)$ 满足反函数存在定理，所以反函数 $g(y)$ 也是连续的. 于是，当 $\Delta y \to 0$ 时，$\Delta x \to 0$，因而可以用 $\Delta x \to 0$ 来代替 $\Delta y \to 0$，即得

$$\left.\frac{dx}{dy}\right|_{y=y_0} = \lim_{\Delta y \to 0} \frac{\Delta x}{\Delta y} = \lim_{\Delta x \to 0} \frac{1}{\frac{\Delta y}{\Delta x}} = \frac{1}{\lim\limits_{\Delta x \to 0} \frac{\Delta y}{\Delta x}} = \frac{1}{\left.\frac{dy}{dx}\right|_{x=x_0}}.$$

上述结论可简单地说成：反函数的导数等于直接函数导数的倒数.

下面我们用上述结论来求反三角函数和指数函数的导数.

例 6　设 $x = \sin y, y \in \left(-\frac{\pi}{2}, \frac{\pi}{2}\right)$ 为直接函数，则 $y = \arcsin x$ 是它的反函数，且有

$$(\arcsin x)' = \frac{1}{(\sin y)'} = \frac{1}{\cos y} = \frac{1}{\sqrt{1-x^2}},$$

这里因为 $\cos y$ 在 $\left(-\frac{\pi}{2}, \frac{\pi}{2}\right)$ 内恒为正值，所以根号前只取正号.

类似地，还可求得反余弦函数的导数公式：

$$(\arccos x)' = -\frac{1}{\sqrt{1-x^2}}.$$

例 7　设 $x = \tan y, y \in \left(-\frac{\pi}{2}, \frac{\pi}{2}\right)$ 是直接函数，则 $y = \arctan x$ 是它的反函数，且有

$$(\arctan x)' = \frac{1}{(\tan y)'} = \frac{1}{\sec^2 y} = \frac{1}{1+\tan^2 y} = \frac{1}{1+x^2}.$$

类似地，还可求得反余切函数的导数公式：

$$(\text{arccot}\, x)' = -\frac{1}{1+x^2}.$$

例 8　设 $x = \log_a y (a > 0, a \neq 1)$ 为直接函数，则 $y = a^x$ 是它的反函数，且有

$$(a^x)' = \frac{1}{(\log_a y)'} = \frac{1}{\frac{1}{y \ln a}} = y \ln a = a^x \ln a.$$

这就是指数函数的导数公式. 特殊地，$a = \mathrm{e}$ 时，有

$$(\mathrm{e}^x)' = \mathrm{e}^x.$$

在这两节中，我们把所有基本初等函数的导数都求出了. 为了便于查阅，将这些导数公式归纳如下：

(1) $(C)' = 0$;

(2) $(x^{\alpha})' = \alpha x^{\alpha-1}$;

(3) $(a^{x})' = a^{x}\ln a$, 特别地, $(\mathrm{e}^{x})' = \mathrm{e}^{x}$;

(4) $(\log_{a}x)' = \dfrac{1}{x\ln a}$, 特别地, $(\ln x)' = \dfrac{1}{x}$;

(5) $(\sin x)' = \cos x$;

(6) $(\cos x)' = -\sin x$;

(7) $(\tan x)' = \sec^{2}x$;

(8) $(\cot x)' = -\csc^{2}x$;

(9) $(\sec x)' = \tan x\sec x$;

(10) $(\csc x)' = -\cot x\csc x$;

(11) $(\arcsin x)' = \dfrac{1}{\sqrt{1-x^{2}}}$;

(12) $(\arccos x)' = -\dfrac{1}{\sqrt{1-x^{2}}}$;

(13) $(\arctan x)' = \dfrac{1}{1+x^{2}}$;

(14) $(\operatorname{arccot} x)' = -\dfrac{1}{1+x^{2}}$.

三、复合函数的求导法则

到目前为止,我们还没有学会不用导数定义去处理像 $\sin x^{2}$ 这样的函数. 下面我们将提出一个称为**链式法则**的定理,这个定理使我们能求导像 $\sin x^{2}$ 这样一类复合函数. 这实际上使可以导数的函数范围得到很大扩充.

在证明复合函数求导法则前,我们先来证明下面的引理.

引理 函数 $f(x)$ 在点 x_0 可导的充分必要条件是,存在一个在点 x_0 连续的函数 $h(x)$,使得 $f(x)-f(x_0)=(x-x_0)h(x)$ 在点 x_0 的某个邻域内成立.

证 必要性. 设 $f'(x_0)$ 存在. 构造函数

$$h(x)=\begin{cases}\dfrac{f(x)-f(x_0)}{x-x_0}, & x\neq x_0,\\ f'(x_0), & x=x_0,\end{cases}$$

则 $h(x)$ 即满足引理的要求.

充分性. 若存在一个在点 x_0 连续的函数 $h(x)$, 使得在点 x_0 的某个邻域内 $f(x)-f(x_0)=(x-x_0)h(x)$ 成立,则有

$$\lim_{x\to x_0}\frac{f(x)-f(x_0)}{x-x_0}=\lim_{x\to x_0}h(x)=h(x_0),$$

从而$f'(x_0)$存在,并且$f'(x_0)=h(x_0)$.

定理 3(链式法则)　如果$u=g(x)$在点x可导,而$y=f(u)$在点$u=g(x)$可导,则复合函数$y=f[g(x)]$在点x可导,且其导数为

$$\frac{\mathrm{d}y}{\mathrm{d}x}=f'(u)\cdot g'(x)\text{ 或 }\frac{\mathrm{d}y}{\mathrm{d}x}=\frac{\mathrm{d}y}{\mathrm{d}u}\cdot\frac{\mathrm{d}u}{\mathrm{d}x}.$$

证　假设$u=g(x)$在点x_0可导,则由引理可知,存在一个在点x_0连续的函数$h(x)$,使得在点x_0的某个邻域内,有

$$g(x)-g(x_0)=(x-x_0)h(x),\quad g'(x_0)=h(x_0).\tag{1}$$

又因为$y=f(u)$在点$u_0=g(x_0)$可导,所以由引理知,存在一个在点u_0连续的函数$I(u)$,使得在点u_0的某个邻域内,有

$$f(u)-f(u_0)=(u-u_0)I(u),\quad f'(u_0)=I(u_0).\tag{2}$$

将$u=g(x)$和(1)代入(2),得

$$f[g(x)]-f[g(x_0)]=(x-x_0)h(x)I[g(x)].$$

上式两端同除以$x-x_0$,并令$x\to x_0$,得

$$\lim_{x\to x_0}\frac{f[g(x)]-f[g(x_0)]}{x-x_0}=\lim_{x\to x_0}h(x)I[g(x)]=I[g(x_0)]\cdot h(x_0).$$

注意到$g(x_0)=u_0,I(u_0)=f'(u_0),h(x_0)=g'(x_0)$,则上式为

$$\left.\frac{\mathrm{d}y}{\mathrm{d}x}\right|_{x=x_0}=f'(u_0)\cdot g'(x_0)\text{ 或 }\left.\frac{\mathrm{d}y}{\mathrm{d}x}\right|_{x=x_0}=\left.\frac{\mathrm{d}y}{\mathrm{d}u}\right|_{u=u_0}\cdot\left.\frac{\mathrm{d}u}{\mathrm{d}x}\right|_{x=x_0}.$$

如果用x,u取代x_0,u_0,则可以将复合函数的求导法则写成

$$\frac{\mathrm{d}y}{\mathrm{d}x}=f'(u)\cdot g'(x)\text{ 或 }\frac{\mathrm{d}y}{\mathrm{d}x}=\frac{\mathrm{d}y}{\mathrm{d}u}\cdot\frac{\mathrm{d}u}{\mathrm{d}x}.$$

例 9　设$y=\sin x^2$,求$\frac{\mathrm{d}y}{\mathrm{d}x}$.

解　$y=\sin x^2$可看作由$y=\sin u,u=x^2$复合而成,因此

$$\frac{\mathrm{d}y}{\mathrm{d}x}=\frac{\mathrm{d}y}{\mathrm{d}u}\cdot\frac{\mathrm{d}u}{\mathrm{d}x}=\cos u\cdot 2x=2x\cos x^2.$$

例 10　设$y=\left(\frac{x}{2x+1}\right)^n$($n$为正整数),求$\frac{\mathrm{d}y}{\mathrm{d}x}$.

解　$y=\left(\frac{x}{2x+1}\right)^n$可看作由$y=u^n,u=\frac{x}{2x+1}$复合而成,因此

$$\frac{\mathrm{d}y}{\mathrm{d}x}=\frac{\mathrm{d}y}{\mathrm{d}u}\cdot\frac{\mathrm{d}u}{\mathrm{d}x}=nu^{n-1}\cdot\frac{1\cdot(2x+1)-x\cdot 2}{(2x+1)^2}$$

$$= n\left(\frac{x}{2x+1}\right)^{n-1} \cdot \frac{1 \cdot (2x+1) - x \cdot 2}{(2x+1)^2} = \frac{nx^{n-1}}{(2x+1)^{n+1}}.$$

从以上例子看出,应用链式法则求导时,首先要分析所给函数能分解成哪些简单函数,而这些简单函数的导数是已经会求的,那么应用链式法则就可以求出所给函数的导数了.

对复合函数的分解比较熟练后,就不必再写出中间变量,只要分析清楚函数的复合关系,做到心中有数,直接求出复合函数对自变量的导数.

例 11 设 $y = \sqrt{a^2 - x^2}$, 求 $\frac{dy}{dx}$.

解 $\frac{dy}{dx} = (\sqrt{a^2 - x^2})' = \frac{1}{2\sqrt{a^2 - x^2}}(a^2 - x^2)' = -\frac{x}{\sqrt{a^2 - x^2}}$.

例 12 设 $y = \ln|x|$, 求 y'.

解 当 $x > 0$ 时, $y' = (\ln x)' = \frac{1}{x}$,

当 $x < 0$ 时, $y' = [\ln(-x)]' = \frac{1}{-x} \cdot (-x)' = \frac{1}{x}$.

所以

$$(\ln|x|)' = \frac{1}{x}.$$

例 13 证明幂函数的导数公式: $(x^\alpha)' = \alpha x^{\alpha-1}$.

证 $(x^\alpha)' = (e^{\ln x^\alpha})' = (e^{\alpha \ln x})' = e^{\alpha \ln x}(\alpha \ln x)' = x^\alpha \cdot \alpha \frac{1}{x} = \alpha x^{\alpha-1}$.

例 14 求幂指函数 $y = u(x)^{v(x)}$ 的导数.

解

$$\begin{aligned} y' &= [u(x)^{v(x)}]' = [e^{v(x)\ln u(x)}]' = e^{v(x)\ln u(x)}[v(x)\ln u(x)]' \\ &= e^{v(x)\ln u(x)}\left[v'(x)\ln u(x) + v(x) \cdot \frac{1}{u(x)} \cdot u'(x)\right] \\ &= u(x)^{v(x)}\left[v'(x)\ln u(x) + \frac{v(x)u'(x)}{u(x)}\right]. \end{aligned}$$

例 15 设 $y = x(\sin x)^{\cos x}$, 求 y'.

解

$$\begin{aligned} y' &= (x)'(\sin x)^{\cos x} + x[(\sin x)^{\cos x}]' \\ &= (\sin x)^{\cos x} + x(\sin x)^{\cos x}(\cos x \ln \sin x)' \\ &= (\sin x)^{\cos x} + x(\sin x)^{\cos x}\left(-\sin x \ln \sin x + \cos x \cdot \frac{1}{\sin x} \cdot \cos x\right) \\ &= (\sin x)^{\cos x}\left(1 - x\sin x \ln \sin x + \frac{x\cos^2 x}{\sin x}\right). \end{aligned}$$

链式法则可以推广到多个中间变量的情形. 比如,设 $y=f(u)$, $u=\varphi(v)$, $v=\psi(x)$, 则复合函数 $y=f\{\varphi[\psi(x)]\}$ 的导数为

$$\frac{\mathrm{d}y}{\mathrm{d}x}=\frac{\mathrm{d}y}{\mathrm{d}u}\cdot\frac{\mathrm{d}u}{\mathrm{d}v}\cdot\frac{\mathrm{d}v}{\mathrm{d}x}.$$

例 16　设 $y=\mathrm{e}^{\sin^2\frac{1}{x}}$, 求 y'.

解　$$\begin{aligned}y'&=\mathrm{e}^{\sin^2\frac{1}{x}}\left(\sin^2\frac{1}{x}\right)'=\mathrm{e}^{\sin^2\frac{1}{x}}\cdot2\sin\frac{1}{x}\cdot\left(\sin\frac{1}{x}\right)'\\&=\mathrm{e}^{\sin^2\frac{1}{x}}\cdot2\sin\frac{1}{x}\cdot\cos\frac{1}{x}\cdot\left(\frac{1}{x}\right)'=\mathrm{e}^{\sin^2\frac{1}{x}}\cdot2\sin\frac{1}{x}\cdot\cos\frac{1}{x}\cdot\left(-\frac{1}{x^2}\right)\\&=-\frac{1}{x^2}\sin\frac{2}{x}\mathrm{e}^{\sin^2\frac{1}{x}}.\end{aligned}$$

例 17　设 $f(x)=\ln(\mathrm{e}^x+\sqrt{1+\mathrm{e}^{2x}})$, 求 $f'(x)$.

解　$$f'(x)=\frac{1}{\mathrm{e}^x+\sqrt{1+\mathrm{e}^{2x}}}\left(\mathrm{e}^x+\frac{1}{2\sqrt{1+\mathrm{e}^{2x}}}\cdot\mathrm{e}^{2x}\cdot2\right)=\frac{\mathrm{e}^x}{\sqrt{1+\mathrm{e}^{2x}}}.$$

链式法则的一个有用的应用就是隐函数求导法. 所谓隐函数,就是由方程 $F(x,y)=0$ 确定的函数 $y=y(x)$. 这里我们总是假定隐函数是存在并且可导的,在这个前提下,给出求隐函数导数 $\frac{\mathrm{d}y}{\mathrm{d}x}$ 的一种方法,而不需要在方程 $F(x,y)=0$ 中把 y 解为 x 的显函数. 事实上,某些方程也不一定或不容易解出 y 的明显表达式,例如 $\mathrm{e}^y=xy$ 就是这样. 下面通过具体例子来说明这种方法.

例 18　求由方程 $x^2y-\mathrm{e}^{2x}=\sin y$ 所确定的隐函数 $\frac{\mathrm{d}y}{\mathrm{d}x}$.

解　把方程两边分别对 x 求导,注意 $y=y(x)$.

$$2xy+x^2\frac{\mathrm{d}y}{\mathrm{d}x}-2\mathrm{e}^{2x}=\cos y\frac{\mathrm{d}y}{\mathrm{d}x},$$

解得 $\frac{\mathrm{d}y}{\mathrm{d}x}=\frac{2xy-2\mathrm{e}^{2x}}{\cos y-x^2}$.

例 19　求由方程 $y^5+2y-x-3x^7=0$ 所确定的隐函数在点 $x=0$ 处的导数 $y'(0)$.

解　方程两边对 x 求导,得

$$5y^4y'+2y'-1-21x^6=0.$$

将 $x=0$ 代入原方程得 $y=0$. 再将 $x=0$, $y=0$ 代入上式,得

$$y'(0)=\frac{1}{2}.$$

在某些时候,用所谓**对数求导法**求导数会比用通常方法简便些. 这种方法是先在 $y=f(x)$ 的两边取对数,然后再求出 y 的导数. 该方法在 1697 年由伯努利(Johann

Bernoulli,1667—1748)提出,而且,它相当于链式法则的一种简单应用.下面我们通过一个具体例子来说明这种方法.

例 20 求 $y = \dfrac{x^2}{1-x}\sqrt[3]{\dfrac{3-x}{(3+x)^2}}$ 的导数.

解 先在两边取对数,有

$$\ln y = 2\ln x - \ln(1-x) + \frac{1}{3}\ln(3-x) - \frac{2}{3}\ln(3+x).$$

上式两边对 x 求导,注意到 $y = y(x)$, 得

$$\frac{1}{y}y' = \frac{2}{x} - \frac{1}{1-x}\cdot(-1) + \frac{1}{3}\frac{1}{3-x}\cdot(-1) - \frac{2}{3}\frac{1}{3+x}\cdot 1.$$

于是

$$\begin{aligned} y' &= y\left[\frac{2}{x} + \frac{1}{1-x} - \frac{1}{3(3-x)} - \frac{2}{3(3+x)}\right] \\ &= \frac{x^2}{1-x}\sqrt[3]{\frac{3-x}{(3+x)^2}}\left[\frac{2}{x} + \frac{1}{1-x} - \frac{1}{3(3-x)} - \frac{2}{3(3+x)}\right]. \end{aligned}$$

习题 2.2

1. 推导余切函数及余割函数的导数公式:

$$(\cot x)' = -\csc^2 x, \quad (\csc x)' = -\cot x\csc x.$$

2. 求下列函数的导数:

(1) $y = x^3 + \dfrac{7}{x^4} - \dfrac{2}{x} + 12$;

(2) $y = \dfrac{(1+2x)^2}{\sqrt{x}}$;

(3) $y = 5x^3 - 2^x + 3e^x$;

(4) $y = 2\tan x + \sec x - 1$;

(5) $y = x^2\cos x$;

(6) $y = e^x(\sin x + \cos x)$;

(7) $y = x^2\ln x$;

(8) $y = \sin x\cos x$;

(9) $y = \dfrac{1}{1+x+x^2}$;

(10) $y = \dfrac{1+x}{1-x}$;

(11) $y = \dfrac{\ln x}{x}$;

(12) $y = \dfrac{e^x}{x^2} + \ln 3$;

(13) $y = (2+\sec t)\sin t$;

(14) $s = \dfrac{1+\sin t}{1+\cos t}$.

3. 求下列函数在给定点处的导数

(1) $y = \sin x - \cos x$, 求 $y'\big|_{x=\frac{\pi}{6}}$ 和 $y'\big|_{x=\frac{\pi}{4}}$;

(2) $\rho = \theta\sin\theta + \dfrac{1}{2}\cos\theta$, 求 $\left.\dfrac{d\rho}{d\theta}\right|_{\theta=\frac{\pi}{4}}$;

(3) $f(x) = \frac{3}{5-x} + \frac{x^2}{5}$，求 $f'(0)$ 和 $f'(2)$.

4. 求下列函数的导数：

(1) $y = (2x+5)^4$；　　(2) $y = \cos(4-3x)$；

(3) $y = \ln\cos x$；　　(4) $y = \sin\frac{2x}{1+x^2}$；

(5) $y = e^{-3x^2}$；　　(6) $y = \arctan e^x$；

(7) $y = \sqrt{1+\sqrt{x}}$；　　(8) $y = \arccos\frac{1}{x}$；

(9) $y = \ln(\sec x + \tan x)$；　　(10) $y = \ln(\csc x - \cot x)$；

(11) $y = \sin nx \cdot \sin^n x$；　　(12) $y = e^{-\frac{x}{2}}\cos 3x$；

(13) $y = \ln\frac{1+\sqrt{x}}{1-\sqrt{x}}$；　　(14) $y = \frac{e^x - e^{-x}}{e^x + e^{-x}}$；

(15) $y = \frac{\arcsin x}{\arccos x}$；　　(16) $y = \arcsin(1-2x)$；

(17) $y = \left(\arcsin\frac{x}{2}\right)^2$；　　(18) $y = \sqrt{1+\ln^2 x}$；

(19) $y = e^{\arctan\sqrt{x}}$；　　(20) $y = \sin^2\frac{1}{x} + \cos^2\frac{1}{x}$；

(21) $y = \sin^2\left(\frac{1-\ln x}{x}\right)$；　　(22) $y = \operatorname{arccot}\frac{x}{1+\sqrt{1-x^2}}$；

(23) $y = \ln(1+x+\sqrt{2x+x^2})$；　　(24) $y = \arctan(x+\sqrt{1+x^2})$；

(25) $y = \frac{x}{2}\sqrt{a^2-x^2} + \frac{a^2}{2}\arcsin\frac{x}{a}\ (a>0)$；

(26) $y = \frac{1}{2}\ln(1+e^{2x}) - x + e^{-x}\arctan e^x$；

(27) $y = \left(\frac{x}{1+x}\right)^x$；　　(28) $y = x^{\cos x}$.

5. 设 $f(x) = \begin{cases} \cos x, & x < 0, \\ \ln(1+x^2), & x \geqslant 0, \end{cases}$ 求 $f'(x)$.

6. 问 $f(x) = \begin{cases} x^2\sin\frac{1}{x}, & x \neq 0, \\ 0, & x = 0 \end{cases}$ 在点 $x = 0$ 处是否可导？导数是否连续？

7. 设 $f(x)$ 为可导函数，证明：若 $x = 1$ 时，有 $\frac{d}{dx}f(x^2) = \frac{d}{dx}f^2(x)$，则必有 $f'(1) =$

0 或 $f(1)=1$.

8. 设 $f(x)$ 可导,求下列函数的导数 $\frac{dy}{dx}$:

(1) $y=f(e^x)\cdot e^{f(x)}$; (2) $y=f(\sin^2 x)+f(\cos^2 x)$.

9. 求由下列方程所确定的隐函数的导数 $\frac{dy}{dx}$:

(1) $e^y+xy-e=0$; (2) $\cos(x+y)-e^{2x}+y^3=0$;

(3) $x^{y^2}+y^2\ln x-4=0$.

10. 求椭圆 $\frac{x^2}{16}+\frac{y^2}{9}=1$ 在点 $\left(2,\frac{3}{2}\sqrt{3}\right)$ 处的切线方程.

11. 设 $y=y(x)$ 是由方程 $\ln(x^2+y)=x^3y+\sin x$ 确定的隐函数,求 $y'(0)$.

12. 设函数 $y=y(x)$ 是由方程 $y=-ye^x+2e^y\sin x-7x$ 确定的隐函数,求 $y'(0)$.

13. 用对数求导法求下列函数的导数:

(1) $y=\frac{\sqrt{x+2}\,(3-x)^4}{(x+1)^5}$; (2) $y=\sqrt[5]{\frac{x-5}{\sqrt[5]{x^2+2}}}$;

(3) $y=\sqrt{x\sin x\sqrt{1-e^x}}$.

第3节 高阶导数

我们知道,已知质点的运动规律 $s=s(t)$,那么它的一阶导数就是速度 v,即

$$v=s'(t).$$

对于变速运动,速度也是时间 t 的函数:$v=v(t)$. 如果在一段时间 Δt 内,速度 $v(t)$ 的变化为 $\Delta v=v(t+\Delta t)-v(t)$,那么在这段时间内,速度的平均变化率为

$$\frac{\Delta v}{\Delta t}=\frac{v(t+\Delta t)-v(t)}{\Delta t},$$

这就是在 Δt 这段时间内的平均加速度. 当 $\Delta t\to 0$ 时,极限

$$\lim_{\Delta t\to 0}\frac{\Delta v}{\Delta t}$$

就是速度在 t 时刻的变化率,也就是瞬时加速度(简称加速度),即

$$a(t)=\lim_{\Delta t\to 0}\frac{\Delta v}{\Delta t}=v'(t).$$

因为 $v=s'(t)$,所以

$$a(t)=v'(t)=[s'(t)]',$$

即加速度是运动规律 $s(t)$ 对时间 t 的导数的导数,我们就说加速度是运动规律对时间的二阶导数,记为

$$a(t)=v'(t)=s''(t)\text{ 或 }a(t)=\frac{\mathrm{d}^2s}{\mathrm{d}t^2}.$$

这也是二阶导数的物理意义.

一般地,把函数 $y=f(x)$ 的导数 $f'(x)$ 叫作函数 $y=f(x)$ 的**一阶导数**,而 $y'=f'(x)$ 仍然是 x 的函数.我们把 $y'=f'(x)$ 的导数叫作函数 $y=f(x)$ 的**二阶导数**,记作 y'' 或 $\frac{\mathrm{d}^2y}{\mathrm{d}x^2}$,即

$$y''=(y')'\text{ 或 }\frac{\mathrm{d}^2y}{\mathrm{d}x^2}=\frac{\mathrm{d}}{\mathrm{d}x}\left(\frac{\mathrm{d}y}{\mathrm{d}x}\right).$$

类似地,二阶导数的导数,叫作**三阶导数**,三阶导数的导数叫作**四阶导数**,…,一般地,$(n-1)$ 阶导数的导数叫做 n **阶导数**,分别记作

$$y''',y^{(4)},\cdots,y^{(n)}\text{ 或 }\frac{\mathrm{d}^3y}{\mathrm{d}x^3},\frac{\mathrm{d}^4y}{\mathrm{d}x^4},\cdots,\frac{\mathrm{d}^ny}{\mathrm{d}x^n}.$$

函数 $y=f(x)$ 具有 n 阶导数,也常说成函数 $f(x)$ 为 n **阶可导**.如果函数在点 x 处具有 n 阶导数,那么 $f(x)$ 在点 x 的某一邻域内必定具有一切低于 n 阶的导数.

二阶与二阶以上的导数统称**高阶导数**.从高阶导数的定义可知,求高阶导数无非是反复运用求一阶导数的方法.

例 1　设 $y=\sqrt{2x-x^2}$,求 y'''.

解　$y'=\dfrac{1}{2\sqrt{2x-x^2}}\cdot(2-2x)=\dfrac{1-x}{\sqrt{2x-x^2}}$,

$$y''=\frac{-1\cdot\sqrt{2x-x^2}-(1-x)\cdot\dfrac{1}{2\sqrt{2x-x^2}}\cdot(2-2x)}{2x-x^2}=-\frac{1}{(2x-x^2)^{3/2}},$$

$$y'''=-\frac{0-\dfrac{3}{2}(2x-x^2)^{\frac{3}{2}-1}\cdot(2-2x)}{(2x-x^2)^3}=\frac{3(1-x)}{(2x-x^2)^{5/2}}.$$

例 2　已知 $\sqrt{x^2+y^2}=\mathrm{e}^{\arctan\frac{y}{x}}$,求 $\frac{\mathrm{d}^2y}{\mathrm{d}x^2}$.

解　原方程写成

$$\frac{1}{2}\ln(x^2+y^2)=\arctan\frac{y}{x}.$$

上式两边对 x 求导,得

$$\frac{1}{2}\cdot\frac{1}{x^2+y^2}(2x+2yy')=\frac{1}{1+\left(\dfrac{y}{x}\right)^2}\cdot\frac{y'\cdot x-y\cdot 1}{x^2},$$

解得 $y' = \dfrac{x+y}{x-y}$.

$$y'' = (y')' = \frac{(1+y')(x-y)-(x+y)(1-y')}{(x-y)^2} = \frac{2(x^2+y^2)}{(x-y)^3}.$$

例 3 设有参数方程

$$\begin{cases} x = \varphi(t), \\ y = \psi(t), \end{cases}$$

如果函数 $x=\varphi(t)$ 具有单调连续反函数 $t=\varphi^{-1}(x)$，那么参数方程就确定了 y 是 x 的函数. 为了计算这个复合函数的导数，再假定函数 $x=\varphi(t)$、$y=\psi(t)$ 都可导，且 $\varphi'(t)\neq 0$. 于是根据复合函数的求导法则与反函数的求导法则，就有

$$\frac{\mathrm{d}y}{\mathrm{d}x} = \frac{\mathrm{d}y}{\mathrm{d}t}\cdot\frac{\mathrm{d}t}{\mathrm{d}x} = \frac{\mathrm{d}y}{\mathrm{d}t}\cdot\frac{1}{\dfrac{\mathrm{d}x}{\mathrm{d}t}} = \frac{\psi'(t)}{\varphi'(t)},$$

上式也可写成

$$\frac{\mathrm{d}y}{\mathrm{d}x} = \frac{\dfrac{\mathrm{d}y}{\mathrm{d}t}}{\dfrac{\mathrm{d}x}{\mathrm{d}t}}.$$

如果 $x=\varphi(t)$、$y=\psi(t)$ 还是二阶可导，那么又可得到参数方程的二阶导数公式

$$\begin{aligned}\frac{\mathrm{d}^2y}{\mathrm{d}x^2} &= \frac{\mathrm{d}}{\mathrm{d}x}\left(\frac{\mathrm{d}y}{\mathrm{d}x}\right) = \frac{\mathrm{d}}{\mathrm{d}t}\left(\frac{\psi'(t)}{\varphi'(t)}\right)\cdot\frac{\mathrm{d}t}{\mathrm{d}x} = \frac{\psi''(t)\varphi'(t)-\psi'(t)\varphi''(t)}{\varphi'^2(t)}\cdot\frac{1}{\varphi'(t)} \\ &= \frac{\psi''(t)\varphi'(t)-\psi'(t)\varphi''(t)}{\varphi'^3(t)}.\end{aligned}$$

下面介绍几个初等函数的 n 阶导数.

例 4 设 $y = x^n$ (n 是正整数)，求 $y^{(n)}$，$y^{(n+1)}$.

解 $y' = nx^{n-1}$,

$y'' = n(n-1)x^{n-2}$,

$y''' = n(n-1)(n-2)x^{n-3}$,

……

一般地，可得

$y^{(n)} = n(n-1)(n-2)\cdots 3\cdot 2\cdot 1 = n!$,

$y^{(n+1)} = 0$.

由此可见，正整数幂函数 $y = x^n$ 的 n 阶导数必为常数 $n!$，而它的 $n+1$ 阶导数为零，比 $n+1$ 更高阶的导数自然也都是零. 任何首项系数为 1 的 n 阶多项式 $x^n + a_1x^{n-1} + a_2x^{n-2} + \cdots + a_n$ 的 n 阶导数也是 $n!$，其 $n+1$ 阶导数是零.

例 5　设 $y = e^x$，求 $y^{(n)}$.

解　$y' = e^x$,

$y'' = e^x$,

……

一般地，可得

$$y^{(n)} = e^x,$$

即

$$(e^x)^{(n)} = e^x.$$

例 6　设 $y = \sin x$，求 $y^{(n)}$.

解　$y' = \cos x = \sin\left(x + \frac{\pi}{2}\right)$,

$y'' = \cos\left(x + \frac{\pi}{2}\right) = \sin\left(x + \frac{\pi}{2} + \frac{\pi}{2}\right) = \sin\left(x + 2 \cdot \frac{\pi}{2}\right)$,

$y''' = \cos\left(x + 2 \cdot \frac{\pi}{2}\right) = \sin\left(x + 3 \cdot \frac{\pi}{2}\right)$,

$y^{(4)} = \cos\left(x + 3 \cdot \frac{\pi}{2}\right) = \sin\left(x + 4 \cdot \frac{\pi}{2}\right)$,

……

一般地，可得

$$y^{(n)} = \sin\left(x + n \cdot \frac{\pi}{2}\right),$$

即

$$(\sin x)^{(n)} = \sin\left(x + n \cdot \frac{\pi}{2}\right).$$

用类似方法，可得

$$(\cos x)^{(n)} = \cos\left(x + n \cdot \frac{\pi}{2}\right).$$

例 7　设 $y = \frac{1}{ax + b}$，求 $y^{(n)}$.

解　$y' = -\frac{a}{(ax + b)^2}$,

$y'' = \frac{1 \cdot 2a^2}{(ax + b)^3}$,

$y''' = -\frac{1 \cdot 2 \cdot 3a^3}{(ax + b)^4}$,

$$y^{(4)}=\frac{1\cdot 2\cdot 3\cdot 4a^4}{(ax+b)^5},$$

……

一般地,可得

$$y^{(n)}=\frac{(-1)^n n!a^n}{(ax+b)^{n+1}},$$

即

$$\left(\frac{1}{ax+b}\right)^{(n)}=\frac{(-1)^n n!a^n}{(ax+b)^{n+1}}.$$

对于高阶导数,可以用数学归纳法证明它有以下的运算法则:

(1) $(u\pm v)^{(n)}=u^{(n)}\pm v^{(n)}$;

(2) $(uv)^{(n)}=C_n^0u^{(0)}v^{(n)}+C_n^1u'v^{(n-1)}+\cdots+C_n^ku^{(k)}v^{(n-k)}+\cdots+C_n^nu^{(n)}v^{(0)}$,

其中,$u^{(0)}=u,v^{(0)}=v,C_n^k$ 表示从 n 中取 k 个的组合数,即

$$C_n^k=\frac{n!}{k!(n-k)!}.$$

这一公式通常称为**莱布尼茨(Leibniz)公式**.将这个公式与二项式展开

$$(u+v)^n=C_n^0u^0v^n+C_n^1u^1v^{n-1}+\cdots+C_n^ku^kv^{n-k}+\cdots+C_n^nu^nv^0$$

(这里 $u^0=v^0=1$)作一比较,它们在形式上是有某些相仿之处的.只要在二项式展开中,将函数的 k 次幂改为 k 阶导数,左端的加号改为乘积,就成了莱布尼茨公式.这样的对比便于我们记忆.

例 8 设 $f(x)=\ln(1-x^2)$,求 $f^{(n)}(x)$.

解 $f'(x)=\dfrac{-2x}{1-x^2}=\dfrac{1}{x-1}+\dfrac{1}{x+1}$,

$$\begin{aligned}f^{(n)}(x)&=[f'(x)]^{(n-1)}=\left(\frac{1}{x-1}\right)^{(n-1)}+\left(\frac{1}{x+1}\right)^{(n-1)}\\&=\frac{(-1)^{n-1}(n-1)!}{(x-1)^n}+\frac{(-1)^{n-1}(n-1)!}{(x+1)^n}\\&=(-1)^{n-1}(n-1)!\left[\frac{1}{(x-1)^n}+\frac{1}{(x+1)^n}\right].\end{aligned}$$

例 9 设 $y=x^2e^{2x}$,求 $y^{(20)}$.

解

$$\begin{aligned}y^{(20)}&=C_{20}^0(x^2)^{(0)}(e^{2x})^{(20)}+C_{20}^1(x^2)'(e^{2x})^{(19)}+C_{20}^2(x^2)''(e^{2x})^{(18)}\\&=x^2e^{2x}\cdot 2^{20}+20\cdot 2xe^{2x}\cdot 2^{19}+\frac{20\cdot 19}{2!}2e^{2x}\cdot 2^{18}\\&=2^{20}(x^2+20x+95)e^{2x}.\end{aligned}$$

习题 2.3

1. 求下列函数的二阶导数：

(1) $y = 2x^2 + \ln x$;　(2) $y = e^{2x-1}$;

(3) $y = x\cos x$;　(4) $y = \ln(1 - x^2)$;

(5) $y = \dfrac{e^x}{x}$;　(6) $y = (1 + x^2)\arctan x$;

(7) $y = \ln(x + \sqrt{1 + x^2})$;　(8) $y = x[\sin(\ln x) + \cos(\ln x)]$.

2. 求由下列方程所确定的隐函数的二阶导数 $\dfrac{d^2y}{dx^2}$：

(1) $y = 1 + xe^y$;　(2) $x + 2y - \cos y = 0$.

3. 设 y 是由方程 $(x^2 + y^2)^2 = 4xy$ 所确定的隐函数，求 $y''|_{(1,1)}$.

4. 求下列参数方程所确定的函数的二阶导数 $\dfrac{d^2y}{dx^2}$：

(1) $\begin{cases} x = 1 - t^2, \\ y = t - t^3; \end{cases}$　(2) $\begin{cases} x = \ln(1 + t^2), \\ y = t - \arctan t; \end{cases}$

(3) $\begin{cases} x = f'(t), \\ y = tf'(t) - f(t), \end{cases}$ 其中 $f''(t)$ 存在且不为零.

5. 设 $f''(u)$ 存在，求下列函数的二阶导数 $\dfrac{d^2y}{dx^2}$：

(1) $y = f(x^2)$;　(2) $y = \ln[f(x)]$;

(3) $y = f(x + y)$.

6. 已知 $f'(x) = ke^x$，k 为常数，求 $f(x)$ 的反函数的二阶导数.

7. 设 $y = x^2\sin 2x$，求 $y^{(50)}$.

8. 求下列函数的 n 阶导数的一般表达式：

(1) $y = \sin^2 x$;　(2) $y = \sin^4 x + \cos^4 x$;

(3) $y = x\ln x$;　(4) $y = xe^x$;

(5) $y = \dfrac{x}{4 - 3x}$;　(6) $y = \dfrac{1}{x^2 - 5x + 6}$;

(7) $y = e^x\sin x$;　(8) $y = xe^{-x}$.

第4节　函数的微分

一、微分的概念

先分析一个具体问题. 用 S 表示边长为 x 的正方形面积,那么 S 显然是 x 的函数 $S = x^2$, 如果给边长一个改变量 Δx, 则 S 相应地有改变量 ΔS, 为

$$\Delta S = (x+\Delta x)^2 - x^2 = 2x\Delta x + (\Delta x)^2.$$

从式中可见 ΔS 被分成两部分,第一部分 $2x\Delta x$ 是 Δx 的线性函数,即图 2-4 中带有斜线的那两个矩形的面积之和,而第二部分 $(\Delta x)^2$ 是图中带有交叉斜线的小正方形的面积,当 $\Delta x \to 0$ 时,第二部分 $(\Delta x)^2$ 是比 Δx 高阶的无穷小,即 $(\Delta x)^2 = o(\Delta x)$ ($\Delta x \to 0$). 由此可见,如果边长改变 Δx 本身充分小便可使第二部分与 Δx 相比为任意小,从而面积的改变量 ΔS 可近似地用第一部分 $2x\Delta x$ 来代替.

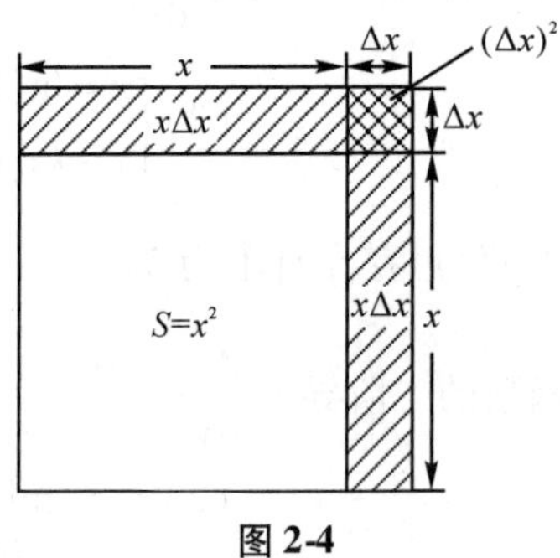

图 2-4

推及一般情形,我们有定义:

定义　设 $y = f(x)$ 是定义在某区间上的函数,当给自变量以一个改变量 Δx 时,如果相应的函数改变量

$$\Delta y = f(x+\Delta x) - f(x)$$

可表示为

$$\Delta y = A\Delta x + o(\Delta x),$$

其中 A 是 x 的函数,而与 Δx 无关,那么称 $f(x)$ 在点 x 是可微的,而 $A\Delta x$ 叫作 $f(x)$ 在点 x 的微分,记作 $\mathrm{d}y$ 或 $\mathrm{d}f(x)$, 即

$$\mathrm{d}y = A\Delta x.$$

由于 $A\Delta x$ 是 Δy 的表达式中起主要作用的线性部分,即当 Δx 充分小时, $\Delta y \approx A\Delta x$, 我们就称 $A\Delta x$ 是 Δy 的**线性主要部分**(简称**线性主部**),也就是 $\mathrm{d}y$ 是 Δy 的线性主要部分.

现在,我们讨论函数的可微与可导之间的关系.

设函数 $y=f(x)$ 在点 x 可微，即有

$$\Delta y=A\Delta x+o(\Delta x),$$

于是

$$\frac{\Delta y}{\Delta x}=A+\frac{o(\Delta x)}{\Delta x}.$$

当 $\Delta x\to 0$ 时，由上式就得到

$$A=\lim_{\Delta x\to 0}\frac{\Delta y}{\Delta x}=f'(x).$$

因此，如果函数 $f(x)$ 在点 x 可微，则 $f(x)$ 在点 x 也一定可导，且 $A=f'(x)$，即

$$\mathrm{d}y=f'(x)\Delta x.$$

反之，如果 $y=f(x)$ 在点 x 可导，即

$$\lim_{\Delta x\to 0}\frac{\Delta y}{\Delta x}=f'(x).$$

由

$$\lim_{\Delta x\to 0}\frac{\Delta y-f'(x)\Delta x}{\Delta x}=\lim_{\Delta x\to 0}\left[\frac{\Delta y}{\Delta x}-f'(x)\right]=0$$

可知

$$\Delta y-f'(x)\Delta x=o(\Delta x),$$

即

$$\Delta y=f'(x)\Delta x+o(\Delta x).$$

而由微分的定义知道，这就是说函数 $f(x)$ 在点 x 也是可微的.

由此可见，函数 $f(x)$ 在点 x 可微的必要充分条件是函数 $f(x)$ 在点 x 可导，且当 $f(x)$ 在点 x 可微时，其微分一定是 $\mathrm{d}y=f'(x)\Delta x$.

例1　求函数 $y=x^2$ 在点 $x=1$ 和 $x=3$ 处的微分.

解　函数 $y=x^2$ 在点 $x=1$ 处的微分为

$$\mathrm{d}y\big|_{x=1}=(x^2)'\big|_{x=1}\Delta x=2\Delta x;$$

在点 $x=3$ 处的微分为

$$\mathrm{d}y\big|_{x=3}=(x^2)'\big|_{x=3}\Delta x=6\Delta x.$$

例2　求函数 $y=x^3$ 当 $x=2,\Delta x=0.01$ 时的微分.

解　先求函数在任意点 x 的微分

$$\mathrm{d}y=(x^3)'\Delta x=3x^2\Delta x.$$

再求函数当 $x=2,\Delta x=0.01$ 时的微分

$$\mathrm{d}y\big|_{x=2,\Delta x=0.01}=3x^2\Delta x\big|_{x=2,\Delta x=0.01}=3\times 2^2\times 0.01=0.12.$$

实际上, $\Delta y = (2+0.01)^3 - 2^3 \approx 0.1206$.

通常把自变量 x 的增量 Δx 称为自变量的微分,记作 $\mathrm{d}x$, 即 $\mathrm{d}x = \Delta x$. 于是函数 $f(x)$ 的微分又可记作

$$\mathrm{d}y = f'(x)\mathrm{d}x,$$

从而有

$$\frac{\mathrm{d}y}{\mathrm{d}x} = f'(x).$$

这就是说,函数的微分 $\mathrm{d}y$ 与自变量的微分 $\mathrm{d}x$ 之商等于该函数的导数. 因此,导数也叫作"**微商**".

二、微分的几何意义

为了对微分有比较直观的了解,我们来说明它的几何意义.

在曲线 $y = f(x)$ 上取点 $M(x,y)$, 当自变量 x 有微小增量 Δx 时,就得到曲线上另一点 $N(x+\Delta x, y+\Delta y)$.

从图 2-5 可知:

$$MQ = \Delta x,$$
$$QN = \Delta y.$$

过点 M 作曲线的切线 MT, 它的倾角为 α, 则

$$QP = MQ \cdot \tan\alpha = \Delta x \cdot f'(x),$$

即

$$\mathrm{d}y = QP.$$

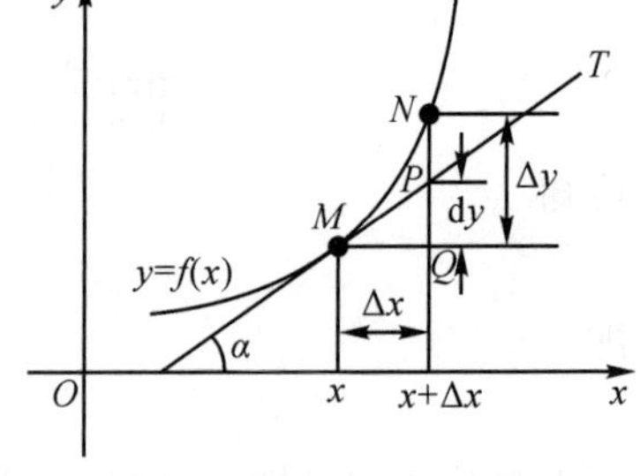

图 2-5

由此可见,当 Δy 是曲线 $y = f(x)$ 上的点的纵坐标的增量时, $\mathrm{d}y$ 就是曲线的切线上点的纵坐标的相应增量. 当 $|\Delta x|$ 很小时, $|\Delta y - \mathrm{d}y|$ 比 $|\Delta x|$ 小得多. 因此在点 M 的邻近,我们可以用切线段来近似代替曲线段,就是所谓的"以直代曲". 在局部范围内用线性函数近似代替非线性函数,这是微分学的基本思想方法之一.

三、基本初等函数的微分公式与微分运算法则

实质上,微分只不过是导数的另一种表示. 从函数的微分的表达式

$$\mathrm{d}y = f'(x)\mathrm{d}x$$

可以看出,要计算函数的微分,只要计算函数的导数,再乘以自变量的微分. 因此可得如下的微分公式和微分运算法则.

1. 基本初等函数的微分公式

由基本初等函数的导数公式,可以直接写出基本初等函数的微分公式:

(1) $\mathrm{d}(C)=0$;

(2) $\mathrm{d}(x^{\alpha})=\alpha x^{\alpha-1}\mathrm{d}x$;

(3) $\mathrm{d}(a^{x})=a^{x}\ln a\mathrm{d}x$;

(4) $\mathrm{d}(\log_{a}x)=\dfrac{1}{x\ln a}\mathrm{d}x$;

(5) $\mathrm{d}(\sin x)=\cos x\mathrm{d}x$;

(6) $\mathrm{d}(\cos x)=-\sin x\mathrm{d}x$;

(7) $\mathrm{d}(\tan x)=\sec^{2}x\mathrm{d}x$;

(8) $\mathrm{d}(\cot x)=-\csc^{2}x\mathrm{d}x$;

(9) $\mathrm{d}(\sec x)=\tan x\sec x\mathrm{d}x$;

(10) $\mathrm{d}(\csc x)=-\cot x\csc x\mathrm{d}x$;

(11) $\mathrm{d}(\arcsin x)=\dfrac{1}{\sqrt{1-x^{2}}}\mathrm{d}x$;

(12) $\mathrm{d}(\arccos x)=-\dfrac{1}{\sqrt{1-x^{2}}}\mathrm{d}x$;

(13) $\mathrm{d}(\arctan x)=\dfrac{1}{1+x^{2}}\mathrm{d}x$;

(14) $\mathrm{d}(\mathrm{arccot}x)=-\dfrac{1}{1+x^{2}}\mathrm{d}x$.

2. 函数和、差、积、商的微分法则

由函数和、差、积、商的求导法则,可推得相应的微分法则:

(1) $\mathrm{d}(u\pm v)=\mathrm{d}u\pm\mathrm{d}v$;

(2) $\mathrm{d}(\mathrm{C}u)=C\mathrm{d}u$;

(3) $\mathrm{d}(uv)=v\mathrm{d}u+u\mathrm{d}v$;

(4) $\mathrm{d}\left(\dfrac{u}{v}\right)=\dfrac{v\mathrm{d}u-u\mathrm{d}v}{v^{2}}(v\neq0)$.

3. 复合函数的微分法则

设 $y=f(u)$ 及 $u=g(x)$ 都可导,于是,按复合函数的求导法则,此时

$$\frac{\mathrm{d}y}{\mathrm{d}x}=\frac{\mathrm{d}y}{\mathrm{d}u}\cdot\frac{\mathrm{d}u}{\mathrm{d}x}=f'[g(x)]g'(x),$$

所以按微分定义,有

$$\mathrm{d}y=f'[g(x)]g'(x)\mathrm{d}x.$$

实际上,式中 $f'[g(x)]=f'(u),g'(x)\mathrm{d}x=\mathrm{d}u$, 所以又可写成

$$\mathrm{d}y=f'(u)\mathrm{d}u.$$

把 $dy = f'(u)du$ 与 $dy = f'(x)dx$ 相比较,虽然 x 是自变量,而 u 是中间变量,但两者在形式上是一样的. 通常把这一性质称为**一阶微分形式不变性**.

下面举几个利用微分运算法则来求微分的例子.

例 3 设 $y = \ln(1 + e^{x^2})$, 求 dy.

解 $$dy = d[\ln(1 + e^{x^2})] = \frac{1}{1 + e^{x^2}}d(1 + e^{x^2}) = \frac{1}{1 + e^{x^2}}[d(1) + d(e^{x^2})]$$
$$= \frac{1}{1 + e^{x^2}}[0 + e^{x^2}d(x^2)] = \frac{1}{1 + e^{x^2}}e^{x^2} \cdot 2xdx = \frac{2xe^{x^2}}{1 + e^{x^2}}dx.$$

例 4 设 $y = \dfrac{\sin 2x}{x^2}$, 求 dy.

解 $$dy = d\left(\frac{\sin 2x}{x^2}\right) = \frac{x^2 d(\sin 2x) - \sin 2x d(x^2)}{x^4}$$
$$= \frac{x^2\cos 2x \cdot 2dx - \sin 2x \cdot 2xdx}{x^4} = \frac{2(x\cos 2x - \sin 2x)}{x^3}dx.$$

例 5 设 $y = y(x)$ 是由方程 $e^y + xy - e = 0$ 所确定的隐函数,求 dy.

解 方程两边取微分,得
$$e^y dy + ydx + xdy = 0,$$
解得 $dy = -\dfrac{y}{x + e^y}dx$.

四、微分在近似计算中的应用

在实际问题中,经常会遇到一些复杂的计算公式. 如果直接用这些公式进行计算,那是很费时的. 利用微分往往可以把一些复杂的计算公式用简单的近似公式来代替.

我们知道,当 $|\Delta x|$ 很小时,有
$$\Delta y = f(x_0 + \Delta x) - f(x_0) \approx f'(x_0)\Delta x, \tag{1}$$
或
$$f(x_0 + \Delta x) \approx f(x_0) + f'(x_0)\Delta x. \tag{2}$$
在(2)式中令 $x = x_0 + \Delta x$, 即 $\Delta x = x - x_0$, 那么(2)式可改写为
$$f(x) \approx f(x_0) + f'(x_0)(x - x_0). \tag{3}$$
如果 $f(x_0)$ 与 $f'(x_0)$ 都容易计算,那么可利用式(1)来近似计算 Δy, 利用式(2)来近似计算 $f(x_0 + \Delta x)$, 或利用式(3)来近似计算 $f(x)$. 这种近似计算的实质就是用 x 的线性函数 $f(x_0) + f'(x_0)(x - x_0)$ 来近似表达函数函数 $f(x)$. 从微分的几何意义可知,在点 x_0 的邻近,这也就是用曲线 $y = f(x)$ 在点 $(x_0, f(x_0))$ 处的切线来近似代替该曲线.

例 6 有一批半径为 1 cm 的球,为了提高球面的光洁度,要镀上一层铜,厚度定为

0.01 cm. 估计每只球需用铜多少 g(铜的密度是 8.9 g/cm^3)?

解　先求出镀层的体积,再乘上密度就得到每只球需用铜的质量.

因为镀层的体积等于两个球体体积之差,所以它就是球体体积 $V=\frac{4}{3}\pi R^3$ 当 R 自 R_0 取增量 ΔR 时的增量 ΔV. 由式(1)得

$$\Delta V \approx \mathrm{d}V\Big|_{\substack{R_0=1\\ \Delta R=0.01}} = \left(\frac{4}{3}\pi R^3\right)'\Delta R\Big|_{\substack{R_0=1\\ \Delta R=0.01}} = 4\pi R_0^2\Delta R\Big|_{\substack{R_0=1\\ \Delta R=0.01}} \approx 0.13\ (\mathrm{cm}^3).$$

于是镀每只球需用的铜约为

$$0.13\times 8.9\approx 1.16(\mathrm{g}).$$

例 7　利用微分计算 sin33°的近似值.

解　由于 $\sin 33^\circ=\sin\left(\frac{\pi}{6}+\frac{\pi}{60}\right)$, 因此取 $f(x)=\sin x, x_0=\frac{\pi}{6}, \Delta x=\frac{\pi}{60}$.

应用式(2)得

$$\sin 33^\circ=\sin\left(\frac{\pi}{6}+\frac{\pi}{60}\right)\approx \sin\frac{\pi}{6}+\cos\frac{\pi}{6}\cdot\frac{\pi}{60}=\frac{1}{2}+\frac{\sqrt{3}}{2}\cdot\frac{\pi}{60}\approx 0.545.$$

(sin33°的真值为 0.544 639⋯)

在式(3)中取 $x_0=0$, 于是得

$$f(x)\approx f(0)+f'(0)x. \tag{4}$$

应用(4)式可以推得以下几个常用的近似公式(假定 $|x|$ 是较小的数值):

(ⅰ) $\sqrt[n]{1+x}\approx 1+\frac{1}{n}x$;

(ⅱ) $\sin x\approx x$;

(ⅲ) $\tan x\approx x$;

(ⅳ) $\mathrm{e}^x\approx 1+x$;

(ⅴ) $\ln(1+x)\approx x$.

证　(ⅰ)取 $f(x)=\sqrt[n]{1+x}$, 那么 $f(0)=1, f'(0)=\frac{1}{n}(1+x)^{\frac{1}{n}-1}\Big|_{x=0}=\frac{1}{n}$, 代入式(4)便得

$$\sqrt[n]{1+x}\approx 1+\frac{1}{n}x.$$

其他几个近似公式可用类似方法证明,此处从略.

例 8　计算 $\sqrt{1.05}$ 的近似值.

解　$\sqrt{1.05}=\sqrt{1+0.05}$, 这里 $x=0.05$, 其值较小,利用近似公式(ⅰ)($n=2$ 的情形),便得

$$\sqrt{1.05}\approx 1+\frac{1}{2}\cdot 0.05=1.025.$$

如果直接开方,可得

$$\sqrt{1.05}=1.02470.$$

将两个结果比较,可以看出,用1.025作为$\sqrt{1.05}$的近似值,其误差不超过0.001,这样的近似值在一般应用上已足够精确.

习题2.4

1. 已知$y=x^3-x$,计算在$x=2$处当Δx分别等于0.1,0.01时的Δy及dy.

2. 求下列函数的微分:

(1) $y=\frac{1}{x}+2\sqrt{x}$;　　(2) $y=\sin(2x+1)$;

(3) $y=e^{1-3x}\cos x$;　　(4) $y=\ln\sin\sqrt{x}$;

(5) $y=\frac{x}{\sqrt{x^2+1}}$;　　(6) $y=x^2e^{2x}$;

(7) $y=\cos x+x\sin x$;　　(8) $y=\tan^2(1-x)$;

(9) $y=\arcsin\sqrt{1-x^2}$;　　(10) $y=\arctan\frac{1-x^2}{1+x^2}$.

3. 当$|x|$较小时,证明下列近似公式:

(1) $\sin x\approx x$;　　(2) $\tan x\approx x$;

(3) $\ln(1+x)\approx x$;　　(4) $e^x\approx 1+x$;

(5) $\frac{1}{1+x}\approx 1-x$.

4. 计算下列三角函数值的近似值:

(1) $\cos 29°$;　　(2) $\tan 136°$.

5. 计算下列反三角函数值的近似值:

(1) $\arcsin 0.5002$;　　(2) $\arctan 1.02$.

6. 计算下列各根式的近似值:

(1) $\sqrt[3]{996}$;　　(2) $\sqrt[6]{65}$.

复习题二

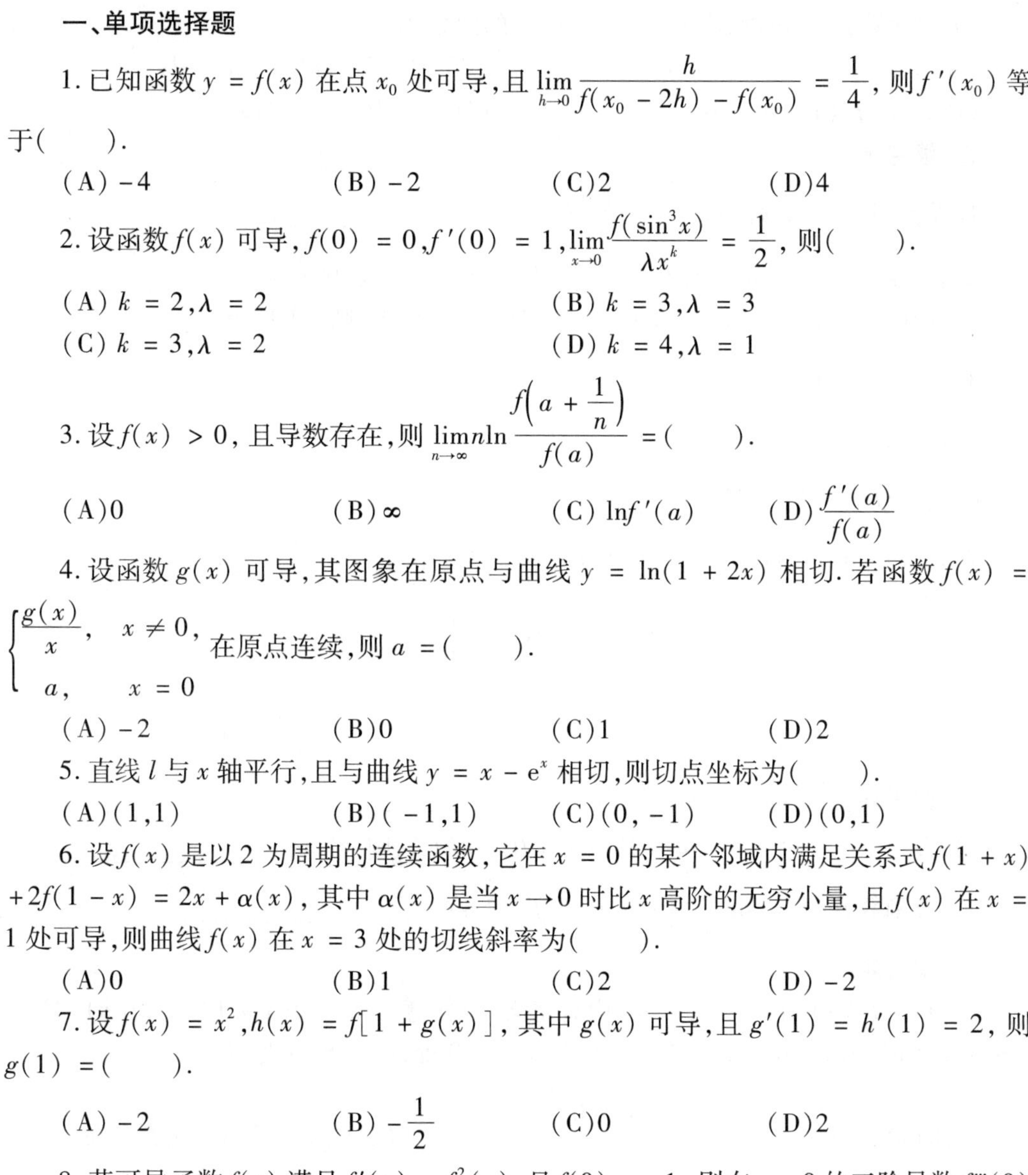

一、单项选择题

1. 已知函数 $y=f(x)$ 在点 x_0 处可导，且 $\lim\limits_{h\to0}\dfrac{h}{f(x_0-2h)-f(x_0)}=\dfrac{1}{4}$，则 $f'(x_0)$ 等于（　　）.

(A) -4　　(B) -2　　(C) 2　　(D) 4

2. 设函数 $f(x)$ 可导，$f(0)=0$，$f'(0)=1$，$\lim\limits_{x\to0}\dfrac{f(\sin^3x)}{\lambda x^k}=\dfrac{1}{2}$，则（　　）.

(A) $k=2,\lambda=2$　　(B) $k=3,\lambda=3$

(C) $k=3,\lambda=2$　　(D) $k=4,\lambda=1$

3. 设 $f(x)>0$，且导数存在，则 $\lim\limits_{n\to\infty}n\ln\dfrac{f\left(a+\dfrac{1}{n}\right)}{f(a)}=$（　　）.

(A) 0　　(B) ∞　　(C) $\ln f'(a)$　　(D) $\dfrac{f'(a)}{f(a)}$

4. 设函数 $g(x)$ 可导，其图象在原点与曲线 $y=\ln(1+2x)$ 相切. 若函数 $f(x)=\begin{cases}\dfrac{g(x)}{x}, & x\neq0,\\ a, & x=0\end{cases}$ 在原点连续，则 $a=$（　　）.

(A) -2　　(B) 0　　(C) 1　　(D) 2

5. 直线 l 与 x 轴平行，且与曲线 $y=x-\mathrm{e}^x$ 相切，则切点坐标为（　　）.

(A) $(1,1)$　　(B) $(-1,1)$　　(C) $(0,-1)$　　(D) $(0,1)$

6. 设 $f(x)$ 是以 2 为周期的连续函数，它在 $x=0$ 的某个邻域内满足关系式 $f(1+x)+2f(1-x)=2x+\alpha(x)$，其中 $\alpha(x)$ 是当 $x\to0$ 时比 x 高阶的无穷小量，且 $f(x)$ 在 $x=1$ 处可导，则曲线 $f(x)$ 在 $x=3$ 处的切线斜率为（　　）.

(A) 0　　(B) 1　　(C) 2　　(D) -2

7. 设 $f(x)=x^2$，$h(x)=f[1+g(x)]$，其中 $g(x)$ 可导，且 $g'(1)=h'(1)=2$，则 $g(1)=$（　　）.

(A) -2　　(B) $-\dfrac{1}{2}$　　(C) 0　　(D) 2

8. 若可导函数 $f(x)$ 满足 $f'(x)=f^2(x)$，且 $f(0)=-1$，则在 $x=0$ 的三阶导数 $f'''(0)=$（　　）.

(A) -6　　(B) -4　　(C) 4　　(D) 6

9. 函数 $f(x)$ 在可导点 x 处有增量 $\Delta x = 0.2$，对应的函数值增量的线性主部等于 0.8，则 $f'(x) = (\quad)$.

(A)0.4　　(B)0.16　　(C)4　　(D)1.6

10. 设函数 $f(x)$ 可微，则 $y = f(1 - e^{-x})$ 的微分 $dy = (\quad)$.

(A) $(1 + e^{-x})f'(1 - e^{-x})dx$　　(B) $(1 - e^{-x})f'(1 - e^{-x})dx$

(C) $-e^{-x}f'(1 - e^{-x})dx$　　(D) $e^{-x}f'(1 - e^{-x})dx$

二、填空题

1. 设 $f'(1) = 1$，则 $\lim\limits_{x\to 1}\dfrac{f(x) - f(1)}{x^2 - 1} =$ ________.

2. 若直线 $y = 2x + b$ 是抛物线 $y = x^2$ 在某点处的法线，则 $b =$ ________.

3. 设 $f(x) = x(x-1)(x-2)\cdots(x-99)(x-100)$，则 $f'(0) =$ ________.

4. 设函数 $f(x) = (\sqrt{x} + 1)\left(\dfrac{1}{\sqrt{x}} - 1\right)$，则 $f'(x) =$ ________.

5. 设 $f(x) = 2^x, g(x) = x^2$，则 $f'[g'(x)] =$ ________.

6. 设函数 $y = 2^{\tan\frac{1}{x}}$，则 $y' =$ ________.

7. 设 $f(x) = \ln(4x + \cos^2 2x)$，则 $f'\left(\dfrac{\pi}{8}\right) =$ ________.

8. 已知 $y = f\left(\dfrac{3x-2}{3x+2}\right), f'(x) = \arctan x^2$，则 $\left.\dfrac{dy}{dx}\right|_{x=0} =$ ________.

9. 设 $f_1(x) = \dfrac{x}{\sqrt{1+x^2}}, f_n(x) = f_1[f_{n-1}(x)], n = 2,3,\cdots$，则 $\dfrac{df_n(x)}{dx} =$ ________.

10. 设函数 $y = \ln\arcsin\sqrt{x}$，则 $dy|_{x=\frac{1}{2}} =$ ________.

11. 设 $y^{(n-2)} = a^x + x^a + a^a$（其中 $a > 0, a \neq 1$），则 $y^{(n)} =$ ________.

12. 设函数 $f(x) = \sin\dfrac{x}{2} + \cos 2x$，则 $f^{(28)}(\pi) =$ ________.

三、解答题

1. 设函数 $f(x)$ 在 $(-\infty, +\infty)$ 内有定义. 对任意 x，都有 $f(x+1) = 2f(x)$，且当 $0 \leqslant x \leqslant 1$ 时，$f(x) = x(1 - x^2)$. 试判断在 $x = 0$ 处，函数 $f(x)$ 是否可导.

2. 求函数 $f(x) = \begin{cases} \dfrac{x}{1 + e^{\frac{1}{x}}}, & x \neq 0, \\ 0, & x = 0 \end{cases}$ 的 $f'_-(0)$ 及 $f'_+(0)$，又 $f'(0)$ 是否存在？

3. 设函数 $\varphi(x)$ 在点 $x = a$ 处连续，且 $\varphi(x) \neq 0$，又设 $f(x) = (x-a)\varphi(x), F(x) = |x-a|\varphi(x)$. 试讨论 $f(x)$ 与 $F(x)$ 在 $x = a$ 的可导性.

4. 设 $f(x)$ 在点 $x=0$ 处有 $f(0)=0, f'(0)=-1$，求 $\lim\limits_{x\to 0}[1+2f(x)]^{\frac{1}{\sin x}}$.

5. 求下列函数的导数：

(1) $y=\arcsin(\sin x)$；　　(2) $y=\sin\ln(x^3)$；

(3) $y=\ln\tan\dfrac{x}{2}-\cos x\cdot\ln\tan x$；　　(4) $y=\arctan\sqrt{x^2-1}-\dfrac{\ln x}{\sqrt{x^2-1}}$；

(5) $y=x^{\frac{1}{x}}\ (x>0)$；　　(6) $f(x)=\begin{cases}xe^{-x}, & x<0,\\ \sin(\sin^2 x), & x\geqslant 0.\end{cases}$

6. 设 $y=y(x)$ 是由方程 $e^y=x^{x+y}$ 确定的隐函数，求 y'.

7. 求曲线 $\begin{cases}x=2e^t\\ y=e^{-t}\end{cases}$ 在 $t=0$ 相应的点处的切线方程及法线方程.

8. 求下列由参数方程所确定的函数的一阶导数 $\dfrac{dy}{dx}$ 及二阶导数 $\dfrac{d^2y}{dx^2}$：

(1) $\begin{cases}x=a\cos^3\theta,\\ y=a\sin^3\theta;\end{cases}$　　(2) $\begin{cases}x=\ln\sqrt{1+t^2},\\ y=\arctan t.\end{cases}$

9. 求下列函数的二阶导数：

(1) $y=\cos^2 x\ln x$；　　(2) $y=\dfrac{x}{\sqrt{1-x^2}}$；

(3) $f(x)=\begin{cases}x^4\sin\dfrac{1}{x}+\cos x, & x\neq 0,\\ 1, & x=0.\end{cases}$

10. 设 $y=y(x)$ 是由 $\sin(xy)=\ln\dfrac{x+e}{y}+1$ 确定的隐函数，求 $y'(0)$ 和 $y''(0)$ 的值.

11. 设 $y=\dfrac{1-x}{1+x}$，求 $y^{(n)}$.

12. 利用函数的微分代替函数的增量求 $\sqrt[3]{1.02}$ 的近似值.

第3章　微分中值定理与导数的应用

在第2章介绍了导数与微分的概念及运算,以及导数的一些简单应用.本章将介绍微分学中重要内容之一的微分中值定理,并以此为理论基础,进一步介绍导数在求未定式极限、函数几何特性的判别与作图、经济极值问题等方面的应用.

第1节　微分中值定理

一、罗尔(Rolle)中值定理

首先,观察一个几何现象(图3-1).连续曲线弧 $\overset{\frown}{AB}$ 是函数 $y=f(x)\ (x\in[a,b])$ 的图形.图中 $f(a)=f(b)$,弦 $\overline{AB}$ 是水平的,其斜率为零.而在曲线弧 $\overset{\frown}{AB}$ 的最高点 C 处或最低点 D 处,曲线恰好有水平的切线.如果记 C 点的横坐标为 ξ,于是有

$$f'(\xi)=0.$$

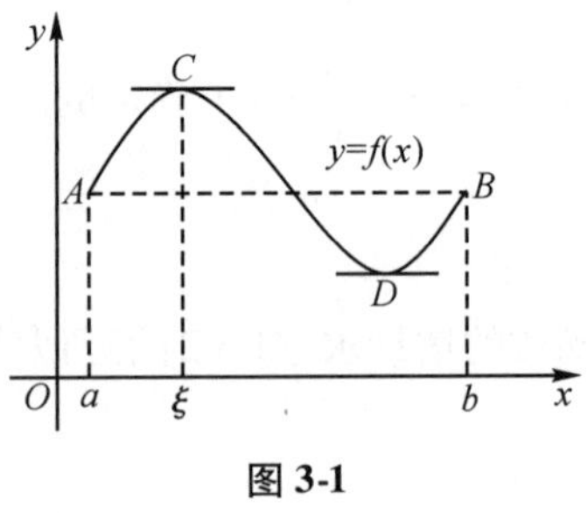

图3-1

把这个几何现象用分析的语言归纳为一个定理,即后面的罗尔中值定理.为讨论方便,先介绍费马(Fermat)引理,该引理本身在微分学中也很重要.

引理(费马引理)　设函数 $f(x)$ 在点 x_0 的某邻域内有定义,并且在 x_0 处可导,如果在该邻域内有

$$f(x)\leqslant f(x_0)\ (\text{或} f(x)\geqslant f(x_0)),$$

则 $f'(x_0)=0$.

证 不妨设当 $x \in U(x_0)$ 时,有 $f(x) \leqslant f(x_0)$ (如果 $f(x) \geqslant f(x_0)$, 可以类似证明), 于是对任意 $x_0 + \Delta x \in U(x_0)$, 有

$$f(x_0 + \Delta x) - f(x_0) \leqslant 0,$$

从而当 $\Delta x < 0$ 时,

$$\frac{f(x_0 + \Delta x) - f(x_0)}{\Delta x} \geqslant 0;$$

而当 $\Delta x > 0$ 时,

$$\frac{f(x_0 + \Delta x) - f(x_0)}{\Delta x} \leqslant 0.$$

由于 $f(x)$ 在点 x_0 处可导,故根据极限存在的充要条件是左、右极限存在且相等,以及极限的保号性,可得

$$f'(x_0) = f'_-(x_0) = \lim_{\Delta x \to 0^-} \frac{f(x_0 + \Delta x) - f(x_0)}{\Delta x} \geqslant 0,$$

及

$$f'(x_0) = f'_+(x_0) = \lim_{\Delta x \to 0^+} \frac{f(x_0 + \Delta x) - f(x_0)}{\Delta x} \leqslant 0,$$

所以 $f'(x_0) = 0$.

通常把使函数导数等于零的点称为函数的**驻点**. 因此费马引理也可叙述为:如果函数 $f(x)$ 在点 x_0 处可导,且在点 x_0 的某邻域内 $f(x_0)$ 是最大值(或最小值),则 x_0 是 $f(x)$ 的驻点.

定理1(罗尔中值定理) 设函数 $y = f(x)$ 满足:

(1)在闭区间 $[a,b]$ 上连续;

(2)在开区间 (a,b) 内可导;

(3) $f(a) = f(b)$,

则至少存在一点 $\xi \in (a,b)$, 使得 $f'(\xi) = 0$.

证 由于函数 $f(x)$ 在闭区间 $[a,b]$ 上连续,所以它必能在该区间上取得最大值 M 与最小值 m. 下面分情况讨论.

(1)如果 $M = m$, 则 $f(x)$ 在 $[a,b]$ 上恒为常数,因此对任意 $x \in (a,b)$, 都有 $f'(x) = 0$, 结论自然成立;

(2)如果 $M > m$, 则由 $f(a) = f(b)$ 不难发现, M 和 m 至少有一个在开区间 (a,b) 内取到. 不妨设 M 在点 $\xi \in (a,b)$ 取到,即 $M = f(\xi) \geqslant f(x)$. 由于 $f(x)$ 在点 ξ 处可导,由费马引理可得 $f'(\xi) = 0$.

例1 函数 $f(x) = \sin x$ 在闭区间 $[0,2\pi]$ 上满足罗尔中值定理的全部条件,故在 $(0, 2\pi)$ 内至少存在一点 ξ, 使 $f'(\xi) = \cos\xi = 0$. 事实上,在 $(0,2\pi)$ 内, $\xi_1 = \frac{\pi}{2}, \xi_2 = \frac{3\pi}{2}$ 都

可取为 ξ.

例2 设函数 $f(x)$ 在 $[0,1]$ 上连续,在 $(0,1)$ 内可导,且 $f(0)=1, f(1)=0$. 证明:在 $(0,1)$ 内至少存在一点 ξ, 使得 $f'(\xi)=-\frac{f(\xi)}{\xi}$.

证 构造辅助函数 $F(x)=xf(x), x\in[0,1]$. 容易验证 $F(x)$ 在 $[0,1]$ 上满足罗尔中值定理的三个条件,故至少存在一点 $\xi\in(0,1)$, 使得

$$F'(\xi)=\xi f'(\xi)+f(\xi)=0,$$

即

$$f'(\xi)=-\frac{f(\xi)}{\xi}.$$

例3 设函数 $f(x)$ 在 $[0,1]$ 上连续,在 $(0,1)$ 内可导,且 $f(0)=f(1)=0, f\left(\frac{1}{2}\right)=1$, 则在 $(0,1)$ 内至少存在一点 ξ, 使 $f'(\xi)=1$.

证 设 $F(x)=f(x)-x$, 则 $F(x)$ 在 $[\frac{1}{2},1]$ 上连续,且

$$F\left(\frac{1}{2}\right)\cdot F(1)=-\frac{1}{2}<0,$$

故由零点定理,存在 $\eta\in\left(\frac{1}{2},1\right)$, 使得 $F(\eta)=0$.

又因为 $F(0)=0$, 所以 $F(x)$ 在 $[0,\eta]$ 满足罗尔中值定理的条件,因此存在一点 $\xi\in(0,\eta)\subset(0,1)$, 使得 $F'(\xi)=0$, 即 $f'(\xi)=1$.

从上述论证中可以看出,虽然零点定理中的 η 的准确数值不知道,但在这里并不妨碍它的应用.

二、拉格朗日(Lagrange)中值定理

定理2(拉格朗日中值定理) 设函数 $y=f(x)$ 满足:

(1)在闭区间 $[a,b]$ 上连续;

(2)在开区间 (a,b) 内可导,

则至少存在一点 $\xi\in(a,b)$, 使得

$$f'(\xi)=\frac{f(b)-f(a)}{b-a}. \tag{1}$$

在证明之前,先看一下定理的几何意义. 如图 3-2,连续曲线弧 $\overset{\frown}{AB}$ 是函数 $y=f(x)$ $(x\in[a,b])$ 的图形,图中 $f(a)\neq f(b)$. 弦 $\overline{AB}$ 的斜率为 $\frac{f(b)-f(a)}{b-a}$. 而在曲线弧 $\overset{\frown}{AB}$ 上至少有一点 C, 曲线在该点处的切线 CT 恰平行于弦 $\overline{AB}$. 如果记 C 点的横坐标为 ξ, 于是

有

$$f'(\xi)=\frac{f(b)-f(a)}{b-a}.$$

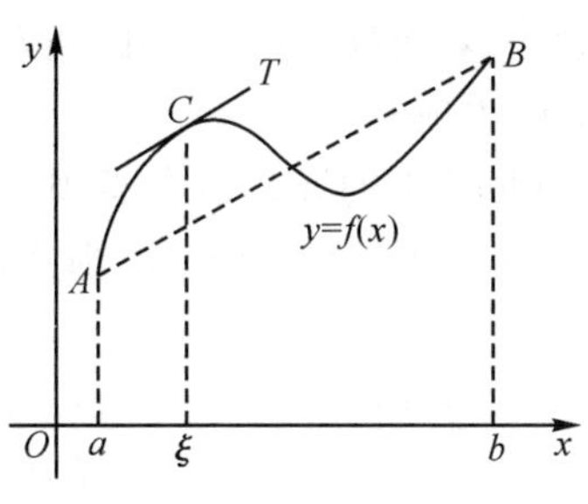

图 3-2

从图 3-1 可看出,在罗尔中值定理中,由于 $f(a)=f(b)$,弦 $\overline{AB}$ 是平行于 x 轴的,因此点 C 处的切线也平行于弦 $\overline{AB}$. 由此可见,罗尔中值定理是拉格朗日中值定理的特殊情形. 基于这种关系,自然想到利用罗尔中值定理来证明拉格朗日中值定理. 因此需要构造一个与 $f(x)$ 有关的辅助函数 $F(x)$,使得 $F(x)$ 满足罗尔中值定理的条件,然后将对 $F(x)$ 所得到的结论转化到 $f(x)$ 上,从而得到所需要的结果.

现在借助图 3-2 来构造辅助函数 $F(x)$. 由于弧 $\overset{\frown}{AB}$ 的方程为 $y=f(x)$,弦 $\overline{AB}$ 的方程为

$$y=f(a)+\frac{f(b)-f(a)}{b-a}(x-a),$$

在同一个横坐标 x 处,弧 $\overset{\frown}{AB}$ 与弦 $\overline{AB}$ 上对应点的"高度差"为

$$F(x)=f(x)-f(a)-\frac{f(b)-f(a)}{b-a}(x-a),$$

并且由于弧 $\overset{\frown}{AB}$ 与弦 $\overline{AB}$ 在端点 A,B 重合,即在 $x=a,b$ 处,$F(a)=F(b)=0$,因此函数 $F(x)$ 满足罗尔中值定理的条件(3). 容易验证,$F(x)$ 也满足罗尔中值定理的其他条件.

证　构造辅助函数

$$F(x)=f(x)-f(a)-\frac{f(b)-f(a)}{b-a}(x-a),$$

则 $F(a)=F(b)=0$.

因为 $f(x)$ 在闭区间 $[a,b]$ 上连续且在开区间 (a,b) 内可导,所以 $F(x)$ 也具有同样的性质,即满足罗尔中值定理的条件. 因此,至少存在一点 $\xi\in(a,b)$,使得

$$F'(\xi)=f'(\xi)-\frac{f(b)-f(a)}{b-a}=0,$$

移项即得所要证明的结论.

式(1)称为**拉格朗日公式**,也常改写成如下的等价形式:

$$f(b)-f(a)=f'(\xi)(b-a),\xi\in(a,b). \tag{2}$$

作为拉格朗日中值定理的应用,我们来导出两个重要的结论,它们在后面的积分学中很有用.由第2章第1节可知,如果函数$f(x)$在某区间I上是一个常数,那么$f(x)$在该区间上的导数恒为零.它的逆命题也成立.

推论1 如果函数$f(x)$在区间I上的导数恒为零,则$f(x)$在区间I上是一个常数.

证 在区间I上任取两点x_1,x_2,不妨设$x_1<x_2$,则$f(x)$在$[x_1,x_2]$上满足拉格朗日中值定理的两个条件,故有

$$f(x_2)-f(x_1)=f'(\xi)(x_2-x_1)\ (x_1<\xi<x_2).$$

而由假定,$f'(\xi)=0$,故$f(x_2)=f(x_1)$.再由点x_1,x_2的任意性知,$f(x)$在I上的函数值恒相等,那么$f(x)$在区间I上是一个常数.

推论2 如果函数$f(x)$与$g(x)$在区间I上可导,且$f'(x)=g'(x),x\in I$,则$f(x)$与$g(x)$在区间I上最多相差一个常数.

事实上,因为

$$[f(x)-g(x)]'=f'(x)-g'(x)=0,$$

由推论1即得结论.

例4 证明恒等式:$\arcsin x+\arccos x\equiv\dfrac{\pi}{2},x\in[-1,1]$.

证 设$f(x)=\arcsin x+\arccos x,x\in[-1,1]$.

因为

$$f'(x)=\frac{1}{\sqrt{1-x^2}}+\left(-\frac{1}{\sqrt{1-x^2}}\right)=0,\quad x\in(-1,1),$$

所以$f(x)\equiv C,x\in(-1,1)$.而$f(0)=\dfrac{\pi}{2}$,故$C=\dfrac{\pi}{2}$.

又$f(\pm1)=\dfrac{\pi}{2}$,从而等式得证.

例5 证明:$\dfrac{x}{1+x}<\ln(1+x)<x\quad(x>0)$.

证 设$f(t)=\ln(1+t)$,显然$f(t)$在$[0,x]$上满足拉格朗日中值定理的条件,所以存在$\xi\in(0,x)$,使得

$$f'(\xi)=\frac{1}{1+\xi}=\frac{\ln(1+x)}{x}=\frac{f(x)-f(0)}{x-0},$$

即

$$\ln(1+x)=\frac{x}{1+\xi},\quad\xi\in(0,x).$$

由于 $0<\xi<x$, 所以

$$\frac{x}{1+x}<\frac{x}{1+\xi}<x,$$

即

$$\frac{x}{1+x}<\ln(1+x)<x \quad (x>0).$$

注 本例中函数 $f(t)$ 也可取成 $\ln t$, 此时我们需要在区间 $[1,1+x]$ 上运用拉格朗日中值定理,具体证明留作练习.

三、柯西(Cauchy)中值定理

拉格朗日中值定理表明,如果连续曲线弧 $\overset{\frown}{AB}$ 除端点外处处具有不垂直于横坐标轴的切线,那么这段弧上至少有一点 C, 使曲线在点 C 处的切线平行于弦 $\overline{AB}$. 设曲线弧 $\overset{\frown}{AB}$ 由参数方程

$$\begin{cases} X=g(x), \\ Y=f(x) \end{cases}$$

表示,其中 $x\in[a,b]$ 为参数(图3-3),则曲线上点 (X,Y) 处的切线斜率为

$$\frac{\mathrm{d}Y}{\mathrm{d}X}=\frac{f'(x)}{g'(x)},$$

弦 $\overline{AB}$ 的斜率为

$$\frac{f(b)-f(a)}{g(b)-g(a)}.$$

假定点 C 处对应的参数为 $x=\xi$, 因为曲线上点 C 处的切线平行于弦 $\overline{AB}$, 所以

$$\frac{f'(\xi)}{g'(\xi)}=\frac{f(b)-f(a)}{g(b)-g(a)}. \tag{3}$$

与这个几何阐述密切相联的是下面的柯西中值定理.

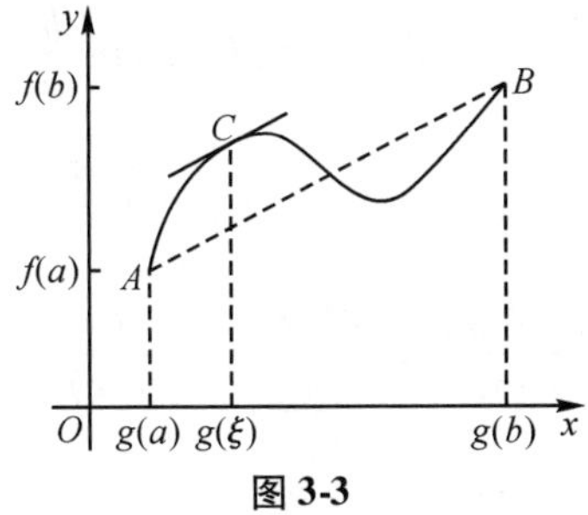

图 3-3

定理3(柯西中值定理) 设函数 $f(x)$ 及 $g(x)$ 满足:

(1)在闭区间 $[a,b]$ 上连续;

(2)在开区间 (a,b) 内可导;

(3)对任意 $x \in (a,b)$, $g'(x) \neq 0$,

则至少存在一点 $\xi \in (a,b)$, 使得

$$\frac{f'(\xi)}{g'(\xi)} = \frac{f(b) - f(a)}{g(b) - g(a)}.$$

证 首先注意到 $g(b) - g(a) \neq 0$. 这是由于

$$g(b) - g(a) = g'(\eta)(b - a),$$

其中 $a < \eta < b$. 根据假设 $g'(\eta) \neq 0$ 且 $b - a \neq 0$, 所以 $g(b) - g(a) \neq 0$.

类似于拉格朗日中值定理的证明,构造辅助函数

$$F(x) = f(x) - f(a) - \frac{f(b) - f(a)}{g(b) - g(a)}[g(x) - g(a)],$$

容易验证 $F(x)$ 在闭区间 $[a,b]$ 上连续, 在开区间 (a,b) 内可导,且

$$F(a) = 0, \quad F(b) = 0,$$

故由罗尔中值定理,至少存在一点 $\xi \in (a,b)$, 使得

$$F'(\xi) = f'(\xi) - \frac{f(b) - f(a)}{g(b) - g(a)}g'(\xi) = 0,$$

移项即得所要证明的结论.

明显地,柯西中值定理中,如果取 $g(x) = x$, 则

$$g(b) - g(a) = b - a, \ g'(x) = 1,$$

因此,式(3)可以写成

$$f(b) - f(a) = f'(\xi)(b - a) \ (a < \xi < b),$$

这样就变成了拉格朗日公式. 即柯西中值定理是推广形式的拉格朗日中值定理.

例 6 设 $0 < a < b$, 函数 $f(x)$ 在 $[a,b]$ 上连续,在 (a,b) 内可导,证明:在 (a,b) 内至少存在一点 ξ, 使

$$f(b) - f(a) = \xi f'(\xi)\ln\frac{b}{a}$$

成立.

分析 所证等式的等价形式为

$$\frac{f(b) - f(a)}{\ln b - \ln a} = \frac{f'(\xi)}{\frac{1}{\xi}} = \left.\frac{f'(x)}{(\ln x)'}\right|_{x=\xi},$$

可借助于柯西中值定理证明.

证 由题设知, $f(x)$ 和 $\ln x$ 在 $[a,b]$ 上满足柯西中值定理的条件,故在 (a,b) 内至

少存在一点 ξ，使得

$$\frac{f(b)-f(a)}{\ln b-\ln a}=\frac{f'(\xi)}{\frac{1}{\xi}},$$

即

$$f(b)-f(a)=\xi f'(\xi)\ln\frac{b}{a}.$$

习题 3.1

1. 验证函数 $y=x^2-4x$ 在区间[1,3]上是否满足罗尔中值定理的条件？如果满足，求 ξ.

2. 不用求函数 $f(x)=(x-1)(x-2)(x-3)(x-4)$ 的导数，说明方程 $f'(x)=0$ 有几个实根，并指出它们所在的区间.

3. 设函数 $f(x)$，$g(x)$ 在 $[a,b]$ 上可导，且 $g(x)\neq 0$，$f(a)=f(b)=0$，证明存在 $\xi\in(a,b)$，使得 $f'(\xi)g(\xi)=f(\xi)g'(\xi)$.

4. 设函数 $f(x)$ 在 $[a,b]$ 上可导，且 $f(a)=f(b)=0$，试证：在 (a,b) 内至少存在一点 ξ，使得 $f'(\xi)+f(\xi)=0$.

5. 作出函数 $y=|x-1|$ 在区间[0,3]上的图形，这里为什么没有平行于弦的切线，拉格朗日中值定理中哪个条件不成立？

6. 证明下列不等式：

(1) 当 $0<a<b$ 时，$\dfrac{1}{b}<\dfrac{\ln b-\ln a}{b-a}<\dfrac{1}{a}$；

(2) 当 $x>1$ 时，$e^x>ex$；

(3) $x,y\in\mathbf{R}$，$|\sin x-\sin y|\leqslant|x-y|$.

7. 设 $a>b>0$，$n>1$，证明：

$$nb^{n-1}(a-b)<a^n-b^n<na^{n-1}(a-b).$$

8. 设 $f(x)=\arctan x-\dfrac{1}{2}\arctan\dfrac{2x}{1-x^2}$，试证

(1) 在区间 $(-\infty,-1)$ 内，$f(x)\equiv-\dfrac{\pi}{2}$；

(2) 在区间 $(-1,1)$ 内，$f(x)\equiv 0$；

(3) 在区间 $(1,+\infty)$ 内，$f(x)\equiv\dfrac{\pi}{2}$.

9. 设函数 $f(x)$ 在 $[a,b]$ 上连续，在 (a,b) 内可导，证明存在 $\xi\in(a,b)$ 使得

$$\frac{bf(b)-af(a)}{b-a}=f(\xi)+\xi f'(\xi).$$

10. 设函数 $f(x)$ 在 $[-1,1]$ 上可导,且 $f(0)=0$, $|f'(x)|<M\ (M>0)$, 证明:在 $[-1,1]$ 上有 $|f(x)|<M$.

11. 设函数 $f(x)$ 在点 x_0 处连续,在 $\mathring{U}(x_0)$ 内可导,且 $\lim\limits_{x\to x_0}f'(x)$ 存在,证明: $f(x)$ 在点 x_0 处可导,且 $f'(x_0)=\lim\limits_{x\to x_0}f'(x)$.

12. 设函数 $f(x)$ 在 $[a,b]$ 上连续,在 (a,b) 内可导,且 $f'(x)\neq 0$, 证明存在 $\xi,\eta\in(a,b)$, 使得

$$\frac{f'(\xi)}{f'(\eta)}=\frac{\mathrm{e}^b-\mathrm{e}^a}{b-a}\mathrm{e}^{-\eta}.$$

第2节 洛必达法则

在第1章极限的计算中我们已经看到,当 $x\to x_0$ (或 $x\to\infty$)时,两个函数 $f(x)$ 与 $g(x)$ 都趋于零或都趋于无穷大,那么极限 $\lim\limits_{x\to x_0}\frac{f(x)}{g(x)}$ (或 $\lim\limits_{x\to\infty}\frac{f(x)}{g(x)}$)可能存在也可能不存在.通常把这种极限叫作**未定式**,并分别简记作 $\frac{0}{0}$ 或 $\frac{\infty}{\infty}$. 对于这类极限,即使它存在也不能用“商的极限等于极限的商”这一法则.在本节中,我们将以导数作为工具研究它,给出求这类极限的一种简便而且重要的方法——**洛必达(L'Hospital)法则**.

一、$\frac{0}{0}$ 型与 $\frac{\infty}{\infty}$ 型的未定式

定理1(洛必达法则Ⅰ) 若函数 $f(x)$ 与 $g(x)$ 满足:

(1)当 $x\to x_0$ 时,函数 $f(x)$ 及 $g(x)$ 都趋于零;

(2)在点 x_0 的某个去心邻域内, $f'(x)$ 及 $g'(x)$ 都存在且 $g'(x)\neq 0$;

(3) $\lim\limits_{x\to x_0}\frac{f'(x)}{g'(x)}$ 存在(或为∞),

则

$$\lim_{x\to x_0}\frac{f(x)}{g(x)}=\lim_{x\to x_0}\frac{f'(x)}{g'(x)}.$$

证 构造辅助函数

$$F(x)=\begin{cases}f(x), & x\neq x_0,\\ 0, & x=x_0,\end{cases}\quad G(x)=\begin{cases}g(x), & x\neq x_0,\\ 0, & x=x_0.\end{cases}$$

由条件(1)(2)可知 $F(x)$ 与 $G(x)$ 在点 x_0 的某邻域 $U(x_0)$ 内连续,在 $\mathring{U}(x_0)$ 内可导,且 $G'(x)=g'(x)\neq 0$. 任取 $x\in\mathring{U}(x_0)$,则 $F(x)$ 与 $G(x)$ 在以 x_0 与 x 为端点的区间上满足柯西中值定理的条件,从而有

$$\frac{F(x)-F(x_0)}{G(x)-G(x_0)}=\frac{F'(\xi)}{G'(\xi)}=\frac{f'(\xi)}{g'(\xi)}, \tag{1}$$

其中 ξ 介于 x_0 与 x 之间. 由于 $F(x_0)=G(x_0)=0$,且当 $x\neq x_0$ 时,$F(x)=f(x)$,$G(x)=g(x)$,故式(1)即为

$$\frac{f(x)}{g(x)}=\frac{f'(\xi)}{g'(\xi)}.$$

上式中令 $x\to x_0$,则 $\xi\to x_0$,根据假设(3)就有

$$\lim_{x\to x_0}\frac{f(x)}{g(x)}=\lim_{\xi\to x_0}\frac{f'(\xi)}{g'(\xi)}=\lim_{x\to x_0}\frac{f'(x)}{g'(x)}.$$

洛必达法则Ⅰ说明,在所设条件下,未定式 $\lim\limits_{x\to x_0}\frac{f(x)}{g(x)}$ 的值可以通过分子、分母分别求导,再求极限的方法来确定.

对于$\frac{\infty}{\infty}$型未定式,也有类似于定理 1 的法则,其证明省略.

定理 2(洛必达法则Ⅱ) 若函数 $f(x)$ 与 $g(x)$ 满足:

(1)当 $x\to x_0$ 时,函数 $f(x)$ 及 $g(x)$ 都趋于无穷大;

(2)在点 x_0 的某个去心邻域内,$f'(x)$ 及 $g'(x)$ 都存在且 $g'(x)\neq 0$;

(3) $\lim\limits_{x\to x_0}\frac{f'(x)}{g'(x)}$ 存在(或为∞),

则

$$\lim_{x\to x_0}\frac{f(x)}{g(x)}=\lim_{x\to x_0}\frac{f'(x)}{g'(x)}.$$

同时,我们指出,在定理 1 和定理 2 中,若把 $x\to x_0$ 换成 $x\to x_0^+$,$x\to x_0^-$,$x\to\infty$,$x\to+\infty$ 或 $x\to-\infty$ 时,只需对两定理中的假设作相应的修改,结论仍然成立.

例 1 求极限 $\lim\limits_{x\to 0}\frac{(1+x)^{\alpha}-1}{x}$.

解 这是$\frac{0}{0}$型的未定式,由洛必达法则,得

$$\lim_{x\to 0}\frac{(1+x)^{\alpha}-1}{x}=\lim_{x\to 0}\frac{\alpha(1+x)^{\alpha-1}}{1}=\alpha.$$

例 2 求极限 $\lim\limits_{x\to+\infty}\dfrac{\dfrac{\pi}{2}-\arctan x}{\sin\dfrac{1}{x}}$.

解 这是$\dfrac{0}{0}$型的未定式,由洛必达法则,得

$$\lim_{x\to+\infty}\frac{\dfrac{\pi}{2}-\arctan x}{\sin\dfrac{1}{x}}=\lim_{x\to+\infty}\frac{-\dfrac{1}{1+x^2}}{\cos\dfrac{1}{x}\cdot\left(-\dfrac{1}{x^2}\right)}$$

$$=\lim_{x\to+\infty}\frac{1}{\cos\dfrac{1}{x}}\cdot\lim_{x\to+\infty}\frac{x^2}{1+x^2}=1\times1=1.$$

如果运用洛必达法则后所求极限仍为$\dfrac{0}{0}$的未定式,且这时$f'(x)$,$g'(x)$能满足法则中的条件,那么可以继续施用洛必达法则.

例 3 求极限 $\lim\limits_{x\to0}\dfrac{x-\sin x}{x^3}$.

解 这是$\dfrac{0}{0}$型的未定式,由洛必达法则,得

$$\lim_{x\to0}\frac{x-\sin x}{x^3}=\lim_{x\to0}\frac{1-\cos x}{3x^2}=\lim_{x\to0}\frac{\sin x}{6x}=\frac{1}{6}.$$

例 4 求极限 $\lim\limits_{x\to1}\dfrac{x^3-3x+2}{x^3-x^2-x+1}$.

解 这是$\dfrac{0}{0}$型的未定式,由洛必达法则,得

$$\lim_{x\to1}\frac{x^3-3x+2}{x^3-x^2-x+1}=\lim_{x\to1}\frac{3x^2-3}{3x^2-2x-1}=\lim_{x\to1}\frac{6x}{6x-2}=\frac{3}{2}.$$

上式中的$\lim\limits_{x\to1}\dfrac{6x}{6x-2}$已不是未定式,不能对它应用洛必达法则,否则会导致错误结果.以后使用洛必达法则时应当经常注意这一点,如果不是未定式,就不能应用洛必达法则.

例 5 求极限 $\lim\limits_{x\to+\infty}\dfrac{\ln x}{x^\alpha}\quad(\alpha>0)$.

解 这是$\dfrac{\infty}{\infty}$的未定式,由洛必达法则,得

$$\lim_{x\to+\infty}\frac{\ln x}{x^{\alpha}}=\lim_{x\to+\infty}\frac{\frac{1}{x}}{\alpha x^{\alpha-1}}=\lim_{x\to+\infty}\frac{1}{\alpha x^{\alpha}}=0.$$

例 6　求极限 $\lim\limits_{x\to+\infty}\frac{x^{\alpha}}{e^{x}}\quad(\alpha>0)$.

解　这是$\frac{\infty}{\infty}$型的未定式,分两种情形讨论.

(1) 当 $0<\alpha\leqslant 1$ 时,由洛比达法则,得

$$\lim_{x\to+\infty}\frac{x^{\alpha}}{e^{x}}=\lim_{x\to+\infty}\frac{\alpha}{x^{1-\alpha}e^{x}}=0.$$

(2) 当 $\alpha>1$ 时,令 $t=\frac{x}{\alpha}$ 或 $x=\alpha t$, 则 $x\to+\infty$ 时, $t\to+\infty$, 于是得

$$\lim_{x\to+\infty}\frac{x^{\alpha}}{e^{x}}=\lim_{t\to+\infty}\frac{(\alpha t)^{\alpha}}{e^{\alpha t}}=\lim_{t\to+\infty}\left(\frac{\alpha t}{e^{t}}\right)^{\alpha}=\left(\alpha\lim_{t\to+\infty}\frac{t}{e^{t}}\right)^{\alpha}=0.$$

综上所述,有

$$\lim_{x\to+\infty}\frac{x^{\alpha}}{e^{x}}=0\quad(\alpha>0).$$

当 $x\to+\infty$ 时,对数函数 $\ln x$, 幂函数 x^{α} ($\alpha>0$) 和指数函数 e^{x}, 虽然都为无穷大,但从例 5 和例 6 可以看出,这三个函数增大的“速度”是很不一样的,幂函数增大的“速度”比对数函数快得多,而指数函数增大的“速度”又比幂函数快得多.

例 7　求极限 $\lim\limits_{x\to1^{-}}\frac{\ln\left(\tan\frac{\pi}{2}x\right)}{\ln(1-x)}$.

解　这是$\frac{\infty}{\infty}$型的未定式,应用洛必达法则有

$$\lim_{x\to1^{-}}\frac{\ln\left(\tan\frac{\pi}{2}x\right)}{\ln(1-x)}=\lim_{x\to1^{-}}\frac{\frac{1}{\tan\frac{\pi}{2}x}\sec^{2}\frac{\pi}{2}x\cdot\frac{\pi}{2}}{\frac{-1}{1-x}}$$

$$=\lim_{x\to1^{-}}\frac{\pi(x-1)}{\sin\pi x}=\lim_{x\to1^{-}}\frac{\pi}{\pi\cos\pi x}=-1.$$

一般而言,对于$\frac{0}{0}$或$\frac{\infty}{\infty}$的未定式,在应用洛比达法则之前尽可能将该极限简化,以方便求导运算. 通常是通过等价无穷小替换、恒等变形、适当的变量代换或及时分离所求极限中值不为零的极限等方法实现.

例 8 求极限 $\lim\limits_{x\to 0}\dfrac{e^x - \sin x - 1}{1 - \sqrt{1 - x^2}}$.

分析 这是$\dfrac{0}{0}$型的未定式,如果直接使用洛必达法则,分母的导数较繁.如果先使用等价无穷小替换,那么运算就方便得多.

解 $\lim\limits_{x\to 0}\dfrac{e^x - \sin x - 1}{1 - \sqrt{1 - x^2}} = \lim\limits_{x\to 0}\dfrac{e^x - \sin x - 1}{-\dfrac{1}{2}(-x^2)} = \lim\limits_{x\to 0}\dfrac{e^x - \cos x}{x} = \lim\limits_{x\to 0}\dfrac{e^x + \sin x}{1} = 1.$

二、其他类型的未定式

$\dfrac{0}{0}$型与$\dfrac{\infty}{\infty}$型是未定式的基本类型,此外,未定式还有其他三种形式共五个类型:

(1) $\lim[f(x)g(x)]$,其中 $\lim f(x) = 0, \lim g(x) = \infty$,简记作 $0\cdot\infty$;

(2) $\lim[f(x) - g(x)]$,其中 $\lim f(x) = \infty, \lim g(x) = \infty$,简记作 $\infty - \infty$;

(3) $\lim[f(x)]^{g(x)}$,有下列三个类型:

(i) $\lim f(x) = 1, \lim g(x) = \infty$,简记为 1^∞;

(ii) $\lim f(x) = 0, \lim g(x) = 0$,简记为 0^0;

(iii) $\lim f(x) = \infty, \lim g(x) = 0$,简记为 ∞^0.

这些类型的未定式都可以先通过代数恒等变形转化为$\dfrac{0}{0}$型或$\dfrac{\infty}{\infty}$型,然后再利用洛必达法则求解.

1. 对于 $0\cdot\infty$ 型未定式,通常利用 $fg = f/g^{-1}$ 或 $fg = g/f^{-1}$ 将其转化为$\dfrac{0}{0}$型或$\dfrac{\infty}{\infty}$型未定式.

例 9 求极限 $\lim\limits_{x\to 0^+} x^\alpha \ln x\ (\alpha > 0)$.

解 这是 $0\cdot\infty$ 型的未定式,可化为$\dfrac{\infty}{\infty}$型的未定式,从而

$$\lim_{x\to 0^+} x^\alpha \ln x = \lim_{x\to 0^+}\frac{\ln x}{x^{-\alpha}} = \lim_{x\to 0^+}\frac{\dfrac{1}{x}}{-\alpha x^{-\alpha-1}} = -\frac{1}{\alpha}\lim_{x\to 0^+} x^\alpha = 0.$$

有时对具体函数来说,把 $0\cdot\infty$ 型选择化为$\dfrac{0}{0}$型还是$\dfrac{\infty}{\infty}$型的未定式,计算时繁简程度会有很大差异,选择不当甚至还会出现得不出结果的现象.例如对例 9,读者不妨把原极限化成$\dfrac{0}{0}$型,尝试能否用洛必达法则求解,以体会上面这段话的意思.

2. 对于$\infty-\infty$型的未定式，通常将$f-g$转化为分式，从而将原极限转化为$\frac{0}{0}$型或$\frac{\infty}{\infty}$型的未定式.

例 10　求极限$\lim\limits_{x\to\frac{\pi}{2}}\left(x\tan x-\frac{\pi}{2}\sec x\right)$.

解　这是$\infty-\infty$型的未定式，可转化为$\frac{0}{0}$型未定式，

$$\lim_{x\to\frac{\pi}{2}}\left(x\tan x-\frac{\pi}{2}\sec x\right)=\lim_{x\to\frac{\pi}{2}}\frac{2x\sin x-\pi}{2\cos x}=\lim_{x\to\frac{\pi}{2}}\frac{2(\sin x+x\cos x)}{-2\sin x}=-1.$$

3. 对于1^{∞}、0^0、∞^0三个幂指型的未定式，通常利用公式$f^g=e^{g\ln f}$将原极限转化为$0\cdot\infty$型，然后再转化为$\frac{0}{0}$型或$\frac{\infty}{\infty}$型的未定式.

例 11　求极限$\lim\limits_{x\to0^+}(\cos\sqrt{x})^{\frac{1}{x}}$.

解　这是1^{∞}型的未定式，除了利用第二个重要极限求解外，也可以转化为$0\cdot\infty$型的极限类型.

$$\lim_{x\to0^+}(\cos\sqrt{x})^{\frac{1}{x}}=\lim_{x\to0^+}e^{\frac{1}{x}\ln\cos\sqrt{x}}=e^{\lim\limits_{x\to0^+}\frac{\ln\cos\sqrt{x}}{x}}$$
$$=e^{\lim\limits_{x\to0^+}\frac{1}{\cos\sqrt{x}}\cdot(-\sin\sqrt{x})\cdot\frac{1}{2\sqrt{x}}}=e^{-\frac{1}{2}\lim\limits_{x\to0^+}\frac{\sin\sqrt{x}}{\sqrt{x}}}=e^{-\frac{1}{2}}.$$

例 12　求极限$\lim\limits_{x\to0^+}x^x$.

解　这是0^0型的未定式，由$x^x=e^{x\ln x}$和例 9(取$\alpha=1$)的结果，得

$$\lim_{x\to0^+}x^x=\lim_{x\to0^+}e^{x\ln x}=e^{\lim\limits_{x\to0^+}x\ln x}=e^0=1.$$

例 13　求极限$\lim\limits_{x\to+\infty}x^{\frac{1}{x}}$.

解　这是∞^0型的未定式. 由$x^{\frac{1}{x}}=e^{\frac{\ln x}{x}}$和例 5(取$\alpha=1$)的结果，得

$$\lim_{x\to+\infty}x^{\frac{1}{x}}=\lim_{x\to+\infty}e^{\frac{\ln x}{x}}=e^{\lim\limits_{x\to+\infty}\frac{\ln x}{x}}=e^0=1.$$

特别地，取$x=n$，则有

$$\lim_{n\to\infty}\sqrt[n]{n}=1.$$

例 14　求极限$\lim\limits_{n\to\infty}\left(n\tan\frac{1}{n}\right)^{n^2}$.

解　这是1^{∞}型的数列极限，可以通过相应的函数极限来计算.

$$\lim_{n\to\infty}\left(n\tan\frac{1}{n}\right)^{n^2}=\lim_{x\to+\infty}\left(x\tan\frac{1}{x}\right)^{x^2}=\lim_{x\to+\infty}e^{x^2\ln\left(x\tan\frac{1}{x}\right)}=e^{\lim\limits_{x\to+\infty}x^2\ln\left(x\tan\frac{1}{x}\right)}.$$

因为

$$\lim_{x\to+\infty} x^2\ln\left(x\tan\frac{1}{x}\right) \xlongequal{t=\frac{1}{x}} \lim_{t\to0^+}\frac{\ln\left(\frac{1}{t}\tan t\right)}{t^2} = \lim_{t\to0^+}\frac{\ln\tan t-\ln t}{t^2}$$

$$= \lim_{t\to0^+}\frac{\cot t\cdot\sec^2 t-\frac{1}{t}}{2t} = \lim_{t\to0^+}\frac{t-\sin t\cos t}{2t^2\sin t\cos t} = \lim_{t\to0^+}\frac{t-\sin t\cos t}{2t^3}$$

$$= \lim_{t\to0^+}\frac{1-\cos^2 t+\sin^2 t}{6t^2} = \lim_{t\to0^+}\frac{2\sin^2 t}{6t^2} = \frac{1}{3},$$

所以 $\lim\limits_{n\to\infty}\left(n\tan\frac{1}{n}\right)^{n^2} = e^{\frac{1}{3}}$.

需要特别说明的是,在运用洛必达法则时,如果 $\lim\frac{f'(x)}{g'(x)}$ 不存在且不为无穷大时,并不表明 $\lim\frac{f(x)}{g(x)}$ 不存在,只表明洛必达法则在此种情况下失效,需要采用其他方法求极限.

例 15 问极限 $\lim\limits_{x\to\infty}\frac{x+\sin x}{x}$ 存在吗?能否用洛比达法则求其极限?

解 由于

$$\lim_{x\to\infty}\frac{x+\sin x}{x} = \lim_{x\to\infty}\left(1+\frac{1}{x}\sin x\right) = 1+0 = 1,$$

故极限存在.

但不能用洛比达法则求出其极限,因为 $\lim\limits_{x\to\infty}\frac{x+\sin x}{x}$ 尽管是 $\frac{\infty}{\infty}$ 型,但是若对分子、分母分别求导后得 $1+\cos x$, 由于 $\lim\limits_{x\to\infty}(1+\cos x)$ 不存在,故不能使用洛比达法则.

习题 3.2

1. 利用洛必达法则求下列极限:

(1) $\lim\limits_{x\to a}\frac{\sin x-\sin a}{x-a}$;

(2) $\lim\limits_{x\to0}\frac{e^x-e^{-x}}{\sin x}$;

(3) $\lim\limits_{x\to1}\frac{x^4-5x+4}{x^2+2x-3}$;

(4) $\lim\limits_{x\to0}\frac{x-\arcsin x}{x^3}$;

(5) $\lim\limits_{x\to+\infty}\frac{\ln^2 x}{x}$;

(6) $\lim\limits_{x\to0^+}\frac{\ln\sin mx}{\ln\sin nx}(m,n\in\mathbf{Z}^+)$;

(7) $\lim\limits_{x\to1}(1-x^2)\tan\frac{\pi}{2}x$;

(8) $\lim\limits_{x\to+\infty}x\left(a^{\frac{1}{x}}-b^{\frac{1}{x}}\right)(a,b>0)$;

(9) $\lim\limits_{x\to 0}\left(\dfrac{1}{x}-\dfrac{1}{e^x-1}\right)$;

(10) $\lim\limits_{x\to 0}\left[\dfrac{1}{\ln(1+x)}-\dfrac{1}{x}\right]$;

(11) $\lim\limits_{x\to+\infty}\left[x-x^2\ln\left(1+\dfrac{1}{x}\right)\right]$;

(12) $\lim\limits_{x\to 0}(\cos x)^{\frac{1}{x}}$;

(13) $\lim\limits_{x\to a}\left(\dfrac{\sin x}{\sin a}\right)^{\frac{1}{x-a}}$;

(14) $\lim\limits_{x\to+\infty}\left(\dfrac{2}{\pi}\arctan x\right)^{x}$;

(15) $\lim\limits_{x\to 0^+}x^{\tan x}$;

(16) $\lim\limits_{x\to 0^+}\left(\ln\dfrac{1}{x}\right)^{x}$;

(17) $\lim\limits_{x\to-\infty}\left(\dfrac{\pi}{2}+\arctan x\right)^{\frac{1}{x}}$;

(18) $\lim\limits_{n\to\infty}\left(\dfrac{\sqrt[n]{2}+\sqrt[n]{3}+\sqrt[n]{5}}{3}\right)^{n}$.

2. 下列极限存在吗？能否应用洛必达法则？

(1) $\lim\limits_{x\to\infty}\dfrac{x+\sin x}{x-\sin x}$;

(2) $\lim\limits_{x\to+\infty}\dfrac{\sqrt{1+x^2}}{x}$.

3. 设函数

$$f(x)=\begin{cases}\dfrac{g(x)-e^{-x}}{x}, & x\neq 0,\\ 0, & x=0,\end{cases}$$

其中,函数 $g(x)$ 有二阶连续导数,且 $g(0)=1, g'(0)=-1$.

(1)求 $f'(x)$;

(2)讨论 $f'(x)$ 在 $(-\infty,+\infty)$ 内的连续性.

第 3 节　泰勒公式

无论是理论分析还是数值计算,我们总是希望能用一个结构简单并且计算容易的函数来近似表达一个较复杂的函数. 这种近似表达在数学上常称为**逼近**. 一般来说,多项式函数是最简单的一类函数,它具有任意阶导数,并且运算时只涉及加、减及乘的运算,所以,我们想到用多项式近似表达其他较复杂的函数. 那么,在满足什么条件时,可以用多项式来近似表达函数？多项式的系数如何确定？多项式与函数的误差怎样？这一节将主要讨论这些问题. 英国数学家泰勒(Taylor)在这方面做出了不朽的贡献.

在微分的应用中我们已经知道,如果函数 $f(x)$ 在点 x_0 处的导数 $f'(x_0)\neq 0$,且 $|\Delta x|=|x-x_0|$ 很小时,那么函数可以近似的表示为

$$f(x)\approx f(x_0)+f'(x_0)(x-x_0),$$

即就点 x_0 的邻近部分而言,函数 $f(x)$ 可以用一次多项式

$$P_1(x)=f(x_0)+f'(x_0)(x-x_0)$$

来近似代替. 此时 $P_1(x)$ 与 $f(x)$ 在点 x_0 处,不仅函数值相等,而且一阶导数也相等,这时我们称 $P_1(x)$ 是 $f(x)$ 在点 x_0 处的**一阶近似**.

如果 $f(x)$ 在点 x_0 处二阶可导,为了提高近似程度,我们可以用二次多项式

$$P_2(x) = a_0 + a_1(x - x_0) + a_2(x - x_0)^2$$

来近似表达 $f(x)$. 为了确定系数 a_0, a_1, a_2, 令

$$P_2(x_0) = f(x_0), P_2'(x_0) = f'(x_0), P_2''(x_0) = f''(x_0),$$

这时就说 $P_2(x)$ 是 $f(x)$ 在点 x_0 处的**二阶近似**,即

$$P_2(x_0) = a_0 = f(x_0), P_2'(x_0) = a_1 = f'(x_0), P_2''(x_0) = 2a_2 = f''(x_0),$$

故

$$a_0 = f(x_0), a_1 = f'(x_0), a_2 = \frac{f''(x_0)}{2!},$$

从而得到二阶近似

$$f(x) \approx f(x_0) + f'(x_0)(x - x_0) + \frac{f''(x_0)}{2!}(x - x_0)^2,$$

它比一阶近似更精确一些.

把上述步骤继续下去,可得更高阶的近似. 若函数 $f(x)$ 在点 x_0 处至少 n 阶可导,构造 n 次多项式

$$P_n(x) = a_0 + a_1(x - x_0) + a_2(x - x_0)^2 + \cdots + a_n(x - x_0)^n,$$

它应该满足下列条件:

多项式 $P_n(x)$ 与函数 $f(x)$ 在点 x_0 处具有相同的函数值和相同的直到 n 阶的导数值,即

$$\begin{cases} P_n(x_0) = a_0 = f(x_0), \\ P_n'(x_0) = a_1 = f'(x_0), \\ P_n''(x_0) = 2!a_2 = f''(x_0), \\ \qquad \cdots\cdots \\ P_n^{(n)}(x_0) = n!a_n = f^{(n)}(x_0). \end{cases}$$

由此可以唯一确定多项式 $P_n(x)$ 的系数

$$a_0 = f(x_0), a_1 = f'(x_0), a_2 = \frac{f''(x_0)}{2!}, \cdots, a_n = \frac{f^{(n)}(x_0)}{n!},$$

从而

$$P_n(x) = f(x_0) + f'(x_0)(x - x_0) + \frac{f''(x_0)}{2!}(x - x_0)^2 + \cdots + \frac{f^{(n)}(x_0)}{n!}(x - x_0)^n. \qquad (1)$$

称(1)式为函数 $f(x)$ 在点 x_0 处关于 $x - x_0$ 的 ***n* 次泰勒多项式**,它是 $f(x)$ 在点 x_0 处的 ***n***

阶近似,即$f(x)\approx P_n(x)$.

记函数$f(x)$与n次泰勒多项式$P_n(x)$的差为

$$R_n(x)=f(x)-P_n(x),$$

则有

$$f(x)=f(x_0)+f'(x_0)(x-x_0)+\frac{f''(x_0)}{2!}(x-x_0)^2+\cdots+\frac{f^{(n)}(x_0)}{n!}(x-x_0)^n+R_n(x),$$

上式称为函数$f(x)$按$x-x_0$的幂展开到n阶的**泰勒展开式**,$R_n(x)$称为展开式的**余项**.

关于余项$R_n(x)$有下列定理:

定理(泰勒中值定理) 若函数$f(x)$在含点x_0的某个开区间(a,b)内具有直到$n+1$阶的导数,则对任意一点$x\in(a,b)$,有

$$f(x)=f(x_0)+f'(x_0)(x-x_0)+\frac{f''(x_0)}{2!}(x-x_0)^2+\cdots+\frac{f^{(n)}(x_0)}{n!}(x-x_0)^n+R_n(x),\qquad(2)$$

其中

$$R_n(x)=\frac{f^{(n+1)}(\xi)}{(n+1)!}(x-x_0)^{n+1},\qquad(3)$$

这里ξ是介于x_0与x之间的某个常数.

(2)式又称为**n阶泰勒公式**,(3)式称为**拉格朗日型余项**.当$n=0$时,泰勒公式即为拉格朗日公式,因此也可以说泰勒中值定理是含有高阶导数的中值定理.

证 由假设,$R_n(x)$在(a,b)内具有直到$(n+1)$阶导数,且

$$R_n(x_0)=R'_n(x_0)=R''_n(x_0)=\cdots=R_n^{(n)}(x_0)=0.$$

对两函数$R_n(x)$及$(x-x_0)^{n+1}$,在以x_0和x为端点的区间上应用柯西中值定理,得

$$\frac{R_n(x)}{(x-x_0)^{n+1}}=\frac{R_n(x)-R_n(x_0)}{(x-x_0)^{n+1}-0}=\frac{R'_n(\xi_1)}{(n+1)(\xi_1-x_0)^n},$$

其中ξ_1介于x_0与x之间.

对两函数$R'_n(x)$和$(x-x_0)^n$,在以x_0和ξ_1为端点的区间上再次使用柯西中值定理,得

$$\frac{R_n(x)}{(x-x_0)^{n+1}}=\frac{R'_n(\xi_1)-R'_n(x_0)}{(n+1)(\xi_1-x_0)^n}=\frac{R''_n(\xi_1)}{(n+1)n(\xi_1-x_0)^{n-1}},$$

其中ξ_2介于x_0与ξ_1之间.

如此接连使用柯西中值定理$n+1$次,可得

$$\frac{R_n(x)}{(x-x_0)^{n+1}}=\frac{R_n^{(n+1)}(\xi)}{(n+1)!},$$

其中 ξ 介于 x_0 与 ξ_n 之间,因而也介于 x_0 与 x 之间.

又因为 $P_n^{(n+1)}(x)=0$,所以 $R_n^{(n+1)}(x)=f^{(n+1)}(x)$,即

$$R_n(x)=\frac{f^{(n+1)}(\xi)}{(n+1)!}(x-x_0)^{n+1}\quad(\xi\text{ 介于 }x_0\text{ 与 }x\text{ 之间}).$$

根据泰勒中值定理,当用多项式 $P_n(x)$ 近似表达函数 $f(x)$ 时,其误差①为 $|R_n(x)|$. 当 $f^{(n+1)}(x)$ 是开区间 (a,b) 内的有界函数时,用拉格朗日型余项可以估计误差:

$$|R_n(x)|\leqslant\frac{M}{(n+1)!}(x-x_0)^{n+1},$$

其中 $|f^{(n+1)}(x)|\leqslant M$. 此时,当 $x\to x_0$ 时,$R_n(x)$ 是比 $(x-x_0)^n$ 高阶的无穷小,即

$$R_n(x)=o[(x-x_0)^n].\tag{4}$$

在不需要余项的精确表达时,n 阶泰勒公式也可写为

$$f(x)=f(x_0)+f'(x_0)(x-x_0)+\frac{f''(x_0)}{2!}(x-x_0)^2+\cdots+\frac{f^{(n)}(x_0)}{n!}(x-x_0)^n+o[(x-x_0)^n],\tag{5}$$

$R_n(x)$ 的表达式(4)称为**佩亚诺(Peano)型余项**.

特别地,当 $x_0=0$ 时,泰勒公式(2)也称为 n **阶麦克劳林(Maclaurin)公式**,即

$$f(x)=f(0)+f'(0)x+\frac{f''(0)}{2!}x^2+\cdots+\frac{f^{(n)}(0)}{n!}x^n+R_n(x).\tag{6}$$

此时,ξ 介于 0 与 x 之间,故可令 $\xi=\theta x\ (0<\theta<1)$,则拉格朗日型余项也可以表示为

$$R_n(x)=\frac{f^{(n+1)}(\xi)}{(n+1)!}x^{n+1}=\frac{f^{(n+1)}(\theta x)}{(n+1)!}x^{n+1}\quad(0<\theta<1),$$

佩亚诺型余项为

$$R_n(x)=o(x^n).$$

例 1 求函数 $f(x)=\mathrm{e}^x$ 的带有拉格朗日型余项的 n 阶麦克劳林公式.

解 由于

$$f(0)=f'(0)=f''(0)=\cdots=f^{(n)}(0)=\mathrm{e}^0=1,$$

并注意到 $f^{(n+1)}(\theta x)=\mathrm{e}^{\theta x}$,所以

$$\mathrm{e}^x=1+x+\frac{x^2}{2!}+\cdots+\frac{x^n}{n!}+\frac{\mathrm{e}^{\theta x}}{(n+1)!}x^{n+1}\ (0<\theta<1).$$

---

① 一般地,如果一个量 A 的近似值是 a,那么 $\delta=|A-a|$ 称为**绝对误差**,它反映测量值偏离真值的大小. 而 δ/A 称为**相对误差**,它反映测量的可信程度.

注 当$|x|$较小时,我们有近似计算公式

$$e^x \approx 1 + x + \frac{x^2}{2!} + \cdots + \frac{x^n}{n!},$$

误差为

$$|R_n(x)| = \left|\frac{e^{\theta x}x^{n+1}}{(n+1)!}\right| \leqslant \frac{e^{\theta|x|}|x|^{n+1}}{(n+1)!} (0 < \theta < 1).$$

如果取$x = 1$, 则得

$$e \approx 1 + 1 + \frac{1}{2!} + \cdots + \frac{1}{n!},$$

再取$n = 9$, 则$e \approx 2.718\,281$,其误差为

$$|R_9(1)| = \frac{e^\theta}{10!} < \frac{3}{10!} < 0.000\,001.$$

例2 求函数$f(x) = \sin x$的带有拉格朗日型余项的n阶麦克劳林公式.

解 由于$f(0) = 0$, 且$f^{(k)}(x) = \sin\left(x + \frac{k\pi}{2}\right) (k = 1,2,\cdots,n)$, 从而

$$f^{(k)}(0) = \sin\frac{k\pi}{2} = \begin{cases} 0, & k = 2m, \\ (-1)^{m-1}, & k = 2m-1 \end{cases} \quad (m = 1,2,\cdots),$$

$$f^{(n+1)}(\theta x) = \sin\left[\theta x + \frac{(n+1)\pi}{2}\right].$$

令$n = 2m$, 得

$$\sin x = x - \frac{x^3}{3!} + \frac{x^5}{5!} - \cdots + (-1)^{m-1}\frac{x^{2m-1}}{(2m-1)!} + R_{2m}(x),$$

其中

$$R_{2m}(x) = \frac{\sin\left[\theta x + (2m+1)\frac{\pi}{2}\right]\cdot x^{2m+1}}{(2m+1)!} = (-1)^m\frac{\cos(\theta x)\cdot x^{2m+1}}{(2m+1)!} \quad (0 < \theta < 1).$$

如果取$m = 1$, 则得近似公式

$$\sin x \approx x,$$

这时误差

$$|R_2(x)| = \left|\frac{\cos(\theta x)\cdot x^3}{3!}\right| \leqslant \frac{|x|^{n+1}}{6} \quad (0 < \theta < 1).$$

如果m分别取2和3,则可得$\sin x$的3阶和5阶泰勒多项式

$$\sin x \approx x - \frac{x^3}{3!} \quad 和 \quad \sin x \approx x - \frac{x^3}{3!} + \frac{x^5}{5!},$$

其误差依次不超过$\frac{|x|^5}{5!}$和$\frac{|x|^7}{7!}$. 以上三个泰勒多项式及正弦函数的图形如图3-4所示.

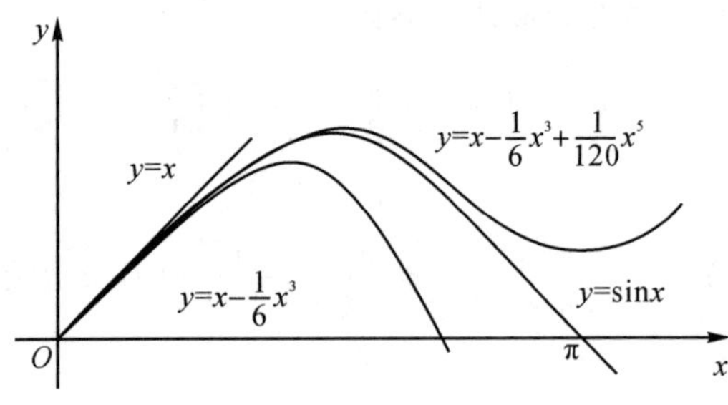

图 3-4

类似地,可以写出以下常用初等函数带有拉格朗日型余项的麦克劳林公式:

$$\cos x=1-\frac{x^2}{2!}+\frac{x^4}{4!}-\cdots+(-1)^m\frac{x^{2m}}{(2m)!}+(-1)^{m+1}\frac{\cos(\theta x)\cdot x^{2m+2}}{(2m+2)!};$$

$$\ln(1+x)=x-\frac{x^2}{2}+\frac{x^3}{3}-\cdots+(-1)^{n-1}\frac{x^n}{n}+(-1)^n\frac{x^{n+1}}{(n+1)(1+\theta x)^{n+1}};$$

$$(1+x)^\alpha=1+\alpha x+\frac{\alpha(\alpha-1)}{2!}x^2+\cdots+\frac{\alpha(\alpha-1)\cdots(\alpha-n+1)}{n!}x^n$$
$$+\frac{\alpha(\alpha-1)\cdots(\alpha-n)}{(n+1)!}(1+\theta x)^{\alpha-n-1}x^{n+1},$$

其中 $0<\theta<1$.

例 3 试按 $x+1$ 的升幂展开函数 $f(x)=x^3+3x^2-2x+4$.

解 设 $x_0=-1$,则 $f(-1)=8$,而

$$f'(x)=3x^2+6x-2,\qquad f'(-1)=-5,$$
$$f''(x)=6x+6,\qquad f''(-1)=0,$$
$$f'''(x)=6,\qquad f'''(-1)=6.$$

当 $n>3$ 时,$f^{(n)}(x)=0$,所以 $R_4(x)=0$,从而

$$f(x)=f(-1)+f'(-1)(x+1)+\frac{f''(-1)}{2!}(x+1)^2+\frac{f'''(-1)}{3!}(x+1)^3+R_4(x)$$
$$=8-5(x+1)+(x+1)^3.$$

例 4 求函数 $f(x)=\frac{1}{3-x}$ 按 $x-1$ 的幂展开的带有佩亚诺型余项的 n 阶泰勒公式.

解 因为

$$f^{(n)}(x)=\frac{n!}{(3-x)^{n+1}},\quad f^{(n)}(1)=\frac{n!}{2^{n+1}}.$$

所以

$$\frac{1}{3-x}=f(1)+f'(1)(x-1)+\frac{f''(1)}{2!}(x-1)^2+\frac{f'''(1)}{3!}(x-1)^3+\cdots$$

$$+\frac{f^{(n)}(1)}{n!}(x-1)^n+o[(x-1)^n]$$

$$=\frac{1}{2}+\frac{x-1}{2^2}+\frac{(x-1)^2}{2^3}+\frac{(x-1)^3}{2^4}+\cdots+\frac{(x-1)^n}{2^{n+1}}+o[(x-1)^n].$$

利用函数的麦克劳林公式也可以求某些函数的极限. 如下面例子.

例 5　利用带有佩亚诺型余项的麦克劳林公式,求极限 $\lim\limits_{x\to 0}\frac{e^x-\cos x-x}{\ln(1+x^2)}$.

解　这是$\frac{0}{0}$型的未定式,当 $x\to 0$ 时, $\ln(1+x^2)\sim x^2$. 在分母中使用等价无穷小替换,同时将分子中的 e^x 和 $\cos x$ 用带有佩亚诺型余项的二阶麦克劳林公式表示:

$$e^x=1+x+\frac{x^2}{2!}+o(x^2),\quad \cos x=1-\frac{x^2}{2!}+o(x^2),$$

则

$$e^x-\cos x-x=\left(1+x+\frac{x^2}{2}\right)-\left(1-\frac{x^2}{2}\right)-x+o(x^2)=x^2+o(x^2),$$

于是

$$\lim_{x\to 0}\frac{e^x-\cos x-x}{\ln(1+x^2)}=\lim_{x\to 0}\frac{x^2+o(x^2)}{x^2}=1.$$

习题 3.3

1. 求函数 $f(x)=\tan x$ 带有拉格朗日型余项的二阶麦克劳林公式.

2. 求函数 $f(x)=\sqrt{x}$ 按 $x-4$ 的幂展开的带有拉格朗日型余项的三阶泰勒公式.

3. 按 $x-4$ 的幂展开多项式 $f(x)=x^4-5x^3+x^2-3x+4$.

4. 求函数 $f(x)=\ln x$ 按 $x-2$ 的幂展开的带有佩亚诺型余项的 n 阶泰勒公式.

5. 求函数 $f(x)=\frac{1}{x}$ 按 $x+1$ 的幂展开的带有拉格朗日型余项的 n 阶泰勒公式.

6. 求函数 $f(x)=xe^{-x}$ 的带有佩亚诺型余项的 n 阶麦克劳林公式.

7. 验证当 $0\leqslant x\leqslant\frac{1}{2}$ 时,按公式 $e^x\approx 1+x+\frac{x^2}{2}+\frac{x^3}{6}$ 计算 e^x 的近似值时,所产生的误差小于 0.01,并求 $\sqrt{e}$ 的近似值,使误差小于 0.01.

8. 利用泰勒公式求下列极限:

(1) $\lim\limits_{x\to 0}\frac{\sin x-x\cos x}{\sin^3 x}$;　(2) $\lim\limits_{x\to 0}\frac{\cos x-e^{-\frac{x^2}{2}}}{x^4}$;

(3) $\lim\limits_{x\to+\infty}(\sqrt[3]{x^3+3x^2}-\sqrt[4]{x^4-2x^3})$;　(4) $\lim\limits_{x\to 0}\frac{a^x+a^{-x}-2}{x^2}(a>0)$.

9. 设 $f(x) = x^2\ln(1+x)$,利用泰勒公式求 $f^{(n)}(0)(n \geqslant 3)$.

第 4 节　函数的单调性与曲线的凹凸性

一、函数的单调性

第 1 章第 1 节中已经介绍了函数在区间上单调的概念. 一般而言,直接按定义判断函数的单调性是不容易的. 下面我们介绍一种利用导数符号判别函数单调性的既方便又有效的方法. 它可以看作是拉格朗日中值定理的一个直接应用.

如果函数 $y = f(x)$ 在 $[a,b]$ 上单调增加(或单调减少),那么它的图形是一条沿 x 轴正向上升(或下降)的曲线(如图 3-8). 这时曲线上各点处的切线斜率是非负的(或非正的),即 $f'(x) \geqslant 0$ (或 $f'(x) \leqslant 0$). 由此可见,函数的单调性与其导数的符号有着密切的联系. 事实上,有如下的判定法.

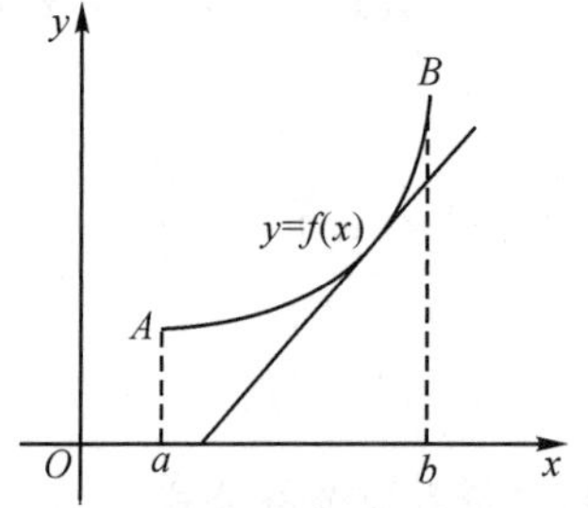

(a) 函数图形上升时切线斜率非负

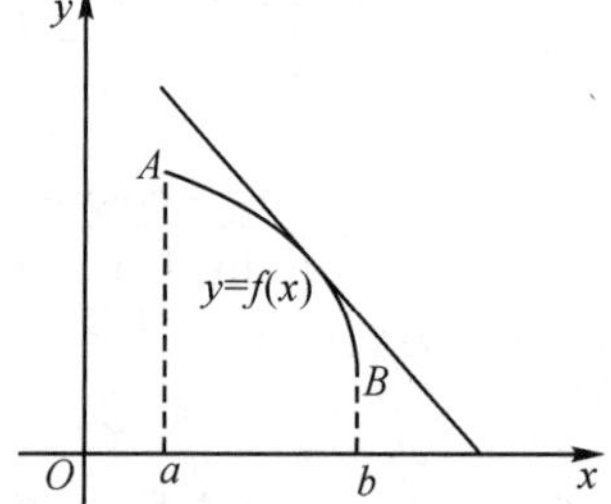

(b) 函数图形上升时切线斜率非正

图 3-5

定理 1　设函数 $f(x)$ 在闭区间 $[a,b]$ 上连续,在开区间 (a,b) 内可导,则

(1) 如果 $f'(x) > 0, x \in (a,b)$,则 $f(x)$ 在 $[a,b]$ 上单调增加;

(2) 如果 $f'(x) < 0, x \in (a,b)$,则 $f(x)$ 在 $[a,b]$ 上单调减少.

证　对于情形(1),任意取两点 $x_1, x_2 \in [a,b]$,且 $x_1 < x_2$. 在区间 $[x_1, x_2]$ 上对 $f(x)$ 应用拉格朗日中值定理,得

$$f(x_2) - f(x_1) = f'(\xi)(x_2 - x_1) \quad (x_1 < \xi < x_2).$$

因为 $f'(\xi) > 0$,于是 $f(x_2) - f(x_1) > 0$,即 $f(x_2) > f(x_1)$.

由 x_1, x_2 的任意性,可知 $f(x)$ 在 $[a,b]$ 上单调增加.

类似地可证明情形(2).

注　(1)如果将定理中的闭区间换成其他各种区间(包括无穷区间),那么定理结论仍成立.

(2)若连续函数 $f(x)$ 在区间 (a,b) 内 $f'(x) \geqslant 0$ (或 $f'(x) \leqslant 0$),且等号只在有限

个点成立，则函数$f(x)$在区间$[a,b]$上仍是单调增加（或单调减少）.

例如，函数$f(x)=x^3$，虽然在点$x=0$处的导数$f'(0)=0$，但在$(-\infty,+\infty)$内其他点处的导数均大于零，因此它在$(-\infty,+\infty)$内仍是单调增加的.

例1 讨论函数$f(x)=e^x-x-1$的单调性.

解 函数的定义域为$(-\infty,+\infty)$，且

$$f'(x)=e^x-1,$$

令$f'(x)=0$，得函数的驻点$x=0$.

在$(-\infty,0)$内，$f'(x)<0$，所以$f(x)$在$(-\infty,0]$上单调减少；在$(0,+\infty)$内，$f'(x)>0$，所以$f(x)$在$[0,+\infty)$上单调增加.

例2 讨论函数$y=\sqrt[3]{x^2}$的单调性.

解 函数的定义域为$(-\infty,+\infty)$. 当$x\neq 0$时，函数的导数为

$$y'=\frac{2}{3\sqrt[3]{x}}.$$

当$x=0$时，函数的导数不存在. 在$(-\infty,0)$内，$y'<0$，因此函数$y=\sqrt[3]{x^2}$在$(-\infty,0]$上单调减少；在$(0,+\infty)$内，$y'>0$，因此函数$y=\sqrt[3]{x^2}$在$[0,+\infty)$上单调增加. 函数的图形如图3-6所示.

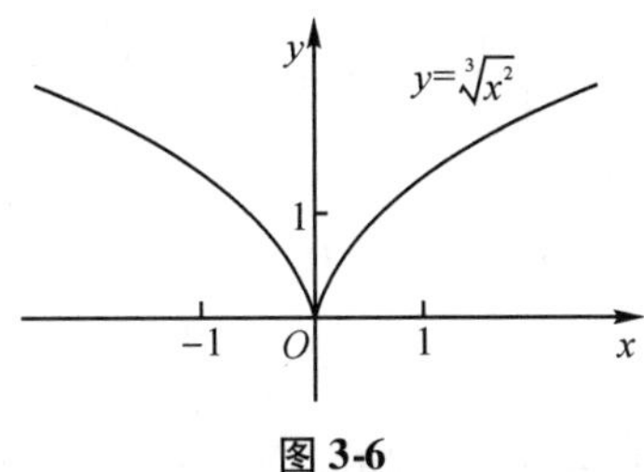

图3-6

我们注意到，在例1中，驻点$x=0$是函数$f(x)=e^x-x-1$的单调减少区间$(-\infty,0]$与单调增加区间$[0,+\infty)$的分界点；在例2中，$x=0$是函数$y=\sqrt[3]{x^2}$的不可导点，它同样是该函数单调减少区间$(-\infty,0]$与单调增加区间$[0,+\infty)$的分界点.

对函数$f(x)$单调性的讨论，可以先求出函数的驻点和不可导点，这两类点可能是函数单调区间的分界点. 根据这两类点来划分函数的定义区间，在各个子区间内，就能保证$f'(x)$保持固定的符号，通过判断$f'(x)$的符号，从而确定函数$f(x)$在各个子区间上的单调性. 常通过列表的形式来讨论此类问题.

例3 讨论函数$f(x)=x^{\frac{2}{3}}(x-5)$的单调性.

解 函数的定义域为$(-\infty,+\infty)$. 其导数为

$$f'(x)=\frac{5(x-2)}{3\sqrt[3]{x}}\quad(x\neq 0),$$

令$f'(x)=0$，得驻点$x=2$. 而$x=0$为不可导点.

列表如下(表中“↗”表示单调增加，“↘”表示单调减少)：

x	$(-\infty,0)$	$(0,2)$	$(2,+\infty)$
$f'(x)$	+	−	+
$f(x)$	↗	↘	↗

所以，函数的单调增加区间为$(-\infty,0)$，$(2,+\infty)$，单调减少区间为$(0,2)$.

利用函数的单调性可以证明一些不等式和判定一些方程的根的存在性及个数. 下面举例说明.

例4 证明当$x>0$时，$\ln(1+x)>x-\frac{1}{2}x^2$.

证 令

$$f(x)=\ln(1+x)-x+\frac{1}{2}x^2,$$

则$f(x)$在$[0,+\infty)$上连续，在$(0,+\infty)$内可导，且

$$f'(x)=\frac{1}{1+x}-1+x=\frac{x^2}{1+x}>0,$$

所以$f(x)$在$[0,+\infty)$上单调增加.

又$f(0)=0$，故当$x>0$时，$f(x)>f(0)=0$，即

$$\ln(1+x)>x-\frac{1}{2}x^2.$$

例5 证明方程$x^5+x+1=0$在区间$(-1,0)$内有且只有一个实根.

证 令$f(x)=x^5+x+1$，则$f(x)$在$[-1,0]$上连续，且

$$f(-1)=-1<0,\ f(0)=1>0,$$

故由零点定理知，$f(x)$在$(-1,0)$内至少有一个零点，即方程$x^5+x+1=0$至少有一个根.

另一方面，

$$f'(x)=5x^4+1>0,\ x\in[-1,0],$$

所以$f(x)$在$[-1,0]$上单调增加，因此曲线$y=f(x)$与x轴至多有一个交点.

综上所述，方程$x^5+x+1=0$在区间$(-1,0)$内有且只有一个实根.

二、曲线的凹凸性与拐点

函数的单调性反映在图形上就是曲线的上升或下降，但是如何上升，如何下降，还涉

及一个弯曲方向的问题.例如,图 3-7 中有两条曲线弧,虽然它们都是上升的,但图形却有显著的不同. $\overset{\frown}{ACB}$ 是向上凸的曲线弧,而 $\overset{\frown}{ADB}$ 是向下凹的曲线弧,它们的凹凸性不同.

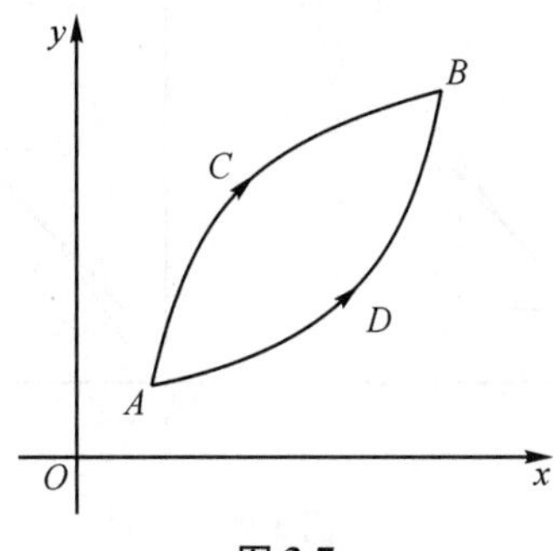

图 3-7

从几何上可以看到,在有的曲线弧上任取两点,连接这两点的弦总位于这两点间的弧段的上方(图 3-8(a)),而有的曲线弧则正好相反(图 3-8(b)).曲线的这种性质就是曲线的凹凸性.因此,曲线的凹凸性可以用连接曲线弧上任意两点的弦的中点与曲线弧上相应点(即具有相同横坐标点)的位置关系来描述,下面给出曲线凹凸性的定义.

定义 1　设函数 $f(x)$ 在区间 I 上连续,如果对 I 内任意两点 x_1, x_2, 恒有

$$f\left(\frac{x_1 + x_2}{2}\right) < \frac{f(x_1) + f(x_2)}{2},$$

则称 $f(x)$ 在区间 I 上的图形是**(向上)凹的**; 如果恒有

$$f\left(\frac{x_1 + x_2}{2}\right) > \frac{f(x_1) + f(x_2)}{2},$$

则称 $f(x)$ 在区间 I 上的图形是**(向上)凸的**.

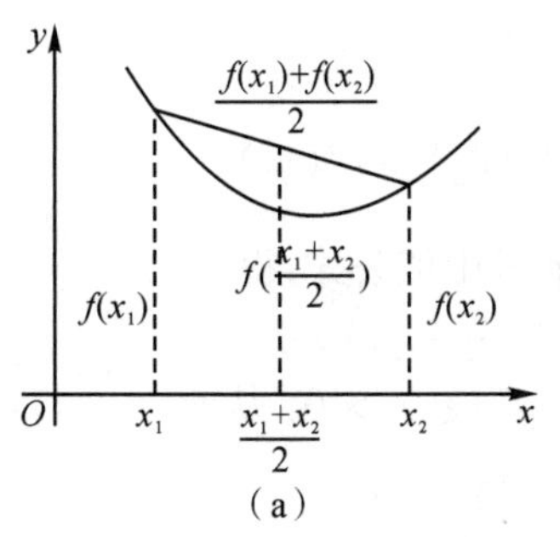

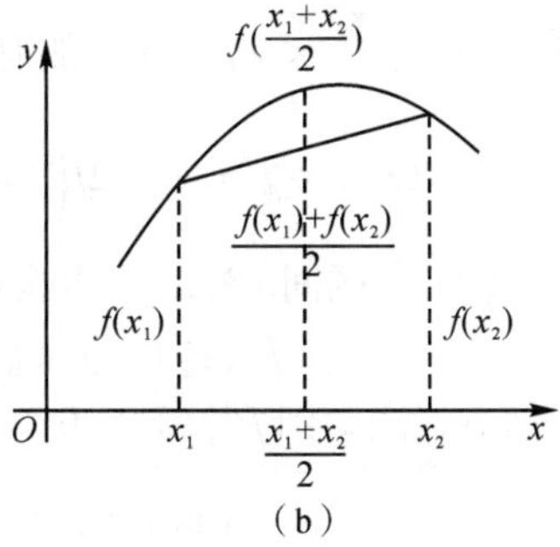

图 3-8

曲线的凹凸性具有明显的几何意义.设 $y = f(x)$ 在区间 I 内可导,如果曲线弧 $y = f(x)$ 在 I 内是凹的,则曲线上各点处切线斜率随着 x 的增大而变大,即 $f'(x)$ 是单调增加

函数(图 3-9(a))；如果曲线弧 $y=f(x)$ 在 I 内是凸的，则曲线上各点处切线斜率随着 x 的增大而变小，即 $f'(x)$ 是单调减少函数(图 3-9(b))．

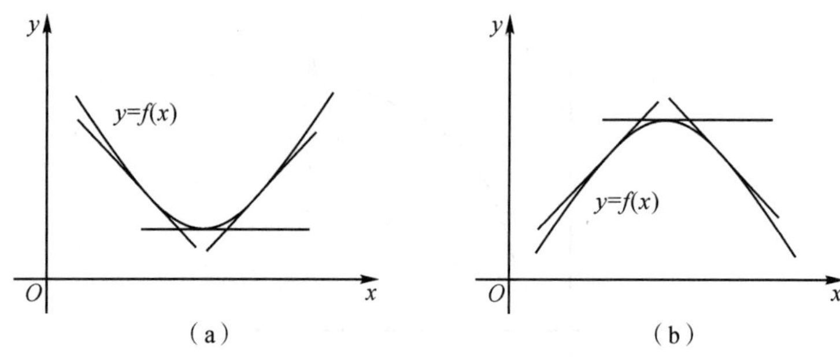

图 3-9

由此可见，当函数具有二阶导数时，曲线的凹凸性与函数的二阶导数的符号有着密切的联系．事实上，有如下的判定法．

定理 2 设函数 $y=f(x)$ 在闭区间 $[a,b]$ 上连续，在开区间 (a,b) 内具有二阶导数，那么

(1) 若在 (a,b) 内 $f''(x)>0$，则曲线 $y=f(x)$ 在 $[a,b]$ 上是凹的；

(2) 若在 (a,b) 内 $f''(x)<0$，则曲线 $y=f(x)$ 在 $[a,b]$ 上是凸的．

证 只证明情形(1)，情形(2)的证明类似．

设 x_1,x_2 为 $[a,b]$ 内任意两点，且 $x_1<x_2$，记 $h=\dfrac{x_2-x_1}{2}>0$，则由拉格朗日中值公式，得

$$f\left(\frac{x_1+x_2}{2}\right)-f(x_1)=f'(\xi_1)h,\ f(x_2)-f\left(\frac{x_1+x_2}{2}\right)=f'(\xi_2)h,$$

其中 $x_1<\xi_1<\dfrac{x_1+x_2}{2}<\xi_2<x_2$，故有

$$f(x_2)+f(x_1)-2f\left(\frac{x_1+x_2}{2}\right)=[f'(\xi_2)-f'(\xi_1)]h.$$

对函数 $f'(x)$ 在区间 $[\xi_1,\xi_2]$ 再次使用拉格朗日中值公式，得

$$f'(\xi_2)-f'(\xi_1)=f''(\xi)(\xi_2-\xi_1),$$

其中 $\xi_1<\xi<\xi_2$．注意到 $f''(\xi)>0$，故 $f'(\xi_2)-f'(\xi_1)>0$，从而

$$f(x_2)+f(x_1)-2f\left(\frac{x_1+x_2}{2}\right)>0,$$

即

$$f\left(\frac{x_1+x_2}{2}\right)<\frac{f(x_1)+f(x_2)}{2}.$$

例 6　判断曲线 $y = \ln x$ 的凹凸性.

解　函数的定义域为$(0, +\infty)$,且 $y' = \frac{1}{x}, y'' = -\frac{1}{x^2} < 0$, 由定理 2 知,曲线 $y = \ln x$ 是凸的.

例 7　讨论曲线 $y = x^3$ 的凹凸性.

解　函数的定义域为$(-\infty, +\infty)$,且 $y' = 3x^2, y'' = 6x$. 由定理 2 知,

在$(-\infty, 0)$内, $y'' < 0$, 故曲线 $y = x^3$ 在$(-\infty, 0]$上是凸的;

在$(0, +\infty)$内, $y'' > 0$, 故曲线 $y = x^3$ 在$(0, +\infty]$上是凹的.

例 8　讨论曲线 $y = \sqrt[3]{x}$ 的凹凸性.

解　函数的定义域为$(-\infty, +\infty)$,当 $x \neq 0$ 时,

$$y' = \frac{1}{3\sqrt[3]{x^2}}, \quad y'' = -\frac{2}{9\sqrt[3]{x^5}}.$$

当 $x = 0$ 时,二阶导数 y'' 不存在. 由定理 2 知,

在$(-\infty, 0)$内, $y'' > 0$, 故曲线 $y = \sqrt[3]{x}$ 在$(-\infty, 0]$上是凹的;

在$(0, +\infty)$内, $y'' < 0$, 故曲线 $y = \sqrt[3]{x}$ 在$(0, +\infty]$上是凸的.

定义 2　设函数 $y = f(x)$ 在区间 I 上连续, x_0 是 I 的内点②,如果曲线 $y = f(x)$ 在经过点 $(x_0, f(x_0))$ 时,曲线的凹凸性发生改变,则称点 $(x_0, f(x_0))$ 为曲线的**拐点**.

由拐点的定义及本节定理 2,可推出下面的定理.

定理 3(拐点存在的必要条件)　设函数 $y = f(x)$ 在点 x_0 处二阶可导,且点 $(x_0, f(x_0))$ 是曲线 $y = f(x)$ 的拐点,则 $f''(x_0) = 0$.

定理 3 仅是拐点存在的必要条件,而非充分条件. 在例 7 中,点$(0,0)$是曲线 $y = x^3$ 的拐点,同时 $y''(0) = 0$; 又例如,曲线 $y = x^4$, 有 $y''(0) = 0$, 但点$(0,0)$不是曲线 $y = x^4$ 的拐点,因为在$(-\infty, +\infty)$内,曲线都是凹的.

此外,二阶导数不存在的点也可能成为曲线的拐点. 在例 8 中,点$(0,0)$是曲线 $y = \sqrt[3]{x}$ 的拐点,同时 $x = 0$ 是 y'' 不存在的点.

例 9　讨论函数 $y = (x - 1)\sqrt[3]{x^5}$ 的凹凸性,并求其拐点.

解　函数的定义域为$(-\infty, +\infty)$. 其一阶、二阶导数为

$$y' = \frac{8}{3}x^{\frac{5}{3}} - \frac{5}{3}x^{\frac{2}{3}}, \quad y'' = \frac{10(4x-1)}{9\sqrt[3]{x}} \quad (x \neq 0).$$

令 $y'' = 0$, 则 $x = \frac{1}{4}$. 而 $x = 0$ 为 y'' 不存在的点.

---

② 区间 I 的内点是指除端点外的 I 内的点.

列表如下(表中"∪"表示凹的,"∩"表示凸的):

x	$(-\infty,0)$	0	$\left(0,\frac{1}{4}\right)$	$\frac{1}{4}$	$\left(\frac{1}{4},+\infty\right)$
y''	+	不存在	−	0	+
y	∪	拐点(0,0)	∩	拐点$\left(\frac{1}{4},-\frac{3}{32\sqrt[3]{2}}\right)$	∪

所以曲线的凹区间为$(-\infty,0)$,$\left(\frac{1}{4},+\infty\right)$,凸区间为$\left(0,\frac{1}{4}\right)$,拐点为(0,0)和$\left(\frac{1}{4},-\frac{3}{32\sqrt[3]{2}}\right)$.

习题 3.4

1. 证明函数 $y = x - \ln(1+x^2)$ 单调增加.

2. 确定下列函数的单调区间:

(1) $y = 2x^3 - 9x^2 + 12x - 3$;　　(2) $y = x + \frac{1}{x}$;

(3) $y = x\ln x$;　　(4) $y = (x-1)(x+1)^3$;

(5) $y = \sqrt{2x - x^2}$;　　(6) $y = x^n e^{-x}(n > 0, x \geqslant 0)$.

3. 证明下列不等式:

(1)当 $x > 0$ 时, $1 + \frac{1}{2}x > \sqrt{1+x}$;

(2)当 $0 < x < \frac{\pi}{2}$ 时, $\sin x + \tan x > 2x$;

(3)当 $x > 0$ 时, $\arctan x + \frac{1}{x} > \frac{\pi}{2}$.

4. 证明函数曲线 $y = x\arctan x$ 在$(-\infty,+\infty)$上是凹的.

5. 求下列函数图形的凹凸区间及拐点:

(1) $y = x^3 - 3x^2 - 9x + 9$;　　(2) $y = x + \frac{1}{x}$;

(3) $y = xe^{-x}$;　　(4) $y = x - \ln(1+x)$;

(5) $y = e^{\arctan x}$;　　(6) $y = (x-1)\sqrt[3]{x^2}$.

6. 问 a,b 为何值时,点 $(1,1)$ 为曲线 $y = ax^3 + b\ln x$ 的拐点?

7. 设 $y = f(x)$ 在 $x = x_0$ 的某邻域内具有三阶连续导数,如果 $f''(x_0) = 0$,而 $f'''(x_0) \neq 0$,试问 $(x_0, f(x_0))$ 是否为拐点?为什么?

8. 利用函数图形的凹凸性,证明下列不等式:

(1) $\frac{1}{2}(x^n + y^n) > \left(\frac{x + y}{2}\right)^n \quad (x > 0, y > 0, x \neq y, n > 1)$;

(2) $x\ln x + y\ln y > (x + y)\ln\frac{x + y}{2} \quad (x > 0, y > 0, x \neq y)$.

第 5 节　函数的极值与最值

一、函数的极值及其求法

如果连续函数 $f(x)$ 在定义区间内不单调,那么当我们确定出函数的单调增加区间与单调减少区间之后,在单调区间的分界点处的函数值要么比附近点上的函数值都大,要么比附近点上的函数值都小. 从图 3-10 中形象地可看出. 函数具有这种性质的点,不仅是函数的一个重要的几何特征,而且在实际问题中有着十分重要的作用.

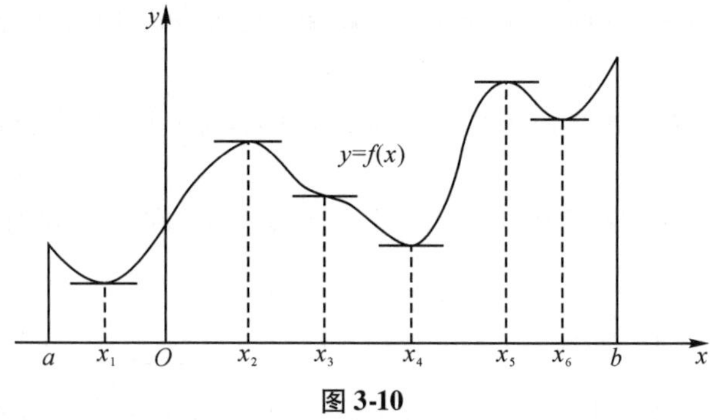

图 3-10

定义　设函数 $f(x)$ 在区间 (a,b) 内有定义, x_0 是 (a,b) 内的一个点,如果存在点 x_0 的一个去心邻域,对于这去心邻域内的任何点 x, 均有 $f(x) < f(x_0)$, 就称 $f(x_0)$ 是函数 $f(x)$ 的一个**极大值**;如果存在点 x_0 的一个去心邻域,对于这去心邻域内的任何点 x, 均有 $f(x) > f(x_0)$, 就称 $f(x_0)$ 是函数 $f(x)$ 的一个**极小值**.

函数的极大值与极小值统称为函数的**极值**,使函数取得极值的点统称为**极值点**.

注意,由极值点的定义知,函数的极值点只可能在定义域区间的内部取得.

函数的极值是一个局部概念,它仅是极值与极值点附近各点的函数值相比较而言的,因此,函数的一个极大(小)值未必是函数在某一区间的最大(小)值,且函数极小值有可能大于这一函数在所讨论区间内的某一个极大值.

图 3-10 中,函数 $f(x)$ 有两个极大值: $f(x_2)$, $f(x_5)$; 三个极小值: $f(x_1)$, $f(x_4)$, $f(x_6)$, 其中极大值 $f(x_2)$ 比极小值 $f(x_6)$ 还小.

下面我们来讨论如何确定一个函数的极值.

由本章第1节中费马引理可以得到函数极值存在的一个必要条件.

定理1(极值存在的必要条件) 设函数$f(x)$在点x_0处可导,且在x_0处取得极值,那么$f'(x_0)=0$.

定理1就是说,可导函数的极值点必定是它的驻点.但反过来,函数的驻点却不一定是极值点.例如函数$y=x^3$的驻点为$x=0$,但它不是这函数的极值点.

此外,函数在它的不可导点处也可能取得极值.例如函数$y=|x|$在$x=0$处不可导,但在该点却取得极小值.我们可以总结成以下结论:

若点x_0是函数$f(x)$的极值点,那么x_0只可能是$f(x)$的驻点或不可导点.

我们把函数的驻点和不可导点统称为**极值可疑点**.

下面给出两个充分条件,用来判别这些可疑点是否为极值点.

定理2(极值存在的第一充分条件) 设函数$f(x)$在x_0点连续,且在x_0的某去心邻域$\mathring{U}(x_0,\delta)$内可导.

(1)若$x\in(x_0-\delta,x_0)$时,$f'(x)>0$,而$x\in(x_0,x_0+\delta)$时,$f'(x)<0$,则函数$f(x)$在x_0处取得极大值;

(2)若$x\in(x_0-\delta,x_0)$时,$f'(x)<0$,而$x\in(x_0,x_0+\delta)$时,$f'(x)>0$,则函数$f(x)$在x_0处取得极小值;

(3)如果在上述两个区间内$f'(x)$同号,则函数$f(x)$在x_0处没有极值.

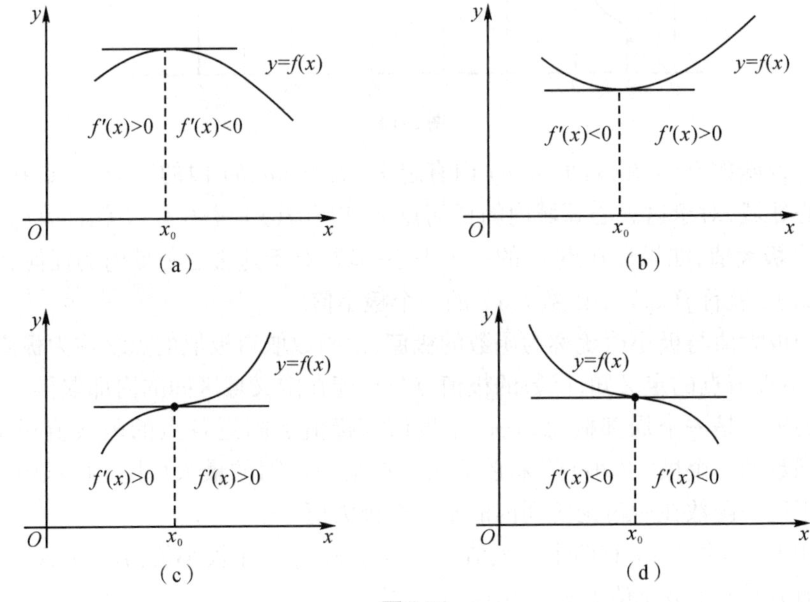

图3-11

证　对于情形(1)，由于函数 $f(x)$ 在点 x_0 处是连续的，且在定理的假设下可知，函数 $f(x)$ 在 $(x_0-\delta,x_0)$ 内单调增加，而在 $(x_0,x_0+\delta)$ 内单调减少，故对一切 $x\in\mathring{U}(x_0,\delta)$，总有

$$f(x)<f(x_0),$$

这表明 $f(x)$ 在 x_0 处取得极大值.(见图 3-11(a))

类似可证情形(2)(见图 3-11(b))，(3)(见图 3-11(c)，(d)).

定理 2 告诉我们：如果导数 $f'(x)$ 当 x 经过极值可疑点 x_0 时符号发生变化，则该极值可疑点一定是极值点；如果 $f'(x)$ 当 x 经过 x_0 时不变号，则该极值可疑点就一定不是极值点. 这种实用的极值判定法，我们简称为**"一阶导数变号法"**.

根据上述两个定理的讨论，我们可以归纳出求函数 $f(x)$ 的极值的三个步骤：

(1) 在函数的定义域内，求出全部的极值可疑点(驻点和一阶不可导点)；

(2) 考察每个极值可疑点的两侧 $f'(x)$ 是否变号，以确定该点是否为极值点. 如果是极值点，进一步确定是极大值点还是极小值点.

(3)求出各极值点处的函数值，就得函数 $f(x)$ 的全部极值.

例 1　求函数 $f(x)=x^3-3x^2-9x+5$ 的极值.

解　函数在定义域 $(-\infty,+\infty)$ 内处处可导，且

$$f'(x)=3x^2-6x-9=3(x+1)(x-3),$$

令 $f'(x)=0$，解得驻点 $x_1=-1,x_2=3$.

在 $x_1=-1$ 处，从它的左邻域变到右邻域，$f'(x)$ 的符号由正变到负，因此，函数在该点处取得极大值 $f(-1)=10$. 而在 $x_2=3$ 处，从它的左邻域变到右邻域，$f'(x)$ 的符号由负变到正，因此，函数在该点处取得极小值 $f(3)=-22$.

一般地，我们通过列表来确定函数的极值.

x	$(-\infty,-1)$	-1	$(-1,3)$	3	$(3,+\infty)$
$f'(x)$	+	0	−	0	+
$f(x)$	↗	极大值 10	↘	极小值 −22	↗

用"一阶导数变号法"来判别函数的极值可疑点是否是极值点，需要观察 $f'(x)$ 在极值可疑点左、右邻侧的符号，这对于比较复杂的导数而言，有时不易说清楚. 如果函数的极值可疑点仅集中在驻点上，并且在驻点处还有非零的二阶导数，则我们有下面更为简捷的判别法——**"二阶导数非零法"**.

定理 3(极值存在的第二充分条件)　设函数 $f(x)$ 在它的驻点 x_0 处二阶可导，那么

(1) 如果 $f''(x_0)<0$，则函数 $f(x)$ 在 x_0 处取得极大值；

(2) 如果 $f''(x_0)>0$，则函数 $f(x)$ 在 x_0 处取得极小值.

证　情形(1). 由 $f'(x_0)=0$ 及二阶导数的定义，可知

$$f''(x_0) = \lim_{x \to x_0}\frac{f'(x) - f'(x_0)}{x - x_0} = \lim_{x \to x_0}\frac{f'(x)}{x - x_0} < 0,$$

根据极限的局部保号性可知,存在 $\delta > 0$, 使得当 $x \in \overset{\circ}{U}(x_0,\delta)$ 时有

$$\frac{f'(x)}{x - x_0} < 0,$$

于是当 $x \in (x_0 - \delta, x_0)$ 时, $f'(x) > 0$, 而当 $x \in (x_0, x_0 + \delta)$ 时, $f'(x) < 0$, 所以由极值存在的第一充分条件可知 $f(x)$ 在 x_0 取得极大值.

情形(2)可以类似证明.

注意,此判别法仅适用于驻点且二阶导数不为零的点. 当 $f''(x_0) = 0$ 时,此时判别法失效,只能用定理 2 等其他方法来判定.

例 2 求函数 $f(x) = 3x^4 - 8x^3 + 6x^2 + 1$ 的极值.

解 函数的定义域为 $(-\infty, +\infty)$, 且

$$f'(x) = 12x^3 - 24x^2 + 12x = 12x(x - 1)^2,$$
$$f''(x) = 36x^2 - 48x + 12 = 12(3x - 1)(x - 1),$$

令 $f'(x) = 0$, 解得驻点 $x_1 = 0, x_2 = 1$.

因为 $f''(0) = 12 > 0$, 故 $x_1 = 0$ 是极小值点,极小值为 $f(0) = 1$.

又由于 $f''(1) = 0$, 故不能用定理 3 判定 $x_2 = 1$ 是否是极值点. 此时,当 x 取 $x_2 = 1$ 左右两侧附近的值时,都有 $f'(x) > 0$, 故由定理 2 可知, $f(x)$ 在 $x_2 = 1$ 处没有极值.

例 3 试问 a 为何值时,函数 $f(x) = a\sin x + \frac{1}{3}\sin 3x$ 在 $x = \frac{\pi}{3}$ 处取得极值? 它是极大值还是极小值? 求此极值.

解 显然 $f(x)$ 在其定义域 $(-\infty, +\infty)$ 内均可导,且

$$f'(x) = a\cos x + \cos 3x,$$

由假设知 $f'\left(\frac{\pi}{3}\right) = 0$, 从而有 $\frac{a}{2} - 1 = 0$, 即 $a = 2$.

又因为当 $a = 2$ 时,

$$f''(x) = -2\sin x - 3\sin 3x,$$

且 $f''\left(\frac{\pi}{3}\right) = -\sqrt{3} < 0$, 所以 $f(x)$ 在 $x = \frac{\pi}{3}$ 处有极大值 $f\left(\frac{\pi}{3}\right) = \sqrt{3}$.

二、函数的最值

现在我们转而研究一个连续函数在其定义域上最大值与最小值的寻求方法. 这个问题简称为"**最值问题**". 下面对两种常见情况分别叙述各自寻求最值的具体方法.

1. 闭区间上函数的最值

函数的极值与最值是两个不同的概念. 函数的极值是极值点邻域内的最值,而函数的最值却是指整个区间上的最值;极值只能在区间的内部取得,而最值却既可以在开区间 (a,b) 内取得,也可以在区间端点处取得;如果函数的最值点在区间的内点取得,则最值点一定是函数的极值点.

如果函数 $f(x)$ 在闭区间 $[a,b]$ 上连续,由最值定理知,函数在该区间上一定有最大值和最小值. 此时要求函数 $f(x)$ 的最值点,只需在该函数的极值点以及两个端点中寻找. 我们总结求闭区间 $[a,b]$ 上连续函数 $f(x)$ 最值的一般步骤如下:

(1) 求函数 $f(x)$ 在开区间 (a,b) 内的所有驻点及不可导点 $x_1,x_2,\cdots,x_n$;

(2) 计算函数值 $f(x_1),f(x_2),\cdots,f(x_n)$ 及 $f(a),f(b)$;

(3) 将上述函数值加以比较,最大者就是 $f(x)$ 在 $[a,b]$ 上的最大值,最小者就是 $f(x)$ 在 $[a,b]$ 上的最小值.

例 4　求函数 $f(x)=\sin x+\cos x$ 在 $\left[-\frac{\pi}{2},\frac{\pi}{2}\right]$ 上的最值.

解　令

$$f'(x)=\cos x-\sin x=0$$

得在 $\left(-\frac{\pi}{2},\frac{\pi}{2}\right)$ 内 $f(x)$ 的驻点为 $x=\frac{\pi}{4}$.

由于

$$f\left(-\frac{\pi}{2}\right)=-1,\qquad f\left(\frac{\pi}{4}\right)=\sqrt{2},\qquad f\left(\frac{\pi}{2}\right)=1.$$

比较可得 $f(x)$ 最大值为 $f\left(\frac{\pi}{4}\right)=\sqrt{2}$, 最小值为 $f\left(-\frac{\pi}{2}\right)=-1$.

例 5　证明:若 $0\leqslant x\leqslant 1,p>1$, 则有 $2^{1-p}\leqslant x^p+(1-x)^p\leqslant 1$.

证　设 $f(x)=x^p+(1-x)^p$, 显然 $f(x)$ 在 $[0,1]$ 上连续. 又

$$f'(x)=px^{p-1}-p(1-x)^{p-1}.$$

令 $f'(x)=0$ 得唯一驻点 $x=\frac{1}{2}$. 比较函数值

$$f\left(\frac{1}{2}\right)=2^{1-p},\quad f(0)=1,\quad f(1)=1,$$

故 $f(x)$ 在 $[0,1]$ 上的最大值为 1,最小值为 2^{1-p}, 即有

$$2^{1-p}\leqslant x^p+(1-x)^p\leqslant 1.$$

2. 实际问题的最值

在解决实际问题时应注意以下两点:

(1) 若函数 $f(x)$ 在 $[a,b]$ 上连续, x_0 是 $f(x)$ 在 (a,b) 内的唯一驻点,则当 x_0 为

$f(x)$ 的极大值(或极小值)点时, x_0 必为 $f(x)$ 在 $[a,b]$ 上的最大值(或最小值)点,而 $f(x)$ 在 $[a,b]$ 上的最小值(或最大值)将在 $[a,b]$ 的两个端点之一处取得.

(2) 在实际问题中,若由分析得知最值确实存在,而在所讨论的区间内又仅有一个极值可疑点,那么这个点就是函数在此区间上的最值点.

例 6 要制作一个容器为 V 的圆柱形罐头筒,问怎样设计容器的底半径 r 和高 h, 才能使所用的金属片最省?

解 设容器的表面积为 S, 则

$$S = 2\pi r^2 + 2\pi rh,$$

容器所用材料最省即指容器的表面积 S 最小.

由 $V = \pi r^2 h$, 得 $h = \dfrac{V}{\pi r^2}$, 因此

$$S = 2\pi r^2 + \frac{2V}{r}(0 < r < +\infty).$$

下面求 $S(r)$ 的最小值点. 令

$$S'(r) = 4\pi r - \frac{2V}{r^2} = 0,$$

解得函数的唯一驻点

$$r = \sqrt[3]{\frac{V}{2\pi}}.$$

又

$$S''(r) = 4\pi + \frac{4V}{r^3},$$

而 $S''\left(\sqrt[3]{\dfrac{V}{2\pi}}\right) > 0$, 即函数在点 $r = \sqrt[3]{\dfrac{V}{2\pi}}$ 处取得极小值,所以这个极小值点就是最小值点. 此时

$$h = \frac{V}{\pi r^2} = 2\sqrt[3]{\frac{V}{2\pi}} = 2r.$$

所以,只要把罐头筒设计成高和底面直径相等时,就能使所用的金属片最省.

习题 3.5

1. 求下列函数的极值:

(1) $y = \dfrac{\ln x}{x}$;　　(2) $y = x^3 + 3x^2 - 24x - 20$;

(3) $y = x - \arctan x$;　　(4) $y = x - \ln(1 + x)$;

(5) $y = 3 - 2(x+1)^{\frac{2}{3}}$;　　　　(6) $y = xe^{-x}$.

2. 求下列函数在指定区间上的最大值和最小值.

(1) $y = 2x^3 + 3x^2 - 12x + 14$, $[-3,4]$;

(2) $y = \sqrt{100 - x^2}$, $[-6,8]$;

(3) $y = e^x - x$, $[-1,1]$;

(4) $y = \dfrac{8}{4 - x^2}$, $(-1,2)$;

(5) $y = xe^{-x^2}$, $(-\infty, +\infty)$.

3. 制造一种无盖的圆柱形容器,容积为 1.5π 立方米,底面造价为每平方米 18 元,侧面造价为每平方米 12 元,怎样设计才可使造价最低?

4. 在曲线 $y = e^{-x}(x \geqslant 0)$ 上找一点,使过该点的切线与两条坐标轴所围三角形的面积最大.

5 . 铁路线上 AB 段的距离为 100 千米. 工厂距 A 处为 20 千米, AC 垂直于 AB (如图 3-12). 为了运输需要,要在 AB 线上选定一点 D 向工厂修筑一条公路. 已知铁路每千米货运的运费与公路上每千米货运的运费之比为 3∶5. 为了使货物从供应站 B 运到工厂 C 的运费最省,问 D 点应选在何处?

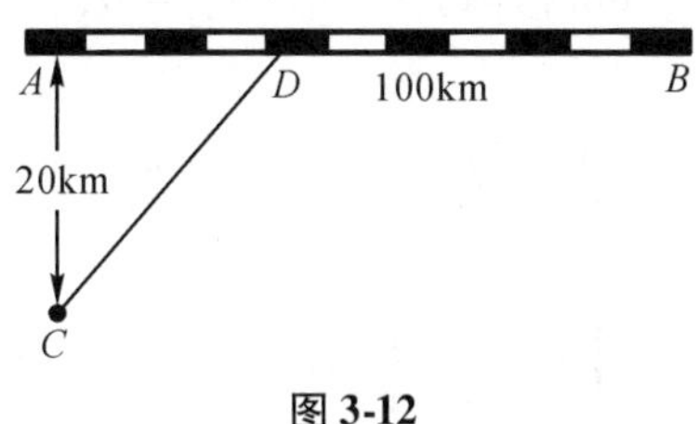

图 3-12

第 6 节　函数图形的描绘

前几节对函数作了有关单调性、极值、凹凸性和拐点的详细介绍,这些对于准确绘制出一个函数的图形有着重要的作用. 除此之外,还需要对函数曲线的渐近线进行讨论.

一、曲线的渐近线

定义 1　当曲线 $y = f(x)$ 上的动点 P 沿着曲线无限远离原点时,如果点 P 到某定直线 L 的距离趋于零,则称直线 L 为曲线 $y = f(x)$ 的一条**渐近线**,如图 3-13 所示.

渐近线可分为水平渐近线、铅直渐近线和斜渐近线三种情况,下面分两种情况进行讨论.

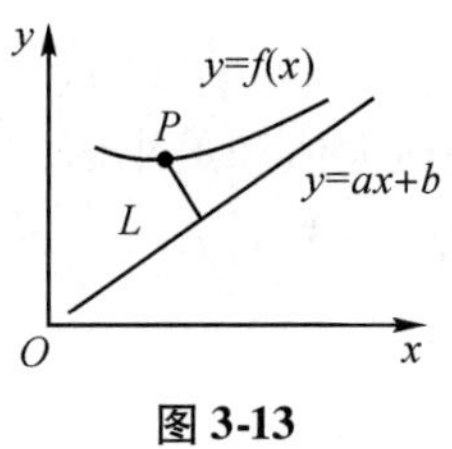

图 3-13

1. 斜渐近线与水平渐近线

设曲线 $y=f(x)$ 的定义域是无限区间 $[(-\infty,b),(a,+\infty)$ 或 $(-\infty,+\infty)]$，假定曲线 $y=f(x)$ 在 x 轴的正向这一边有渐近线，即当 $x\to+\infty$ 时，曲线 $y=f(x)$ 上的动点 $(x,f(x))$ 与直线 $y=ax+b$ 的距离趋于零. 由点到直线的距离公式知，动点 $(x,f(x))$ 到直线 $y=ax+b$ 的距离为

$$d=\frac{|f(x)-ax-b|}{\sqrt{a^2+1}},$$

故有

$$\lim_{x\to+\infty}|f(x)-ax-b|=0,$$

此极限式等价于

$$\lim_{x\to+\infty}[f(x)-ax-b]=0,$$

或

$$\lim_{x\to+\infty}[f(x)-ax]=b. \tag{1}$$

此时式(1)蕴含着

$$\lim_{x\to+\infty}\left[\frac{f(x)}{x}-a\right]=\lim_{x\to+\infty}\frac{1}{x}[f(x)-ax]=0\cdot b=0,$$

即

$$\lim_{x\to+\infty}\frac{f(x)}{x}=a. \tag{2}$$

由此我们得出结论：若曲线 $y=f(x)$ 在 x 轴的正向有渐近线，则该直线方程中的常数 a 与 b 必同时满足式(1)和(2). 容易看出，以上的推断也是充分的. 式(2)和(1)分别给出了确定渐近线 $y=ax+b$ 中常数 a 和 b 的公式.

类似地，若函数曲线 $y=f(x)$ 在 x 轴的负向有渐近线 $y=ax+b$ 的充要条件是下列两个极限

$$\lim_{x\to-\infty}\frac{f(x)}{x}=a \text{ 与 } \lim_{x\to-\infty}[f(x)-ax]=b \tag{3}$$

同时存在.

对于曲线 $y=f(x)$ 的渐近线 $y=ax+b$，当 $a\neq 0$ 时，称为该曲线的**斜渐近线**；当

$a=0$ 时,渐近线方程变为 $y=b$,称为该曲线的**水平渐近线**. 由式(1)或(3)可知,此时有

$$\lim_{x\to+\infty}f(x)=b \text{ 或 } \lim_{x\to-\infty}f(x)=b, \tag{4}$$

故极限(4)是否存在是曲线 $y=f(x)$ 有无水平渐近线 $y=b$ 的简化鉴别条件.

例如,对曲线 $y=\arctan x$ 而言,因为

$$\lim_{x\to-\infty}\arctan x=-\frac{\pi}{2},\quad \lim_{x\to+\infty}\arctan x=\frac{\pi}{2},$$

所以 $y=-\dfrac{\pi}{2}$ 及 $y=\dfrac{\pi}{2}$ 是曲线 $y=\arctan x$ 的两条水平渐近线.

例1　求曲线 $y=\dfrac{(x-1)^3}{(x+1)^2}$ 的水平或斜渐近线.

解　函数的定义域为 $(-\infty,-1)\cup(-1,+\infty)$,因为

$$a=\lim_{x\to\infty}\frac{f(x)}{x}=\lim_{x\to\infty}\frac{(x-1)^3}{x(x+1)^2}=1,$$

且

$$b=\lim_{x\to\infty}[f(x)-x]=\lim_{x\to\infty}\left[\frac{(x-1)^3}{(x+1)^2}-x\right]=\lim_{x\to\infty}\frac{-5x^2+2x-1}{x^2+2x+1}=-5,$$

于是,$y=x-5$ 为该曲线的一条斜渐近线(x 轴正负两个方向上是同一条渐近线).

2. 铅直渐近线

定义2　如果

$$\lim_{x\to x_0^-}f(x)=\infty \quad \text{或} \quad \lim_{x\to x_0^+}f(x)=\infty,$$

则称直线 $x=x_0$ 为曲线 $y=f(x)$ 的**铅直渐近线**.

例如,曲线 $y=\ln x$,因为 $\lim\limits_{x\to0^+}\ln x=\infty$,故直线 $x=0$ 是曲线 $y=\ln x$ 的一条铅直渐近线.

例2　求曲线 $y=\dfrac{x^2+2x}{x^2-x-6}$ 的渐近线.

解　因为

$$a=\lim_{x\to\infty}\frac{f(x)}{x}=\lim_{x\to\infty}\frac{x^2+2x}{x(x^2-x-6)}=0,$$

$$b=\lim_{x\to\infty}[f(x)-0x]=\lim_{x\to\infty}\frac{x^2+2x}{x^2-x-6}=1,$$

所以 $y=1$ 是曲线的一条水平渐近线.

又因为

$$y=\frac{x^2+2x}{x^2-x-6}=\frac{x(x+2)}{(x-3)(x+2)},$$

所以 $x_1=-2, x_2=3$ 是函数的间断点. 注意到

$$\lim_{x\to-2}\frac{x^2+2x}{x^2-x-6}=\lim_{x\to-2}\frac{x(x+2)}{(x-3)(x+2)}=\lim_{x\to-2}\frac{x}{x-3}=\frac{2}{5}\neq\infty,$$

因此, $x=-2$ 不是曲线的铅直渐近线. 而

$$\lim_{x\to3}\frac{x^2+2x}{x^2-x-6}=\lim_{x\to3}\frac{x(x+2)}{(x-3)(x+2)}=\lim_{x\to3}\frac{x}{x-3}=\infty,$$

因此, $x=3$ 是曲线的一条铅直渐近线.

二、函数图形的描绘

利用导数已经比较全面地研究了函数图形的主要特征:单调性、凹凸性、极值和拐点,从而可以确定函数图形的上升和下降区间、函数的极值、凹凸区间及其分界点. 利用渐近线,我们又进一步搞清了函数图形无限远离坐标原点时的变化趋势,这样就可以较为准确地描绘出函数的图形.

下面给出描绘函数图形的一般步骤:

(1) 确定函数 $y=f(x)$ 的定义域及所具有的某些特性(如奇偶性、周期性等);

(2) 求出 $f'(x)=0$ 和 $f''(x)=0$ 在函数定义域内的全部实根及 $f'(x)$, $f''(x)$ 不存在的点,并利用这些点把函数的定义域分成若干个子区间;

(3) 确定各个子区间内 $f'(x)$ 和 $f''(x)$ 的符号,并由此确定函数的单调区间,凹凸区间,极值点和曲线的拐点;

(4) 确定曲线 $y=f(x)$ 的渐近线;

(5) 有时为了把图形描述得更准确些,还要求出一些特殊点的坐标(如与坐标轴的交点及间断点等);

(6) 根据上述讨论,描点并用比较光滑的曲线连接而画出函数的图形.

例 4 作函数 $f(x)=\frac{1}{\sqrt{2\pi}}e^{-\frac{x^2}{2}}$ 的图形.

解 (1)定义域为 $(-\infty,+\infty)$. 由于该函数为偶函数,其图形关于 y 轴对称,因此,可以只讨论函数 $y=f(x)$ 在 $[0,+\infty)$ 的情形.

(2)令 $f'(x)=-\frac{x}{\sqrt{2\pi}}e^{-\frac{x^2}{2}}=0$, 得 $x=0$; 令 $f''(x)=\frac{(x+1)(x-1)}{\sqrt{2\pi}}e^{-\frac{x^2}{2}}=0$, 得 $x=1$.

(3)列表讨论如下:

x	0	(0,1)	1	$(1,+\infty)$
$f'(x)$	0	-	-	-
$f''(x)$	-	-	0	+
$f(x)$	极大值$\frac{1}{\sqrt{2\pi}}$	↘	拐点$\left(1,\frac{1}{\sqrt{2\pi e}}\right)$	↘

其中$\frac{1}{\sqrt{2\pi}}\approx 0.4$,$\frac{1}{\sqrt{2\pi e}}\approx 0.24$.

(4)因为

$$\lim_{x\to+\infty}f(x)=\lim_{x\to+\infty}\frac{1}{\sqrt{2\pi}}e^{-\frac{x^2}{2}}=0,$$

所以 $y=0$ 是曲线的一条水平渐近线.

(5)描出曲线上的点$\left(0,\frac{1}{\sqrt{2\pi}}\right)$,$\left(1,\frac{1}{\sqrt{2\pi e}}\right)$.

综合上述讨论,可画出函数在 y 轴右侧的图形,再根据对称性,画出 y 轴左侧的图形,如图 3-14 所示.

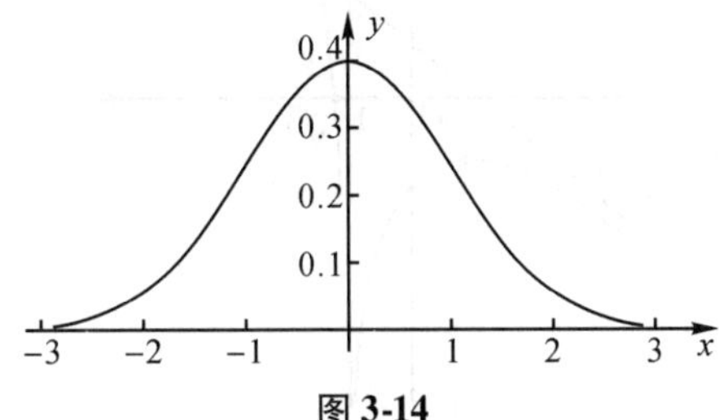

图 3-14

例 5　作函数 $y=\frac{x^3-2}{2(x-1)^2}$ 的图形.

解　(1)定义域为$(-\infty,1)\cup(1,+\infty)$.

(2)令 $y'=\frac{(x-2)^2(x+1)}{2(x-1)^3}=0$, 得 $x=-1,x=2$; 令 $y''=\frac{3(x-2)}{(x-1)^4}=0$, 得 $x=2$.

(3)列表讨论如下:

x	$(-\infty,-1)$	-1	$(-1,1)$	1	(1,2)	2	$(2,+\infty)$
y'	+	0	-	/	+	0	+
y''	-	-	-	/	-	0	+
y	↗	极大值$-\frac{3}{8}$	↘	/	↗	拐点(2,3)	↗

(4)因为

$$\lim_{x\to1} y = \lim_{x\to1}\frac{x^3-2}{2(x-1)^2} = \infty,$$

所以 $x=1$ 是曲线的一条铅直渐近线. 又因为

$$a = \lim_{x\to\infty}\frac{y}{x} = \lim_{x\to\infty}\frac{x^3-2}{2x(x-1)^2} = \frac{1}{2},$$

$$b = \lim_{x\to\infty}(y-ax) = \lim_{x\to\infty}\left[\frac{x^3-2}{2(x-1)^2} - \frac{1}{2}x\right] = 1,$$

所以 $y=\frac{1}{2}x+1$ 是曲线的一条斜渐近线.

(5)当 $x=0$ 时, $y=-1$; 当 $y=0$ 时, $x=\sqrt[3]{2}$.

综合上述讨论,其图形如下(图 3-15):

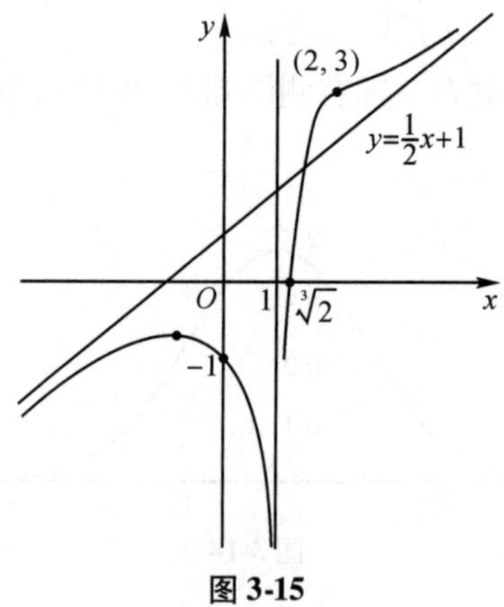

图 3-15

习题 3.6

1. 求下列曲线的渐近线:

(1) $y = xe^{-x}$;

(2) $y = x\sin\frac{1}{x}$;

(3) $y = x + \frac{\ln x}{x}$;

(4) $y = 4x + \frac{12}{(x-1)^2}$;

(5) $y = \frac{2x}{x^2-5x+4}$;

(6) $y = \frac{2x^3}{x^2-5x+4}$;

(7) $y = \sqrt{x^2-x+1}$;

(8) $y = \frac{\ln(1+x)}{x}$.

2. 描绘下列函数的图象：

(1) $y = 2xe^{-x}$；　　(2) $y = x^3 - x^2 - x + 1$；

(3) $y = \dfrac{2x}{1+x^2}$；　　(4) $y = x^2 + \dfrac{1}{x}$；

(5) $y = \dfrac{2x^2}{(x-1)^2}$；　　(6) $y = \dfrac{(x+1)^3}{(x-1)^2}$.

第 7 节　曲　率

一、曲线的曲率

在工程技术中，常常需要考虑曲线的弯曲程度. 例如厂房结构中的钢梁、机床的转轴等，它们在外力作用下，会发生弯曲，弯曲到一定程度就要断裂. 因此，在计算梁或轴的强度时需要考虑它们弯曲的程度.

先来看两条曲线，如何比较它们的弯曲程度.

假如两曲线段 $\widehat{MN}$ 和 $\widehat{M'N'}$（图 3-16）的长度一样，都是 Δs，但它们的切线的变化不同. 对第一条曲线说来，在 M 点有一条切线 τ_M. 我们设想 M 点沿着曲线变动到 N 点，于是切线也跟着变动，变为在 N 点的切线 τ_N. τ_M 与 τ_N 之间的夹角 $\Delta\varphi_1$ 就是从 M 到 N 切线方向变化的大小. 同样，在第二条曲线上，$\Delta\varphi_2$ 是从 M' 到 N' 切线方向变化的大小. 在图上很容易看出 $\Delta\varphi_1 < \Delta\varphi_2$，它表示第二条曲线段比第一条曲线段弯曲得厉害些. 由此可见，角度变化大，弯度也大.

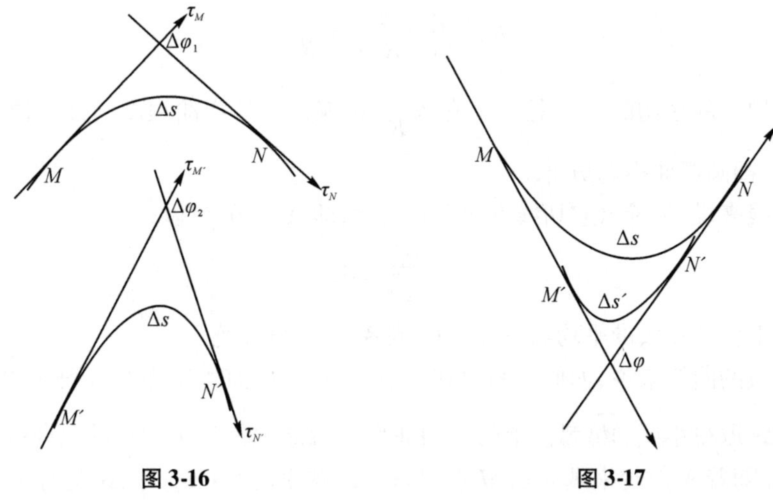

图 3-16　　　　图 3-17

但是切线方向变化的角度 $\Delta\varphi$ 还不能完全地反映曲线的弯曲程度. 如图 3-17 所示，两个弧段 Δs、$\Delta s'$的切线方向改变了同一角度 $\Delta\varphi$，但可明显看出弧长小的一段弯曲大.

从以上的分析可见，曲线的弯曲程度不仅与其切线方向变化的角度 $\Delta\varphi$ 的大小有关，而且还与所考察的曲线段的弧长 Δs 有关，因此，一段曲线的弯曲程度可以用

$$\frac{\Delta\varphi}{\Delta s}$$

来衡量. 如图 3-18 所示，其中 $\Delta\varphi$ 表示曲线段$\overset{\frown}{MN}$上切线方向变化的角度，Δs 为这一段曲线$\overset{\frown}{MN}$的弧长. 我们称

$$\bar{K}=\frac{\Delta\varphi}{\Delta s}$$

为曲线段$\overset{\frown}{MN}$的**平均曲率**，它刻画了这一段曲线的平均弯曲程度.

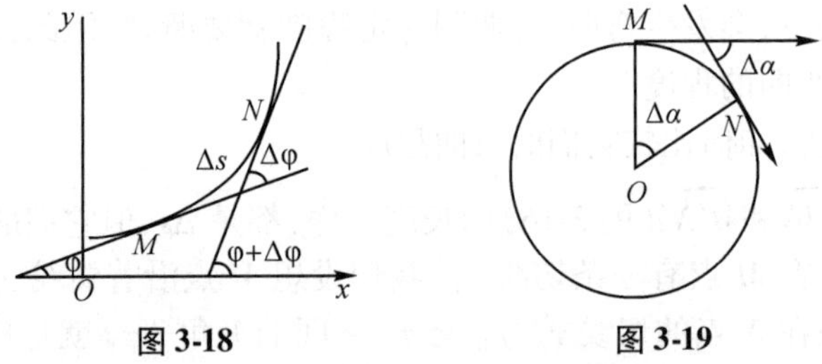

图 3-18　　图 3-19

对于半径为 R 的圆来说(图 3-19)，圆周上任意弧段$\overset{\frown}{AB}$的切线方向变化的角度 $\Delta\varphi$ 等于半径 OA 和 OB 之间的夹角 $\Delta\alpha$. 又因为$\overset{\frown}{AB}=\Delta s=R\Delta\alpha$，所以曲线段$\overset{\frown}{AB}$的平均曲率为

$$\bar{K}=\frac{\Delta\varphi}{\Delta s}=\frac{\Delta\alpha}{R\Delta\alpha}=\frac{1}{R},$$

上式说明圆周上的平均曲率 $\bar{K}$ 是一个常数$\frac{1}{R}$，也就是圆的弯曲程度到处一样，且半径越小曲率越大，即圆弯曲得越厉害.

对于直线来说，因沿着它切线方向没有变化，即 $\Delta\varphi=0$，所以

$$\bar{K}=\frac{\Delta\varphi}{\Delta s}=0,$$

这表示直线上任意一段的平均曲率都是 0，或者说“直线不弯”.

对于一般的曲线来说，如何刻画它在一点 M 处的弯曲程度呢？从图 3-18 中可以看到，如果把 Δs 取得小些，$\overset{\frown}{MN}$弧段上的平均曲率也就能比较精确地反映出曲线在 M 点处的弯曲程度. 随着 N 点越来越靠近 M 点，弧长 Δs 越来越小($\Delta\varphi$ 与 Δs 是有关系的，随着

Δs 的缩小，$\Delta\varphi$ 也随之缩小)，$\frac{\Delta\varphi}{\Delta s}$也就越来越精确地刻画出在 M 点的弯曲程度(即 M 点的曲率). 因此，我们就把极限

$$\lim_{N\to M}\frac{\Delta\varphi}{\Delta s}=\lim_{\Delta s\to 0}\frac{\Delta\varphi}{\Delta s}$$

叫做**曲线在 M 点的曲率**. 这个极限也就是导数$\frac{\mathrm{d}\varphi}{\mathrm{d}s}$，记为

$$K=\left|\frac{\mathrm{d}\varphi}{\mathrm{d}s}\right|=\left|\lim_{\Delta s\to 0}\frac{\Delta\varphi}{\Delta s}\right|.$$

曲率 K 刻画了曲线在一点处的弯曲程度，这里取绝对值是为了使曲率为正数.

二、弧长的微分

正如前面指出的，要计算曲率，须要求出 $\mathrm{d}\varphi$ 及 $\mathrm{d}s$. 这里 $\mathrm{d}s$ 称为**曲线弧长的微分**. 我们借助几何的直观来讨论弧长的微分 $\mathrm{d}s$.

设一条平面曲线的弧长 s 由某一定点 A 起算. 设$\overset{\frown}{MN}$是由某一点 $M(x,y)$起弧长的改变量 Δs，而 Δx 和 Δy 是相应的 x 和 y 的改变量. 由直角三角形(图 3-20)得到

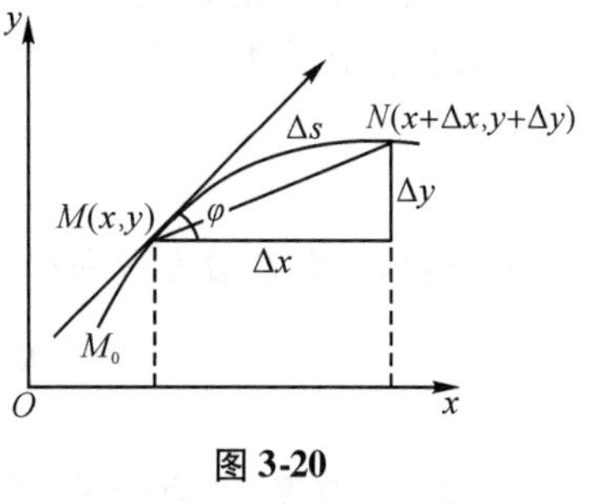

图 3-20

$$(\overline{MN})^2=(\Delta x)^2+(\Delta y)^2$$

由此

$$\frac{(\overline{MN})^2}{(\Delta x)^2}=1+\left(\frac{\Delta y}{\Delta x}\right)^2.$$

当 Δx 充分小时，，假设这条曲线具有连续导数，那么可以用弧$\overset{\frown}{MN}$代替$\overline{MN}$，再对 $\Delta x\to 0$ 取极限，得到

$$\left(\frac{\mathrm{d}s}{\mathrm{d}x}\right)^2=1+\left(\frac{\mathrm{d}y}{\mathrm{d}x}\right)^2.$$

由此得到弧长微分的表达式

$$\mathrm{d}s=\pm\sqrt{1+y'^2}\,\mathrm{d}x.$$

由于 $s=s(x)$是单调增加的函数，从而根号前应取正号，于是有

$$\mathrm{d}s=\sqrt{1+y'^2}\,\mathrm{d}x.$$

这就是**弧长微分公式**.

三、曲率的计算

现在来导出曲率的计算公式，为此需计算 $\mathrm{d}\varphi$.

由图3-20看出,曲线在 M 点的切线斜率为 $\tan\varphi$,再由导数的几何意义就有 $\tan\varphi=y'$,所以

$$\varphi=\arctan y'.$$

两边对 x 求导,有

$$\frac{\mathrm{d}\varphi}{\mathrm{d}x}=\frac{y''}{1+y'^2},\text{即 }\mathrm{d}\varphi=\frac{y''}{1+y'^2}\mathrm{d}x.$$

把计算得到的 $\mathrm{d}s$ 和 $\mathrm{d}\varphi$ 代入 $K=\left|\frac{\mathrm{d}\varphi}{\mathrm{d}s}\right|$ 中,得

$$K=\left|\frac{\mathrm{d}\varphi}{\mathrm{d}s}\right|=\left|\frac{\frac{y''}{1+y'^2}\mathrm{d}x}{\sqrt{1+y'^2}\,\mathrm{d}x}\right|=\frac{|y''|}{(1+y'^2)^{3/2}}.$$

这就是**曲率的计算公式**.

设曲线由参数方程

$$\begin{cases}x=\varphi(t),\\ y=\psi(t)\end{cases}$$

给出,则利用由参数方程所确定的函数的求导法,求出 y_x' 及 y_x'' 代入便得

$$K=\frac{|\varphi'(t)\psi''(t)-\varphi''(t)\psi'(t)|}{[\varphi'^2(t)+\psi'^2(t)]^{3/2}}.$$

四、曲率圆与曲率半径

前已指出,圆周上的平均曲率是一个常数,因此圆周上任一点的曲率也是常数,它正好等于圆的半径的倒数. 也就是说,圆有这样的特点,圆的半径 R 正好是曲率的倒数,即

$$R=\frac{1}{K}.$$

一般地,我们把曲线上一点的曲率的倒数称为曲线在该点的**曲率半径**,记作

$$\rho=\frac{1}{K}.$$

下面解释一下曲率半径的几何意义.

如图3-21,在 M 点处作曲线的法线,并在曲线凹的一侧,在法线上取一点 O,并使 $OM=\rho$(ρ 是曲线在 M 点的曲率半径). 然后以 O 为圆心,ρ 为半径作一个圆,这个圆称为**曲线在 M 点的曲率圆**. 此圆与曲线在 M 点具有以下关系:

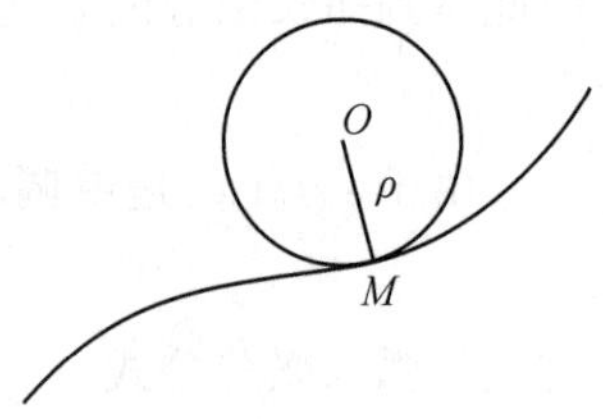

图3-21

1. 有共同的切线,亦即圆与曲线在点 M 相切;

2. 有相同的曲率;

3. 因此,圆和曲线在点 M 具有相同的一阶和二阶导数.

这一事实表明,当我们讨论函数 $y=f(x)$ 在某点 x 的性质时,若这个性质只与 x,y,y',y''有关,那么我们只要讨论曲线在 x 点的曲率圆的性质,即可看出这曲线在 x 点附近的性质. 因此,在实际问题中常常用曲率圆在 x 点邻域的一段圆弧来近似代替曲线弧,以使问题简化.

例 1 抛物线 $y=ax^2+bx+c$ 上哪一点处的曲率最大?

解 由 $y=ax^2+bx+c$ 得 $y'=2ax+b, y''=2a$,代入曲率公式有

$$K=\frac{|2a|}{[1+(2ax+b)^2]^{3/2}}.$$

因为 K 的分子是常数 $|2a|$,所以只要分母最小,K 就最大. 容易看出,当 $2ax+b=0$ 即 $x=-\frac{b}{2a}$时,K 的分母最小,因而 K 有最大值 $|2a|$. 而 $x=-\frac{b}{2a}$所对应的点为抛物线的顶点. 因此,抛物线在顶点处的曲率最大.

例 2 设工件内表面的截线为抛物线 $y=0.4x^2$(图 3-22). 现在要用砂轮磨削其内表面. 问用直径多大的砂轮才比较合适?

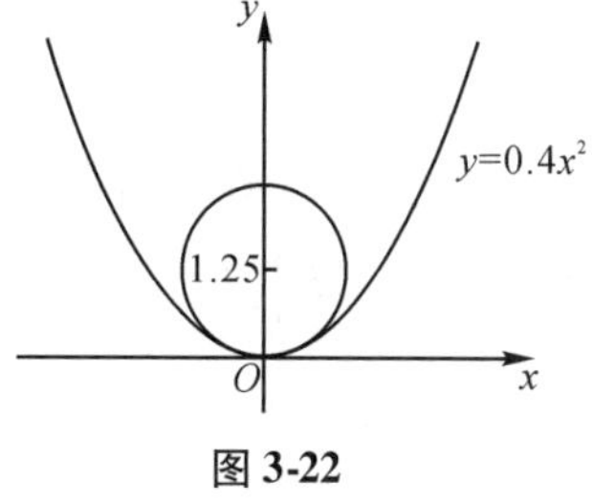

图 3-22

解 为了在磨削时不使砂轮与工件接触附近的那部分工件磨去太多,砂轮的半径应不大于抛物线上各点处曲率半径中的最小值. 由例 1 知道,抛物线在其顶点处的曲率最大,也就是说,抛物线在其顶点处的曲率半径最小. 因此,只要求出抛物线 $y=0.4x^2$ 在顶点(0,0)处的曲率半径.

把 $y'|_{x=0}=0.8x|_{x=0}=0, y''|_{x=0}=0.8$ 代入曲率公式,得 $K=0.8$. 因而求得抛物线在顶点处的曲率半径

$$\rho=\frac{1}{K}=1.25.$$

所以选用砂轮的半径不得超过 1.25 单位长,即直径不得超过 2.50 单位长.

习题 3.7

1. 求椭圆 $4x^2+y^2=4$ 在点(0,2)处的曲率.

2. 求摆线 $x=t-\sin t, y=1-\cos t$ 在对应 $t=\frac{\pi}{2}$的点处的曲率.

3. 对数曲线 $y=\ln x$ 上哪一点处的曲率半径最小? 求出该点处的曲率半径.

4. 一飞机沿抛物线路径 $y=\frac{x^2}{10\,000}$(y 轴铅直向上,单位为 m)作俯冲飞行. 在坐标原

点 O 处飞机的速度为 $v=200\text{m/s}$,飞行员体重 $G=70\text{kg}$. 求飞机俯冲至最低点即原点 O 处时座椅对飞行员的反力.

复习题三

一、单项选择题

1. 下列函数中,在$[-1,1]$上满足罗尔定理条件的是(　　).

(A) $f(x)=\begin{cases}\sin\dfrac{1}{x}, & x\neq 0,\\ 0, & x=0\end{cases}$　　(B) $f(x)=\begin{cases}x\sin\dfrac{1}{x}, & x\neq 0,\\ 0, & x=0\end{cases}$

(C) $f(x)=\begin{cases}x^2\sin\dfrac{1}{x}, & x\neq 0,\\ 0, & x=0\end{cases}$　　(D) $f(x)=\begin{cases}x^2\sin\dfrac{1}{x^2}, & x\neq 0,\\ 0, & x=0\end{cases}$

2. 若 $f''(x_0)=0$, 则 x_0 是(　　)的驻点.

(A) $f(x)$　　(B) $f'(x)$　　(C) $f''(x)$　　(D) $f'''(x)$

3. 设 $f(x)$ 在闭区间 $[a,b]$ 上恒有 $f''(x)>0$, 则在开区间 (a,b) 内,(　　)使 $f'(x_0)=\dfrac{f(b)-f(a)}{b-a}$ 成立.

(A) 至少有一点 x_0　　(B) 有唯一的 x_0

(C) 不存在 x_0　　(D) 不能判定是否有 x_0

4. 以下论断正确的是(　　).

(A) 函数的极值点肯定是驻点

(B) 驻点就是极值点

(C) 若 $f'(x_0)=0$ 且 $f''(x_0)=0$, 则 x_0 肯定不是函数的极值点

(D) 导数不存在的点和驻点都是可能的极值点

5. 已知函数 $f(x)=x^3+ax^2+bx$ 在点 $x=1$ 处取得极小值 -2,则必有(　　).

(A) $a=-1,b=-2$　　(B) $a=0,b=-3$

(C) $a=2,b=2$　　(D) $a=1,b=1$

6. $f''(x_0)=0$ 是曲线 $f(x)$ 在点$(x_0,f(x_0))$处取得拐点的(　　).

(A) 必要条件　　(B) 充分条件

(C) 充分必要条件　　(D) 既非充分又非必要条件

7. 曲线 $y=(2-x)^{-\frac{1}{3}}$ 在区间$(2,+\infty)$内(　　).

(A) 单调减少,凸的　　(B) 单调增加,凹的

(C) 单调减少,凹的　　(D) 单调增加,凸的

8. 函数 $y = \ln(1+x^2)$ 的单调增加且图形为凹的区间是(　　).

(A)$(-\infty,-1)$　　(B)$(-1,0)$　　(C)$(0,1)$　　(D)$(1,+\infty)$

9. 若在 x_0 的某邻域内 $f'''(x_0) > 0$, 且 $f''(x_0) = 0$, 则曲线 $y = f(x)$ 在点 $(x_0, f(x_0))$ 两侧的凹向是(　　).

(A)左侧凸,右侧凹　　(B)左侧凹,右侧凸

(C)左、右两侧均为凸　　(D)左、右两侧均为凹

10. 已知 $f(x)$ 在点 $x_0 = 0$ 的某邻域内连续,且 $\lim\limits_{x\to 0}\dfrac{f(x)}{1-\cos x} = 2$, 则在点 $x_0 = 0$ 处, $f(x)$ (　　).

(A)不可导　　(B)可导, $f'(0) \neq 0$

(C)取得极小值　　(D)取得极大值

11. 设 $f(x) = |x(1-x)|$, 则(　　).

(A) $x = 0$ 是 $f(x)$ 的极值点,但 $(0,0)$ 不是曲线 $y = f(x)$ 的拐点

(B) $x = 0$ 不是 $f(x)$ 的极值点,但 $(0,0)$ 是曲线 $y = f(x)$ 的拐点

(C) $x = 0$ 是 $f(x)$ 的极值点,且 $(0,0)$ 是曲线 $y = f(x)$ 的拐点

(D) $x = 0$ 不是 $f(x)$ 的极值点,且 $(0,0)$ 不是曲线 $y = f(x)$ 的拐点

12. 已知曲线 $f(x)$ 在 $x = 1$ 处有水平切线,且 $f''(1) = 2$, 则 $f(1)$ 是 $f(x)$ 的(　　).

(A)极小值　　(B)极大值　　(C)最大值　　(D)最小值

13. 当(　　)时,曲线 $y = \dfrac{1}{f(x)-2}$ 有垂直渐近线.

(A) $\lim\limits_{x\to\infty} f(x) = 2$　　(B) $\lim\limits_{x\to\infty} f(x) = \infty$

(C) $\lim\limits_{x\to 0} f(x) = 2$　　(D) $\lim\limits_{x\to 2} f(x) = \infty$

14. 曲线 $y = \dfrac{(e^{2x}-1)(x+1)}{x(x^2-1)}$ 有(　　)条垂直渐近线.

(A)0　　(B)1　　(C)2　　(D)3

二、填空题

1. 函数 $f(x) = x\sqrt{3-x}$ 在 $[0,3]$ 上满足罗尔中值定理的 $\xi =$ ________.

2. 若 $f(x)$ 在点 x_0 处的某个邻域内具有二阶导数,则可以写出 $f(x)$ 的________阶泰勒展开式,其表达式为 $f(x) =$ ________.

3. 函数 $y = \dfrac{x}{\ln x}$ 的单调增加区间是________.

4. 设 $f(x) = xe^x$, 则 $f^{(n)}(x)$ 在点 $x =$ ________处取得极________值________.

5. 设 $y = f(x)$ 在 (a,b) 内可导,且 $c \in (a,b)$ 为 $f(x)$ 的极值点,则 $y = f(x)$ 在点 $x = c$ 处的切线方程为________.

6. 函数 $y=2x^3-9x^2+12x-18$ 的拐点是________________.

7. 函数 $y=\dfrac{x-1}{x+1}$ 在$[0,4]$上的最小值为________________.

8. 如果曲线 $y=ax^6+bx^4+cx^2$ 在拐点$(1,1)$处有水平切线,则 $a=$ ________, $b=$ ________, $c=$ ________.

9. 设函数$f(x)=\dfrac{1-x+x^2}{1+x-x^2}(0\leqslant x\leqslant 1)$, 则当 $x=$ ________时,函数有最大值________;当 $x=$ ________时,函数有最小值________.

10. 已知 $y=1$ 为曲线 $y=f(x)$ 的一条水平渐近线,且 $\lim\limits_{x\to+\infty}f(x)=\infty$, 则 $\lim\limits_{x\to-\infty}f(x)=$ ________________.

11. 曲线 $y=(2x-1)\mathrm{e}^{\frac{1}{x}}$ 的斜渐近线方程为________________.

12. 设常数 $k>0$, 函数$f(x)=\ln x-\dfrac{x}{\mathrm{e}}+k$ 在 $(0,+\infty)$ 内零点的个数为________.

三、解答题

1. 求 $\lim\limits_{x\to 0}\dfrac{\cos x-\mathrm{e}^{-x^2}}{x^2}$.

2. 求 $\lim\limits_{x\to+\infty}\dfrac{x\mathrm{e}^{\frac{x}{2}}}{x+\mathrm{e}^x}$.

3. 求 $\lim\limits_{x\to 1}\dfrac{x-x^x}{1-x+\ln x}$.

4. 求 $\lim\limits_{x\to 0}\left(\dfrac{1}{\sin^2 x}-\dfrac{\cos^2 x}{x^2}\right)$.

5. 求 $\lim\limits_{x\to 0^+}x^{\frac{1}{\ln(\mathrm{e}^x-1)}}$.

6. 求 $\lim\limits_{x\to 0}\left(x+\mathrm{e}^{2x}\right)^{\frac{1}{\sin x}}$.

7. 求 $\lim\limits_{x\to 0}\left(\dfrac{\sin x}{x}\right)^{\frac{1}{1-\cos x}}$.

8. 若 $\lim\limits_{x\to 0}\dfrac{\sin 6x+xf(x)}{x^3}=0$, 求 $\lim\limits_{x\to 0}\dfrac{6+f(x)}{x^2}$.

9. 设函数$f(x)$有二阶连续导数,且$\lim\limits_{x\to 0}\dfrac{f(x)}{x}=0$, $f''(0)=-4$, 求$\lim\limits_{x\to 0}\left[1+\dfrac{f(x)}{x}\right]^{\frac{1}{x}}$.

10. 设 $\lim\limits_{x\to\infty}f'(x)=k$, 求 $\lim\limits_{x\to\infty}[f(x+a)-f(x)]$.

11. 设函数 $y=y(x)$ 由方程 $x^3-3xy^2+2y^3=32$ 确定,试讨论该函数有无极值点,若有,求出此极值点,并说明是极大值点还是极小值点.

12. 试确定常数 a 和 b，使 $f(x)=x-(a+b\cos x)\sin x$ 为当 $x\to 0$ 时关于 x 的5阶无穷小.

13. 从半径为 R 的圆铁片上截下中心角为 φ 的扇形卷成一圆锥形漏斗，问 φ 取多大时做成的漏斗的容积最大?

14. 在第一象限从曲线 $\frac{x^2}{4}+y^2=1$ 上找一点，使通过该点的切线与该曲线以及 x 轴和 y 轴所围成的图形面积最小，并求此最小面积.

15. 设 $f(x)=x|\ln x|$，求 $f(x)$ 的单调区间，极值，凹向区间及拐点.

16. 求数列 $\{\sqrt[n]{n}\}$ 中的最大项.

17. 若 $a_0,a_1,\cdots,a_n$ 是满足 $a_0+\frac{a_1}{2}+\cdots+\frac{a_{n-1}}{n}+\frac{a_n}{n+1}=0$ 的实数，证明：方程 $a_0+a_1x+a_2x^2\cdots+a_nx^n=0$ 在 $(0,1)$ 内至少有一个实根.

18. 设 $f(x)$ 在 $[0,1]$ 上二阶可导，且 $f(0)=f(1)=0$，证明：存在一点 $\xi\in(0,1)$，使得 $2f'(\xi)+\xi f''(\xi)=0$.

19. 证明：当 $0<\alpha<\beta<\frac{\pi}{2}$ 时，$\frac{\beta-\alpha}{\cos^2\alpha}<\tan\beta-\tan\alpha<\frac{\beta-\alpha}{\cos^2\beta}$.

20. 设在 $[0,+\infty)$ 上有 $f''(x)>0$，且 $f(0)=0$，试证明：$\frac{f(x)}{x}$ 在 $(0,+\infty)$ 内单调增加.

第4章　不定积分

在第2章中,我们讨论了一元函数的微分运算,就是由给定的函数求出它的导数或微分.但在许多实际问题中,往往需要解决和微分运算正好相反的问题,就是由一个函数的已知导数或微分还原出这个函数.这种运算叫作求原函数,也叫求不定积分.

第1节　不定积分的概念

一、原函数与不定积分的概念

定义1　如果在区间 I 上,可导函数 $F(x)$ 的导函数为 $f(x)$,即对任一 $x \in I$, 都有

$$F'(x) = f(x) \text{ 或 } \mathrm{d}F(x) = f(x)\mathrm{d}x,$$

那么函数 $F(x)$ 就称为 $f(x)$ (或 $f(x)\mathrm{d}x$)在区间 I 上的一个**原函数**.

例如,因 $(\sin x)' = \cos x$, 故 $\sin x$ 是 $\cos x$ 的一个原函数.

又如,当 $x \in (-1,1)$ 时,

$$(\sqrt{1-x^2})' = \frac{1}{2\sqrt{1-x^2}} \cdot (-2x) = -\frac{x}{\sqrt{1-x^2}},$$

故 $\sqrt{1-x^2}$ 是 $-\dfrac{x}{\sqrt{1-x^2}}$ 在区间 $(-1,1)$ 内的原函数.

关于原函数,我们首先会问:一个函数在什么条件下它一定具有原函数? 关于这一点,我们将在下一章中说明,这里先介绍一个结论.

定理(原函数存在定理)　如果函数 $f(x)$ 在区间 I 上连续,那么在区间 I 上 $f(x)$ 的原函数一定存在.

简单地说就是:连续函数一定有原函数.

显然,从上述定义中可知,一个函数的原函数不是唯一的.因为 $[F(x) + C]' = f(x)$ (C 为任意常数),若函数 $F(x)$ 是 $f(x)$ 的一个原函数,则 $F(x) + C$ (C 为任意常数)也是 $f(x)$ 的原函数.这说明,如果 $f(x)$ 有一个原函数,那么 $f(x)$ 就有无限多个原函数.更重要的事实是,除了 $F(x) + C$ 外, $f(x)$ 已无其他原函数.

设 $G(x)$ 是 $f(x)$ 的另一个原函数，即对任一 $x \in I$，有

$$G'(x) = f(x),$$

于是

$$[G(x) - F(x)]' = G'(x) - F'(x) = f(x) - f(x) = 0.$$

由拉格朗日中值定理的推论可知：

$$G(x) = F(x) + C_0 \text{（}C_0\text{ 为某个常数）}.$$

这表明 $G(x)$ 与 $F(x)$ 只差一个常数. 也就是说，当我们知道了 $f(x)$ 的一个原函数 $F(x)$ 后，便可得到它的全部原函数. 因此，当 C 为任意常数时，表达式

$$F(x) + C$$

就可表示 $f(x)$ 的任意一个原函数.

由以上的说明，我们引进下述定义.

定义 2　在区间 I 上，函数 $f(x)$ 的任一个原函数称为 $f(x)$（或 $f(x)\mathrm{d}x$）在区间 I 上的**不定积分**，记作

$$\int f(x)\mathrm{d}x.$$

其中记号 $\int$ 称为**积分号**，$f(x)$ 称为**被积函数**，$f(x)\mathrm{d}x$ 称为**被积表达式**，x 称为**积分变量**.

由此定义及前面的说明，如果 $F(x)$ 是 $f(x)$ 在区间 I 上的一个原函数，那么 $F(x)+C$ 就是 $f(x)$ 的不定积分，即

$$\int f(x)\mathrm{d}x = F(x) + C.$$

从定义可见，求不定积分的运算是微分的逆运算，所以不定积分又称为**反微分**. 不定积分运算符号 $\int$ 作用于微分 $f(x)\mathrm{d}x$ 的结果就是 $f(x)$ 的任意一个原函数 $F(x) + C$.

例 1　求 $\int x^2\mathrm{d}x$.

解　由于 $\left(\frac{1}{3}x^3\right)' = x^2$，所以 $\frac{1}{3}x^3$ 是 x^2 的一个原函数. 因此

$$\int x^2\mathrm{d}x = \frac{1}{3}x^3 + C.$$

例 2　求 $\int \frac{1}{1+x^2}\mathrm{d}x$.

解　由于 $(\arctan x)' = \frac{1}{1+x^2}$，所以 $\arctan x$ 是 $\frac{1}{1+x^2}$ 的一个原函数. 因此

$$\int \frac{1}{1+x^2}\mathrm{d}x = \arctan x + C.$$

我们知道,求不定积分时出现任意常数 C,它表明一个函数的原函数有无穷多个. 如果对原函数加上某种限制条件,那么就可以确定这个常数,这样就得到满足限制条件的一个原函数. 从下面的例子可以看出如何确定积分常数以及它在具体问题中的意义.

例 3 已知曲线上任一点处切线斜率等于该点的横坐标,(1)求此曲线方程;(2)若曲线经过(2,4)点,求此曲线方程.

解 (1)设所求的曲线方程为 $y=f(x)$, 按题设,曲线上任一点 (x,y) 处的切线斜率为 $f'(x)=x$, 即 $f(x)$ 是 x 的一个原函数. 于是

$$f(x)=\int f'(x)\mathrm{d}x=\int x\mathrm{d}x=\frac{1}{2}x^2+C.$$

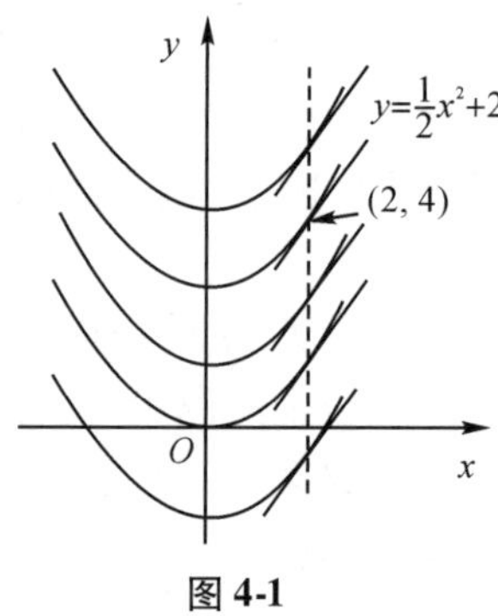

图 4-1

这就是所要求的曲线方程,不同的 C 对应不同的曲线. $y=\frac{1}{2}x^2+C$ 组成一族“平行”抛物线,这一族抛物线有一个共同点,它们在横坐标 x 相同的各点上的切线都互相平行(图 4-1),其斜率都等于 x.

(2)若曲线还经过点(2,4),由此可定出常数 C. 因为在曲线族 $y=\frac{1}{2}x^2+C$ 中只有一条曲线经过点(2,4),把 $x=2$ 和 $y=4$ 代入 $y=\frac{1}{2}x^2+C$ 得 $C=2$, 于是 $y=\frac{1}{2}x^2+2$ 就是所求的曲线方程.

从定积分的定义知道,微分运算与求不定积分的运算(简称积分运算)是互逆的,即可知下述关系:

由于 $\int f(x)\mathrm{d}x$ 是 $f(x)$ 的任意一个原函数,所以

$$\frac{\mathrm{d}}{\mathrm{d}x}\left[\int f(x)\mathrm{d}x\right]=f(x), \text{或 } \mathrm{d}\left[\int f(x)\mathrm{d}x\right]=f(x)\mathrm{d}x;$$

又由于 $f(x)$ 是 $f'(x)$ 的一个原函数,所以

$$\int f'(x)\mathrm{d}x=f(x)+C, \text{或 } \int \mathrm{d}f(x)=f(x)+C.$$

二、基本积分公式表

既然积分运算是微分运算的逆运算,那么很自然地可以从微分公式得到相应的积分公式. 下面我们把一些基本的积分公式列成一个表,这个表通常叫作**基本积分表**.

(1) $\int k\mathrm{d}x=kx+C$ (k 是常数),

(2) $\int x^{\mu}\mathrm{d}x = \frac{1}{\mu+1}x^{\mu+1} + C\ (\mu \neq -1)$,

(3) $\int \frac{1}{x}\mathrm{d}x = \ln|x| + C$,

(4) $\int \frac{1}{1+x^2}\mathrm{d}x = \arctan x + C$,

(5) $\int \frac{1}{\sqrt{1-x^2}}\mathrm{d}x = \arcsin x + C$,

(6) $\int \cos x\mathrm{d}x = \sin x + C$,

(7) $\int \sin x\mathrm{d}x = -\cos x + C$,

(8) $\int \frac{1}{\cos^2 x}\mathrm{d}x = \int \sec^2 x\mathrm{d}x = \tan x + C$,

(9) $\int \frac{1}{\sin^2 x}\mathrm{d}x = \int \csc^2 x\mathrm{d}x = -\cot x + C$,

(10) $\int \sec x\tan x\mathrm{d}x = \sec x + C$,

(11) $\int \csc x\cot x\mathrm{d}x = -\csc x + C$,

(12) $\int \mathrm{e}^x\mathrm{d}x = \mathrm{e}^x + C$,

(13) $\int a^x\mathrm{d}x = \frac{a^x}{\ln a} + C$.

以上十三个基本积分公式是求不定积分的基础，必须熟记. 下面举几个应用幂函数的积分公式(2)的例子.

例4　求 $\int \frac{1}{x^2}\mathrm{d}x$.

解　$\int \frac{1}{x^2}\mathrm{d}x = \int x^{-2}\mathrm{d}x = \frac{1}{-2+1}x^{-2+1} + C = -\frac{1}{x} + C$.

例5　求 $\int \frac{1}{\sqrt{x}}\mathrm{d}x$.

解　$\int \frac{1}{\sqrt{x}}\mathrm{d}x = \int x^{-\frac{1}{2}}\mathrm{d}x = \frac{1}{-\frac{1}{2}+1}x^{-\frac{1}{2}+1} + C = 2x^{\frac{1}{2}} + C = 2\sqrt{x} + C$.

例6　求 $\int \sqrt{x\sqrt{x}}\mathrm{d}x$.

解 $\int\sqrt{x\sqrt{x}}\,\mathrm{d}x=\int x^{\frac{1}{2}}\cdot x^{\frac{1}{4}}\mathrm{d}x=\int x^{\frac{3}{4}}\mathrm{d}x=\frac{1}{\frac{3}{4}+1}x^{\frac{3}{4}+1}+C=\frac{4}{7}x^{\frac{7}{4}}+C.$

以上三个例子表明,有时被积函数实际是幂函数,但用分式或根式表示. 遇此情形,应先把它化为 x^{μ} 的形式,然后应用幂函数的积分公式(2)来求不定积分.

习题 4.1

1. 求下列不定积分:

(1) $\int\frac{1}{x^3}\mathrm{d}x$; (2) $\int x^2\sqrt{x}\,\mathrm{d}x$;

(3) $\int\frac{1}{x\sqrt[3]{x}}\mathrm{d}x$; (4) $\int 2^x\mathrm{e}^x\mathrm{d}x$.

2. 证明函数 $\arcsin(2x-1)$, $\arccos(1-2x)$ 和 $2\arctan\sqrt{\frac{x}{1-x}}$ 都是同一个函数的原函数.

3. 设 $\int f(x)\mathrm{d}x=2\sin\frac{x}{2}+C$, 求 $f(x)$.

4. 已知 $f(x)$ 的一个原函数是 e^{-x^2}, 求 $\int f'(x)\mathrm{d}x$.

5. 一曲线通过点 $(\mathrm{e}^2,3)$, 且在任一点处的切线的斜率等于该点横坐标的倒数,求该曲线的方程.

6. 已知一条曲线上任一点的切线斜率与该点的横坐标成正比,又知曲线经过点(1,3),并且这一点处的切线的倾角为45°,求此曲线方程.

第2节　分项积分法

利用基本积分表所能计算的不定积分是极其有限的,因此,有必要进一步研究不定积分的求法. 由于求不定积分的运算是微分的逆运算,所以每一条的微分运算法则都意味着有相应的积分法则.

由微分运算的线性法则,相应地就可以得到不定积分的线性运算法则:

$$\int[\alpha f(x)+\beta g(x)]\mathrm{d}x=\alpha\int f(x)\mathrm{d}x+\beta\int g(x)\mathrm{d}x,$$

其中 α,β 是不同时为零的常数.

利用不定积分运算的线性性质,我们可以将一个较复杂函数的积分分解成几个能够利用基本积分公式求出的简单函数的积分的代数和,这种积分方法称为**分项积分法**(又称**直接积分法**),它是积分方法中最简单也是最常用的方法.

例1　求$\int(3x^2-2x+1)\mathrm{d}x$.

解　$\int(3x^2-2x+1)\mathrm{d}x=3\int x^2\mathrm{d}x-2\int x\mathrm{d}x+\int\mathrm{d}x=x^3-x^2+x+C.$

在分项积分时,每个不定积分的结果都含有任意常数,由于有限个任意常数之和仍为任意常数,所以当右端尚有积分号时,就不必写出积分常数,待积分号完全消失的同时,则必须而且只需写出一个积分常数即可.

检验积分结果是否正确,只要对结果求导,看它的导数是否等于被积函数,若相等,表示结果是正确的,否则结果是错误的.如就例1的结果来看,由于

$$(x^3-x^2+x+C)'=3x^2-2x+1,$$

所以结果是正确的.

例2　求$\int(\mathrm{e}^x-3\sin x+2\sqrt{x})\mathrm{d}x$.

解　$\int(\mathrm{e}^x-3\sin x+2\sqrt{x})\mathrm{d}x=\int\mathrm{e}^x\mathrm{d}x-3\int\sin x\mathrm{d}x+2\int\sqrt{x}\mathrm{d}x=\mathrm{e}^x+3\cos x+\frac{4}{3}x^{\frac{3}{2}}+C.$

例3　求$\int\frac{(x-1)^3}{x^2}\mathrm{d}x$.

解　
$$\begin{aligned}\int\frac{(x-1)^3}{x^2}\mathrm{d}x&=\int\frac{x^3-3x^2+3x-1}{x^2}\mathrm{d}x=\int\left(x-3+\frac{3}{x}-\frac{1}{x^2}\right)\mathrm{d}x\\&=\int x\mathrm{d}x-3\int\mathrm{d}x+3\int\frac{1}{x}\mathrm{d}x-\int\frac{1}{x^2}\mathrm{d}x\\&=\frac{1}{2}x^2-3x+3\ln|x|+\frac{1}{x}+C.\end{aligned}$$

例4　求$\int\tan^2x\mathrm{d}x$.

解　基本积分表中没有这种类型的积分,先利用三角恒等式化成基本积分表中所列类型的积分,然后再分项求积分:

$$\int\tan^2x\mathrm{d}x=\int(\sec^2x-1)\mathrm{d}x=\int\sec^2x\mathrm{d}x-\int\mathrm{d}x=\tan x-x+C.$$

例5　求$\int\sin^2\frac{x}{2}\mathrm{d}x$.

解　基本积分表中也没有这种类型的积分,同上例一样,可以先利用三角恒等式变形,然后再分项积分:

$$\int\sin^2\frac{x}{2}\mathrm{d}x=\int\frac{1}{2}(1-\cos x)\mathrm{d}x=\frac{1}{2}\int\mathrm{d}x-\frac{1}{2}\int\cos x\mathrm{d}x=\frac{1}{2}x-\frac{1}{2}\sin x+C.$$

例 6 求 $\int \frac{1}{\sin^2 x \cos^2 x}\mathrm{d}x$.

解 $\int \frac{1}{\sin^2 x \cos^2 x}\mathrm{d}x = \int \frac{\sin^2 x + \cos^2 x}{\sin^2 x \cos^2 x}\mathrm{d}x = \int \frac{1}{\cos^2 x}\mathrm{d}x + \int \frac{1}{\sin^2 x}\mathrm{d}x$

$= \tan x - \cot x + C.$

例 7 求 $\int \frac{3x^4 + 2x^2}{x^2 + 1}\mathrm{d}x$.

解 $\int \frac{3x^4 + 2x^2}{x^2 + 1}\mathrm{d}x = \int \frac{3x^2(x^2 + 1) - (x^2 + 1) + 1}{x^2 + 1}\mathrm{d}x = \int \left(3x^2 - 1 + \frac{1}{x^2 + 1}\right)\mathrm{d}x$

$= 3\int x^2 \mathrm{d}x - \int \mathrm{d}x + \int \frac{1}{x^2 + 1}\mathrm{d}x = x^3 - x + \arctan x + C.$

习题 4.2

求下列不定积分:

1. $\int (x^2 + 1)^2 \mathrm{d}x$;
2. $\int \left(2\mathrm{e}^x + \frac{3}{x}\right)\mathrm{d}x$;
3. $\int \mathrm{e}^x\left(1 - \frac{\mathrm{e}^{-x}}{\sqrt{x}}\right)\mathrm{d}x$;
4. $\int \left(\frac{3}{1 + x^2} - \frac{2}{\sqrt{1 - x^2}}\right)\mathrm{d}x$;
5. $\int \sqrt{x}(x^2 - 5)\mathrm{d}x$;
6. $\int \left(1 - \frac{1}{x^2}\right)\sqrt{x\sqrt{x}}\,\mathrm{d}x$;
7. $\int \frac{2 \cdot 3^x - 5 \cdot 2^x}{3^x}\mathrm{d}x$;
8. $\int (2^x - 3^x)^2 \mathrm{d}x$;
9. $\int \sec x(\sec x - \tan x)\mathrm{d}x$;
10. $\int \cos\theta(\tan\theta + \sec\theta)\mathrm{d}\theta$;
11. $\int \frac{1}{\sin^2 \frac{x}{2} \cos^2 \frac{x}{2}}\mathrm{d}x$;
12. $\int \frac{\cos 2x}{\sin^2 x \cos^2 x}\mathrm{d}x$;
13. $\int \frac{1 - \cos x}{1 - \cos 2x}\mathrm{d}x$;
14. $\int \frac{\sin x}{1 + \sin x}\mathrm{d}x$;
15. $\int \frac{x^4}{1 + x^2}\mathrm{d}x$;
16. $\int \frac{2x^4 + x^2 + 3}{x^2 + 1}\mathrm{d}x$;
17. $\int \frac{1 + 2x^2}{x^2(1 + x^2)}\mathrm{d}x$;
18. $\int \frac{1}{x^4 + x^6}\mathrm{d}x$.

第 3 节　换元积分法

本节把复合函数的微分法则反过来用于求不定积分，利用中间变量的代换，得到复合函数的积分法,称为**换元积分法**,简称换元法.换元法通常分成两类,下面先讲第一换元法.

一、第一换元法

有一些不定积分,将积分变量进行一定的变换后就能够把一个复杂的被积函数的积分变为可利用基本积分表求出的积分.例如求 $\int e^{2x}dx$,在基本积分表中只有 $\int e^x dx = e^x + C$,比较 $\int e^x dx$ 和 $\int e^{2x}dx$ 这两个积分,我们发现只是 e^x 的幂次相差一个常数因子,如果凑上一个常数因子 2,使之成为

$$\int e^{2x}dx = \int e^{2x}\cdot\frac{1}{2}d(2x) = \frac{1}{2}\int e^{2x}d(2x).$$

由此看出,再令 $2x = u$,那么上述积分就变成

$$\frac{1}{2}\int e^{2x}d(2x) = \frac{1}{2}\int e^u du.$$

这个积分在积分表中可以查到,然后再代回原来的变量 x,就可求得

$$\int e^{2x}dx = \frac{1}{2}\int e^{2x}d(2x) = \frac{1}{2}\int e^u du = \frac{1}{2}e^u + C = \frac{1}{2}e^{2x} + C.$$

例 1　求 $\int \frac{1}{1+x}dx$.

解　基本积分表中有 $\int \frac{1}{x}dx = \ln|x| + C$,而 $\frac{1}{1+x}$ 与 $\frac{1}{x}$ 只是分母有差别.由于 $d(1+x) = dx$,因此可以把积分凑成

$$\int \frac{1}{1+x}dx = \int \frac{1}{1+x}d(1+x).$$

这时如果令 $1 + x = u$,那么后面的积分就化为 $\int \frac{1}{u}du$,而这个积分在基本积分表中是可以查到的,从而求得

$$\int \frac{1}{1+x}dx = \int \frac{1}{1+x}d(1+x) = \int \frac{1}{u}du = \ln|u| + C = \ln|1+x| + C.$$

从上面例子看到,在求不定积分时,首先要与基本积分公式相比较,并利用简单的变量代换,把要求的积分“凑成”公式中已有的形式,求出以后再把原来的变量代回.这种方法实质上是一种简单的换元法,称为**第一换元法**.在本目最后,将对此方法作出严格的叙述.

在对变量代换比较熟练以后,计算过程中的换元这一步骤可以省略,只需在形式上“凑”成基本积分公式中的积分即可.因此又把这种方法形象地叫作**“凑”微分法**.

例 2 求 $\int x\mathrm{e}^{x^2}\mathrm{d}x$.

解 $\int x\mathrm{e}^{x^2}\mathrm{d}x = \frac{1}{2}\int \mathrm{e}^{x^2}(2x\mathrm{d}x) = \frac{1}{2}\int \mathrm{e}^{x^2}\mathrm{d}(x^2) = \frac{1}{2}\mathrm{e}^{x^2} + C.$

例 3 求 $\int \frac{1}{x(1+2\ln x)}\mathrm{d}x$.

解
$$\int \frac{1}{x(1+2\ln x)}\mathrm{d}x = \int \frac{1}{1+2\ln x}\mathrm{d}(\ln x) = \frac{1}{2}\int \frac{1}{1+2\ln x}\mathrm{d}(1+2\ln x)$$
$$= \frac{1}{2}\ln|1+2\ln x| + C.$$

例 4 求 $\int \frac{1}{\sqrt{5x-2}}\mathrm{d}x$.

解 $\int \frac{1}{\sqrt{5x-2}}\mathrm{d}x = \frac{1}{5}\int \frac{1}{\sqrt{5x-2}}\mathrm{d}(5x-2) = \frac{2}{5}\sqrt{5x-2} + C.$

例 5 求 $\int \frac{1}{\sqrt{x}(1+x)}\mathrm{d}x$.

解 $\int \frac{1}{\sqrt{x}(1+x)}\mathrm{d}x = 2\int \frac{1}{1+(\sqrt{x})^2}\mathrm{d}(\sqrt{x}) = 2\arctan\sqrt{x} + C.$

例 6 求 $\int x\sqrt{1-x^2}\,\mathrm{d}x$.

解
$$\int x\sqrt{1-x^2}\,\mathrm{d}x = -\frac{1}{2}\int \sqrt{1-x^2}\,\mathrm{d}(1-x^2)$$
$$= -\frac{1}{2}\cdot\frac{1}{\frac{1}{2}+1}(1-x^2)^{\frac{1}{2}+1} + C = -\frac{1}{3}(1-x^2)^{\frac{3}{2}} + C.$$

例 7 求 $\int \frac{1}{a^2+x^2}\mathrm{d}x$.

解 $\int \frac{1}{a^2+x^2}\mathrm{d}x = \int \frac{1}{a^2}\cdot\frac{1}{1+\left(\frac{x}{a}\right)^2}\mathrm{d}x = \frac{1}{a}\int \frac{1}{1+\left(\frac{x}{a}\right)^2}\mathrm{d}\frac{x}{a} = \frac{1}{a}\arctan\frac{x}{a} + C.$

例 8 求 $\int \frac{1}{\sqrt{a^2-x^2}}\mathrm{d}x\ (a>0)$.

解 $\int \frac{1}{\sqrt{a^2-x^2}}\mathrm{d}x = \int \frac{1}{a}\cdot\frac{1}{\sqrt{1-\left(\frac{x}{a}\right)^2}}\mathrm{d}x = \int \frac{1}{\sqrt{1-\left(\frac{x}{a}\right)^2}}\mathrm{d}\frac{x}{a} = \arcsin\frac{x}{a} + C.$

例 9 求 $\int \frac{1}{x^2-a^2}\mathrm{d}x$.

解　由于

$$\frac{1}{x^2-a^2}=\frac{1}{2a}\left(\frac{1}{x-a}-\frac{1}{x+a}\right),$$

所以

$$\begin{aligned}\int\frac{1}{x^2-a^2}\mathrm{d}x&=\frac{1}{2a}\int\left(\frac{1}{x-a}-\frac{1}{x+a}\right)\mathrm{d}x=\frac{1}{2a}\left(\int\frac{1}{x-a}\mathrm{d}x-\int\frac{1}{x+a}\mathrm{d}x\right)\\&=\frac{1}{2a}\left[\int\frac{1}{x-a}\mathrm{d}(x-a)-\int\frac{1}{x+a}\mathrm{d}(x+a)\right]\\&=\frac{1}{2a}(\ln|x-a|-\ln|x+a|)+C=\frac{1}{2a}\ln\left|\frac{x-a}{x+a}\right|+C.\end{aligned}$$

例 10　求 $\int\frac{1}{1+\mathrm{e}^x}\mathrm{d}x$.

解法 1

$$\begin{aligned}\int\frac{1}{1+\mathrm{e}^x}\mathrm{d}x&=\int\frac{(1+\mathrm{e}^x)-\mathrm{e}^x}{1+\mathrm{e}^x}\mathrm{d}x=\int\mathrm{d}x-\int\frac{\mathrm{e}^x}{1+\mathrm{e}^x}\mathrm{d}x\\&=x-\int\frac{1}{1+\mathrm{e}^x}\mathrm{d}(1+\mathrm{e}^x)=x-\ln(1+\mathrm{e}^x)+C.\end{aligned}$$

解法 2

$$\begin{aligned}\int\frac{1}{1+\mathrm{e}^x}\mathrm{d}x&=\int\frac{\mathrm{e}^{-x}}{\mathrm{e}^{-x}+1}\mathrm{d}x=-\int\frac{\mathrm{e}^{-x}}{\mathrm{e}^{-x}+1}\mathrm{d}(-x)\\&=-\int\frac{1}{\mathrm{e}^{-x}+1}\mathrm{d}(\mathrm{e}^{-x}+1)=-\ln(\mathrm{e}^{-x}+1)+C.\end{aligned}$$

例 11　求 $\int\frac{3x^2-x+4}{x^3-x^2+2x-2}\mathrm{d}x$.

解　原式

$$\begin{aligned}&=\int\frac{3x^2-2x+2}{x^3-x^2+2x-2}\mathrm{d}x+\int\frac{x+2}{x^3-x^2+2x-2}\mathrm{d}x\\&=\int\frac{\mathrm{d}(x^3-x^2+2x-2)}{x^3-x^2+2x-2}+\int\frac{(x^2+2)-(x^2-x)}{(x-1)(x^2+2)}\mathrm{d}x\\&=\ln|x^3-x^2+2x-2|+\int\frac{1}{x-1}\mathrm{d}x-\int\frac{x}{x^2+2}\mathrm{d}x\\&=\ln|x^3-x^2+2x-2|+\int\frac{1}{x-1}\mathrm{d}(x-1)-\frac{1}{2}\int\frac{1}{x^2+2}\mathrm{d}(x^2+2)\\&=\ln|(x-1)(x^2+2)|+\ln|x-1|-\frac{1}{2}\ln(x^2+2)+C\\&=2\ln|x-1|+\frac{1}{2}\ln(x^2+2)+C.\end{aligned}$$

下面再举一些被积函数中含有三角函数的积分，在计算这种积分的过程中，往往要用到一些三角恒等式.

例 12 求 $\int \tan x\mathrm{d}x$.

解 $\int \tan x\mathrm{d}x = \int \frac{\sin x}{\cos x}\mathrm{d}x = -\int \frac{\mathrm{d}(\cos x)}{\cos x}$

$= -\ln|\cos x| + C = \ln|\sec x| + C.$

类似地可得

$$\int \cot x\mathrm{d}x = \ln|\sin x| + C = -\ln|\csc x| + C.$$

例 13 求 $\int \sin^2 x\mathrm{d}x$.

解 $\int \sin^2 x\mathrm{d}x = \int \frac{1-\cos 2x}{2}\mathrm{d}x = \frac{1}{2}\int \mathrm{d}x - \frac{1}{2}\int \cos 2x\mathrm{d}x$

$= \frac{1}{2}x - \frac{1}{4}\int \cos 2x\mathrm{d}(2x) = \frac{1}{2}x - \frac{1}{4}\sin 2x + C.$

例 14 求 $\int \sin^2 x\cos^4 x\mathrm{d}x$.

解 $\int \sin^2 x\cos^4 x\mathrm{d}x = \frac{1}{4}\int \sin^2 2x\cos^2 x\mathrm{d}x = \frac{1}{8}\int \sin^2 2x(1+\cos 2x)\mathrm{d}x$

$= \frac{1}{8}\int \sin^2 2x\mathrm{d}x + \frac{1}{8}\int \sin^2 2x\cos 2x\mathrm{d}x$

$= \frac{1}{16}\int (1-\cos 4x)\mathrm{d}x + \frac{1}{16}\int \sin^2 2x\mathrm{d}(\sin 2x)$

$= \frac{1}{16}x - \frac{1}{64}\sin 4x + \frac{1}{48}\sin^3 2x + C.$

例 15 求 $\int \sin^3 x\cos^2 x\mathrm{d}x$.

解 $\int \sin^3 x\cos^2 x\mathrm{d}x = \int \sin^2 x\cos^2 x\cdot\sin x\mathrm{d}x = -\int (1-\cos^2 x)\cos^2 x\mathrm{d}(\cos x)$

$= -\int \cos^2 x\mathrm{d}(\cos x) + \int \cos^4 x\mathrm{d}(\cos x)$

$= -\frac{1}{3}\cos^3 x + \frac{1}{5}\cos^5 x + C.$

一般地,对于 $\int \sin^m x\cos^n x\mathrm{d}x$ 型的积分,若 m,n 皆为偶数,可利用三角恒等式:$\sin x\cos x = \frac{1}{2}\sin 2x, \sin^2 x = \frac{1}{2}(1-\cos 2x), \cos^2 x = \frac{1}{2}(1+\cos 2x)$ 先降幂,再积分;若 m,n 中至少有一个奇数,则将奇次幂因子析成一个偶次幂与一个一次幂之积,将一次幂因子与 $\mathrm{d}x$ 凑微分,同时使用三角恒等式:$\sin^2 x + \cos^2 x = 1$,然后采用例 15 中所用的方法求得

积分的结果.

例16　求 $\int \sin3x\cos5x\mathrm{d}x$.

解　利用三角函数的积化和差公式

$$\sin A\cos B = \frac{1}{2}[\sin(A-B)+\sin(A+B)],$$

得

$$\sin3x\cos5x = \frac{1}{2}(-\sin2x+\sin8x).$$

于是

$$\int \sin3x\cos5x\mathrm{d}x = \frac{1}{2}\int(-\sin2x+\sin8x)\mathrm{d}x = -\frac{1}{2}\int\sin2x\mathrm{d}x+\frac{1}{2}\int\sin8x\mathrm{d}x$$
$$= \frac{1}{4}\cos2x-\frac{1}{16}\cos8x+C.$$

例17　求 $\int \sec^6x\mathrm{d}x$.

解　$\int \sec^6x\mathrm{d}x = \int(\sec^2x)^2\cdot\sec^2x\mathrm{d}x = \int(1+\tan^2x)^2\mathrm{d}(\tan x)$

$$= \int(1+2\tan^2x+\tan^4x)\mathrm{d}(\tan x)$$
$$= \tan x+\frac{2}{3}\tan^3x+\frac{1}{5}\tan^5x+C.$$

例18　求 $\int \tan^3x\sec^5x\mathrm{d}x$.

解　$\int \tan^3x\sec^5x\mathrm{d}x = \int\tan^2x\sec^4x\cdot\tan x\sec x\mathrm{d}x = \int(\sec^2x-1)\sec^4x\mathrm{d}(\sec x)$

$$= \int(\sec^6x-\sec^4x)\mathrm{d}(\sec x) = \frac{1}{7}\sec^7x-\frac{1}{5}\sec^5x+C.$$

一般地,对于 $\int \tan^mx\sec^nx\mathrm{d}x$ 型的积分,当 m 为奇数或 n 为偶数时,可依次做变换 $u=\sec x$ 或 $u=\tan x$,求得结果.

例19　求 $\int \csc x\mathrm{d}x$.

解　$\int \csc x\mathrm{d}x = \int\frac{1}{\sin x}\mathrm{d}x = \int\frac{1}{2\sin\frac{x}{2}\cos\frac{x}{2}}\mathrm{d}x = \int\frac{1}{\tan\frac{x}{2}}\cdot\frac{1}{\cos^2\frac{x}{2}}\mathrm{d}\frac{x}{2}$

$$= \int\frac{1}{\tan\frac{x}{2}}\mathrm{d}\left(\tan\frac{x}{2}\right) = \ln\left|\tan\frac{x}{2}\right|+C.$$

因为

$$\tan\frac{x}{2}=\frac{\sin\frac{x}{2}}{\cos\frac{x}{2}}=\frac{2\sin^2\frac{x}{2}}{\sin x}=\frac{1-\cos x}{\sin x}=\csc x-\cot x,$$

所以上述积分可表示成

$$\int\csc x\mathrm{d}x=\ln|\csc x-\cot x|+C.$$

例 20 求 $\int\sec x\mathrm{d}x$.

解 利用上例的结果,有

$$\begin{aligned}\int\sec x\mathrm{d}x&=\int\csc\left(x+\frac{\pi}{2}\right)\mathrm{d}\left(x+\frac{\pi}{2}\right)=\ln\left|\csc\left(x+\frac{\pi}{2}\right)-\cot\left(x+\frac{\pi}{2}\right)\right|+C\\&=\ln|\sec x+\tan x|+C.\end{aligned}$$

第一换元法概括起来就是下述的定理:

定理 1 设 $f(u)$ 具有原函数 $F(u)$, $u=\varphi(x)$ 可微,则有第一换元公式

$$\int f[\varphi(x)]\varphi'(x)\mathrm{d}x=F[\varphi(x)]+C. \tag{1}$$

证 由于 $f(u)$ 具有原函数 $F(u)$, 即有

$$F'(u)=f(u),\quad \int f(u)\mathrm{d}u=F(u)+C.$$

又因为 $\varphi(x)$ 可微,那么,根据复合函数微分法,有

$$\mathrm{d}F[\varphi(x)]=f[\varphi(x)]\varphi'(x)\mathrm{d}x,$$

从而根据不定积分的定义就得

$$\int f[\varphi(x)]\varphi'(x)\mathrm{d}x=F[\varphi(x)]+C.$$

这就证明了公式(1).

如何应用公式(1)来求不定积分呢? 设要求 $\int g(x)\mathrm{d}x$, 如果这个积分能写成

$$\int f[\varphi(x)]\varphi'(x)\mathrm{d}x$$

的形式,则变量代换 $u=\varphi(x)$ 可将上式变为 $\int f(u)\mathrm{d}u$. 这样,函数 $g(x)$ 的积分即转化成 $f(u)$ 的积分. 如果能求得 $f(u)$ 的原函数,比如说 $F(u)$, 然后在 $F(u)$ 中用 $\varphi(x)$ 代替 u, 那么也就得到了 $g(x)$ 的原函数.

应该指出的是,我们并没有通过符号本身对 $\mathrm{d}x$ 和 $\mathrm{d}u$ 加进任何含义,它们纯粹是作为形式上的手段来帮助我们以一种机械的方法完成运算. 每一次使用这种方法时,我们实

际上都应用了复合函数的微分法.

使用第一换元法的成功依赖于最初的判断能力，即被积函数的哪一部分可以用符号 u 代换，使得

$$f[\varphi(x)]\varphi'(x)\mathrm{d}x = f(u)\mathrm{d}u.$$

但困难在于如何选择适当的变量代换 $u = \varphi(x)$ 没有一般规律可循. 因此要掌握换元法，除了熟悉一些典型例子之外，还要做较多的练习才行.

二、第二换元法

第一换元法是通过变量代换 $u = \varphi(x)$，将积分 $\int f[\varphi(x)]\varphi'(x)\mathrm{d}x$ 化为积分 $\int f(u)\mathrm{d}u$. 我们也经常遇到相反的情形，有些积分并不能很容易地凑出微分，而是一开始就要作代换把要求的积分化简，然后再求出积分. 也就是选择适当的变量代换 $x = \psi(t)$，将积分 $\int f(x)\mathrm{d}x$ 化为积分 $\int f[\psi(t)]\psi'(t)\mathrm{d}t$. 这是另一种形式的变量代换，换元公式可表达为

$$\int f(x)\mathrm{d}x = \int f[\psi(t)]\psi'(t)\mathrm{d}t.$$

这公式的成立是需要一定条件的. 首先等式右边的不定积分要存在，即 $f[\psi(t)]\psi'(t)$ 有原函数；其次，$\int f[\psi(t)]\psi'(t)\mathrm{d}t$ 求出后必须用 $x = \psi(t)$ 的反函数 $t = \psi^{-1}(x)$ 代回去. 为了保证这反函数存在而且是可导的，我们假定直接函数 $x = \psi(t)$ 在 t 的某一个区间（这区间和所考虑的 x 的区间相对应）上是单调、可导的，并且 $\psi'(t) \neq 0$.

归纳上述，我们给出下面的定理.

定理 2　设 $x = \psi(t)$ 是单调、可导的函数，并且 $\psi'(t) \neq 0$. 又设 $f[\psi(t)]\psi'(t)\mathrm{d}t$ 具有原函数 $F(t)$，则有换元公式

$$\int f(x)\mathrm{d}x = F[\psi^{-1}(x)] + C. \tag{2}$$

证　因为 $F(t)$ 是 $f[\psi(t)]\psi^{-1}(t)$ 的原函数，所以

$$\frac{\mathrm{d}F(t)}{\mathrm{d}t} = f[\psi(t)]\psi'(t).$$

利用复合函数及反函数的求导法则，得到

$$\frac{\mathrm{d}}{\mathrm{d}x}F[\psi^{-1}(x)] = \frac{\mathrm{d}F(t)}{\mathrm{d}t}\cdot\frac{\mathrm{d}t}{\mathrm{d}x} = f[\psi(t)]\psi'(t)\cdot\frac{1}{\psi'(t)} = f[\psi(t)] = f(x),$$

即 $F[\psi^{-1}(x)]$ 是 $f(x)$ 的原函数. 这就证明了公式(2).

使用第二换元法的成功依赖于选择适当的变量代换 $x = \psi(t)$，但有时这个换元关系并不很明显，通常总是由 $x = \psi(t)$ 的反函数关系 $\psi^{-1}(x) = t$ 来求得.

例 21 求 $\int \frac{\sqrt{x-1}}{x}\mathrm{d}x$.

解 求这个积分的困难在于被积函数中有根式 $\sqrt{x-1}$，为了化去根式，可以设 $\sqrt{x-1}=t$，于是 $x=t^2+1,\mathrm{d}x=2t\mathrm{d}t$，从而所求积分为

$$\int \frac{\sqrt{x-1}}{x}\mathrm{d}x=\int \frac{t}{t^2+1}\cdot 2t\mathrm{d}t=2\int \frac{t^2}{t^2+1}\mathrm{d}t=2\int\left(1-\frac{1}{t^2+1}\right)\mathrm{d}t$$

$$=2(t-\arctan t)+C=2(\sqrt{x-1}-\arctan\sqrt{x-1})+C.$$

例 22 求 $\int \frac{1}{1+\sqrt[3]{x+2}}\mathrm{d}x$.

解 为了去掉根号，可以设 $\sqrt[3]{x+2}=t$. 于是 $x=t^3-2,\mathrm{d}x=3t^2\mathrm{d}t$，从而所求积分为

$$\int \frac{1}{1+\sqrt[3]{x+2}}\mathrm{d}x=\int \frac{1}{1+t}\cdot 3t^2\mathrm{d}t=3\int\left(t-1+\frac{1}{1+t}\right)\mathrm{d}t$$

$$=3\left(\frac{1}{2}t^2-t+\ln|1+t|\right)+C$$

$$=\frac{3}{2}\sqrt[3]{(x+2)^2}-3\sqrt[3]{x+2}+3\ln|1+\sqrt[3]{x+2}|+C.$$

例 23 求 $\int \frac{1}{\sqrt{x}+\sqrt[3]{x}}\mathrm{d}x$.

解 被积函数中出现了两个根式 $\sqrt{x}$ 和 $\sqrt[3]{x}$. 为了能同时消去这两个根式，可令 $t=\sqrt[6]{x}$，于是 $x=t^6,\mathrm{d}x=6t^5\mathrm{d}t$，从而所求积分为

$$\int \frac{1}{\sqrt{x}+\sqrt[3]{x}}\mathrm{d}x=\int \frac{6t^5}{t^3+t^2}\mathrm{d}t=6\int \frac{(t^3+1)-1}{t+1}\mathrm{d}t=6\int\left(t^2-t+1-\frac{1}{t+1}\right)\mathrm{d}t$$

$$=6\left(\frac{1}{3}t^3-\frac{1}{2}t^2+t-\ln|t+1|\right)+C$$

$$=2\sqrt{x}-3\sqrt[3]{x}+6\sqrt[6]{x}-6\ln(\sqrt[6]{x}+1)+C.$$

例 24 求 $\int \frac{1}{(x-1)(x+1)}\sqrt[3]{\frac{x+1}{x-1}}\mathrm{d}x$.

解 为了去掉根号，可以设 $\sqrt[3]{\frac{x+1}{x-1}}=t$. 于是 $\frac{x+1}{x-1}=t^3,x=\frac{t^3+1}{t^3-1},\mathrm{d}x=\frac{-6t^2}{(t^3-1)^2}\mathrm{d}t$，从而所求积分为

$$\int \frac{1}{(x-1)(x+1)}\sqrt[3]{\frac{x+1}{x-1}}\mathrm{d}x=\int \frac{(t^3-1)^2}{2\cdot 2t^3}\cdot t\cdot\frac{-6t^2}{(t^3-1)^2}\mathrm{d}t$$

$$= -\frac{3}{2}\int \mathrm{d}t = -\frac{3}{2}t + C = -\frac{3}{2}\sqrt[3]{\frac{x+1}{x-1}} + C.$$

以上四个例子表明,如果被积函数中含有简单根式 $\sqrt[n]{ax+b}$ 或 $\sqrt[n]{\frac{ax+b}{cx+d}}$,可以令这个简单根式为 t 而化去根式,从而求得积分.

例 25　求 $\int \sqrt{a^2 - x^2}\,\mathrm{d}x\,(a > 0)$.

解　求这个积分的困难在于有根式 $\sqrt{a^2 - x^2}$,但我们可以利用三角公式 $\sin^2 t + \cos^2 t = 1$ 来化去根式.

设 $x = a\sin t\left(-\frac{\pi}{2} < t < \frac{\pi}{2}\right)$,那么 $\sqrt{a^2 - x^2} = \sqrt{a^2 - a^2\sin^2 t} = a\cos t$,$\mathrm{d}x = a\cos t\,\mathrm{d}t$,于是根式化成了三角式,所求积分为

$$\int \sqrt{a^2 - x^2}\,\mathrm{d}x = \int a\cos t \cdot a\cos t\,\mathrm{d}t = \frac{a^2}{2}\int (1 + \cos 2t)\,\mathrm{d}t$$

$$= \frac{a^2}{2}\left(t + \frac{1}{2}\sin 2t\right) + C = \frac{a^2}{2}t + \frac{a^2}{2}\sin t\cos t + C.$$

由于 $x = a\sin t\left(-\frac{\pi}{2} < t < \frac{\pi}{2}\right)$,所以

$$t = \arcsin\frac{x}{a},$$

$$\cos t = \sqrt{1 - \sin^2 t} = \sqrt{1 - \left(\frac{x}{a}\right)^2} = \frac{\sqrt{a^2 - x^2}}{a},$$

于是所求积分为

$$\int \sqrt{a^2 - x^2}\,\mathrm{d}x = \frac{a^2}{2}\arcsin\frac{x}{a} + \frac{1}{2}x\sqrt{a^2 - x^2} + C.$$

例 26　求 $\int \frac{1}{\sqrt{x^2 + a^2}}\mathrm{d}x\,(a > 0)$.

解　和上例类似,可以利用三角公式 $1 + \tan^2 t = \sec^2 t$ 来化去根式.

设 $x = a\tan t\left(-\frac{\pi}{2} < t < \frac{\pi}{2}\right)$,那么 $\sqrt{x^2 + a^2} = \sqrt{a^2\tan^2 t + a^2} = a\sec t$,$\mathrm{d}x = a\sec^2 t\,\mathrm{d}t$,

于是

$$\int \frac{1}{\sqrt{x^2 + a^2}}\mathrm{d}x = \int \frac{1}{a\sec t} \cdot a\sec^2 t\,\mathrm{d}t = \int \sec t\,\mathrm{d}t.$$

利用例题 20 的结果得

$$\int \frac{1}{\sqrt{x^2 + a^2}}\mathrm{d}x = \ln|\sec t + \tan t| + C_1.$$

为了迅速地把 $\sec t$ 及 $\tan t$ 换成 x 的函数,可以根据 $\tan t = \frac{x}{a}$ 作辅助三角形(图 4-2),便有

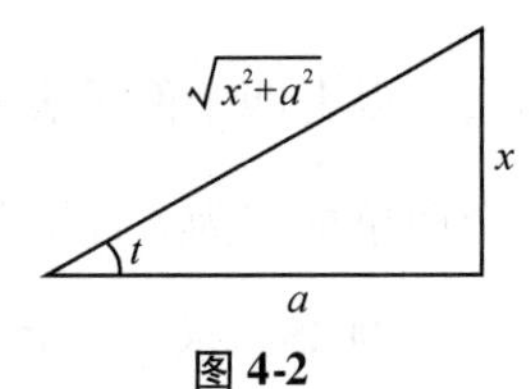

图 4-2

$$\sec t = \frac{\sqrt{x^2 + a^2}}{a},$$

且 $\sec t + \tan t > 0$, 因此

$$\int \frac{1}{\sqrt{x^2 + a^2}}\mathrm{d}x = \ln\left(\frac{x}{a} + \frac{\sqrt{x^2 + a^2}}{a}\right) + C_1 = \ln(x + \sqrt{x^2 + a^2}) + C,$$

其中 $C = C_1 - \ln a$.

例 27 求 $\int \frac{1}{\sqrt{x^2 - a^2}}\mathrm{d}x(a > 0)$.

解 和以上两例类似,可以利用公式 $\sec^2 t - 1 = \tan^2 t$ 来化去根式. 注意到被积函数的定义域是 $x > a$ 和 $x < -a$ 两个区间,我们在两个区间内分别求不定积分.

当 $x > a$ 时,设 $x = a\sec t\left(0 < t < \frac{\pi}{2}\right)$, 那么 $\sqrt{x^2 - a^2} = a\sqrt{\sec^2 t - 1} = a\tan t$, $\mathrm{d}x = a\sec t\tan t\mathrm{d}t$, 于是

$$\int \frac{1}{\sqrt{x^2 - a^2}}\mathrm{d}x = \int \frac{1}{a\tan t}\cdot a\sec t\tan t\mathrm{d}t = \int \sec t\mathrm{d}t = \ln(\sec t + \tan t) + C.$$

为了把 $\sec t$ 及 $\tan t$ 换成 x 的函数,我们根据 $\sec t = \frac{x}{a}$ 作辅助三角形(图 4-3),得到

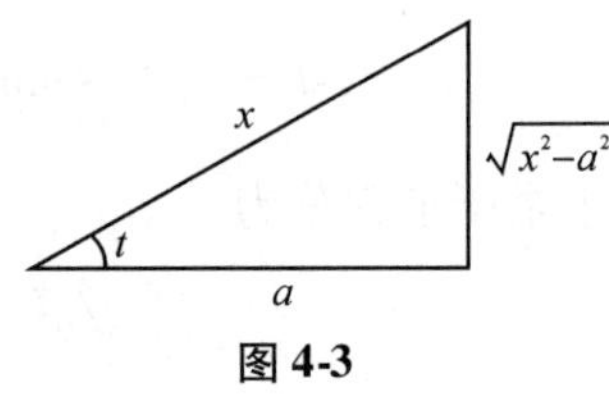

图 4-3

$$\tan t = \frac{\sqrt{x^2 - a^2}}{a},$$

因此

$$\int \frac{1}{\sqrt{x^2 - a^2}}\mathrm{d}x = \ln\left(\frac{x}{a} + \frac{\sqrt{x^2 - a^2}}{a}\right) + C_1 = \ln(x + \sqrt{x^2 - a^2}) + C,$$

其中 $C = C_1 - \ln a$.

当 $x < -a$ 时,令 $x = -u$, 那么 $u > a$. 由上段结果,有

$$\begin{aligned}\int \frac{1}{\sqrt{x^2 - a^2}}\mathrm{d}x &= -\int \frac{1}{\sqrt{u^2 - a^2}}\mathrm{d}u = -\ln(u + \sqrt{u^2 - a^2}) + C_1 \\ &= -\ln(-x + \sqrt{x^2 - a^2}) + C_1 = \ln(-x + \sqrt{x^2 - a^2})^{-1} + C_1\end{aligned}$$

$$= \ln(-x - \sqrt{x^2 - a^2}) + C_1,$$

其中 $C = C_1 - 2\ln a$.

把在 $x > a$ 及 $x < -a$ 内的结果合起来,可写作

$$\int \frac{1}{\sqrt{x^2 - a^2}} dx = \ln|x + \sqrt{x^2 - a^2}| + C.$$

从上面三个例子可以看出:如果被积函数含有 $\sqrt{a^2 - x^2}$ 可以作代换 $x = a\sin t$ 化去根式;如果被积函数含有 $\sqrt{x^2 + a^2}$, 可以作代换 $x = a\tan t$ 化去根式;如果被积函数含有 $\sqrt{x^2 - a^2}$, 可以作代换 $x = \pm a\sec t$ 化去根式. 但具体解题时要分析被积函数的具体情况,选取尽可能简捷的代换,不要拘泥于上述的变量代换(如例6,例8).

下面我们通过例子来介绍一种很有用的代换——倒代换,当被积函数是 x 的有理或无理式时,利用它常可消去分母中 x 的幂因子.

例28 求 $\int \frac{1}{x^4(1 + x^2)} dx$.

解 令 $x = \frac{1}{t}$, 那么 $dx = -\frac{1}{t^2}dt$, 于是

$$\int \frac{1}{x^4(1 + x^2)} dx = \int \frac{1}{\frac{1}{t^4}\left(1 + \frac{1}{t^2}\right)} \cdot \left(-\frac{1}{t^2}dt\right) = -\int \frac{[(t^2)^2 - 1] + 1}{1 + t^2} dt$$

$$= \int \left(1 - t^2 - \frac{1}{1 + t^2}\right) dt = t - \frac{1}{3}t^3 - \arctan t + C$$

$$= \frac{1}{x} - \frac{1}{3x^3} - \arctan \frac{1}{x} + C.$$

例29 求 $\int \frac{1}{x^2\sqrt{x^2 - 1}} dx$.

解 如果认为这个积分的困难在于分母中有 x^2 因子,则可令 $x = \frac{1}{t}$, 那么 $dx = -\frac{1}{t^2}dt$, 于是

$$\int \frac{1}{x^2\sqrt{x^2 - 1}} dx = \int \frac{1}{\frac{1}{t^2}\sqrt{\frac{1}{t^2} - 1}} \cdot \frac{-1}{t^2} dt = -\int \frac{|t|}{\sqrt{1 - t^2}} dt,$$

当 $x > 0$ 时,有

$$\int \frac{1}{x^2\sqrt{x^2 - 1}} dx = -\int \frac{t}{\sqrt{1 - t^2}} dt = \sqrt{1 - t^2} + C = \frac{\sqrt{x^2 - 1}}{x} + C,$$

当 $x<0$ 时,有相同的结果.

在例 26 中,我们用变换 $x=a\tan t$ 消去被积函数中 的根式 $\sqrt{x^2+a^2}$,这个变换还能消去被积函数中的 (x^2+a^2) 的高次幂.请看下例.

例 30 求 $\int\frac{x^3+1}{(x^2+1)^2}\mathrm{d}x$.

解 令 $x=\tan t\left(-\frac{\pi}{2}<t<\frac{\pi}{2}\right)$,则 $(x^2+1)^2=\sec^4 t,\mathrm{d}x=\sec^2 t\mathrm{d}t$,于是

$$\begin{aligned}\int\frac{x^3+1}{(x^2+1)^2}\mathrm{d}x&=\int\frac{\tan t^3+1}{\sec^4 t}\cdot\sec^2 t\mathrm{d}t=\int\left(\frac{\sin^3 t}{\cos t}+\cos^2 t\right)\mathrm{d}t\\&=-\int\frac{1-\cos^2 t}{\cos t}\mathrm{d}(\cos t)+\frac{1}{2}\int(1+\cos 2t)\mathrm{d}t\\&=-\int\frac{\mathrm{d}(\cos t)}{\cos t}+\int\cos t\mathrm{d}(\cos t)+\frac{1}{2}\int\mathrm{d}t+\frac{1}{4}\int\cos 2t\mathrm{d}(2t)\\&=-\ln|\cos t|+\frac{1}{2}\cos^2 t+\frac{1}{2}t+\frac{1}{4}\sin 2t+C\\&=-\ln\frac{1}{\sqrt{1+x^2}}+\frac{1}{2}\left(\frac{1}{\sqrt{1+x^2}}\right)^2+\frac{1}{2}\arctan x\\&\quad+\frac{1}{2}\frac{x}{\sqrt{1+x^2}}\cdot\frac{1}{\sqrt{1+x^2}}+C\\&=\frac{x+1}{2(1+x^2)}+\frac{1}{2}\ln(1+x^2)+\frac{1}{2}\arctan x+C.\end{aligned}$$

在本节的例题中,有几个积分是以后经常会遇到的.所以,它们通常也被当作公式使用.这样,常用的积分公式,除了基本积分表中的几个,再添加下面几个(其中常数 $a>0$):

(14) $\int\tan x\mathrm{d}x=-\ln|\cos x|+C=\ln|\sec x|+C$;

(15) $\int\cot x\mathrm{d}x=\ln|\sin x|+C=-\ln|\csc x|+C$;

(16) $\int\sec x\mathrm{d}x=\ln|\sec x+\tan x|+C$;

(17) $\int\csc x\mathrm{d}x=\ln|\csc x-\cot x|+C$;

(18) $\int\frac{1}{a^2+x^2}\mathrm{d}x=\frac{1}{a}\arctan\frac{x}{a}+C$;

(19) $\int\frac{1}{x^2-a^2}\mathrm{d}x=\frac{1}{2a}\ln\left|\frac{x-a}{x+a}\right|+C$;

(20) $\int \frac{1}{\sqrt{a^2 - x^2}} dx = \arcsin \frac{x}{a} + C$;

(21) $\int \frac{1}{\sqrt{x^2 + a^2}} dx = \ln(x + \sqrt{x^2 + a^2}) + C$;

(22) $\int \frac{1}{\sqrt{x^2 - a^2}} dx = \ln| x + \sqrt{x^2 - a^2} | + C$.

例 31　求 $\int \frac{1}{\sqrt{4x^2 + 9}} dx$.

解　$\int \frac{1}{\sqrt{4x^2 + 9}} dx = \int \frac{1}{\sqrt{(2x)^2 + 3^2}} dx = \frac{1}{2} \int \frac{1}{\sqrt{(2x)^2 + 3^2}} d(2x)$,

利用公式(21)便得

$$\int \frac{1}{\sqrt{4x^2 + 9}} dx = \frac{1}{2} \ln(2x + \sqrt{4x^2 + 9}) + C.$$

例 32　求 $\int \frac{1}{\sqrt{2 - x - x^2}} dx$.

解　$\int \frac{1}{\sqrt{2 - x - x^2}} dx = \int \frac{1}{\sqrt{\left(\frac{3}{2}\right)^2 - \left(x + \frac{1}{2}\right)^2}} d\left(x + \frac{1}{2}\right)$,

利用公式(20)便得

$$\int \frac{1}{\sqrt{2 - x - x^2}} dx = \arcsin \frac{x + \frac{1}{2}}{\frac{3}{2}} + C = \arcsin \frac{2x + 1}{3} + C.$$

习题 4.3

求下列不定积分:

1. $\int \frac{1}{1 - 2x} dx$;

2. $\int \frac{dx}{\sqrt[3]{2 - 3x}}$;

3. $\int \frac{\sin \sqrt{t}}{\sqrt{t}} dt$;

4. $\int \cos \frac{x}{2} dx$;

5. $\int \frac{e^{\frac{1}{x}}}{x^2} dx$;

6. $\int \frac{1}{1 - \cos x} dx$;

7. $\int \frac{e^{3x} + 1}{e^x + 1} dx$;

8. $\int \frac{1}{e^x + e^{-x}} dx$;

9. $\int \frac{e^{2x}}{1+e^x}dx$;

10. $\int \frac{x+\arctan x}{1+x^2}dx$;

11. $\int \frac{1+\cos x}{x+\sin x}dx$;

12. $\int \frac{\sin x+\cos x}{\sqrt[3]{\sin x-\cos x}}dx$;

13. $\int \frac{1+\ln x}{(x\ln x)^2}dx$;

14. $\int \frac{1-\ln x}{(x-\ln x)^2}dx$;

15. $\int \frac{1}{(\arcsin x)^2\sqrt{1-x^2}}dx$;

16. $\int \frac{10^{2\arccos x}}{\sqrt{1-x^2}}dx$;

17. $\int \frac{\cot x}{\ln\sin x}dx$;

18. $\int \frac{\ln\tan x}{\cos x\sin x}dx$;

19. $\int \frac{\sin x}{\cos^3 x}dx$;

20. $\int \cos^3 x dx$;

21. $\int \frac{1}{\sin^4 x\cos^4 x}dx$;

22. $\int \frac{\cos^4 x}{\sin^2 x}dx$;

23. $\int \tan^4 x dx$;

24. $\int \tan^5 x\sec^4 x dx$;

25. $\int \cos x\cos\frac{x}{2}dx$;

26. $\int \sin 5x\sin 7x dx$;

27. $\int \frac{1}{\sqrt{x+1}+\sqrt{x-1}}dx$;

28. $\int \frac{x^5}{\sqrt[4]{x^3+1}}dx$;

29. $\int \frac{1}{x^4-1}dx$;

30. $\int \frac{x^2-1}{x^4+1}dx$;

31. $\int \frac{x^4+1}{x^6+1}dx$;

32. $\int \frac{3^x\cdot 5^x}{25^x-9^x}dx$;

33. $\int \frac{1}{1+\sqrt{2+x}}dx$;

34. $\int \frac{x+1}{\sqrt[3]{3x+1}}dx$;

35. $\int \frac{dx}{(1+\sqrt[3]{x})\sqrt{x}}$;

36. $\int \frac{1}{x}\sqrt{\frac{1+x}{x}}dx$;

37. $\int \frac{1}{\sqrt{e^x-1}}dx$;

38. $\int \frac{\sqrt{1+\ln x}}{x\ln x}dx$;

39. $\int x^2(2-x)^{10}dx$;

40. $\int \frac{x}{(1-x)^3}dx$;

41. $\int \frac{1}{x^2\sqrt{4-x^2}}dx$;

42. $\int \frac{x+2}{x^2\sqrt{1-x^2}}dx$;

43. $\int \frac{1}{(1-x)\sqrt{1-x^2}}dx$;

44. $\int \frac{xdx}{4-x^2+\sqrt{4-x^2}}$;

45. $\int \frac{1}{\sqrt{(x^2+1)^3}}dx$;

46. $\int \sqrt{1-\frac{1}{x^2}}dx$;

47. $\int \frac{1}{\sqrt{2x+x^2}}dx$;

48. $\int \frac{1-x}{\sqrt{9-4x^2}}dx$;

49. $\int \frac{x-1}{x^2+2x+3}dx$;

50. $\int \frac{x+1}{\sqrt{2-x-x^2}}dx$;

51. $\int \frac{1}{x^8(1+x^2)}dx$;

52. $\int \frac{x^3}{(x^2-2x+2)^2}dx$.

第4节 分部积分法

本节我们利用两个函数乘积的导数公式来推得另一个求积分的基本方法——**分部积分法**.

设函数 $u(x)$ 及 $v(x)$ 具有连续导数,那么,两个函数乘积的导数公式为

$$(uv)' = u'v + uv',$$

移项,得

$$uv' = (uv)' - u'v.$$

对这个等式两边求不定积分,得

$$\int uv'dx = uv - \int u'vdx. \tag{1}$$

公式(1)称为**分部积分公式**,它提供我们一个新的积分方法.

为了用(1)式来计算一个积分,比如说 $\int f(x)dx$, 我们设法找出两个函数 $u(x)$ 和 $v(x)$, 使得 $f(x)$ 能写成 $u(x)v'(x)$ 的形式. 如果我们能做到这一点,则(1)式有

$$\int f(x)dx = u(x)v(x) - \int u'(x)v(x)dx.$$

于是,困难被转移到 $\int u'(x)v(x)dx$ 的计算上. 如果适当地选择 $u(x)$ 和 $v(x)$, 则后一个积分可能比原先的积分更容易计算. 有时两次或多次地应用(1)式将导出一个容易计算的积分.

有时也把公式(1)写成下面容易记忆的简略形式:

$$\int udv = uv - \int vdu. \tag{2}$$

例 1 求 $\int x\cos x\mathrm{d}x$.

解 如果选择 $u = x, \mathrm{d}v = \cos x\mathrm{d}x$，那么 $\mathrm{d}u = \mathrm{d}x, v = \sin x$. 代入分部积分公式(2)，得

$$\int x\cos x\mathrm{d}x = x\sin x - \int \sin x\mathrm{d}x,$$

而 $\int v\mathrm{d}u = \int \sin x\mathrm{d}x$ 容易积分，所以

$$\int x\cos x\mathrm{d}x = x\sin x + \cos x + C.$$

如果选择 $u = \cos x, \mathrm{d}v = x\mathrm{d}x$，那么 $\mathrm{d}u = -\sin x\mathrm{d}x, v = \frac{x^2}{2}$，于是

$$\int x\cos x\mathrm{d}x = \frac{x^2}{2}\cos x + \int \frac{x^2}{2}\sin x\mathrm{d}x.$$

上式右端的积分比原积分更不容易求出，u 和 $\mathrm{d}v$ 的选择不像第一次那样有效.

由此可见，如果 u 和 $\mathrm{d}v$ 选择不当，就求不出结果，所以应用分部积分法时，恰当选取 u 和 $\mathrm{d}v$ 是关键. 选择 u 和 $\mathrm{d}v$ 一般应考虑：(1) v 要容易求得；(2) $\int v\mathrm{d}u$ 要比 $\int u\mathrm{d}v$ 容易积出.

如果被积函数是两类基本初等函数的乘积，经验告诉我们在很多情况下可采用“反、对、幂、三、指”顺序来选择 u 和 $\mathrm{d}v$，这里的“反、对、幂、三、指”依次分别代表反三角函数、对数函数、幂函数、三角函数、指数函数，把排在前面的那类函数选作 u，而把排在后面的那类函数选作 v'.

例 2 求 $\int x\mathrm{e}^x\mathrm{d}x$.

解 被积函数是幂函数与指数函数得乘积，则设 $u = x, \mathrm{d}v = \mathrm{e}^x\mathrm{d}x$，那么 $\mathrm{d}u = \mathrm{d}x$，$v = \mathrm{e}^x$，于是

$$\int x\mathrm{e}^x\mathrm{d}x = x\mathrm{e}^x - \int \mathrm{e}^x\mathrm{d}x = x\mathrm{e}^x - \mathrm{e}^x + C = (x-1)\mathrm{e}^x + C.$$

例 3 求 $\int x^2\mathrm{e}^x\mathrm{d}x$.

解 设 $u = x^2, \mathrm{d}v = \mathrm{e}^x\mathrm{d}x$，则 $\mathrm{d}u = 2x\mathrm{d}x, v = \mathrm{e}^x$，于是

$$\int x^2\mathrm{e}^x\mathrm{d}x = x^2\mathrm{e}^x - 2\int x\mathrm{e}^x\mathrm{d}x,$$

这里 $\int x\mathrm{e}^x\mathrm{d}x$ 比 $\int x^2\mathrm{e}^x\mathrm{d}x$ 容易积出，因为被积函数中 x 的幂次前者比后者降低了一次. 由例 2 可知，对 $\int x\mathrm{e}^x\mathrm{d}x$ 再使用一次分部积分法就可以了. 于是

$$\int x^2 e^x dx = x^2 e^x - 2\int xe^x dx = x^2 e^x - 2(x-1)e^x + C$$
$$= (x^2 - 2x + 2)e^x + C.$$

在分部积分法运用比较熟练以后,就不必再写出哪一部分选作 u,哪一部分选作 dv,只要把被积表达式凑成 udv 的形式,便可使用分部积分公式.

例4　求 $\int x\ln x dx$.

解　$$\int x\ln x dx = \int \ln x d\left(\frac{x^2}{2}\right) = \frac{x^2}{2}\ln x - \int \frac{x^2}{2}d(\ln x)$$
$$= \frac{x^2}{2}\ln x - \int \frac{x^2}{2}\cdot\frac{1}{x}dx = \frac{x^2}{2}\ln x - \frac{1}{4}x^2 + C.$$

例5　求 $\int \arcsin x dx$.

解　$$\int \arcsin x dx = x\arcsin x - \int xd(\arcsin x) = x\arcsin x - \int \frac{x}{\sqrt{1-x^2}}dx$$
$$= x\arcsin x + \frac{1}{2}\int \frac{1}{\sqrt{1-x^2}}d(1-x^2) = x\arcsin x + \sqrt{1-x^2} + C.$$

例6　求 $\int x\arctan x dx$.

解　$$\int x\arctan x dx = \frac{1}{2}\int \arctan x d(x^2) = \frac{1}{2}x^2\arctan x - \frac{1}{2}\int x^2 d(\arctan x)$$
$$= \frac{1}{2}x^2\arctan x - \frac{1}{2}\int \frac{x^2}{1+x^2}dx$$
$$= \frac{1}{2}x^2\arctan x - \frac{1}{2}\int\left(1 - \frac{1}{1+x^2}\right)dx$$
$$= \frac{1}{2}x^2\arctan x - \frac{1}{2}(x - \arctan x) + C$$
$$= \frac{1}{2}(x^2+1)\arctan x - \frac{1}{2}x + C.$$

例7　求 $\int \frac{x\cos x}{\sin^3 x}dx$.

解　$$\int \frac{x\cos x}{\sin^3 x}dx = \int \frac{x}{\sin^3 x}d(\sin x) = -\frac{1}{2}\int xd\left(\frac{1}{\sin^2 x}\right)$$
$$= -\frac{1}{2}\frac{x}{\sin^2 x} + \frac{1}{2}\int \frac{1}{\sin^2 x}dx = -\frac{x}{2\sin^2 x} - \frac{1}{2}\cot x + C.$$

在这里,$\frac{\cos x}{\sin^3 x}dx$ 是 $-\frac{1}{2\sin^2 x}dx$ 的微分,一下子是较难看出的,而是通过一步一步凑

微分凑成的,这种方法在分部积分法中也是常常要用到的.

例 8 求 $\int x\tan^2 x\mathrm{d}x$.

解
$$\begin{aligned}\int x\tan^2 x\mathrm{d}x &= \int x(\sec^2 x-1)\mathrm{d}x = \int x\sec^2 x\mathrm{d}x - \int x\mathrm{d}x\\ &= \int x\mathrm{d}(\tan x) - \int \mathrm{d}x = x\tan x - \int \tan x\mathrm{d}x - \frac{1}{2}x^2\\ &= x\tan x + \ln|\cos x| - \frac{1}{2}x^2 + C.\end{aligned}$$

例 9 求 $\int \frac{\arctan x}{x^2(1+x^2)}\mathrm{d}x$.

解
$$\begin{aligned}\text{原式} &= \int\left(\frac{1}{x^2}-\frac{1}{1+x^2}\right)\arctan x\mathrm{d}x = \int\frac{\arctan x}{x^2}\mathrm{d}x - \int\frac{\arctan x}{1+x^2}\mathrm{d}x\\ &= -\int \arctan x\mathrm{d}\left(\frac{1}{x}\right) - \int \arctan x\mathrm{d}(\arctan x)\\ &= -\frac{\arctan x}{x} + \int\frac{1}{x}\cdot\frac{1}{1+x^2}\mathrm{d}x - \frac{1}{2}(\arctan x)^2\\ &= -\frac{\arctan x}{x} + \int\left(\frac{1}{x}-\frac{x}{1+x^2}\right)\mathrm{d}x - \frac{1}{2}(\arctan x)^2\\ &= -\frac{\arctan x}{x} + \ln|x| - \frac{1}{2}\ln(1+x^2) - \frac{1}{2}(\arctan x)^2 + C.\end{aligned}$$

在以上两个例子中,均是在积分之前将被积函数进行恒等变形,以便使用分部积分公式.

对某些积分利用若干次分部积分后,常常会又出现原来要求的那个积分,从而成为所求积分的一个函数方程式,解这个函数方程式(把原来要求的那个积分作为未知函数),就得到要求的积分.

例 10 求 $\int e^x\sin x\mathrm{d}x$.

解
$$\begin{aligned}\int e^x\sin x\mathrm{d}x &= \int \sin x\mathrm{d}(e^x) = e^x\sin x - \int e^x\cos x\mathrm{d}x = e^x\sin x - \int\cos x\mathrm{d}(e^x)\\ &= e^x\sin x - e^x\cos x - \int e^x\sin x\mathrm{d}x,\end{aligned}$$

由上述等式解得

$$\int e^x\sin x\mathrm{d}x = \frac{1}{2}e^x(\sin x-\cos x) + C.$$

因上式右端已不包含积分项,所以必须加上任意常数.

例 11　求 $\int \sec^3 x\mathrm{d}x$.

解　$\int \sec^3 x\mathrm{d}x = \int \sec x \cdot \sec^2 x\mathrm{d}x = \int \sec x\mathrm{d}(\tan x)$

$$= \sec x\tan x - \int \tan x \cdot \sec x\tan x\mathrm{d}x$$

$$= \sec x\tan x - \int \sec x(\sec^2 x - 1)\mathrm{d}x$$

$$= \sec x\tan x - \int \sec^3 x\mathrm{d}x + \int \sec x\mathrm{d}x$$

$$= \sec x\tan x + \ln|\sec x + \tan x| - \int \sec^3 x\mathrm{d}x,$$

由上述等式解得

$$\int \sec^3 x\mathrm{d}x = \frac{1}{2}[\sec x\tan x + \ln|\sec x + \tan x|] + C.$$

有些积分在积分过程中往往要兼用换元法和分部积分法，如例 5，下面再来举个例子.

例 12　求 $\int \frac{(1 + x^2)\arcsin x}{x^2\sqrt{1 - x^2}}\mathrm{d}x$.

解　设 $x = \sin t$，则 $\sqrt{1 - x^2} = \cos t, \arcsin x = t, \mathrm{d}x = \cos t\mathrm{d}t$，于是

$$\int \frac{(1 + x^2)\arcsin x}{x^2\sqrt{1 - x^2}}\mathrm{d}x = \int \frac{(1 + \sin^2 t)t}{\sin^2 t\cos t} \cdot \cos t\mathrm{d}t = \int t\mathrm{d}t + \int \frac{t}{\sin^2 t}\mathrm{d}t$$

$$= \frac{1}{2}t^2 - \int t\mathrm{d}(\cot t) = \frac{1}{2}t^2 - t\cot t + \int \cot t\mathrm{d}t$$

$$= \frac{1}{2}t^2 - t\cot t + \ln|\sin t| + C$$

$$= \frac{1}{2}\arcsin^2 x - \frac{\sqrt{1 + x^2}}{x}\arcsin x + \ln|x| + C.$$

以下举一个用分部积分法建立递推公式的例子.

例 13　求 $I_n = \int \frac{1}{(x^2 + a^2)^n}\mathrm{d}x$，其中 $a \neq 0, n \in \mathbf{N}^*$.

解　设 $u = \frac{1}{(x^2 + a^2)^n}, \mathrm{d}v = \mathrm{d}x$，则 $\mathrm{d}u = \frac{-2nx}{(x^2 + a^2)^{n+1}}\mathrm{d}x, v = x$，于是

$$I_n = \frac{x}{(x^2 + a^2)^n} + 2n\int \frac{x^2}{(x^2 + a^2)^{n+1}}\mathrm{d}x = \frac{x}{(x^2 + a^2)^n} + 2n\int \frac{(x^2 + a^2) - a^2}{(x^2 + a^2)^{n+1}}\mathrm{d}x$$

$$= \frac{x}{(x^2 + a^2)^n} + 2n\int \frac{1}{(x^2 + a^2)^n}\mathrm{d}x - 2na^2\int \frac{1}{(x^2 + a^2)^{n+1}}\mathrm{d}x$$

$$= \frac{x}{(x^2+a^2)^n} + 2nI_n - 2na^2 I_{n+1},$$

即得

$$I_{n+1} = \frac{1}{2na^2}\left[\frac{x}{(x^2+a^2)^n} + (2n-1)I_n\right].$$

将上式中的 n 换成 $n-1$，就得

$$I_n = \frac{1}{a^2}\left[\frac{1}{2(n-1)}\cdot\frac{x}{(x^2+a^2)^{n-1}} + \frac{2n-3}{2n-2}I_{n-1}\right](n\in\mathbf{N}^*, n>1).$$

这一公式把 I_n 的计算化为 I_{n-1} 的计算，而 $I_1 = \frac{1}{a}\arctan\frac{x}{a} + C$，所以对任意确定的 $n > 1$，由此公式都可求得 I_n.

习题 4.4

求下列不定积分：

1. $\int x\sin 2x\mathrm{d}x$；

2. $\int x\mathrm{e}^{-x}\mathrm{d}x$；

3. $\int \arccos x\mathrm{d}x$；

4. $\int \ln x\mathrm{d}x$；

5. $\int x\sin x\cos x\mathrm{d}x$；

6. $\int x\tan x\sec^4 x\mathrm{d}x$；

7. $\int \mathrm{e}^{\sin x}\cdot\sin 2x\mathrm{d}x$；

8. $\int \frac{\arcsin\sqrt{x}}{\sqrt{1-x}}\mathrm{d}x$；

9. $\int (\arcsin x)^2\mathrm{d}x$；

10. $\int x\ln^2 x\mathrm{d}x$；

11. $\int \frac{\ln x}{(1-x)^2}\mathrm{d}x$；

12. $\int x\ln(x-1)\mathrm{d}x$；

13. $\int x\ln\frac{1+x}{1-x}\mathrm{d}x$；

14. $\int \ln(x+\sqrt{1+x^2})\mathrm{d}x$；

15. $\int x^{-3}\arctan x\mathrm{d}x$；

16. $\int \frac{\arctan \mathrm{e}^x}{\mathrm{e}^x}\mathrm{d}x$；

17. $\int x^2\cos^2\frac{x}{2}\mathrm{d}x$；

18. $\int \frac{1-x^2}{1+x^2}\arctan x\mathrm{d}x$；

19. $\int \frac{x\mathrm{e}^x}{(x+1)^2}\mathrm{d}x$；

20. $\int \left(\ln\ln x + \frac{1}{\ln x}\right)\mathrm{d}x$；

21. $\int \mathrm{e}^{\sqrt{2x+1}}\mathrm{d}x$；

22. $\int \arctan(1+\sqrt{x})\mathrm{d}x$；

23. $\int\cos(\ln x)\mathrm{d}x$;　　　　24. $\int\frac{\mathrm{e}^{2\arctan x}}{(1+x^2)^{3/2}}\mathrm{d}x$.

第5节　两种特殊类型函数的积分

前面已经介绍了求不定积分的三种基本方法——分项积分法、换元积分法和分部积分法. 这一节简要讨论有理函数的积分及三角函数有理式的积分.

一、有理函数的积分

两个多项式的商 $\frac{P(x)}{Q(x)}$ 称为**有理函数**，又称为**有理分式**. 我们总假定分子多项式 $P(x)$ 与分母多项式 $Q(x)$ 之间是没有公因子的. 当分子多项式 $P(x)$ 的次数小于分母多项式 $Q(x)$ 的次数时，称这有理函数为**真分式**，否则称为**假分式**.

利用多项式的除法，总可以将一个假分式化成一个多项式与一个真分式之和的形式，例如第2节例7中的被积函数

$$\frac{3x^4+2x^2}{x^2+1}=3x^2-1-\frac{1}{x^2+1}.$$

依据代数学中关于部分分式的理论，任何真分式 $\frac{P(x)}{Q(x)}$ 都可以分解成若干简单的部分分式之和，归纳起来，主要有以下两点：

1. 分母 $Q(x)$ 中如果有因式 $(x-a)^k$，那么分解后含有以下 k 个部分分式的和：

$$\frac{A_1}{x-a}+\frac{A_2}{(x-a)^2}+\cdots+\frac{A_k}{(x-a)^k},$$

其中 $A_1,A_2,\cdots,A_k$ 为待定常数.

2. 分母 $Q(x)$ 中如果有因式 $(x^2+px+q)^k(p^2-4q<0)$，那么分解后含有以下 k 个部分分式的和：

$$\frac{M_1x+N_1}{x^2+px+q}+\frac{M_2x+N_2}{(x^2+px+q)^2}+\cdots+\frac{M_kx+N_k}{(x^2+px+q)^k},$$

其中 $M_1,M_2,\cdots,M_k,N_1,N_2,\cdots,N_k$ 都是待定常数.

下面举几个真分式积分的例子.

例1　求 $\int\frac{2x+5}{x^2+2x-3}\mathrm{d}x$.

解　被积函数的分母分解成 $(x-1)(x+3)$，故可设

$$\frac{2x+5}{x^2+2x-3}=\frac{A}{x-1}+\frac{B}{x+3},$$

其中 A,B 为待定常数.

上式两端去分母后,得

$$2x+5=A(x+3)+B(x-1).$$

到这一步后通常可用两种方法来求出待定常数.

第一种方法　因为这是恒等式,x 的同次幂的系数必须相等,于是有

$$\begin{cases}A+B=2,\\3A-B=5,\end{cases}$$

从而解得 $A=\frac{7}{4},B=\frac{1}{4}$.

第二种方法　因子 $(x-1)$ 和 $(x+3)$ 的存在启发我们用值 $x=1$ 和 $x=-3$ 代入,从而求出待定常数.

令 $x=1$,得 $A=\frac{7}{4}$;

令 $x=-3$,得 $B=\frac{1}{4}$.

同样得到

$$\frac{2x+5}{x^2+2x-3}=\frac{\frac{7}{4}}{x-1}+\frac{\frac{1}{4}}{x+3}.$$

所以

$$\int\frac{2x+5}{x^2+2x-3}\mathrm{d}x=\int\left(\frac{7}{4}\frac{1}{x-1}+\frac{1}{4}\frac{1}{x+3}\right)\mathrm{d}x=\frac{7}{4}\ln|x-1|+\frac{1}{4}\ln|x+3|+C.$$

例 2　求 $\int\frac{3x^2+2x-2}{x^3-1}\mathrm{d}x$.

解　被积函数的分母分解成 $(x-1)(x^2+x+1)$,故可设

$$\frac{3x^2+2x-2}{x^3-1}=\frac{A}{x-1}+\frac{Bx+C}{x^2+x+1},$$

则

$$3x^2+2x-2=A(x^2+x+1)+(Bx+C)(x-1),$$

即

$$3x^2+2x-2=(A+B)x^2+(A-B+C)x+A-C,$$

有

$$\begin{cases}A+B=3,\\A-B+C=2,\\A-C=-2,\end{cases}$$

解得 $A=1,B=2,C=3$.

于是

$$\begin{aligned}\int\frac{3x^2+2x-2}{x^3-1}\mathrm{d}x&=\int\frac{1}{x-1}\mathrm{d}x+\int\frac{2x+3}{x^2+x+1}\mathrm{d}x\\&=\int\frac{1}{x-1}\mathrm{d}x+\int\frac{2x+1}{x^2+x+1}\mathrm{d}x+2\int\frac{1}{x^2+x+1}\mathrm{d}x\\&=\int\frac{\mathrm{d}(x-1)}{x-1}+\int\frac{\mathrm{d}(x^2+x+1)}{x^2+x+1}+2\int\frac{\mathrm{d}\left(x+\frac{1}{2}\right)}{\left(x+\frac{1}{2}\right)^2+\left(\frac{\sqrt{3}}{2}\right)^2}\\&=\ln|x-1|+\ln|x^2+x+1|+\frac{2}{\frac{\sqrt{3}}{2}}\arctan\frac{x+\frac{1}{2}}{\frac{\sqrt{3}}{2}}+C\\&=\ln|x^3-1|+\frac{4\sqrt{3}}{3}\arctan\frac{2x+1}{\sqrt{3}}+C.\end{aligned}$$

例 3　求 $\int\frac{x-1}{x(x+1)^2}\mathrm{d}x$.

解　设

$$\frac{x-1}{x(x+1)^2}=\frac{A}{x}+\frac{B}{x+1}+\frac{C}{(x+1)^2},$$

则

$$x-1=A(x+1)^2+Bx(x+1)+Cx.$$

令 $x=0$, 得 $A=-1$; 令 $x=-1$, 得 $C=2$; 再任给一个 x 值,比如 $x=1$,得 $B=1$.

于是

$$\begin{aligned}\int\frac{x-1}{x(x+1)^2}\mathrm{d}x&=-\int\frac{1}{x}\mathrm{d}x+\int\frac{1}{x+1}\mathrm{d}x+2\int\frac{1}{(x+1)^2}\mathrm{d}x\\&=-\int\frac{1}{x}\mathrm{d}x+\int\frac{1}{x+1}\mathrm{d}(x+1)+2\int\frac{1}{(x+1)^2}\mathrm{d}(x+1)\\&=-\ln|x|+\ln|x+1|-\frac{2}{x+1}+C.\end{aligned}$$

对于有理函数的积分不要拘泥于分解方法,而应根据被积函数的特点灵活使用各种方法求出积分.特别当分母的多项式次数较高时,分解为简单部分分式不仅比较困难,而且也比较烦琐,此时应该首先考虑使用换元积分法等方法进行积分.

例 4 $\int \frac{1}{x(2+x^{10})}\mathrm{d}x$.

解 $$\int \frac{1}{x(2+x^{10})}\mathrm{d}x = \int \frac{x^9}{x^{10}(2+x^{10})}\mathrm{d}x = \frac{1}{10}\int \frac{1}{x^{10}(2+x^{10})}\mathrm{d}(x^{10})$$
$$= \frac{1}{20}\int \left(\frac{1}{x^{10}} - \frac{1}{2+x^{10}}\right)\mathrm{d}(x^{10})$$
$$= \frac{1}{20}\left[\int \frac{1}{x^{10}}\mathrm{d}(x^{10}) - \int \frac{1}{2+x^{10}}\mathrm{d}(2+x^{10})\right]$$
$$= \frac{1}{20}[\ln x^{10} - \ln(2+x^{10})] + C.$$

例 5 求 $\int \frac{1}{x^4+1}\mathrm{d}x$.

解 $$\int \frac{1}{x^4+1}\mathrm{d}x = \frac{1}{2}\int \frac{(1+x^2)+(1-x^2)}{x^4+1}\mathrm{d}x$$
$$= \frac{1}{2}\int \frac{1+x^2}{x^4+1}\mathrm{d}x + \frac{1}{2}\int \frac{1-x^2}{x^4+1}\mathrm{d}x$$
$$= \frac{1}{2}\int \frac{\mathrm{d}\left(x-\frac{1}{x}\right)}{\left(x-\frac{1}{x}\right)^2+(\sqrt{2})^2} - \frac{1}{2}\int \frac{\mathrm{d}\left(x+\frac{1}{x}\right)}{\left(x+\frac{1}{x}\right)^2-(\sqrt{2})^2}$$
$$= \frac{1}{2}\cdot\frac{1}{\sqrt{2}}\arctan\frac{x-\frac{1}{x}}{\sqrt{2}} - \frac{1}{2}\cdot\frac{1}{2\sqrt{2}}\ln\left|\frac{x+\frac{1}{x}-\sqrt{2}}{x+\frac{1}{x}+\sqrt{2}}\right| + C$$
$$= \frac{\sqrt{2}}{4}\arctan\frac{x^2-1}{\sqrt{2}x} - \frac{\sqrt{2}}{8}\ln\left|\frac{x^2-\sqrt{2}x+\sqrt{2}}{x^2+\sqrt{2}x+\sqrt{2}}\right| + C.$$

二、三角函数有理式的积分

所谓三角函数有理式是指由三角函数和常数经过有限次四则运算所构成的函数. 由于各种三角函数都可用 $\sin x$ 及 $\cos x$ 的有理式表示,所以三角函数有理式也就是 $\sin x$, $\cos x$ 的有理式,记作 $R(\sin x,\cos x)$, 其中 $R(u,v)$ 表示 u, v 的有理式.

下面举几个三角函数有理式积分的例子.

例 6 求 $\int \frac{\sin x}{1+\sin x+\cos x}\mathrm{d}x$.

解 由三角函数知道, $\sin x$ 与 $\cos x$ 都可以用 $\tan\frac{x}{2}$ 的有理式表示,即

$$\sin x = 2\sin\frac{x}{2}\cos\frac{x}{2} = \frac{2\tan\frac{x}{2}}{\sec^2\frac{x}{2}} = \frac{2\tan\frac{x}{2}}{1+\tan^2\frac{x}{2}},$$

$$\cos x = \cos^2\frac{x}{2} - \sin^2\frac{x}{2} = \frac{1-\tan^2\frac{x}{2}}{\sec^2\frac{x}{2}} = \frac{1-\tan^2\frac{x}{2}}{1+\tan^2\frac{x}{2}}.$$

如果作代换 $t = \tan\frac{x}{2}$，那么

$$\sin x = \frac{2t}{1+t^2}, \quad \cos x = \frac{1-t^2}{1+t^2},$$

而 $x = 2\arctan t$，则

$$\mathrm{d}x = \frac{2}{1+t^2}\mathrm{d}t.$$

于是

$$\begin{aligned}
\int\frac{\sin x}{1+\sin x+\cos x}\mathrm{d}x &= \int\frac{\frac{2t}{1+t^2}}{1+\frac{2t}{1+t^2}+\frac{1-t^2}{1+t^2}}\cdot\frac{2}{1+t^2}\mathrm{d}t \\
&= \int\frac{2t}{(1+t)(1+t^2)}\mathrm{d}t = \int\frac{(1+t)^2-(1+t^2)}{(1+t)(1+t^2)}\mathrm{d}t \\
&= \int\frac{1}{1+t^2}\mathrm{d}t + \int\frac{t}{1+t^2}\mathrm{d}t - \int\frac{1}{1+t}\mathrm{d}t \\
&= \arctan t + \frac{1}{2}\ln(1+t^2) - \ln|1+t| + C \\
&= \frac{x}{2} + \ln\left|\sec\frac{x}{2}\right| - \ln\left|1+\tan\frac{x}{2}\right| + C.
\end{aligned}$$

变量代换 $t = \tan\frac{x}{2}$ 对三角函数有理式积分都可以应用. 事实上，经变换 $t = \tan\frac{x}{2}$ 后，有

$$\int R(\sin x,\cos x)\mathrm{d}x = \int R\left(\frac{2t}{1+t^2},\frac{1-t^2}{1+t^2}\right)\cdot\frac{2}{1+t^2}\mathrm{d}t,$$

即化为 t 的有理函数的积分. 不过，化出的有理函数积分往往比较繁，因此这种代换不一定是最简捷的代换.

例 7　求 $\int\frac{\cos x\sin^3 x}{1+\cos^2 x}\mathrm{d}x$.

解 $\int \frac{\cos x \sin^3 x}{1+\cos^2 x}dx = -\int \frac{\cos x(1-\cos^2 x)}{1+\cos^2 x}d(\cos x)$

$$\xlongequal{\cos x = t} -\int \frac{t(1-t^2)}{1+t^2}dt = \int \frac{t^3+t-2t}{1+t^2}dt$$

$$= \int t dt - \int \frac{2t}{1+t^2}dt = \frac{1}{2}t^2 - \ln(1+t^2) + C$$

$$= \frac{1}{2}\cos^2 x - \ln(1+\cos^2 x) + C.$$

例 8 求 $\int \frac{1}{1+2\tan x}dx$.

解法 1 设 $\tan x = t$, 则 $x = \arctan t, dx = \frac{1}{1+t^2}dt$, 于是

$$\int \frac{1}{1+2\tan x}dx = \int \frac{1}{1+2t} \cdot \frac{1}{1+t^2}dt,$$

令

$$\frac{1}{(1+2t)(1+t^2)} = \frac{A}{1+2t} + \frac{Bt+C}{1+t^2}.$$

两端去分母后,得

$$1 = A(1+t^2) + (1+2t)(Bt+C),$$

或

$$1 = (A+2B)t^2 + (B+2C)t + A + C.$$

比较上式两端 x 的各同次幂的系数及常数项,有

$$\begin{cases} A+2B=0, \\ B+2C=0, \\ A+C=1, \end{cases}$$

解之得 $A = \frac{4}{5}, B = -\frac{2}{5}, C = \frac{1}{5}$, 则

$$\int \frac{1}{1+2\tan x}dx = \frac{4}{5}\int \frac{1}{1+2t}dt - \frac{2}{5}\int \frac{t}{1+t^2}dt + \frac{1}{5}\int \frac{1}{1+t^2}dt$$

$$= \frac{2}{5}\ln|1+2t| - \frac{1}{5}\ln(1+t^2) + \frac{1}{5}\arctan t + C$$

$$= \frac{2}{5}\ln\left|\frac{1+2t}{\sqrt{1+t^2}}\right| + \frac{1}{5}\arctan t + C$$

$$= \frac{2}{5}\ln\left|\frac{1+2\tan x}{\sec x}\right| + \frac{1}{5}x + C$$

$$= \frac{2}{5}\ln|\cos x + 2\sin x| + \frac{1}{5}x + C.$$

解法2 由 $\frac{1}{1+2\tan x} = \frac{\cos x}{\cos x + 2\sin x}$, 设

$$\begin{aligned}\cos x &= A(\cos x + 2\sin x) + B(\cos x + 2\sin x)' \\ &= (2A - B)\sin x + (A + 2B)\cos x,\end{aligned}$$

比较上式两端同类项的系数有

$$\begin{cases}2A - B = 0, \\ A + 2B = 1,\end{cases}$$

解之得 $A = \frac{1}{5}, B = \frac{2}{5}$.

于是

$$\begin{aligned}\int \frac{1}{1+2\tan x}\mathrm{d}x &= \frac{1}{5}\int \mathrm{d}x + \frac{2}{5}\int \frac{(\cos x + 2\sin x)'}{\cos x + 2\sin x}\mathrm{d}x \\ &= \frac{1}{5}x + \frac{2}{5}\ln|\cos x + 2\sin x| + C.\end{aligned}$$

解法3 由 $\int \frac{1}{1+2\tan x}\mathrm{d}x = \int \frac{\cos x}{\cos x + 2\sin x}\mathrm{d}x$, 设

$$I = \int \frac{\cos x}{\cos x + 2\sin x}\mathrm{d}x, \quad J = \int \frac{\sin x}{\cos x + 2\sin x}\mathrm{d}x,$$

则

$$I + 2J = \int \mathrm{d}x = x + C_1,$$

$$2I - J = \int \frac{2\cos x - \sin x}{\cos x + 2\sin x}\mathrm{d}x = \int \frac{\mathrm{d}(\cos x + 2\sin x)}{\cos x + 2\sin x} = \ln|\cos x + 2\sin x| + C_2,$$

由上两式解得

$$\int \frac{1}{1+2\tan x}\mathrm{d}x = I = \frac{1}{5}x + \frac{2}{5}\ln|\cos x + 2\sin x| + C.$$

在本章结束之前,我们还需指出:对于初等函数来说,它的原函数一定存在,但原函数不一定都是初等函数,有些表面上看来十分简单的函数,如 $\sin x^2$, e^{-x^2}, $\frac{\sin x}{x}$, $\frac{1}{\ln x}$, $\frac{1}{\sqrt{1+x^4}}$ 等,它们的原函数就都不是初等函数.以后遇到计算 $\int \mathrm{e}^{-x^2}\mathrm{d}x$ 这样的积分,我们就说是“积不出”的积分.

习题 4.5

求下列不定积分:

1. $\int \frac{x+1}{x^2-5x+6}dx$;

2. $\int \frac{4x^5}{x^4-1}dx$;

3. $\int \frac{x-3}{(x-1)(x^2-1)}dx$;

4. $\int \frac{x}{x^3-3x+2}dx$;

5. $\int \frac{x}{(x+1)^2(x^2+x+1)}dx$;

6. $\int \frac{x^4+1}{(x-1)(x^2+1)}dx$;

7. $\int \frac{x}{x^8-1}dx$;

8. $\int \frac{x}{x^4+2x^2+5}dx$;

9. $\int \frac{1+\sin x}{\sin x(1+\cos x)}dx$;

10. $\int \frac{1}{\sin 2x-2\sin x}dx$;

11. $\int \frac{1}{1+4\cos x}dx$;

12. $\int \frac{1}{2\sin x-\cos x+5}dx$;

13. $\int \frac{1+\sin x+\cos x}{1+\sin^2 x}dx$;

14. $\int \frac{\cos^4 x}{\sin x}dx$.

复习题四

一、单项选择题

1. 在下列等式中,正确的是(　　).

(A) $\int f'(x)dx = f(x)$　　(B) $\int df(x) = f(x)$

(C) $\frac{d}{dx}\int f(x)dx = f(x)$　　(D) $d\int f(x)dx = f(x)$

2. 若函数 $f(x)$ 的导函数是 $\sin x$, 则 $f(x)$ 的一个原函数为(　　).

(A) $1+\sin x$　　(B) $1-\sin x$

(C) $1+\cos x$　　(D) $1-\cos x$

3. 设函数 $f(x)$ 可导,且 $f(0)=1, f'(-\ln x)=x$, 则 $f(1)=$(　　).

(A) $2-e^{-1}$　　(B) $1-e^{-1}$　　(C) $1+e^{-1}$　　(D) e^{-1}

4. $\int \frac{dx}{3-4x}=$(　　).

(A) $-\frac{1}{4}\ln|3-4x|$　　(B) $\ln|3-4x|+C$

(C) $\frac{1}{4}\ln|3-4x|+C$　　(D) $-\frac{1}{4}\ln|3-4x|+C$

5. $\int\left(\frac{1}{\sin^2 x}+1\right)\mathrm{d}(\sin x)=$(　　).

(A) $-\cot x+x+C$　　(B) $-\cot x+\sin x+C$

(C) $-\frac{1}{\sin x}+\sin x+C$　　(D) $\frac{1}{\sin x}+\sin x+C$

6. 若 $\int f(x)\mathrm{d}x=F(x)+C$，则 $\int \mathrm{e}^{-2x}f(\mathrm{e}^{-2x})\mathrm{d}x=$(　　).

(A) $F(\mathrm{e}^{-2x})+C$　　(B) $-F(\mathrm{e}^{-2x})+C$

(C) $-2F(\mathrm{e}^{-2x})+C$　　(D) $-\frac{1}{2}F(\mathrm{e}^{-2x})+C$

7. 设 $\frac{4f(x)}{1-x^2}=\frac{\mathrm{d}}{\mathrm{d}x}[f^2(x)]$，且 $f(0)=0$，$f(x)\neq 0$，则 $f(x)=$(　　).

(A) $\frac{1+x}{1-x}$　　(B) $\frac{1-x}{1+x}$

(C) $\ln\left|\frac{1+x}{1-x}\right|$　　(D) $\ln\left|\frac{1-x}{1+x}\right|$

8. 设 $x^2\ln x$ 是 $f(x)$ 的一个原函数，则不定积分 $\int xf'(x)\mathrm{d}x=$(　　).

(A) $\frac{2}{3}x^3\ln x+\frac{1}{9}x^3+C$　　(B) $2x-x^2\ln x+C$

(C) $x^2\ln x+x^2+C$　　(D) $3x^2\ln x+x^2+C$

9. 已知 $f'(\sin x)=x$，则 $f(\sin x)=$(　　).

(A) $\frac{1}{2}x^2+C$　　(B) $x\sin x+\cos x+C$

(C) $x\sin x-\cos x+C$　　(D) $\sin x-x\cos x+C$

10. 设 $\int \mathrm{e}^x f(\mathrm{e}^x)\mathrm{d}x=\frac{1}{1+\mathrm{e}^{2x}}+C$，则 $\int \mathrm{e}^{2x}f(\mathrm{e}^x)\mathrm{d}x=$(　　).

(A) $\frac{\mathrm{e}^x}{1+\mathrm{e}^{2x}}+C$　　(B) $\frac{\mathrm{e}^x}{1+\mathrm{e}^{2x}}-\arctan \mathrm{e}^x+C$

(C) $\frac{\mathrm{e}^{2x}}{1+\mathrm{e}^{2x}}+C$　　(D) $\frac{\mathrm{e}^{2x}}{1+\mathrm{e}^{2x}}-\ln(1+\mathrm{e}^{2x})+C$

二、填空题

1. 已知 $f(x)$ 的一个原函数是 $\sin 2x$，则 $\int f'(x)\mathrm{d}x=$____________.

2. 若$f(x)=e^{-x}$, 则$\int f'(\ln x)dx=$__________________.

3. 设$f'(\sqrt{3x-1})=3x-1$, 且$f(0)=0$, 则$f(x)=$__________________.

4. 设$\int f'(x^3)dx=x^4-x+C$, 则$f(x)=$__________________.

5. $\int x^2(x^3+1)^{\frac{1}{5}}dx=$__________________.

6. $\int\frac{\tan x}{\sqrt{\cos x}}dx=$__________________.

7. 已知$f(x)=\frac{1}{\sqrt{x}}$, 则$\int xf'(x^2)dx=$__________________.

8. 设积分$\int xf(x)dx=\arcsin x+C$, 则$\int\frac{1}{f(x)}dx=$__________________.

9. $\int\frac{dx}{\sqrt{x(4-x)}}=$__________________.

10. $\int\frac{dx}{(2-x)\sqrt{1-x}}=$__________________.

11. $\int x^3e^{x^2}dx=$__________________.

12. $\int\frac{\ln x-1}{x^2}dx=$__________________.

三、解答题

1. 已知$f'(\sin^2x)=\cos 2x+\tan^2x$当$0<x<1$时,求$f(x)$.

2. 设$F(x)$是$f(x)$的一个原函数, $F(1)=\frac{\sqrt{2}}{4}\pi$. 若当$x>0$时,有

$$f(x)F(x)=\frac{\arctan\sqrt{x}}{\sqrt{x}(1+x)},$$

试求$f(x)$.

3. 求下列不定积分:

(1) $\int\frac{e^{3x}+e^x}{e^{4x}-e^{2x}+1}dx$;

(2) $\int\frac{\ln x}{x\sqrt{1+\ln x}}dx$;

(3) $\int\frac{\ln(x+1)-\ln x}{x(x+1)}dx$;

(4) $\int\frac{\ln(2+\sqrt{x})}{x+2\sqrt{x}}dx$;

(5) $\int\frac{1+x}{x(1+xe^x)}dx$;

(6) $\int\frac{x^{11}}{x^8+3x^4+2}dx$;

(7) $\int \frac{1}{2\sin^2 x + 3\cos^2 x}\mathrm{d}x$；

(8) $\int \frac{1}{\sin^4 x\cos^2 x}\mathrm{d}x$；

(9) $\int \frac{\sin x\cos x}{\sin^4 x + \cos^4 x}\mathrm{d}x$；

(10) $\int \frac{\cos x\sin x}{(1+\sin x)^2}\mathrm{d}x$；

(11) $\int \frac{\cos x}{\sqrt{2+\cos 2x}}\mathrm{d}x$；

(12) $\int \frac{1}{\sin x\cos^4 x}\mathrm{d}x$；

(13) $\int \frac{x^{\frac{1}{2}}}{1+x^{\frac{3}{4}}}\mathrm{d}x$；

(14) $\int \sqrt{\frac{x}{1-x\sqrt{x}}}\mathrm{d}x$；

(15) $\int \frac{x\mathrm{d}x}{\sqrt{1+x^2+\sqrt{(1+x^2)^3}}}$；

(16) $\int \frac{\mathrm{d}x}{(2x+1)\sqrt{3+4x-4x^2}}$；

(17) $\int \frac{x^2+1}{x\sqrt{1+x^2}}\mathrm{d}x$；

(18) $\int \frac{\mathrm{d}x}{(x+1)^3\sqrt{x^2+2x}}$；

(19) $\int \frac{1}{x\sqrt{1+x^4}}\mathrm{d}x$；

(20) $\int \frac{1}{x^2\sqrt{2x-4}}\mathrm{d}x$；

(21) $\int \frac{\ln(1+\mathrm{e}^x)}{\mathrm{e}^x}\mathrm{d}x$；

(22) $\int x\arctan\sqrt{x}\,\mathrm{d}x$；

(23) $\int \frac{x+\sin x}{1+\cos x}\mathrm{d}x$；

(24) $\int \mathrm{e}^x\frac{1+\sin x}{1+\cos x}\mathrm{d}x$；

(25) $\int \frac{x\mathrm{e}^x}{\sqrt{\mathrm{e}^x-2}}\mathrm{d}x$；

(26) $\int \frac{x\mathrm{e}^x}{(1+\mathrm{e}^x)^{\frac{3}{2}}}\mathrm{d}x$；

(27) $\int \frac{x\ln(1+x^2)}{(1+x^2)^2}\mathrm{d}x$；

(28) $\int \frac{\ln(x+\sqrt{1+x^2})}{(1+x^2)^{\frac{3}{2}}}\mathrm{d}x$；

(29) $\int \frac{x^3\arccos x}{\sqrt{1-x^2}}\mathrm{d}x$；

(30) $\int \frac{\arctan\mathrm{e}^{\frac{x}{2}}}{\mathrm{e}^{\frac{x}{2}}(1+\mathrm{e}^x)}\mathrm{d}x$.

4. 设 $I_n = \int \tan^n x\mathrm{d}x$（$n \geqslant 2$ 的正整数），试证：$I_n = \frac{1}{n-1}\tan^{n-1}x - I_{n-2}$.

5. 试建立 $I_n = \int \frac{1}{x^n\sqrt{x^2+1}}\mathrm{d}x$ 的递推公式.

第5章　定积分及其应用

两千年前,当希腊人试图用他们所说的穷竭法确定面积时,诞生了积分学.这个方法的基本思想十分简单,可简要地叙述为:给定一个要确定面积的区域,在这个区域内接一个多边形,使多边形区域近似于这个给定的区域,并且容易计算其面积.然后,选择另一个给出更好近似的多边形区域,并且继续这个过程.同时将多边形的边取得愈来愈多,试图穷尽这个给定的区域.这种方法可以用图5-1中的半圆形区域来说明,它被阿基米德(Archimedes,前287—前212)成功地用来求圆以及其他几个特殊图形面积的精确公式.

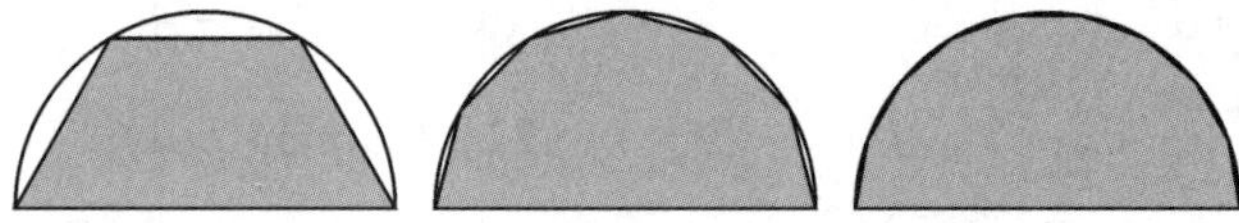

图5-1　应用于半圆形区域的穷竭法

在阿基米德给出穷竭法之后,几乎停顿了18个世纪,直到代数符号和技巧的使用成为数学的标准部分时,才使穷竭法得到了发展.穷竭法被逐渐地转移到现在称为积分学的课题上.这是一种有着大量应用的新的强有力的学科.这种应用不仅与面积和体积的几何问题有关,而且与其他学科中的问题有关.保留穷竭法的若干原始特征的这个数学分支,在17世纪获得了最大进展,这主要归功于牛顿(Newton,1642—1727)和莱布尼茨(Leibniz,1646—1716)的努力,而且它的发展一直延续到19世纪,直到柯西(Cauchy,1789—1857)、黎曼(Riemann,1826—1866)等人奠定了它稳固的数学基础.这一理论在现代数学中仍在获得进一步改进和扩展.

本章先从几何与运动问题出发引进定积分的定义,然后讨论它的性质、计算方法及应用.

第1节　定积分的概念与性质

一、定积分问题举例

1.曲边梯形的面积

在初等数学中,我们会计算三角形的面积,由此可以将多边形的面积用若干个三角形的面积和（图 5-2）来计算它．但我们不会计算一个由曲线围成的平面图形（图5-3）的面积．

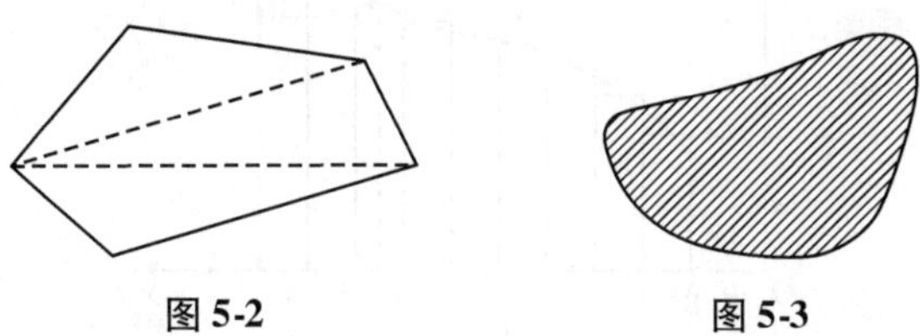

图 5-2　　　　图 5-3

从几何直观上来看，由曲线围成的图形的面积，往往可以化为两个曲边梯形的面积的差．所谓**曲边梯形**，是指这样的图形：它有三条边是直线段，其中两条互相平行，第三条与前两条垂直，叫作底边，第四条是一条曲线段，叫作**曲边**，任意一条垂直于底边的直线与这条曲边至多只交于一点．例如，图 5-4 中由曲线围成的图形的面积 S 可以化为曲边梯形的面积 S_1 和 S_2 的差，即 $S = S_1 - S_2$．

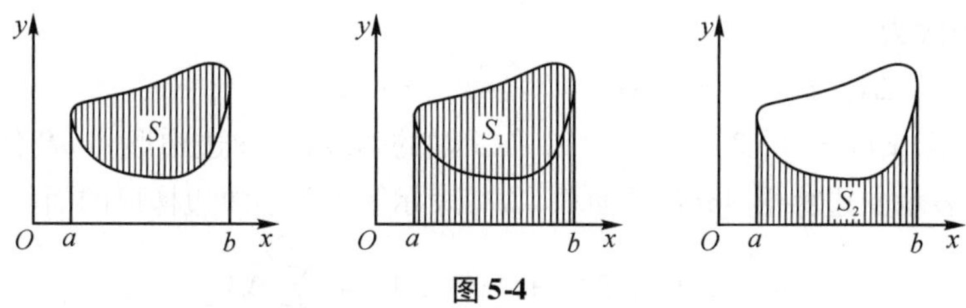

图 5-4

那么，如何计算曲边梯形的面积呢？退一步，先求近似值．例如，将曲边梯形分成一个个小的曲边梯形，而每一个小曲边梯形都可以近似看作一个小矩形（图 5-5），而曲边梯形的面积也就近似地看作若干个小矩形的面积之和．换句话说，这些小矩形的面积和就是所要求的曲边梯形面积的近似值．可以想象，如果分割得越多，近似程度就越高．这种方法就是阿基米德用过的穷竭法．

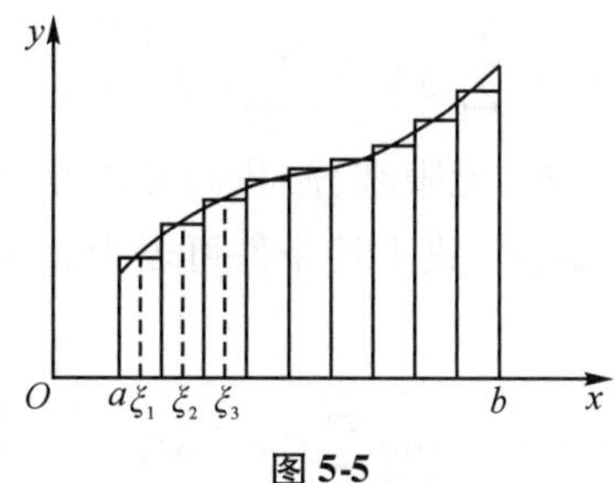

图 5-5

下面我们来讨论如何定义曲边梯形的面积以及它的计算法．

设曲边梯形是由连续曲线 $y = f(x)$ $(f(x) \geqslant 0)$，x 轴与两条直线 $x = a$，$x = b$ 所围成的（图 5-6）．

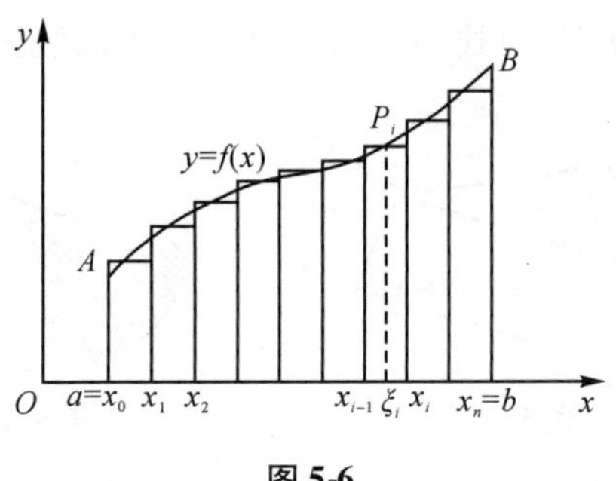

图 5-6

(1)**划分** 在区间 $[a, b]$ 中任意插入若干个分点

$$a = x_0 < x_1 < x_2 < \cdots < x_{n-1} < x_n = b,$$

把 $[a, b]$ 分成 n 个小区间

$$[x_0, x_1], [x_1, x_2], \cdots, [x_{n-1}, x_n],$$

它们的长度依次为

$$\Delta x_1 = x_1 - x_0, \Delta x_2 = x_2 - x_1, \cdots, \Delta x_n = x_n - x_{n-1}.$$

过每个分点 $x_i(i = 1, 2, \cdots, n-1)$ 作 x 轴的垂线,把曲边梯形 $AabB$ 分成 n 个小曲边梯形. 用 A 表示曲边梯形 $AabB$ 的面积, ΔA_i 表示第 i 个小曲边梯形的面积,则有

$$A = \Delta A_1 + \Delta A_2 + \cdots + \Delta A_n = \sum_{i=1}^{n} \Delta A_i.$$

(2)**近似** 在每个小区间 $[x_{i-1}, x_i](i = 1, 2, \cdots, n)$ 内任取一点 $\xi_i(x_{i-1} \leqslant \xi_i \leqslant x_i)$,过点 ξ_i 作 x 轴的垂线与曲边交点 $P_i(\xi_i, f(\xi_i))$, 以 Δx_i 为底、$f(\xi_i)$ 为高作矩形,取这个矩形的面积 $f(\xi_i)\Delta x_i$ 作为 ΔA_i 的近似值,即

$$\Delta A_i \approx f(\xi_i)\Delta x_i (i = 1, 2, \cdots, n).$$

(3)**求和** 将这样得到的 n 个小矩形的面积之和作为所求曲边梯形 A 的近似值,即

$$A = \sum_{i=1}^{n} \Delta A_i \approx \sum_{i=1}^{n} f(\xi_i)\Delta x_i.$$

(4)**逼近** 为了把区间 $[a, b]$ 无限细分,我们要求小区间长度中的最大值趋于零,如记 $\lambda = \max\{\Delta x_1, \Delta x_2, \cdots, \Delta x_n\}$, 则上述条件可表为 $\lambda \to 0$. 当 $\lambda \to 0$ 时,上述和式的极限即为曲边梯形的面积,即

$$A = \lim_{\lambda \to 0} \sum_{i=1}^{n} f(\xi_i)\Delta x_i.$$

2. 变速直线运动的路程

设某物体作直线运动,已知速度 $v = v(t)$ 是时间间隔 $[T_1, T_2]$ 上 t 的一个连续函数,且 $v(t) \geqslant 0$, 要计算在这段时间内物体所经过的路程.

我们知道,对于匀速直线运动,有公式:路程 = 速度 × 时间. 但是,在变速直线运动问题中,速度不是常量而是随时间变化的变量,因此,所求路程 s 不能直接按匀速直线运动的路程公式来计算. 物体运动的速度 $v = v(t)$ 是连续变化的,在很短一段时间内,速度的变化很小,近似于匀速,并且当时间间隔无限缩短时,速度的变化也无限减小. 因此,如果把时间间隔分小,在小段时间内,以匀速运动代替变速运动,那么,就可算出部分路程的近似值;再求和,得到整个路程的近似值;最后,通过对时间间隔无限细分的极限过程,就可以求得变速直线运动的路程的精确值.

具体计算步骤如下:

(1) **划分**　在时间间隔 $[T_1, T_2]$ 内任意插入若干个分点

$$T_1 = t_0 < t_1 < t_2 < \cdots < t_{n-1} < t_n = T_2,$$

把 $[T_1, T_2]$ 分成 n 个小段

$$[t_0, t_1], [t_1, t_2], \cdots, [t_{n-1}, t_n],$$

各小段时间的长依次为

$$\Delta t_1 = t_1 - t_0, \Delta t_2 = t_2 - t_1, \cdots, \Delta t_n = t_n - t_{n-1}.$$

相应地,在各段时间内物体经过的路程依次为

$$\Delta s_1, \Delta s_2, \cdots, \Delta s_n.$$

(2) **近似**　在时间间隔 $[t_{i-1}, t_i]$ 上任取一个时刻 $\tau_i (t_{i-1} \leqslant \tau_i \leqslant t_i)$, 以 τ_i 时的速度 $v(\tau_i)$ 来代替 $[t_{i-1}, t_i]$ 上各个时刻的速度,得到部分路程 Δs_i 的近似值,即

$$\Delta s_i \approx v(\tau_i)\Delta t_i (i = 1, 2, \cdots, n).$$

(3) **求和**　将这样得到的 n 段部分路程的近似值之和作为所求变速直线运动的路程 s 的近似值,即

$$s \approx v(\tau_1)\Delta t_1 + v(\tau_2)\Delta t_2 + \cdots + v(\tau_n)\Delta t_n = \sum_{i=1}^{n} v(\tau_i)\Delta t_i.$$

(4) **逼近**　记 $\lambda = \max\{\Delta t_1, \Delta t_2, \cdots, \Delta t_n\}$, 当 $\lambda \to 0$ 时,取上述和式的极限,即得变速直线运动的路程

$$s = \lim_{\lambda \to 0} \sum_{i=1}^{n} v(\tau_i)\Delta t_i.$$

二、定积分定义

从上面两个例子可以看到,虽然它们的实际背景不同,但最后都归结为具有相同结构的一种特定和的极限. 因此,有必要对这一问题在抽象的形式下进行研究. 这样就引出了定积分的概念.

定义　设 $f(x)$ 是定义在区间 $[a, b]$ 上的函数,用分点

$$a = x_0 < x_1 < x_2 < \cdots < x_{n-1} < x_n = b,$$

把 $[a,\ b]$ 分成 n 个小区间

$$[x_0,\ x_1],\ [x_1,\ x_2],\ \cdots,\ [x_{n-1},\ x_n],$$

各个小区间的长度依次为

$$\Delta x_1 = x_1 - x_0,\ \Delta x_2 = x_2 - x_1,\ \cdots,\ \Delta x_n = x_n - x_{n-1}.$$

在每个小区间 $[x_{i-1},\ x_i]$ 上任取一点 $\xi_i(x_{i-1} \leqslant \xi_i \leqslant x_i)$,作和式

$$\sigma = \sum_{i=1}^{n} f(\xi_i)\Delta x_i.$$

记 $\lambda = \max\{\Delta x_1,\ \Delta x_2,\ \cdots,\ \Delta x_n\}$,若当 $\lambda \to 0$ 时,和式极限存在,且此极限值不依赖于 ξ_i 的选择,也不依赖于对 $[a,\ b]$ 的分法,就称此极限值为 $f(x)$ 在 $[a,\ b]$ 上的**定积分**(简称**积分**),记作 $\int_a^b f(x)\mathrm{d}x$,即

$$\int_a^b f(x)\mathrm{d}x = \lim_{\lambda \to 0}\sum_{i=1}^{n} f(\xi_i)\Delta x_i,$$

其中 $f(x)$ 叫作**被积函数**,$f(x)\mathrm{d}x$ 叫作**被积表达式**,x 叫作**积分变量**,a 叫作**积分下限**,b 叫作**积分上限**,$[a,\ b]$ 叫作**积分区间**.

和式 σ 称为 $f(x)$ 的**积分和数**,因为在历史上是黎曼首先在一般形式给出这一定义,所以也称为**黎曼和数**.在上述意义下的定积分,也叫**黎曼积分**.

如果 $f(x)$ 在 $[a,\ b]$ 上的定积分存在,我们就说 $f(x)$ 在 $[a,\ b]$ 上**可积**(**黎曼可积**).

注意 (1)如果积分和式 $\sum_{i=1}^{n} f(\xi_i)\Delta x_i$ 的极限存在,则此极限值是个常数,它只与被积函数 $f(x)$ 以及积分区间 $[a,\ b]$ 有关.积分变量在积分的定义中不起本质的作用,如果把积分变量 x 改写成其他字母,例如 t 或 u,这时和的极限不变,也就是定积分的值不变,即

$$\int_a^b f(x)\mathrm{d}x = \int_a^b f(t)\mathrm{d}t = \int_a^b f(u)\mathrm{d}u.$$

所以,也就说定积分的值只与被积函数及积分区间有关,而与积分变量用什么符号表示无关.

(2)从定义可以得出以下的推断:若 $f(x)$ 在 $[a,\ b]$ 上可积,则 $f(x)$ 在 $[a,\ b]$ 上必定有界.这是因为若 $f(x)$ 在 $[a,\ b]$ 上无界,则这个函数至少会在其中某个小区间 $[x_{i-1},\ x_i]$ 上无界.因此,可在其上选取一点 ξ_i,而使 $f(\xi_i)\Delta x_i$ 大于预先给定的数,随之可使和数 σ 也如此,从而和式 $\sum_{i=1}^{n} f(\xi_i)\Delta x_i$ 就不可能有有限的极限.这就是说,在上述的黎曼积分意义下,无界函数一定不可积.在本章第 4 节中,我们将讨论无界函数的积分,在那里,积分是“反常”的黎曼积分.

什么样的函数才可积呢?在通常的微积分中,我们往往只考察连续函数的可积性.其实,黎曼积分就其本质来说,是对连续函数而言的.可以证明,黎曼可积的充要条件是

函数有界并且它的不连续点不能"太多". 这个问题我们不作深入讨论,而只给出以下两个充分条件.

定理 1　设$f(x)$在区间$[a, b]$上连续,则$f(x)$在$[a, b]$上可积.

定理 2　设$f(x)$在区间$[a, b]$上只有有限个第一类间断点(这种函数称为**分段连续函数**),则$f(x)$在$[a, b]$上可积.

利用定积分的定义,前面所讨论的两个实际问题可以分别表述如下:

曲边$y = f(x)(f(x) \geqslant 0)$,$x$轴及两条直线$x = a$,$x = b$所围成的曲边梯形的面积$A$等于函数$f(x)$在区间$[a, b]$上的定积分,即

$$A = \int_a^b f(x)\,\mathrm{d}x.$$

物体以变速$v = v(t)(v(t) \geqslant 0)$作直线运动,从时刻$t = T_1$到时刻$t = T_2$,这物体经过的路程$s$等于函数$v(t)$在区间$[T_1, T_2]$上的定积分,即

$$s = \int_{T_1}^{T_2} v(t)\,\mathrm{d}t.$$

下面我们再来看一下定积分的几何意义.

在$[a, b]$上$f(x) \geqslant 0$时,定积分$\int_a^b f(x)\,\mathrm{d}x$在几何上表示由曲线$f(x)$,两条直线$x = a$,$x = b$与$x$轴所围成的曲边梯形的面积;在$[a, b]$上$f(x) \leqslant 0$时,由曲线$f(x)$,两条直线$x = a$,$x = b$与$x$轴所围成的曲边梯形位于$x$轴下方,定积分$\int_a^b f(x)\,\mathrm{d}x$在几何上表示上述曲边梯形面积的负值;在$[a, b]$上$f(x)$既取得正值又取得负值时,函数$f(x)$的图形某些部分在$x$轴上方,而其他部分在$x$轴下方(图 5-7). 定积分$\int_a^b f(x)\,\mathrm{d}x$表示$x$轴上方图形面积之和减去$x$轴下方图形面积之和.

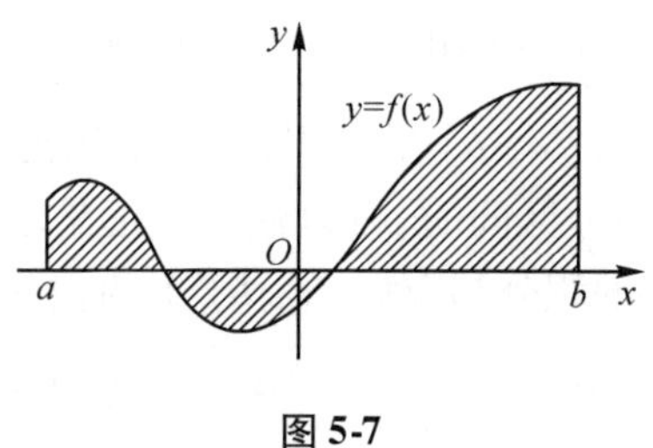

图 5-7

三、定积分的性质

为了以后计算及应用方便起见,对定积分作以下两点补充规定:

(1)当 $a > b$ 时,$\int_a^b f(x)\mathrm{d}x = -\int_b^a f(x)\mathrm{d}x$.

迄今,当使用符号 $\int_a^b$ 时,是认为下限 a 小于上限 b 的. 稍微扩展思想:考虑下限大于上限的积分是方便的. 于是就有了上面的规定. 由上式可知,交换定积分的上下限时,定积分的绝对值不变而符号相反.

(2) $\int_a^a f(x)\mathrm{d}x = 0$.

在规定(1)中令 $a = b$ 就可得到(2)这个结果.

下面讨论定积分的性质. 定积分各性质中积分上下限的大小,如不特别指明,均不加限制,并假定各性质中所列出的定积分都是存在的.

性质1 $\int_a^b [\alpha f(x) + \beta g(x)]\mathrm{d}x = \alpha\int_a^b f(x)\mathrm{d}x + \beta\int_a^b g(x)\mathrm{d}x$.

证 函数 $\alpha f(x) + \beta g(x)$ 在积分区间 $[a, b]$ 上的积分和数为

$$\sum_{i=1}^n [\alpha f(\xi_i) + \beta g(\xi_i)]\Delta x_i = \alpha\sum_{i=1}^n f(\xi_i)\Delta x_i + \beta\sum_{i=1}^n g(\xi_i)\Delta x_i,$$

根据极限运算的性质,有

$$\lim_{\lambda\to 0}\sum_{i=1}^n [\alpha f(\xi_i) + \beta g(\xi_i)]\Delta x_i = \alpha\lim_{\lambda\to 0}\sum_{i=1}^n f(\xi_i)\Delta x_i + \beta\lim_{\lambda\to 0}\sum_{i=1}^n g(\xi_i)\Delta x_i,$$

即

$$\int_a^b [\alpha f(x) + \beta g(x)]\mathrm{d}x = \alpha\int_a^b f(x)\mathrm{d}x + \beta\int_a^b g(x)\mathrm{d}x.$$

这一性质表明,定积分关于被积函数具有线性性质. 利用数学归纳法,线性性质能推广到有限多个函数的代数和的情形.

性质2 设 $a < c < b$,则 $\int_a^b f(x)\mathrm{d}x = \int_a^c f(x)\mathrm{d}x + \int_c^b f(x)\mathrm{d}x$.

证 因为函数 $f(x)$ 在区间 $[a, b]$ 上可积,所以不论把 $[a, b]$ 怎样分,积分和的极限总是不变的. 因此,我们在划分区间时,可以使 c 永远是个分点. 于是,$f(x)$ 在 $[a, b]$ 上的积分和数等于 $[a, c]$ 上的积分和数加 $[c, b]$ 上的积分和数,记为

$$\sum_{[a,\, b]} f(\xi_i)\Delta x_i = \sum_{[a,\, c]}{}' f(\xi_i)\Delta x_i + \sum_{[c,\, b]}{}'' f(\xi_i)\Delta x_i.$$

令 $\lambda \to 0$,上式两端同时取极限就得到

$$\int_a^b f(x)\mathrm{d}x = \int_a^c f(x)\mathrm{d}x + \int_c^b f(x)\mathrm{d}x.$$

这个性质表明定积分对于积分区间具有可加性.

按定积分的补充规定,不论 a,b,c 的相对位置如何,总有等式

$$\int_a^b f(x)\mathrm{d}x = \int_a^c f(x)\mathrm{d}x + \int_c^b f(x)\mathrm{d}x$$

成立. 例如,当 $a < b < c$ 时,由于

$$\int_a^c f(x)\mathrm{d}x = \int_a^b f(x)\mathrm{d}x + \int_b^c f(x)\mathrm{d}x,$$

于是得

$$\int_a^b f(x)\mathrm{d}x = \int_a^c f(x)\mathrm{d}x - \int_b^c f(x)\mathrm{d}x = \int_a^c f(x)\mathrm{d}x + \int_c^b f(x)\mathrm{d}x.$$

性质 3　如果在区间 $[a,\ b]$ 上 $f(x) \equiv 1$, 则 $\int_a^b 1\mathrm{d}x = \int_a^b \mathrm{d}x = b - a$.

证　$\int_a^b \mathrm{d}x = \lim\limits_{\lambda \to 0}\sum\limits_{i=1}^{n} 1 \cdot \Delta x_i = \lim\limits_{\lambda \to 0}(b - a) = b - a.$

性质 4　如果在区间 $[a,\ b]$ 上 $f(x) \geqslant 0$, 则 $\int_a^b f(x)\mathrm{d}x \geqslant 0$.

证　因为 $f(x) \geqslant 0$, 所以

$$f(\xi_i) \geqslant 0 (i = 1,\ 2,\ \cdots,\ n).$$

又由于 $\Delta x_i > 0 (i = 1,\ 2,\ \cdots,\ n)$, 因此

$$\sum_{i=1}^{n} f(\xi_i)\Delta x_i \geqslant 0,$$

令 $\lambda = \max\{\Delta x_1,\ \Delta x_2,\ \cdots,\ \Delta x_n\} \to 0$, 由极限保号性就得到

$$\int_a^b f(x)\mathrm{d}x \geqslant 0.$$

推论 1　如果在区间 $[a,\ b]$ 上 $f(x) \leqslant g(x)$, 则 $\int_a^b f(x)\mathrm{d}x \leqslant \int_a^b g(x)\mathrm{d}x$.

证　因为 $g(x) - f(x) \geqslant 0$, 由性质 4 得

$$\int_a^b [g(x) - f(x)]\mathrm{d}x \geqslant 0.$$

再利用性质 1,便得要证的不等式.

推论 2　$\left|\int_a^b f(x)\mathrm{d}x\right| \leqslant \int_a^b |f(x)|\mathrm{d}x (a < b)$.

证　因为

$$-|f(x)| \leqslant f(x) \leqslant |f(x)|,$$

所以由推论 1 及性质 1 可得

$$-\int_a^b |f(x)|\mathrm{d}x \leqslant \int_a^b f(x)\mathrm{d}x \leqslant \int_a^b |f(x)|\mathrm{d}x,$$

即

$$\left|\int_a^b f(x)\,\mathrm{d}x\right| \leqslant \int_a^b |f(x)|\,\mathrm{d}x.$$

推论3 设 M 及 m 分别是函数 $f(x)$ 在区间 $[a, b]$ 上的最大值及最小值,则

$$m(b-a) \leqslant \int_a^b f(x)\,\mathrm{d}x \leqslant M(b-a).$$

证 因为 $m \leqslant f(x) \leqslant M$, 所以由性质4推论1,得

$$\int_a^b m\,\mathrm{d}x \leqslant \int_a^b f(x)\,\mathrm{d}x \leqslant \int_a^b M\,\mathrm{d}x.$$

再由性质1及性质3,即得所要证的不等式.

这个推论说明,由被积函数在积分区间上的最大值与最小值可以估计积分值的大致范围.例如定积分 $\int_0^{\frac{1}{2}} \frac{1}{\sqrt{1-x^2}}\mathrm{d}x$, 它的被积函数 $f(x) = \frac{1}{\sqrt{1-x^2}}$ 在积分区间 $\left[0, \frac{1}{2}\right]$ 上是单调递增的,于是有最小值 $m = f(0) = 1$, 最大值 $M = f\left(\frac{1}{2}\right) = \frac{2\sqrt{3}}{3}$. 由性质4推论3,得

$$1 \times \left(\frac{1}{2} - 0\right) \leqslant \int_0^{\frac{1}{2}} \frac{1}{\sqrt{1-x^2}}\mathrm{d}x \leqslant \frac{2\sqrt{3}}{3}\left(\frac{1}{2} - 0\right),$$

即

$$\frac{1}{2} \leqslant \int_0^{\frac{1}{2}} \frac{1}{\sqrt{1-x^2}}\mathrm{d}x \leqslant \frac{\sqrt{3}}{3}.$$

性质5(定积分中值定理) 如果函数 $f(x)$ 在积分区间 $[a, b]$ 上连续,则在 $[a, b]$ 上至少存在一点 ξ, 使下式成立:

$$\int_a^b f(x)\,\mathrm{d}x = f(\xi)(b-a) \quad (a \leqslant \xi \leqslant b).$$

这个公式叫作**积分中值公式**.

证 因为 $f(x)$ 在 $[a, b]$ 上连续,所以 $f(x)$ 在 $[a, b]$ 上必能取到最小值 m 与最大值 M. 因此,当 $x \in [a, b]$ 时,有

$$m \leqslant f(x) \leqslant M.$$

利用性质4推论3,有

$$m(b-a) \leqslant \int_a^b f(x)\,\mathrm{d}x \leqslant M(b-a),$$

即

$$m \leqslant \frac{\int_a^b f(x)\,\mathrm{d}x}{b-a} \leqslant M.$$

这表明,确定的数值 $\dfrac{\int_a^b f(x)\,\mathrm{d}x}{b-a}$ 介于函数 $f(x)$ 的最小值 m 与最大值 M 之间. 根据闭区间连续函数的介值定理,在 $[a, b]$ 上至少存在着一点 ξ, 使得有

$$\frac{\int_a^b f(x)\,\mathrm{d}x}{b-a}=f(\xi),$$

两端各乘以 $b-a$, 就得到所要证的等式.

积分中值公式的几何解释是:在区间 $[a, b]$ 上至少存在一点 ξ, 使得以区间 $[a, b]$ 为底边,以曲线 $y=f(x)$ 为曲边的曲边梯形的面积等于同一底边而高为 $f(\xi)$ 的一个矩形的面积(图 5-8).

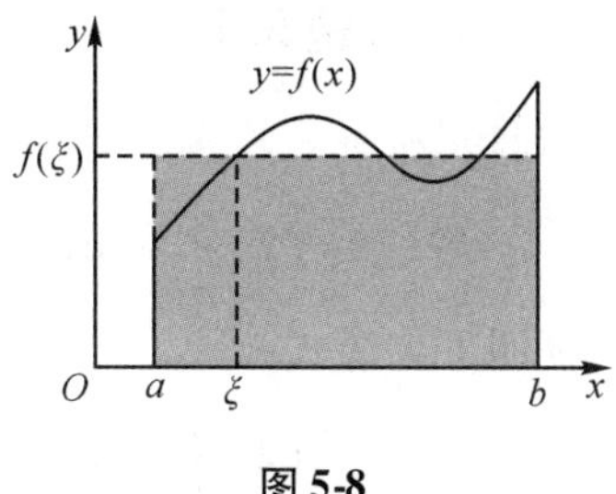

图 5-8

通常称 $\dfrac{\int_a^b f(x)\,\mathrm{d}x}{b-a}$ 为函数 $f(x)$ 在区间 $[a, b]$ 上的**平均值**,它是有限个数的平均值概念的拓广.

在科学工作中经常需要在相似条件下作若干次测量,然后计算平均值或中数,以便概括描述数据. 有许多实用的平均值形式,最普通的是算术平均. 如果 $a_1, a_2, \cdots, a_n$ 是 n 个实数,它们的算术平均 $\bar{a}$ 由公式

$$\bar{a}=\frac{1}{n}\sum_{i=1}^{n}a_i$$

定义. 如果数 a_i 是函数 $f(x)$ 在 n 个不同点处的值,比方说 $a_i=f(x_i)$, 那么

$$\frac{1}{n}\sum_{i=1}^{n}f(x_i)$$

是函数值 $f(x_1), f(x_2), \cdots, f(x_n)$ 的算术平均. 可以推广这一概念,以便不仅能计算 $f(x)$ 有限个值的平均值,而且能计算 $f(x)$ 当 x 取遍一个区间的所有值的平均值.

我们把区间 $[a, b]$ n 等分,分点是

$$a=x_0<x_1<x_2<\cdots<x_n=b,$$

每个子区间的长度为 $\Delta x_i = \dfrac{b-a}{n}$, 每一个分点 x_i 上的函数值是 $f(x_i)(i=1,2,\cdots,n)$, 则对应的 n 个函数值 $y_i=f(x_i)$ 的算术平均值为

$$\bar{y}_n = \frac{1}{n}\sum_{i=1}^{n} y_i = \frac{1}{b-a}\sum_{i=1}^{n} f(x_i)\cdot\frac{b-a}{n}.$$

显然,随着分点增密, $\bar{y}_n$ 就表示函数 $f(x)$ 在 $[a,b]$ 上更多个点处函数值的平均值. 令 $n\to\infty$, 那么 $\bar{y}_n$ 的极限值自然就定义为 $f(x)$ 在 $[a,b]$ 上的平均值 $\bar{y}$, 即

$$\bar{y} = \lim_{n\to\infty}\bar{y}_n = \frac{1}{b-a}\lim_{n\to\infty}\sum_{i=1}^{n} f(x_i)\cdot\frac{b-a}{n} = \frac{1}{b-a}\int_a^b f(x)\mathrm{d}x,$$

由此可见,积分中值公式实际上是算术平均概念的推广.

习题 5.1

1. 利用定积分的定义计算下列积分:

(1) $\int_0^1 x^2\mathrm{d}x$;　　(2) $\int_0^1 \mathrm{e}^x\mathrm{d}x$.

2. 利用定积分的几何意义,证明下列等式:

(1) $\int_0^1 2x\mathrm{d}x = 1$;　　(2) $\int_0^1 \sqrt{1-x^2}\mathrm{d}x = \dfrac{\pi}{4}$;

(3) $\int_{-\pi}^{\pi} \sin x\mathrm{d}x = 0$;　　(4) $\int_{-\frac{\pi}{2}}^{\frac{\pi}{2}} \cos x\mathrm{d}x = 2\int_0^{\frac{\pi}{2}} \cos x\mathrm{d}x$.

3. 估计下列各积分的值:

(1) $\int_{\frac{1}{\sqrt{3}}}^{\sqrt{3}} x\arctan x\mathrm{d}x$;　　(2) $\int_{\frac{\pi}{4}}^{\frac{\pi}{2}} \dfrac{\sin x}{x}\mathrm{d}x$;

(3) $\int_{-\frac{1}{\sqrt{2}}}^{\frac{1}{\sqrt{2}}} \mathrm{e}^{-x^2}\mathrm{d}x$.

4. 设 $f(x)$ 在 $[a,b]$ 上连续. 若在 $[a,b]$ 上, $f(x)\geqslant 0$, 且 $f(x)\not\equiv 0$, 证明: $\int_a^b f(x)\mathrm{d}x > 0$.

5. 根据定积分的性质及第 4 题的结论,说明下列各对积分哪一个的值较大:

(1) $\int_0^1 x^2\mathrm{d}x$ 还是 $\int_0^1 x^3\mathrm{d}x$?

(2) $\int_1^2 x^2\mathrm{d}x$ 还是 $\int_1^2 x^3\mathrm{d}x$?

(3) $\int_1^2 \ln x\mathrm{d}x$ 还是 $\int_1^2 \ln^2 x\mathrm{d}x$?

(4) $\int_0^1 x\mathrm{d}x$ 还是 $\int_0^1 \ln(1+x)\mathrm{d}x$?

6. 求 $\lim\limits_{x\to\infty}\int_x^{x+2} t\left(\sin\frac{3}{t}\right)f(t)\,\mathrm{d}t$，其中 $f(t)$ 可微，且已知 $\lim\limits_{t\to\infty}f(t)=1$.

7. 设 $f(x)$ 在 $[a,b]$ 上连续，$g(x)$ 在 $[a,b]$ 上连续且不变号. 证明至少存在一点 $\xi\in[a,b]$，使下式成立：

$$\int_a^b f(x)g(x)\,\mathrm{d}x=f(\xi)\int_a^b g(x)\,\mathrm{d}x\ (\text{积分第一中值定理}).$$

第 2 节　微积分基本公式

由于积分和数很难用简单形式表示出来，因此从求和式的极限来计算定积分，实际上是行不通的. 所以，我们必须寻求计算定积分的新办法.

先从实际问题中寻找解决问题的线索. 为此，我们对变速直线运动中的位置函数 $s(t)$ 与速度函数 $v(t)$ 之间的联系作进一步的考察.

由上节知道，物体在时间间隔 $[T_1,T_2]$ 内经过的路程是速度函数 $v(t)$ 在区间 $[T_1,T_2]$ 上的定积分 $\int_{T_1}^{T_2}v(t)\,\mathrm{d}t$；但是，这段路程又可以表示为位置函数 $s(t)$ 在区间 $[T_1,T_2]$ 上的增量 $s(T_2)-s(T_1)$. 所以，位置函数与速度函数之间应有关系

$$\int_{T_1}^{T_2}v(t)\,\mathrm{d}t=s(T_2)-s(T_1).$$

另一方面，我们已经知道 $s'(t)=v(t)$，即位置函数 $s(t)$ 是速度函数 $v(t)$ 的原函数. 于是在这个具体问题中，把积分 $\int_{T_1}^{T_2}v(t)\,\mathrm{d}t$ 用 $v(t)$ 的原函数 $s(t)$ 在区间 $[T_1,T_2]$ 上的增量 $s(T_2)-s(T_1)$ 表示了出来.

上述从变速直线运动的路程这个特殊问题中得出的关系在一定条件下具有普遍性. 我们将在第二目中证明：如果函数 $f(x)$ 在区间 $[a,b]$ 上连续，那么 $f(x)$ 在 $[a,b]$ 上的定积分就等于 $f(x)$ 的原函数在 $[a,b]$ 上的增量. 这就给定积分的计算提供了一个有效、简便的方法.

一、微积分第一基本定理

设函数 $f(x)$ 在闭区间 $[a,b]$ 上连续，并且设 x 为 $[a,b]$ 上的一点. 我们来考察 $f(x)$ 在部分区间 $[a,x]$ 上的定积分

$$\int_a^x f(x)\,\mathrm{d}x.$$

这里，x 既表示定积分的上限，又表示积分变量. 考虑到定积分与积分变量的记法无关，为了避免混淆，上面的定积分可以写成

$$\int_a^x f(t)\,\mathrm{d}t.$$

如果上限 x 在区间 $[a,\ b]$ 上任意变动,则对于每一个取定的 x 值,定积分有一个对应值,所以它在 $[a,\ b]$ 上定义了一个函数,记作 $G(x)$:

$$G(x) = \int_a^x f(t)\,\mathrm{d}t, \quad (a \leqslant x \leqslant b).$$

这个定积分通常称为**变上限积分**.在不同科学分支中出现的许多函数正是用这种方式产生的,即作为其他函数的定积分.

现在我们来研究在积分学和微分学之间存在的值得注意的联系.这两种方法之间关系有点类似于"平方和取平方根"之间含有的关系.如果我们平方一个正数,然后将其结果取正平方根,则我们又得到原来的数.类似地,如果我们对连续函数 $f(x)$ 进行积分运算,则得到一个新函数(变上限积分);当对这新函数求导时,则回到原来的函数 $f(x)$.这个结果称为微积分第一基本定理,它可叙述如下:

定理1(微积分第一基本定理) 如果函数 $f(x)$ 在区间 $[a,\ b]$ 上连续,则积分上限的函数

$$G(x) = \int_a^x f(t)\,\mathrm{d}t$$

在 $[a,\ b]$ 上可导,并且它的导数

$$G'(x) = \frac{\mathrm{d}}{\mathrm{d}x}\int_a^x f(t)\,\mathrm{d}t = f(x) \quad (a \leqslant x \leqslant b).$$

证 若 $x \in (a,\ b)$,只要 $x + \Delta x \in (a,\ b)$,则

$$\Delta G(x) = G(x+\Delta x) - G(x) = \int_a^{x+\Delta x} f(t)\,\mathrm{d}t - \int_a^x f(t)\,\mathrm{d}t$$
$$= \int_a^{x+\Delta x} f(t)\,\mathrm{d}t + \int_x^a f(t)\,\mathrm{d}t = \int_x^{x+\Delta x} f(t)\,\mathrm{d}t.$$

由积分中值定理知道,在 x 与 $x+\Delta x$ 之间必存在一点 ξ,使得

$$\int_x^{x+\Delta x} f(t)\,\mathrm{d}t = f(\xi)\Delta x,$$

于是

$$\frac{\Delta G(x)}{\Delta x} = \frac{1}{\Delta x}\int_x^{x+\Delta x} f(t)\,\mathrm{d}t = f(\xi).$$

由于假设 $f(x)$ 在 $[a,\ b]$ 上连续,而 $\Delta x \to 0$ 时,$x+\Delta x \to x$,因为 ξ 介于 x 与 $x+\Delta x$ 之间,所以这时必定有 $\xi \to x$.因此

$$\lim_{\Delta x\to 0}\frac{\Delta G(x)}{\Delta x} = \lim_{\xi\to x} f(\xi) = f(x).$$

若 $x = a$,取 $\Delta x > 0$,则同理可证 $G'_+(a) = f(a)$;若 $x = b$,取 $\Delta x < 0$,则同理可证

$G'_-(b)=f(b)$.

从定理 1 推知, $G(x)$ 是连续函数 $f(x)$ 的一个原函数. 因此,我们引出如下的原函数的存在定理.

定理 2　如果函数 $f(x)$ 在区间 $[a, b]$ 上连续,则函数

$$G(x)=\int_a^x f(t)\mathrm{d}t$$

就是 $f(x)$ 在 $[a, b]$ 的一个原函数.

例 1　设 $f(x)$ 在 $[a, b]$ 上连续,且 $f(x)>0$, $G(x)=\int_a^x f(t)\mathrm{d}t+\int_b^x \frac{1}{f(t)}\mathrm{d}t$. 试证:

(1) $G'(x)\geqslant 2$;

(2)方程 $G(x)=0$ 在 (a, b) 内有且仅有一个实根.

证　(1)由题设,并注意到 $f(x)>0$, 有

$$G'(x)=f(x)+\frac{1}{f(x)}\geqslant 2\sqrt{f(x)\cdot\frac{1}{f(x)}}=2.$$

(2)由于 $G(a)=\int_b^a \frac{1}{f(t)}\mathrm{d}t=-\int_a^b \frac{1}{f(t)}\mathrm{d}t<0$, $G(b)=\int_a^b f(t)\mathrm{d}t>0$. 故由零点定理知 $G(x)=0$ 在 (a, b) 内至少有一个根. 又由(1)知, $G(x)$ 在 $[a,b]$ 上单调增加,故 $G(x)=0$ 在 (a, b) 内仅有一个根.

例 2　求 $\lim\limits_{x\to 0}\dfrac{\int_{\cos x}^1 \mathrm{e}^{-t^2}\mathrm{d}t}{x^2}$.

解　由于 $\lim\limits_{x\to 0}\int_{\cos x}^1 \mathrm{e}^{-t^2}\mathrm{d}t=\int_{\cos 0}^1 \mathrm{e}^{-t^2}\mathrm{d}t=\int_1^1 \mathrm{e}^{-t^2}\mathrm{d}t=0$, 所以,所求极限是一个 $\frac{0}{0}$ 型的未定式. 我们利用洛必达法则来计算.

分子可写成

$$-\int_1^{\cos x}\mathrm{e}^{-t^2}\mathrm{d}t,$$

它是以 $\cos x$ 为上限的积分,作为 x 的函数可看成是以 $u=\cos x$ 为中间变量的复合函数,故有

$$\begin{aligned}\frac{\mathrm{d}}{\mathrm{d}x}\int_{\cos x}^1 \mathrm{e}^{-t^2}\mathrm{d}t&=-\frac{\mathrm{d}}{\mathrm{d}x}\int_1^{\cos x}\mathrm{e}^{-t^2}\mathrm{d}t=-\frac{\mathrm{d}}{\mathrm{d}u}\int_1^{u}\mathrm{e}^{-t^2}\mathrm{d}t\cdot\frac{\mathrm{d}u}{\mathrm{d}x}\\&=-\mathrm{e}^{-u^2}\cdot(-\sin x)=\sin x\mathrm{e}^{-\cos^2 x}.\end{aligned}$$

因此

$$\lim_{x\to 0}\frac{\int_{\cos x}^1 \mathrm{e}^{-t^2}\mathrm{d}t}{x^2}=\lim_{x\to 0}\frac{\sin x\mathrm{e}^{-\cos^2 x}}{2x}=\frac{1}{2\mathrm{e}}.$$

例 3 设$f(x)$为$[0,+\infty)$上的单调减少的连续函数,试证明:

$$\int_0^x (x^2-3t^2)f(t)\,dt \geqslant 0.$$

证 记$F(x)=\int_0^x (x^2-3t^2)f(t)\,dt$,则

$$F(x)=x^2\int_0^x f(t)\,dt-3\int_0^x t^2 f(t)\,dt,$$

$$F'(x)=2x\int_0^x f(t)\,dt+x^2f(x)-3x^2f(x)=2x\int_0^x f(t)\,dt-2x^2f(x).$$

由积分中值定理,存在$\xi\in[0,x]$,使得

$$\int_0^x f(t)\,dt=f(\xi)(x-0).$$

从而

$$F'(x)=2x^2[f(\xi)-f(x)].$$

由$f(x)$单调递减知$f(\xi)\geqslant f(x)$,故$F'(x)\geqslant 0(x>0)$,即$F(x)$在$[0,+\infty)$上单调增加.所以,当$x\in[0,+\infty)$时,有

$$F(x)\geqslant F(0)=0,\text{即}\int_0^x (x^2-3t^2)f(t)\,dt\geqslant 0.$$

二、微积分第二基本定理

微积分第一基本定理告诉我们,总能通过积分法构造一个连续函数的原函数.当我们把这一点与同一函数的两个原函数只能相差一个常数这一事实相结合时,就得到微积分第二基本定理.

定理 3(微积分第二基本定理) 如果函数$F(x)$是连续函数$f(x)$在区间$[a,b]$上的一个原函数,那么

$$\int_a^b f(x)\,dx=F(b)-F(a).$$

证 已知函数$F(x)$是连续函数$f(x)$的一个原函数,又根据定理 2 知道变上限积分

$$G(x)=\int_a^x f(t)\,dt$$

也是$f(x)$的一个原函数.于是这两个原函数之差$F(x)-G(x)$在$[a,b]$上必定是某个常数C,即

$$F(x)-G(x)=C\quad(a\leqslant x\leqslant b).$$

由上节定积分的补充规定(2)可知$G(a)=0$,于是有

$$\int_a^b f(x)\,dx=G(b)=G(b)-G(a)$$

$$= [F(b) + C] - [F(a) + C] = F(b) - F(a).$$

常常用记号 $F(x)\Big|_a^b$ 表示 $F(b) - F(a)$，于是公式又可写成

$$\int_a^b f(x)\mathrm{d}x = F(x)\Big|_a^b.$$

这个公式叫作**微积分基本公式**.

微积分第二基本定理告诉我们，如果知道了一个原函数的话，则只要用一个减法就能计算定积分的值. 因此，计算一个积分值的问题就转变成另一个问题——求 $f(x)$ 的原函数.

例 4 计算 $\int_0^1 x^2\mathrm{d}x$.

解 由于 $\frac{x^3}{3}$ 是 x^2 的一个原函数，所以按微积分基本公式，有

$$\int_0^1 x^2\mathrm{d}x = \frac{x^3}{3}\Big|_0^1 = \frac{1^3}{3} - \frac{0^3}{3} = \frac{1}{3}.$$

例 5 计算 $\int_{-1}^{\sqrt{3}} \frac{1}{1 + x^2}\mathrm{d}x$.

解 由于 $\arctan x$ 是 $\frac{1}{1 + x^2}$ 的一个原函数，所以

$$\int_{-1}^{\sqrt{3}} \frac{1}{1 + x^2}\mathrm{d}x = \arctan x\Big|_{-1}^{\sqrt{3}} = \arctan\sqrt{3} - \arctan(-1) = \frac{\pi}{3} - \left(-\frac{\pi}{4}\right) = \frac{7}{12}\pi.$$

例 6 设 $f(x) = \begin{cases} x^2, & x \in [0, 1), \\ x, & x \in [1, 2], \end{cases}$ 求 $\Phi(x) = \int_0^x f(t)\mathrm{d}t$ 在 $[0, 2]$ 上的表达式.

解 当 $0 \leqslant x < 1$ 时，

$$\Phi(x) = \int_0^x f(t)\mathrm{d}t = \int_0^x t^2\mathrm{d}t = \frac{1}{3}t^3\Big|_0^x = \frac{1}{3}x^3;$$

当 $1 \leqslant x \leqslant 2$ 时，

$$\Phi(x) = \int_0^x f(t)\mathrm{d}t = \int_0^1 f(t)\mathrm{d}t + \int_1^x f(t)\mathrm{d}t = \int_0^1 t^2\mathrm{d}t + \int_1^x t\mathrm{d}t$$

$$= \frac{1}{3}t^3\Big|_0^1 + \frac{1}{2}t^2\Big|_1^x = \frac{1}{2}x^2 - \frac{1}{6}.$$

所以

$$\Phi(x) = \begin{cases} \frac{1}{3}x^3, & x \in [0, 1), \\ \frac{1}{2}x^2 - \frac{1}{6}, & x \in [1, 2]. \end{cases}$$

例 7(定积分中值定理的内点性) 证明:若函数 $f(x)$ 在闭区间 $[a, b]$ 上连续,则在开区间 (a, b) 内至少存在一点 ξ, 使

$$\int_a^b f(x)\,\mathrm{d}x = f(\xi)(b-a) \quad (a < \xi < b).$$

证 因 $f(x)$ 连续,故它的原函数存在,设为 $F(x)$, 则有

$$\int_a^b f(x)\,\mathrm{d}x = F(b) - F(a).$$

显然函数 $F(x)$ 在区间 $[a, b]$ 上满足拉格朗日中值定理的条件,因此,在开区间 (a, b) 内至少存在一点 ξ, 使

$$F(b) - F(a) = F'(\xi)(b-a), \xi \in (a, b).$$

即

$$\int_a^b f(x)\,\mathrm{d}x = f(\xi)(b-a), \xi \in (a, b).$$

例 8 设 $f(x)$ 在 $[0, 1]$ 上可导,且 $f(1) = \int_0^1 \mathrm{e}^{1-x^2} f(x)\,\mathrm{d}x$. 证明:存在 $\xi \in (0, 1)$, 使 $f'(\xi) = 2\xi f(\xi)$.

证 由积分中值定理的内点性,存在 $c \in (0, 1)$, 使得

$$f(1) = \mathrm{e}^{1-c^2} f(c)(1-0), \text{ 即 } \mathrm{e}^{-1} f(1) = \mathrm{e}^{-c^2} f(c).$$

令 $F(x) = \mathrm{e}^{-x^2} f(x)$, 则 $F(1) = F(c)$. 由罗尔定理,存在 $\xi \in (c, 1) \subset (0, 1)$, 使得 $F'(\xi) = 0$, 即

$$\mathrm{e}^{-\xi^2} f'(\xi) - 2\xi \mathrm{e}^{-\xi^2} f(\xi) = 0, \text{ 或 } f'(\xi) = 2\xi f(\xi).$$

习题 5.2

1. 当 x 为何值时,函数 $I(x) = \int_0^x t\mathrm{e}^{-t^2}\,\mathrm{d}t$ 有极值.

2. 设 $f(x)$ 连续且满足 $\int_0^{x^2(1+x)} f(t)\,\mathrm{d}t = x$, 求 $f(2)$.

3. 求由 $\int_0^{y^2} \mathrm{e}^t\,\mathrm{d}t = \int_0^x \ln\cos t\,\mathrm{d}t$ 所决定的隐函数对 x 的导数 $\frac{\mathrm{d}y}{\mathrm{d}x}$.

4. 设 $f(x) = \int_0^{\sin^2 x} \arcsin\sqrt{t}\,\mathrm{d}t + \int_0^{\cos^2 x} \arccos\sqrt{t}\,\mathrm{d}t, 0 \leqslant x \leqslant \frac{\pi}{2}$,试求 $f(x)$.

5. 设函数 $\varphi(x) = \int_0^x \frac{\ln(1-t)}{t}\,\mathrm{d}t$ 在 $-1 < x < 1$ 有意义,证明:

$$\varphi(x) + \varphi(-x) = \frac{1}{2}\varphi(x^2).$$

6. 求 $\frac{\mathrm{d}}{\mathrm{d}x}\int_{x^2}^{x^3}\frac{\mathrm{d}t}{\sqrt{1+t^4}}$.

7. 已知 $f(x)$ 在 $(-\infty, +\infty)$ 连续，且 $f(0)=2$，求 $\int_{\sin x}^{x^2} f(t)\mathrm{d}t$ 在点 $x=0$ 处的导数.

8. 求下列极限：

(1) $\lim\limits_{x\to 0}\frac{\int_0^x \cos t^2 \mathrm{d}t}{x}$；

(2) $\lim\limits_{x\to 0}\frac{\left(\int_0^x \mathrm{e}^{t^2}\mathrm{d}t\right)^2}{\int_0^x t\mathrm{e}^{2t^2}\mathrm{d}t}$；

(3) $\lim\limits_{x\to\infty}\frac{1}{x}\int_0^x (1+t^2)\mathrm{e}^{t^2-x^2}\mathrm{d}t$；

(4) $\lim\limits_{x\to 0}\frac{\int_0^{x^2} t\mathrm{e}^t \mathrm{d}t}{\int_0^x x^2 \sin t\mathrm{d}t}$.

9. 计算下列各定积分：

(1) $\int_1^3 (x^2-3x+5)\mathrm{d}x$；

(2) $\int_1^2 \left(x^2+\frac{1}{x^4}\right)\mathrm{d}x$；

(3) $\int_{-2}^{-1}\frac{1}{x}\mathrm{d}x$；

(4) $\int_{-1}^{0}\frac{3x^4+3x^2+1}{x^2+1}\mathrm{d}x$；

(5) $\int_0^{\frac{\pi}{4}}\tan^2\theta\mathrm{d}\theta$；

(6) $\int_0^{\pi}\sqrt{1+\cos 2x}\mathrm{d}x$；

(7) 求 $\int_0^2 \sqrt{x^3-2x^2+x}\mathrm{d}x$；

(8) 求 $\int_{-3}^{2}\min(2, x^2)\mathrm{d}x$.

10. 已知 $f(x)=\begin{cases}\sin x, & |x|<\frac{\pi}{2},\\ 0, & |x|\geqslant\frac{\pi}{2},\end{cases}$ 求 $I(x)=\int_0^x f(t)\mathrm{d}t$.

11. 设 $f(x)$ 在 $[a, b]$ 上可积，证明：$G(x)=\int_a^x f(t)\mathrm{d}t$ 在 $[a, b]$ 上连续.

12. 设函数 $f(x)$ 在 $[0, 1]$ 上连续，且 $f(x)<1$，证明：方程 $2x-\int_0^x f(t)\mathrm{d}t=1$ 在 $(0, 1)$ 内只有一个实根.

13. 设 $f(x)$ 在 $(0, +\infty)$ 内连续且 $f(x)>0$，证明：函数 $\varphi(x)=\frac{\int_0^x tf(t)\mathrm{d}t}{\int_0^x f(t)\mathrm{d}t}$ 在 $(0, +\infty)$ 内为单调增加函数.

14. 设 $f(x)$ 是 $[a, b]$ 上的正值连续函数，则在 (a, b) 内至少存在一点 ξ，使

$$\int_a^{\xi} f(x)\,\mathrm{d}x = \int_{\xi}^{b} f(x)\,\mathrm{d}x = \frac{1}{2}\int_a^b f(x)\,\mathrm{d}x.$$

15. 设单减非负函数 $f(x)$ 在 $[0, b]$ 上连续, $0 < a < b$, 证明:

$$b\int_0^a f(x)\,\mathrm{d}x \geqslant a\int_a^b f(x)\,\mathrm{d}x.$$

第 3 节　定积分的换元法和分部积分法

微积分基本公式架起了联系微分与定积分的桥梁,它把函数 $f(x)$ 在区间 $[a, b]$ 上的定积分转化为求 $f(x)$ 的原函数在 $[a, b]$ 上的增量,从而能很方便地将定积分计算出来. 在第 4 章中,我们知道用换元积分法和分部积分法可以求出一些函数的原函数. 因此,在一定条件下,也可以在定积分的计算中应用换元积分法和分部积分法.

一、定积分的换元法

为了说明如何用换元法计算定积分,先证明下面的定理.

定理　设函数 $f(x)$ 在区间 $[a, b]$ 上连续,函数 $x = \varphi(t)$ 满足条件:

(1) $\varphi(t)$ 在区间 $[\alpha, \beta]$ 上有连续导数;

(2) 当 t 在区间 $[\alpha, \beta]$ 上变化时, $x = \varphi(t)$ 的值在 $[a, b]$ 上变化,且 $\varphi(\alpha) = a$, $\varphi(\beta) = b$, 那么

$$\int_a^b f(x)\,\mathrm{d}x = \int_{\alpha}^{\beta} f[\varphi(t)]\varphi'(t)\,\mathrm{d}t.$$

这个公式叫作定积分的**换元公式**.

注　当 $\varphi(t)$ 的值域超出 $[a, b]$, 但 $\varphi(t)$ 满足其余条件时,只要 $f(x)$ 在 $\varphi(t)$ 的值域上连续,则定理的结论仍然成立.

证　由假设可以知道,上式两边的被积函数都是连续的,因此,不仅上式两边的定积分存在,而且由上节的定理 2 知道,被积函数的原函数也都存在,所以只要证明它们相等就可以了.

设 $F(x)$ 是 $f(x)$ 的一个原函数,则

$$\int_a^b f(x)\,\mathrm{d}x = F(b) - F(a).$$

另一方面,记 $G(t) = F[\varphi(t)]$, 则由复合函数求导法则,得

$$G'(t) = \frac{\mathrm{d}F}{\mathrm{d}x}\frac{\mathrm{d}x}{\mathrm{d}t} = f(x)\cdot\varphi'(t) = f[\varphi(t)]\varphi'(t).$$

这表明 $G(t)$ 是 $f[\varphi(t)]\varphi'(t)$ 的一个原函数. 因此,有

$$\int_{\alpha}^{\beta} f[\varphi(t)]\varphi'(t)\,\mathrm{d}t = G(\beta) - G(\alpha).$$

又由 $G(t)=F[\varphi(t)]$ 及 $\varphi(\alpha)=a,\varphi(\beta)=b$ 可知

$$G(\beta)-G(\alpha)=F[\varphi(\beta)]-F[\varphi(\alpha)]=F(b)-F(a).$$

所以

$$\int_a^b f(x)\mathrm{d}x=F(b)-F(a)=G(\beta)-G(\alpha)=\int_\alpha^\beta f[\varphi(t)]\varphi'(t)\mathrm{d}t.$$

这就证明了换元公式.

应用换元公式时有两点值得注意:(1)用 $x=\varphi(t)$ 把原来变量 x 代换成新变量 t 时,积分限也要换成相应于新变量 t 的积分限;(2)求出 $f[\varphi(t)]\varphi'(t)$ 的一个原函数 $G(t)$ 后,不必像计算不定积分那样再把 $G(t)$ 变换成原来变量 x 的函数,而只要把新变量 t 的上、下限分别代入 $G(t)$ 中然后相减就行了.

例 1　计算 $\int_0^a\sqrt{a^2-x^2}\mathrm{d}x(a>0)$.

解　设 $x=a\sin t$, 则 $\mathrm{d}x=a\cos t\mathrm{d}t$, 当 $x=0$ 时,取 $t=0$; 当 $x=a$ 时,取 $t=\frac{\pi}{2}$. 于是

$$\int_0^a\sqrt{a^2-x^2}\mathrm{d}x=a^2\int_0^{\frac{\pi}{2}}\cos^2t\mathrm{d}t=\frac{a^2}{2}\int_0^{\frac{\pi}{2}}(1+\cos2t)\mathrm{d}t$$

$$=\frac{a^2}{2}\left(t+\frac{1}{2}\sin2t\right)\bigg|_0^{\frac{\pi}{2}}=\frac{1}{4}\pi a^2.$$

注意　如果当 $x=0$ 时,取 $t=0$; 当 $x=a$ 时,取 $t=\frac{5\pi}{2}$. 则

$$\int_0^a\sqrt{a^2-x^2}\mathrm{d}x=a^2\int_0^{\frac{5\pi}{2}}\cos^2t\mathrm{d}t=\frac{a^2}{2}\left(t+\frac{1}{2}\sin2t\right)\bigg|_0^{\frac{5\pi}{2}}=\frac{5}{4}\pi a^2.$$

那么这种做法有错吗?

从几何意义看,积分 $\int_0^a\sqrt{a^2-x^2}\mathrm{d}x(a>0)$ 是圆 $x^2+y^2\leqslant a^2$ 面积的四分之一,积分值应是 $\frac{1}{4}\pi a^2$, 故上面的结果不对. 错在哪里? 是不是积分限变错了? 不是的,根据定积分的换元法,积分限这样变是允许的. 让我们再深入一步检查,在引进新变量 t 以后,选择了 t 相应的取值区间 $\left[0,\frac{5}{2}\pi\right]$,但这个区间内, $\cos t$ 的值有正也有负,因此,应有 $\sqrt{1-\sin^2t}=|\cos t|$, 而不应是 $\cos t$. 这就是问题之所在. 所以正确的做法如下:

$$\int_0^a\sqrt{a^2-x^2}\mathrm{d}x=a^2\int_0^{\frac{5\pi}{2}}|\cos t|\cos t\mathrm{d}t$$

$$=a^2\int_0^{\frac{\pi}{2}}\cos^2t\mathrm{d}t-a^2\int_{\frac{\pi}{2}}^{\frac{3\pi}{2}}\cos^2t\mathrm{d}t+a^2\int_{\frac{3\pi}{2}}^{\frac{5\pi}{2}}\cos^2t\mathrm{d}t=\frac{1}{4}\pi a^2.$$

定积分换元时,不必要 $x = \varphi(t)$ 有反函数,因此,$\varphi(t)$ 不一定要在相应的变化区间上单调. 如例 1 选 $x = \sin t, t \in \left[0, \frac{5}{2}\pi\right]$,在这个区间上 $\sin t$ 并不单调,但同样能得出结果. 例 1 同时也说明,如果我们选取它的单调区间 $t \in \left[0, \frac{\pi}{2}\right]$,那么做起来简单且不易出错. 所以,在定积分换元时,我们总是尽可能选取变换的单调区间.

换元公式也可反过来使用. 为使用方便起见,把换元公式中左右两边对调地位,同时把 t 改记为 x,而 x 改记为 t,得

$$\int_\alpha^\beta f[\varphi(x)]\varphi'(x)\mathrm{d}t = \int_a^b f(t)\mathrm{d}t.$$

这样,我们可用 $t = \varphi(x)$ 来引入新变量,而 $\alpha = \varphi(a), \beta = \varphi(b)$.

例 2 计算 $\int_0^{\frac{1}{\sqrt{2}}} \frac{x}{\sqrt{1 - x^4}}\mathrm{d}x$.

解 设 $t = x^2$,则 $\mathrm{d}t = 2x\mathrm{d}x$,且当 $x = 0$ 时,$t = 0$;当 $x = \frac{1}{\sqrt{2}}$ 时,$t = \frac{1}{2}$. 于是

$$\int_0^{\frac{1}{\sqrt{2}}} \frac{x}{\sqrt{1 - x^4}}\mathrm{d}x = \frac{1}{2}\int_0^{\frac{1}{2}} \frac{1}{\sqrt{1 - t^2}}\mathrm{d}t = \frac{1}{2}\arcsin t \Big|_0^{\frac{1}{2}} = \frac{\pi}{12}.$$

在例 2 中,如果我们不明显地写出新变量 t,那么定积分的上、下限就不要变更. 现在用这种记法计算如下:

$$\int_0^{\frac{1}{\sqrt{2}}} \frac{x}{\sqrt{1 - x^4}}\mathrm{d}x = \frac{1}{2}\int_0^{\frac{1}{\sqrt{2}}} \frac{1}{\sqrt{1 - (x^2)^2}}\mathrm{d}(x^2) = \frac{1}{2}\arcsin x^2 \Big|_0^{\frac{1}{\sqrt{2}}} = \frac{1}{2}\left(\frac{\pi}{6} - 0\right) = \frac{\pi}{12}.$$

例 3 计算 $\int_0^\pi \sqrt{\sin\theta - \sin^3\theta}\,\mathrm{d}\theta$.

解

$$\begin{aligned}\int_0^\pi \sqrt{\sin\theta - \sin^3\theta}\,\mathrm{d}\theta &= \int_0^\pi |\cos\theta| \sqrt{\sin\theta}\,\mathrm{d}\theta \\ &= \int_0^{\frac{\pi}{2}} \cos\theta \sqrt{\sin\theta}\,\mathrm{d}\theta + \int_{\frac{\pi}{2}}^\pi (-\cos\theta)\sqrt{\sin\theta}\,\mathrm{d}\theta \\ &= \int_0^{\frac{\pi}{2}} \sqrt{\sin\theta}\,\mathrm{d}(\sin\theta) - \int_{\frac{\pi}{2}}^\pi \sqrt{\sin\theta}\,\mathrm{d}(\sin\theta) \\ &= \frac{2}{3}\sin^{\frac{3}{2}}\theta \Big|_0^{\frac{\pi}{2}} - \frac{2}{3}\sin^{\frac{3}{2}}\theta \Big|_{\frac{\pi}{2}}^\pi = \frac{4}{3}.\end{aligned}$$

例 4 计算 $\int_{-1}^1 \frac{x}{\sqrt{5 - 4x}}\mathrm{d}x$.

解 设 $\sqrt{5 - 4x} = t$,则 $x = \frac{1}{4}(5 - t^2)$,$\mathrm{d}x = -\frac{1}{2}t\mathrm{d}t$,且当 $x = -1$ 时,$t = 3$;当

$x=1$ 时, $t=1$. 于是

$$\int_{-1}^{1}\frac{x}{\sqrt{5-4x}}\mathrm{d}x=\int_{3}^{1}\frac{\frac{1}{4}(5-t^2)}{t}\cdot\left(-\frac{1}{2}t\mathrm{d}t\right)=\frac{1}{8}\int_{1}^{3}(5-t^2)\mathrm{d}t$$

$$=\frac{1}{8}\left(5t-\frac{1}{3}t^3\right)\Big|_1^3=\frac{1}{8}\left[(15-9)-\left(5-\frac{1}{3}\right)\right]=\frac{1}{6}.$$

例 5　计算 $\int_0^{\ln5}\frac{\mathrm{e}^x\sqrt{\mathrm{e}^x-1}}{\mathrm{e}^x+3}\mathrm{d}x$.

解　设 $\sqrt{\mathrm{e}^x-1}=t$, 则 $\mathrm{e}^x=1+t^2,\mathrm{d}x=\frac{2t}{1+t^2}\mathrm{d}t$, 且当 $x=0$ 时, $t=0$; 当 $x=\ln5$ 时, $t=2$. 于是

$$\int_0^{\ln5}\frac{\mathrm{e}^x\sqrt{\mathrm{e}^x-1}}{\mathrm{e}^x+3}\mathrm{d}x=\int_0^2\frac{(1+t^2)t}{(1+t^2)+3}\cdot\frac{2t}{1+t^2}\mathrm{d}t=\int_0^2\frac{2t^2}{4+t^2}\mathrm{d}t$$

$$=2\int_0^2\left(1-\frac{4}{4+t^2}\right)\mathrm{d}t=2\left(t-2\arctan\frac{t}{2}\right)\Big|_0^2=4-\pi.$$

例 6　设 $f(x)$ 在 $[-a,a]$ 上连续,证明:

(1) 若 $f(x)$ 为偶函数,则 $\int_{-a}^{a}f(x)\mathrm{d}x=2\int_0^a f(x)\mathrm{d}x$;

(2) 若 $f(x)$ 为奇函数,则 $\int_{-a}^{a}f(x)\mathrm{d}x=0$.

证　因为

$$\int_{-a}^{a}f(x)\mathrm{d}x=\int_{-a}^{0}f(x)\mathrm{d}x+\int_0^a f(x)\mathrm{d}x,$$

对积分 $\int_{-a}^{0}f(x)\mathrm{d}x$ 作代换 $x=-t$, 则得

$$\int_{-a}^{0}f(x)\mathrm{d}x=\int_a^0 f(-t)(-\mathrm{d}t)=\int_0^a f(-t)\mathrm{d}t=\int_0^a f(-x)\mathrm{d}x.$$

于是

$$\int_{-a}^{a}f(x)\mathrm{d}x=\int_0^a f(-x)\mathrm{d}x+\int_0^a f(x)\mathrm{d}x=\int_0^a[f(x)+f(-x)]\mathrm{d}x.$$

(1) 若 $f(x)$ 为偶函数,则 $f(x)+f(-x)=2f(x)$, 从而

$$\int_{-a}^{a}f(x)\mathrm{d}x=2\int_0^a f(x)\mathrm{d}x.$$

(2) 若 $f(x)$ 为奇函数,则 $f(x)+f(-x)=0$, 从而

$$\int_{-a}^{a}f(x)\mathrm{d}x=0.$$

利用例 6 的结论,常可简化计算偶函数、奇函数在关于原点对称的区间上的定积分.

例 7 若$f(x)$在$[0, 1]$上连续,证明:

$$\int_0^{\frac{\pi}{2}} f(\sin x)\,dx = \int_0^{\frac{\pi}{2}} f(\cos x)\,dx.$$

证 设$x = \frac{\pi}{2} - t$,则$dx = -dt$,且当$x = 0$时,$t = \frac{\pi}{2}$;当$x = \frac{\pi}{2}$时,$t = 0$. 于是

$$\int_0^{\frac{\pi}{2}} f(\sin x)\,dx = \int_{\frac{\pi}{2}}^0 f\left[\sin\left(\frac{\pi}{2} - x\right)\right](-dt) = \int_0^{\frac{\pi}{2}} f(\cos t)\,dt = \int_0^{\frac{\pi}{2}} f(\cos x)\,dx.$$

例 8 设$f(x)$为连续函数,证明:

$$\int_0^{\pi} x f(\sin x)\,dx = \frac{\pi}{2}\int_0^{\pi} f(\sin x)\,dx,$$

并计算$\int_0^{\pi} \frac{x\sin x}{1 + \cos^2 x}dx$.

解 设$x = \pi - t$,则$dx = -dt$,且$x = 0$时,$t = \pi$;当$x = \pi$时,$t = 0$. 于是

$$\int_0^{\pi} x f(\sin x)\,dx = -\int_{\pi}^{0} (\pi - t) f[\sin(\pi - t)]\,dt = \int_0^{\pi} (\pi - t) f(\sin t)\,dt$$

$$= \pi\int_0^{\pi} f(\sin t)\,dt - \int_0^{\pi} t f(\sin t)\,dt = \pi\int_0^{\pi} f(\sin x)\,dx - \int_0^{\pi} x f(\sin x)\,dx,$$

所以

$$\int_0^{\pi} x f(\sin x)\,dx = \frac{\pi}{2}\int_0^{\pi} f(\sin x)\,dx.$$

利用上述结论,即得

$$\int_0^{\pi} \frac{x\sin x}{1 + \cos^2 x}dx = \frac{\pi}{2}\int_0^{\pi} \frac{\sin x}{1 + \cos^2 x}dx = -\frac{\pi}{2}\int_0^{\pi} \frac{1}{1 + \cos^2 x}d(\cos x)$$

$$= -\frac{\pi}{2}\arctan(\cos x)\Big|_0^{\pi} = -\frac{\pi}{2}\left(-\frac{\pi}{4} - \frac{\pi}{4}\right) = \frac{\pi^2}{4}.$$

例 9 设$f(x)$是以T为周期的连续函数,证明:$\int_a^{a+T} f(x)\,dx$的值与a的选择无关.

证 $\int_a^{a+T} f(x)\,dx = \int_a^0 f(x)\,dx + \int_0^T f(x)\,dx + \int_T^{a+T} f(x)\,dx.$

对积分$\int_T^{a+T} f(x)\,dx$作代换$x = t + T$,则得

$$\int_T^{a+T} f(x)\,dx = \int_0^a f(t + T)\,dt = -\int_a^0 f(t)\,dt = -\int_a^0 f(x)\,dx.$$

于是

$$\int_a^{a+T} f(x)\,dx = \int_a^0 f(x)\,dx + \int_0^T f(x)\,dx - \int_a^0 f(x)\,dx = \int_0^T f(x)\,dx,$$

此即说明 $\int_{a}^{a+T} f(x)\,\mathrm{d}x$ 的值与 a 的选择无关.

例 10　计算 $\int_{0}^{N\pi} \sqrt{1-\sin 2x}\,\mathrm{d}x$，其中 N 为正整数.

解　因为被积函数 $\sqrt{1-\sin 2x}$ 是周期为 π 的函数，利用上题的结论，有

$$\begin{aligned}\int_{0}^{N\pi} \sqrt{1-\sin 2x}\,\mathrm{d}x &= N\int_{0}^{\pi} \sqrt{1-\sin 2x}\,\mathrm{d}x = N\int_{0}^{\pi} |\sin x-\cos x|\,\mathrm{d}x \\ &= N\left[\int_{0}^{\frac{\pi}{4}} (\cos x-\sin x)\,\mathrm{d}x + \int_{\frac{\pi}{4}}^{\pi} (\sin x-\cos x)\,\mathrm{d}x\right] \\ &= N\left[(\sin x+\cos x)\Big|_{0}^{\frac{\pi}{4}} - (\cos x+\sin x)\Big|_{\frac{\pi}{4}}^{\pi}\right] = 2\sqrt{2}N.\end{aligned}$$

例 11　设函数 $f(x)$ 连续，且 $\int_{0}^{x} tf(2x-t)\,\mathrm{d}t = \ln(1+x^4)$，已知 $f(1)=1$，求 $\int_{1}^{2} f(x)\,\mathrm{d}x$.

解　设 $u=2x-t$，则 $t=2x-u$，$\mathrm{d}t=-\mathrm{d}u$，则

$$\int_{0}^{x} tf(2x-t)\,\mathrm{d}t = -\int_{2x}^{x} (2x-u)f(u)\,\mathrm{d}u = 2x\int_{x}^{2x} f(u)\,\mathrm{d}u - \int_{x}^{2x} uf(u)\,\mathrm{d}u.$$

于是

$$2x\int_{x}^{2x} f(u)\,\mathrm{d}u - \int_{x}^{2x} uf(u)\,\mathrm{d}u = \ln(1+x^4).$$

上式两边对 x 求导，得

$$2\int_{x}^{2x} f(u)\,\mathrm{d}u + 2x[f(2x)\cdot 2-f(x)] - [2xf(2x)\cdot 2 - xf(x)] = \frac{1}{1+x^4}\cdot 4x^3,$$

即

$$2\int_{x}^{2x} f(u)\,\mathrm{d}u = xf(x) + \frac{4x^3}{1+x^4}.$$

令 $x=1$，得 $2\int_{1}^{2} f(u)\,\mathrm{d}u = f(1)+2$，于是

$$\int_{1}^{2} f(x)\,\mathrm{d}x = \frac{3}{2}.$$

例 12　设函数 $f(x)=\begin{cases}\dfrac{1}{1+x}, & x \geqslant 0,\\[2mm] \dfrac{1}{1+\mathrm{e}^x}, & x<0,\end{cases}$ 计算 $\int_{0}^{2} f(x-1)\,\mathrm{d}x$.

解　设 $x-1=t$，则 $\mathrm{d}x=\mathrm{d}t$，且当 $x=0$ 时，$t=-1$；当 $x=2$ 时，$t=1$. 于是

$$\int_0^2 f(x-1)\,dx = \int_{-1}^1 f(t)\,dt = \int_{-1}^1 f(x)\,dx = \int_{-1}^0 \frac{1}{1+e^x}dx + \int_0^1 \frac{1}{1+x}dx$$
$$= \int_{-1}^0 \left(1 - \frac{e^x}{1+e^x}\right)dx + \int_0^1 \frac{1}{1+x}dx$$
$$= [x - \ln(1+e^x)]\Big|_{-1}^0 + \ln(1+x)\Big|_0^1 = 1 + \ln(1+e^{-1}).$$

二、定积分的分部积分法

依据不定积分的分部积分法,可得

$$\int_a^b u(x)v'(x)\,dx = \left[\int u(x)v'(x)\,dx\right]\Big|_a^b$$
$$= \left[u(x)v(x) - \int v(x)u'(x)\,dx\right]\Big|_a^b$$
$$= [u(x)v(x)]\Big|_a^b - \int_a^b v(x)u'(x)\,dx,$$

简记作

$$\int_a^b u\,dv = (uv)\Big|_a^b - \int_a^b v\,du.$$

这就是**定积分的分部积分公式**.

例 13 计算 $\int_0^{\frac{1}{2}} x\ln\frac{1+x}{1-x}dx$.

解
$$\int_0^{\frac{1}{2}} x\ln\frac{1+x}{1-x}dx = \frac{1}{2}\int_0^{\frac{1}{2}} \ln\frac{1+x}{1-x}d(x^2)$$
$$= \frac{1}{2}x^2\ln\frac{1+x}{1-x}\Big|_0^{\frac{1}{2}} - \frac{1}{2}\int_0^{\frac{1}{2}} x^2\left(\frac{1}{1+x} + \frac{1}{1-x}\right)dx$$
$$= \frac{1}{8}\ln 3 + \int_0^{\frac{1}{2}}\left(1 + \frac{1}{x^2-1}\right)dx$$
$$= \frac{1}{8}\ln 3 + \frac{1}{2} + \frac{1}{2}\ln\left|\frac{x-1}{x+1}\right|\Big|_0^{\frac{1}{2}} = \frac{1}{2} - \frac{3}{8}\ln 3.$$

例 14 计算 $\int_{\frac{1}{2}}^1 e^{\sqrt{2x-1}}dx$.

解 先用换元法. 设 $\sqrt{2x-1} = t$, 则 $x = \frac{1}{2}(t^2+1)$, $dx = t\,dt$, 且当 $x = \frac{1}{2}$ 时, $t = 0$; 当 $x = 1$ 时, $t = 1$. 于是

$$\int_{\frac{1}{2}}^1 e^{\sqrt{2x-1}}dx = \int_0^1 e^t \cdot t\,dt = \int_0^1 t\,d(e^t) = te^t\Big|_0^1 - \int_0^1 e^t\,dt = e - e^t\Big|_0^1 = 1.$$

例 15　计算 $\int_0^1 xf(x)\,\mathrm{d}x$，其中 $f(x)=\int_1^{x^2}\mathrm{e}^{-x^2}\mathrm{d}x$.

解　$\int_0^1 xf(x)\,\mathrm{d}x=\frac{1}{2}\int_0^1 f(x)\,\mathrm{d}(x^2)=\frac{1}{2}x^2f(x)\Big|_0^1-\frac{1}{2}\int_0^1 x^2f'(x)\,\mathrm{d}x$

$$=0-\frac{1}{2}\int_0^1 x^2\cdot\mathrm{e}^{-(x^2)^2}\cdot 2x\mathrm{d}x=\frac{1}{4}\int_0^1\mathrm{e}^{-x^4}\mathrm{d}(-x^4)$$

$$=\frac{1}{4}\mathrm{e}^{-x^4}\Big|_0^1=\frac{1}{4}\left(\frac{1}{\mathrm{e}}-1\right).$$

例 16　已知 $f(0)=1, f(2)=3, f'(2)=5$，试计算 $\int_0^1 xf''(2x)\,\mathrm{d}x$.

解　$\int_0^1 xf''(2x)\,\mathrm{d}x=\frac{1}{2}\int_0^1 x\mathrm{d}[f'(2x)]=\frac{1}{2}\left[xf'(2x)\Big|_0^1-\int_0^1 f'(2x)\,\mathrm{d}x\right]$

$$=\frac{1}{2}\left[f'(2)-\frac{1}{2}f(2x)\Big|_0^1\right]=\frac{1}{2}\left[f'(2)-\frac{1}{2}f(2)+\frac{1}{2}f(0)\right]$$

$$=\frac{1}{2}\left(5-\frac{1}{2}\times 3+\frac{1}{2}\times 1\right)=2.$$

例 17　证明定积分公式

$$I_n=\int_0^{\frac{\pi}{2}}\sin^n x\mathrm{d}x\left(=\int_0^{\frac{\pi}{2}}\cos^n x\mathrm{d}x\right)=\begin{cases}\frac{n-1}{n}\cdot\frac{n-3}{n-2}\cdot\cdots\cdot\frac{3}{4}\cdot\frac{1}{2}\cdot\frac{\pi}{2}, & n\text{ 为正偶数},\\ \frac{n-1}{n}\cdot\frac{n-3}{n-2}\cdot\cdots\cdot\frac{4}{5}\cdot\frac{2}{3}, & n\text{ 为大于 1 的正奇数}.\end{cases}$$

证　$I_n=-\int_0^{\frac{\pi}{2}}\sin^{n-1}x\mathrm{d}(\cos x)$

$$=-\sin^{n-1}x\cos x\Big|_0^{\frac{\pi}{2}}+\int_0^{\frac{\pi}{2}}\cos x\cdot(n-1)\sin^{n-2}x\cos x\mathrm{d}x$$

$$=0+(n-1)\int_0^{\frac{\pi}{2}}\sin^{n-2}x(1-\sin^2 x)\,\mathrm{d}x$$

$$=(n-1)I_{n-2}-(n-1)I_n,$$

于是得递推公式

$$I_n=\frac{n-1}{n}I_{n-2}.$$

如果把 n 换成 $n-2$，则得

$$I_{n-2}=\frac{n-3}{n-2}I_{n-4}.$$

同样地依次进行下去，直到 I_n 的下标递减到 0 或 1 为止. 于是

(1) 当 n 为正偶数时，

$$I_n=\frac{n-1}{n}I_{n-2}=\frac{n-1}{n}\cdot\frac{n-3}{n-2}I_{n-4}=\cdots$$

$$=\frac{n-1}{n}\cdot\frac{n-3}{n-2}\cdot\cdots\cdot\frac{3}{4}\cdot\frac{1}{2}I_0=\frac{n-1}{n}\cdot\frac{n-3}{n-2}\cdot\cdots\cdot\frac{3}{4}\cdot\frac{1}{2}\int_0^{\frac{\pi}{2}}\mathrm{d}x$$

$$=\frac{n-1}{n}\cdot\frac{n-3}{n-2}\cdot\cdots\cdot\frac{3}{4}\cdot\frac{1}{2}\cdot\frac{\pi}{2}.$$

(2)当 n 为大于 1 的正奇数时,

$$I_n=\frac{n-1}{n}\cdot\frac{n-3}{n-2}\cdot\cdots\cdot\frac{4}{5}\cdot\frac{2}{3}I_1=\frac{n-1}{n}\cdot\frac{n-3}{n-2}\cdot\cdots\cdot\frac{4}{5}\cdot\frac{2}{3}\int_0^{\frac{\pi}{2}}\sin x\mathrm{d}x$$

$$=\frac{n-1}{n}\cdot\frac{n-3}{n-2}\cdot\cdots\cdot\frac{4}{5}\cdot\frac{2}{3}.$$

至于定积分 $\int_0^{\frac{\pi}{2}}\cos^n x\mathrm{d}x$ 与 $\int_0^{\frac{\pi}{2}}\sin^n x\mathrm{d}x$ 相等,由本节例 7 即可知道,证毕.

习题 5.3

1. 计算下列定积分:

(1) $\int_{-2}^{1}\frac{1}{(11+5x)^3}\mathrm{d}x$;

(2) $\int_{-2}^{0}\frac{2x+4}{x^2+4x+5}\mathrm{d}x$;

(3) $\int_0^{\frac{\pi}{2}}\cos^5 x\sin x\mathrm{d}x$;

(4) $\int_0^{\pi}(1-\sin^3\theta)\mathrm{d}\theta$;

(5) $\int_{\frac{1}{e}}^{e}\frac{|\ln x|}{x}\mathrm{d}x$;

(6) $\int_0^1\frac{1}{e^x+e^{-x}}\mathrm{d}x$;

(7) $\int_{\frac{\pi}{4}}^{\frac{\pi}{2}}\sqrt{\cos x-\cos^3 x}\,\mathrm{d}x$;

(8) $\int_{-\frac{\pi}{4}}^{0}\frac{\mathrm{d}x}{\cos^2 x(\tan x-1)}$;

(9) $\int_0^4\frac{x+2}{\sqrt{2x+1}}\mathrm{d}x$;

(10) $\int_1^6\frac{x}{\sqrt{3x-2}}\mathrm{d}x$;

(11) $\int_0^{\ln 2}\sqrt{e^x-1}\,\mathrm{d}x$;

(12) $\int_1^2\frac{1}{x(1+x^n)}\mathrm{d}x$;

(13) $\int_0^2 x^3\sqrt{4-x^2}\,\mathrm{d}x$;

(14) $\int_0^{\frac{1}{2}}\frac{x^2}{\sqrt{1-x^2}}\mathrm{d}x$;

(15) $\int_1^{\sqrt{3}}\frac{1}{x^2\sqrt{1+x^2}}\mathrm{d}x$;

(16) $\int_{\sqrt{2}}^{2}\frac{1}{x\sqrt{x^2-1}}\mathrm{d}x$;

(17) $\int_{e^{\frac{\sqrt{3}}{3}}}^{e^{\sqrt{3}}}\frac{1}{x\ln x\sqrt{1+\ln^2 x}}\mathrm{d}x$;

(18) $\int_0^3\frac{x^2}{(x^2-3x+3)^2}\mathrm{d}x$;

(19) $\int_{-\frac{\pi}{4}}^{\frac{\pi}{4}} \frac{x^7 - 3x^5 + 7x^3 - x + 1}{\cos^2 x}\mathrm{d}x$；　(20) $\int_{-1}^{1} \frac{2x^3 + 5x + 2}{\sqrt{1 - x^2}}\mathrm{d}x$；

(21) $\int_{-\frac{\pi}{4}}^{\frac{\pi}{4}} \frac{\cos x}{1 + \mathrm{e}^{-x}}\mathrm{d}x$；　(22) $\int_{-\frac{\pi}{4}}^{\frac{\pi}{4}} \frac{1}{1 + \sin x}\mathrm{d}x$.

2. 设函数 $f(x) = \begin{cases} x\mathrm{e}^{-x^2}, & x \geqslant 0, \\ \dfrac{1}{1 + \cos x}, & x < 0, \end{cases}$ 计算 $\int_1^4 f(x - 2)\mathrm{d}x$.

3. 设 $f(x) = \int_1^x \frac{2\ln u}{1 + u}\mathrm{d}u, x > 0$，试求 $f(x) + f\left(\frac{1}{x}\right)$.

4. 对于实数 $x > 0$，定义对数函数如下：

$$\ln x = \int_1^x \frac{1}{t}\mathrm{d}t.$$

依此定义，试证：(1) $\ln\frac{1}{x} = -\ln x\ (x > 0)$；(2) $\ln(xy) = \ln x + \ln y\ (x > 0, y > 0)$.

5. 设 $f(x)$ 在 $[a, b]$ 上连续，证明：

$$\int_a^b f(x)\mathrm{d}x = (b - a)\int_0^1 f[a + (b - a)x]\mathrm{d}x.$$

6. 已知 $f(x)$ 是连续函数，求证 $\int_0^{2a} f(x)\mathrm{d}x = \int_0^a [f(x) + f(2a - x)]\mathrm{d}x$. 并利用此式计算 $\int_0^{\pi} \frac{x\sin x}{1 + \cos^2 x}\mathrm{d}x$.

7. 若 $f(x)$ 在 $[0, 1]$ 上连续，证明：$\int_0^{\pi} f(\sin x)\mathrm{d}x = 2\int_0^{\frac{\pi}{2}} f(\sin x)\mathrm{d}x$.

8. 证明：(1) 连续的奇函数的原函数都是偶函数；(2) 连续的偶函数的原函数只有一个是奇函数.

9. 计算下列定积分：

(1) $\int_0^{\ln 2} x\mathrm{e}^{-x}\mathrm{d}x$；　(2) $\int_1^{\mathrm{e}} x\ln x\mathrm{d}x$；

(3) $\int_0^{\frac{1}{2}} \arctan 2x\mathrm{d}x$；　(4) $\int_0^1 x\arcsin x\mathrm{d}x$；

(5) $\int_0^{\frac{\pi}{2}} x^2\sin x\mathrm{d}x$；　(6) $\int_0^{\frac{\pi}{2}} \frac{x + \sin x}{1 + \cos x}\mathrm{d}x$；

(7) $\int_{-\frac{1}{2}}^{-1} \frac{x + \ln(1 - x)}{x^2}\mathrm{d}x$；　(8) $\int_{\frac{1}{\mathrm{e}}}^{\mathrm{e}} |\ln x|\,\mathrm{d}x$；

(9) $\int_{\frac{\pi}{4}}^{\frac{\pi}{3}} \frac{x}{\sin^2 x}\mathrm{d}x$；　(10) $\int_0^{\pi} (x\sin x)^2\mathrm{d}x$；

(11) $\int_1^3 \arctan\sqrt{x}\,\mathrm{d}x$; (12) $\int_0^1 \arcsin x \cdot \arccos x\,\mathrm{d}x$;

(13) $\int_1^{\mathrm{e}} \sin(\ln x)\,\mathrm{d}x$; (14) $\int_0^{\frac{\pi}{2}} \mathrm{e}^{2x}\cos x\,\mathrm{d}x$;

(15) $\int_0^3 \arcsin\sqrt{\frac{x}{1+x}}\,\mathrm{d}x$.

10. 设 $\int_0^{\pi}[f(x)+f''(x)]\sin x\,\mathrm{d}x = 5, f(\pi) = 2$, 求 $f(0)$.

11. 若 $f(t)$ 是连续函数,证明: $\int_0^x\left[\int_0^u f(t)\,\mathrm{d}t\right]\mathrm{d}u = \int_0^x (x-u)f(u)\,\mathrm{d}u$.

第4节　反常积分

前面所说的定积分中,我们总是假定积分区间是有限的,而被积函数一定是有界的.但在理论上或实际应用中都有需要去掉这两个限制,把定积分的概念拓广为:(1)无限区间上的积分;(2)无界函数的积分.

一、无穷限的反常积分

定义1　设函数 $f(x)$ 在区间 $[a,+\infty)$ 上连续,取 $b>a$, 称极限

$$\lim_{b\to+\infty}\int_a^b f(x)\,\mathrm{d}x$$

为函数 $f(x)$ 在无穷区间 $[a,+\infty)$ 上的**反常积分**,记作 $\int_a^{+\infty}f(x)\,\mathrm{d}x$, 即

$$\int_a^{+\infty}f(x)\,\mathrm{d}x = \lim_{b\to+\infty}\int_a^b f(x)\,\mathrm{d}x.$$

如果上述极限存在,也称反常积分 $\int_a^{+\infty}f(x)\,\mathrm{d}x$ **收敛**;如果上述极限不存在,就称反常积分 $\int_a^{+\infty}f(x)\,\mathrm{d}x$ **发散**.

类似地,设 $f(x)$ 在区间 $(-\infty,b]$ 上连续,取 $a<b$, 称极限

$$\lim_{a\to-\infty}\int_a^b f(x)\,\mathrm{d}x$$

为函数 $f(x)$ 在无穷区间 $(-\infty,b]$ 上的反常积分,记作 $\int_{-\infty}^{b}f(x)\,\mathrm{d}x$, 即

$$\int_{-\infty}^{b}f(x)\,\mathrm{d}x = \lim_{a\to-\infty}\int_a^b f(x)\,\mathrm{d}x.$$

如果上述极限存在,也称反常积分 $\int_{-\infty}^{b}f(x)\,\mathrm{d}x$ 收敛;如果上述极限不存在,就称反常积分

$\int_{-\infty}^{b} f(x)\mathrm{d}x$ 发散.

设函数 $f(x)$ 在区间 $(-\infty,+\infty)$ 内连续,称反常积分

$$\int_{-\infty}^{0} f(x)\mathrm{d}x \text{ 和 } \int_{0}^{+\infty} f(x)\mathrm{d}x$$

之和为函数 $f(x)$ 在无穷区间 $(-\infty,+\infty)$ 内的反常积分,记作 $\int_{-\infty}^{+\infty} f(x)\mathrm{d}x$, 即

$$\int_{-\infty}^{+\infty} f(x)\mathrm{d}x = \int_{-\infty}^{0} f(x)\mathrm{d}x + \int_{0}^{+\infty} f(x)\mathrm{d}x = \lim_{a\to-\infty}\int_{a}^{0} f(x)\mathrm{d}x + \lim_{b\to+\infty}\int_{0}^{b} f(x)\mathrm{d}x.$$

如果上述两个反常积分都收敛,也称反常积分 $\int_{-\infty}^{+\infty} f(x)\mathrm{d}x$ 收敛;否则就称反常积分 $\int_{-\infty}^{+\infty} f(x)\mathrm{d}x$ 发散.

上述反常积分统称为**无穷限的反常积分**.

由上述定义及微积分的基本公式,可得如下结果.

设 $F(x)$ 为 $f(x)$ 在 $[a,+\infty)$ 上的一个原函数,则反常积分

$$\int_{a}^{+\infty} f(x)\mathrm{d}x = \lim_{x\to+\infty} F(x) - F(a).$$

如果记 $F(+\infty) = \lim\limits_{x\to+\infty} F(x)$, $F(x)\Big|_{a}^{+\infty} = F(+\infty) - F(a)$, 则

$$\int_{a}^{+\infty} f(x)\mathrm{d}x = F(x)\Big|_{a}^{+\infty}.$$

类似地,若在 $(-\infty, b]$ 上 $F'(x) = f(x)$, 则

$$\int_{-\infty}^{b} f(x)\mathrm{d}x = F(x)\Big|_{-\infty}^{b} = F(b) - \lim_{x\to-\infty} F(x) = F(b) - F(-\infty).$$

若在 $(-\infty,+\infty)$ 内 $F'(x) = f(x)$, 则

$$\int_{-\infty}^{+\infty} f(x)\mathrm{d}x = F(x)\Big|_{-\infty}^{+\infty} = F(+\infty) - F(-\infty).$$

例 1　计算反常积分 $\int_{-\infty}^{+\infty} \frac{1}{1+x^2}\mathrm{d}x$.

解　$$\int_{-\infty}^{+\infty} \frac{1}{1+x^2}\mathrm{d}x = \arctan x\Big|_{-\infty}^{+\infty} = \lim_{x\to+\infty}\arctan x - \lim_{x\to-\infty}\arctan x$$

$$= \frac{\pi}{2} - \left(-\frac{\pi}{2}\right) = \pi.$$

在几何上,我们也可以将反常积分解释为曲线下的面积,其方法是把一个有界区域通过极限伸向无穷远时区域所确定的极限面积. 例如对函数 $y = \frac{1}{1+x^2}$, 上述计算表明:当 $a \to -\infty$, $b = \to +\infty$ 时,虽然图 5-9 中阴影部分向左、右无限延伸,但其面积却有极限

值 π. 简单地说,它是位于曲线 $y=\dfrac{1}{1+x^2}$ 的下方, x 轴上方的图形面积.

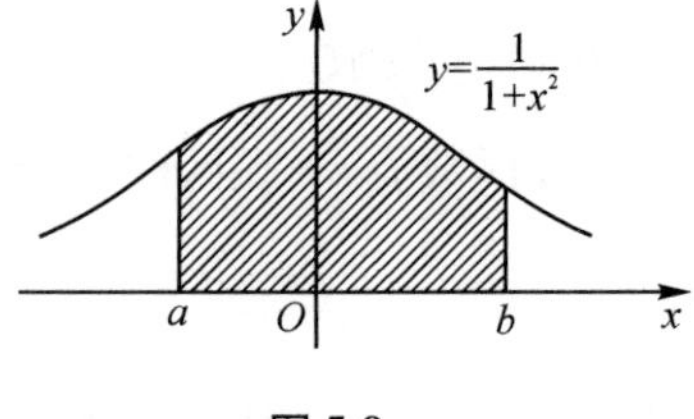

图 5-9

例 2 证明反常积分 $\int_a^{+\infty}\frac{1}{x^p}dx\,(a>0)$ 当 $p>1$ 时收敛,当 $p\leqslant 1$ 时发散.

证 当 $p=1$ 时,

$$\int_a^{+\infty}\frac{1}{x^p}dx=\int_a^{+\infty}\frac{1}{x}dx=\ln x\Big|_a^{+\infty}=\lim_{x\to+\infty}\ln x-\ln a=+\infty,$$

当 $p\neq 1$ 时,

$$\int_a^{+\infty}\frac{1}{x^p}dx=\frac{1}{1-p}x^{1-p}\Big|_a^{+\infty}=\frac{1}{1-p}\left(\lim_{x\to+\infty}x^{1-p}-a^{1-p}\right)=\begin{cases}+\infty, & p<1\\ \dfrac{a^{1-p}}{p-1}, & p>1\end{cases}.$$

因此,当 $p>1$ 时,这反常积分收敛,其值为 $\dfrac{a^{1-p}}{p-1}$; 当 $p\leqslant 1$ 时,这反常积分发散.

从无穷限的反常积分的定义,容易看出它具有与定积分相类似的性质,比如线性性质、对区间的可加性等. 定积分的换元法和分部积分法也可推广到这种反常积分,此处就不一一罗列了.

例 3 计算反常积分 $\int_0^{+\infty}\frac{x^{\frac{n}{2}}}{1+x^{n+2}}dx\,(n>-2)$.

解 设 $\sqrt{x}=t$, 则 $x=t^2$, $dx=2tdt$, 且当 $x=0$ 时, $t=0$; 当 $x\to+\infty$ 时, $t\to+\infty$. 于是

$$\int_0^{+\infty}\frac{x^{\frac{n}{2}}}{1+x^{n+2}}dx=\int_0^{+\infty}\frac{t^n}{1+t^{2(n+2)}}\cdot 2tdt=\frac{2}{n+2}\int_0^{+\infty}\frac{1}{1+(t^{n+2})^2}d(t^{n+2})$$
$$=\frac{2}{n+2}\arctan t^{n+2}\Big|_0^{+\infty}=\frac{\pi}{n+2}.$$

例 4 计算反常积分 $\int_2^{+\infty}\frac{1-\ln x}{x^2}dx$.

解
$$\int_2^{+\infty}\frac{1-\ln x}{x^2}dx=\int_2^{+\infty}(\ln x-1)d\left(\frac{1}{x}\right)=\frac{\ln x-1}{x}\Big|_2^{+\infty}-\int_2^{+\infty}\frac{1}{x}\cdot\frac{1}{x}dx$$
$$=\lim_{x\to+\infty}\frac{\ln x-1}{x}-\frac{\ln 2-1}{2}+\frac{1}{x}\Big|_2^{+\infty}$$
$$=\lim_{x\to+\infty}\frac{\frac{1}{x}}{1}-\frac{\ln 2-1}{2}+\left(0-\frac{1}{2}\right)=-\frac{1}{2}\ln 2.$$

下面我们来建立不通过被积函数的原函数判定无穷限反常积分收敛性的判别法.

定理 1　设 $f(x)$ 是 $[a,+\infty)$ 上的非负连续函数,若函数

$$F(x)=\int_a^x f(t)\mathrm{d}t$$

在 $[a,+\infty)$ 上有上界,则反常积分 $\int_a^{+\infty}f(t)\mathrm{d}t$ 收敛.

证　根据定积分的性质,由 $f(x)\geqslant 0$ 可知 $F(x)$ 在 $[a,+\infty)$ 上单调增加,从而 $F(x)$ 在 $[a,+\infty)$ 是单调增加且有上界的函数. 按照极限存在准则,就可知道极限 $\lim\limits_{x\to+\infty}\int_a^x f(t)\mathrm{d}t$ 存在,即反常积分 $\int_a^{+\infty}f(t)\mathrm{d}t$ 收敛.

根据定理 1,对于非负函数的无穷限的反常积分,有以下的比较判别法.

定理 2(比较审敛法)　设函数 $f(x)$,$g(x)$ 在 $[a,+\infty)$ 上连续,且

$$0\leqslant f(x)\leqslant kg(x)\ (a\leqslant x<+\infty,k>0\text{ 常数}).$$

于是,如果 $\int_a^{+\infty}g(x)\mathrm{d}x$ 收敛,则 $\int_a^{+\infty}f(x)\mathrm{d}x$ 收敛;如果 $\int_a^{+\infty}f(x)\mathrm{d}x$ 发散,则 $\int_a^{+\infty}g(x)\mathrm{d}x$ 发散.

证　设 $a<t<+\infty$,由 $0\leqslant f(x)\leqslant kg(x)$ 得

$$\int_a^t f(x)\mathrm{d}x\leqslant k\int_a^t g(x)\mathrm{d}x\leqslant k\int_a^{+\infty}g(x)\mathrm{d}x.$$

由定理 1 可知,当 $\int_a^{+\infty}g(x)\mathrm{d}x$ 收敛时,作为积分上限 t 的函数

$$F(t)=\int_a^t f(x)\mathrm{d}x$$

在 $[a,+\infty)$ 上有上界,从而 $\int_a^{+\infty}f(x)\mathrm{d}x$ 收敛.

另一方面,当 $\int_a^{+\infty}f(x)\mathrm{d}x$ 发散时,$\int_a^{+\infty}g(x)\mathrm{d}x$ 不可能收敛,因为根据由上面已证明的结果,将有 $\int_a^{+\infty}f(x)\mathrm{d}x$ 也收敛,这就与假设矛盾.

应用比较审敛法的关键,就是把所给的反常积分与一个已知敛散性的反常积分进行比较. 由例 2 知道,反常积分 $\int_a^{+\infty}\frac{1}{x^p}\mathrm{d}x\ (a>0)$ 当 $p>1$ 时收敛,当 $p\leqslant 1$ 时发散. 因此常把它作为比较的反常积分. 取 $g(x)=\frac{k}{x^p}\ (k>0)$,立即可得下面的反常积分比较审敛法.

定理 3(比较审敛法 1)　设 $f(x)$ 是 $[a,+\infty)\ (a>0)$ 上的非负连续函数,若存在常数 M 及 $p>1$,使得

$$f(x)\leqslant\frac{M}{x^p}\ (a\leqslant x<+\infty),$$

那么反常积分 $\int_a^{+\infty} f(x)\,\mathrm{d}x$ 收敛;若存在常数 N 及 $p \leqslant 1$, 使得

$$f(x) \geqslant \frac{N}{x^p}\ (\ a \leqslant x < +\infty\ ),$$

那么反常积分 $\int_a^{+\infty} f(x)\,\mathrm{d}x$ 发散.

例 5 判别反常积分 $\int_1^{+\infty} \frac{1}{\sqrt[3]{x^4+1}}\mathrm{d}x$ 的收敛性.

解 由于

$$\frac{1}{\sqrt[3]{x^4+1}} < \frac{1}{\sqrt[3]{x^4}} = \frac{1}{x^{4/3}},$$

而 $\int_1^{+\infty} \frac{1}{x^{4/3}}\mathrm{d}x$ 收敛,根据比较审敛法 1,这个反常积分收敛.

为了应用上的方便,下面我们给出比较审敛法的极限形式.

定理 4(比较审敛法的极限形式) 设 $f(x)$, $g(x)$ 在 $[a, +\infty)$ 上分别为非负和恒正的连续函数,且

$$\lim_{x \to +\infty} \frac{f(x)}{g(x)} = \lambda,$$

于是

(1) 当 $0 < \lambda < +\infty$ 时,反常积分 $\int_a^{+\infty} f(x)\,\mathrm{d}x$ 和 $\int_a^{+\infty} g(x)\,\mathrm{d}x$ 或者同时收敛,或者同时发散;

(2) 当 $\lambda = 0$ 时,若反常积分 $\int_a^{+\infty} g(x)\,\mathrm{d}x$ 收敛,则反常积分 $\int_a^{+\infty} f(x)\,\mathrm{d}x$ 收敛;

(3) 当 $\lambda = +\infty$ 时,若反常积分 $\int_a^{+\infty} g(x)\,\mathrm{d}x$ 发散,则反常积分 $\int_a^{+\infty} f(x)\,\mathrm{d}x$ 发散.

证 (1) 由极限的定义,对于 $\varepsilon = \frac{\lambda}{2}$, 存在充分大的 X_1 ($X_1 \geqslant a, X_1 > 0$), 使当 $x > X_1$ 时,必有

$$\left| \frac{f(x)}{g(x)} - \lambda \right| < \frac{\lambda}{2}, \text{ 即 } \frac{\lambda}{2} g(x) < f(x) < \frac{3\lambda}{2} g(x).$$

根据比较审敛法可知,反常积分 $\int_{X_1}^{+\infty} f(x)\,\mathrm{d}x$ 和 $\int_{X_1}^{+\infty} g(x)\,\mathrm{d}x$ 或者同时收敛,或者同时发散. 而

$$\int_a^{+\infty} f(x)\,\mathrm{d}x = \int_a^{X_1} f(x)\,\mathrm{d}x + \int_{X_1}^{+\infty} f(x)\,\mathrm{d}x,$$

$$\int_a^{+\infty} g(x)\mathrm{d}x = \int_a^{X_1} g(x)\mathrm{d}x + \int_{X_1}^{+\infty} g(x)\mathrm{d}x.$$

故反常积分 $\int_a^{+\infty} f(x)\mathrm{d}x$ 和 $\int_a^{+\infty} g(x)\mathrm{d}x$ 或者同时收敛,或者同时发散.

(2)由极限的定义,对于 $\varepsilon = 1$, 存在充分大的 X_2 ($X_2 \geqslant a, X_2 > 0$),使当 $x > X_2$ 时,必有

$$\left|\frac{f(x)}{g(x)} - 0\right| < 1, \text{即 } 0 \leqslant f(x) < g(x).$$

而 $\int_a^{+\infty} g(x)\mathrm{d}x$ 收敛,根据比较审敛法知 $\int_a^{+\infty} f(x)\mathrm{d}x$ 收敛.

(3)由极限的定义,对于任意 $M > 0$, 存在充分大的 X_3 ($X_3 \geqslant a, X_3 > 0$),使当 $x > X_3$ 时,必有

$$\left|\frac{f(x)}{g(x)}\right| > M, \text{即 } f(x) > Mg(x).$$

而 $\int_a^{+\infty} g(x)\mathrm{d}x$ 发散,根据比较审敛法知 $\int_a^{+\infty} f(x)\mathrm{d}x$ 发散.

如果取 $g(x) = \frac{1}{x^p}$, 立即可以得到比较审敛法的极限形式.

定理 5(极限审敛法 1)　设 $f(x)$ 是 $[a, +\infty)$ ($a > 0$)上的非负连续函数,若存在常数 $p > 1$, 使得

$$\lim_{x \to +\infty} x^p f(x) = \lambda < +\infty,$$

则 $\int_a^{+\infty} f(x)\mathrm{d}x$ 收敛;若存在常数 $p \leqslant 1$, 使得

$$\lim_{x \to +\infty} x^p f(x) = \lambda > 0 \left(\text{或} \lim_{x \to +\infty} x^p f(x) = +\infty\right),$$

则 $\int_a^{+\infty} f(x)\mathrm{d}x$ 发散.

例 6　判别反常积分 $\int_0^{+\infty} \frac{x^2}{\sqrt{x^5 + 1}}\mathrm{d}x$ 的收敛性.

解　由于

$$\lim_{x \to +\infty} x^{\frac{1}{2}} \cdot \frac{x^2}{\sqrt{x^5 + 1}} = 1,$$

根据极限审敛法 1 知,这个反常积分发散.

现在我们来考虑反常积分的被积函数在所讨论的区间上可取正值也可取负值的情形.

如果反常积分 $\int_a^{+\infty} |f(x)|\mathrm{d}x$ 收敛,则称反常积分 $\int_a^{+\infty} f(x)\mathrm{d}x$ **绝对收敛**;如果反常积分

$\int_a^{+\infty} f(x)\mathrm{d}x$ 收敛,而反常积分 $\int_a^{+\infty} |f(x)|\mathrm{d}x$ 发散,则称反常积分 $\int_a^{+\infty} f(x)\mathrm{d}x$ **条件收敛**.

定理 6 如果反常积分 $\int_a^{+\infty} f(x)\mathrm{d}x$ 绝对收敛,那么反常积分 $\int_a^{+\infty} f(x)\mathrm{d}x$ 必定收敛.

证 令

$$g(x) = \frac{1}{2}(f(x) + |f(x)|),$$

显然 $g(x) \geqslant 0$, 且 $g(x) \leqslant |f(x)|$.

因反常积分 $\int_a^{+\infty} |f(x)|\mathrm{d}x$ 收敛,故由比较审敛法知,反常积分 $\int_a^{+\infty} g(x)\mathrm{d}x$ 收敛,从而 $\int_a^{+\infty} 2g(x)\mathrm{d}x$ 也收敛.但 $f(x) = 2g(x) - |f(x)|$, 因此

$$\int_a^{+\infty} f(x)\mathrm{d}x = 2\int_a^{+\infty} g(x)\mathrm{d}x - \int_a^{+\infty} |f(x)|\mathrm{d}x.$$

可见反常积分 $\int_a^{+\infty} f(x)\mathrm{d}x$ 是两个收敛的反常积分的差,因此它是收敛的.

例 7 判别反常积分 $\int_0^{+\infty} \mathrm{e}^{-ax}\sin bx\mathrm{d}x$ (a, b 都是常数,且 $a > 0$)的收敛性.

解 因为 $|\mathrm{e}^{-ax}\sin bx| \leqslant \mathrm{e}^{-ax}$, 而 $\int_0^{+\infty} \mathrm{e}^{-ax}\mathrm{d}x$ 收敛,根据比较审敛法知所给反常积分绝对收敛,再由定理 4 可知所给反常积分收敛.

二、无界函数的反常积分

积分概念的另一重要推广就是被积函数为无界函数的情形.

如果函数 $f(x)$ 在点 $x = a$ 的任一邻域内都无界,那么点 $x = a$ 称为函数 $f(x)$ 的**瑕点**(也称为**无界间断点**).

定义 2 设函数 $f(x)$ 在 $(a, b]$ 上连续,点 $x = a$ 为 $f(x)$ 的瑕点.取 $\eta > 0$, 称极限

$$\lim_{\eta \to 0^+} \int_{a+\eta}^b f(x)\mathrm{d}x$$

为函数 $f(x)$ 在 $(a, b]$ 上的**反常积分**,仍然记作 $\int_a^b f(x)\mathrm{d}x$, 即

$$\int_a^b f(x)\mathrm{d}x = \lim_{\eta \to 0^+} \int_{a+\eta}^b f(x)\mathrm{d}x.$$

如果上述极限存在,也称反常积分 $\int_a^b f(x)\mathrm{d}x$ **收敛**;如果上述积分不存在,则称反常积分 $\int_a^b f(x)\mathrm{d}x$ **发散**.

类似地,设函数 $f(x)$ 在 $[a, b)$ 上连续,点 $x = b$ 为 $f(x)$ 的瑕点.取 $\eta > 0$, 则定义

$$\int_a^b f(x)\,\mathrm{d}x = \lim_{\eta\to 0^+}\int_a^{b-\eta} f(x)\,\mathrm{d}x.$$

设函数 $f(x)$ 在 $[a, b]$ 上除点 $c(a<c<b)$ 外连续,点 $x=c$ 为 $f(x)$ 的瑕点,则定义

$$\begin{aligned}\int_a^b f(x)\,\mathrm{d}x &= \int_a^c f(x)\,\mathrm{d}x + \int_c^b f(x)\,\mathrm{d}x \\ &= \lim_{\eta\to 0^+}\int_a^{c-\eta} f(x)\,\mathrm{d}x + \lim_{\eta'\to 0^+}\int_{c+\eta'}^b f(x)\,\mathrm{d}x.\end{aligned}$$

上述无界函数的反常积分又称为**瑕积分**.

下面说明一下微积分基本公式在无界函数的反常积分中的用法.

设 $x = a$ 为 $f(x)$ 的瑕点,在 $(a, b]$ 上 $F'(x) = f(x)$,则反常积分

$$\int_a^b f(x)\,\mathrm{d}x = F(b) - \lim_{x\to a^+}F(x) = F(b) - F(a+0).$$

如果 $\lim\limits_{x\to a^+}F(x)$ 存在,则反常积分 $\int_a^b f(x)\,\mathrm{d}x$ 收敛;如果 $\lim\limits_{x\to a^+}F(x)$ 不存在,则反常积分 $\int_a^b f(x)\,\mathrm{d}x$ 发散.

我们仍用记号 $F(x)\Big|_a^b$ 来表示 $F(b) - F(a+0)$,从而形式上仍有

$$\int_a^b f(x)\,\mathrm{d}x = F(x)\Big|_a^b.$$

对于 $f(x)$ 在 $[a, b)$ 上连续,$x = b$ 为瑕点的反常积分,也有类似的计算公式,这里就不再详述了.

例 8　计算反常积分 $\int_0^a \frac{1}{\sqrt{a^2 - x^2}}\mathrm{d}x\ (a > 0)$.

解　因为

$$\lim_{x\to a^-}\frac{1}{\sqrt{a^2 - x^2}} = +\infty,$$

所以点 $x = a$ 是被积函数的瑕点,于是

$$\int_0^a \frac{1}{\sqrt{a^2 - x^2}}\mathrm{d}x = \arcsin\frac{x}{a}\Big|_0^a = \lim_{x\to a^-}\arcsin\frac{x}{a} - 0 = \frac{\pi}{2}.$$

这个反常积分值的几何解释是:位于曲线 $y = \frac{1}{\sqrt{a^2 - x^2}}$ 之下,x 轴之上,直线 $x = 0$ 与 $x = a$ 之间的图形有有限的面积 $\frac{\pi}{2}$(图 5-10).

例 9　讨论反常积分 $\int_{-1}^1 \frac{1}{x^2}\mathrm{d}x$ 的收敛性.

解 被积函数$f(x)=\dfrac{1}{x^2}$在积分区间$[-1,1]$上除点$x=0$外连续,且

$$\lim_{x\to 0}\frac{1}{x^2}=+\infty,$$

所以$x=0$是被积函数的瑕点,于是

$$\int_{-1}^{1}\frac{1}{x^2}dx=\int_{-1}^{0}\frac{1}{x^2}dx+\int_{0}^{1}\frac{1}{x^2}dx.$$

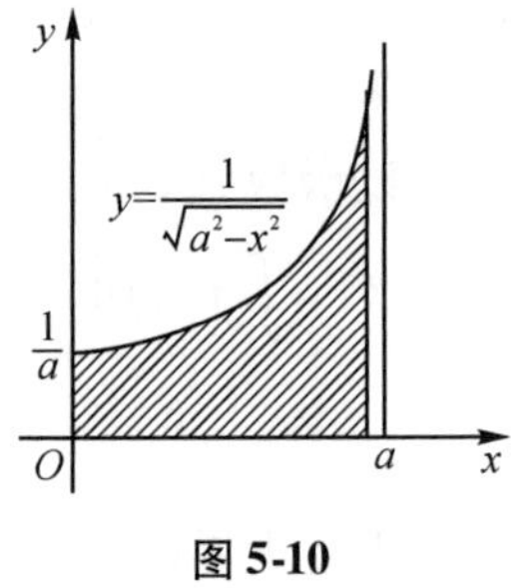

图 5-10

由于

$$\int_{-1}^{0}\frac{1}{x^2}dx=-\frac{1}{x}\bigg|_{-1}^{0}=\lim_{x\to 0^-}\left(-\frac{1}{x}\right)-1=+\infty,$$

即反常积分$\int_{-1}^{0}\frac{1}{x^2}dx$发散,所以反常积分$\int_{-1}^{1}\frac{1}{x^2}dx$发散.

注意 如果疏忽了$x=0$是被积函数的瑕点,就会得到以下的错误结果:

$$\int_{-1}^{1}\frac{1}{x^2}dx=-\frac{1}{x}\bigg|_{-1}^{1}=-1-1=-2.$$

例 10 证明反常积分$\int_{a}^{b}\frac{1}{(x-a)^q}dx$当$0<q<1$时收敛;当$q\geqslant 1$时发散.

证 当$q=1$时,

$$\begin{aligned}\int_{a}^{b}\frac{1}{(x-a)^q}dx&=\int_{a}^{b}\frac{1}{x-a}dx=\ln(x-a)\bigg|_{a}^{b}\\&=\ln(b-a)-\lim_{x\to a^+}\ln(x-a)=+\infty.\end{aligned}$$

当$q\neq 1$时,

$$\begin{aligned}\int_{a}^{b}\frac{1}{(x-a)^q}dx&=\frac{1}{1-q}(x-a)^{1-q}\bigg|_{a}^{b}\\&=\frac{1}{1-q}\left[(b-a)^{1-q}-\lim_{x\to a^+}(x-a)^{1-q}\right]\\&=\begin{cases}+\infty, & q>1\\ \dfrac{(b-a)^{1-q}}{1-q}, & 0<q<1\end{cases}.\end{aligned}$$

因此,当$0<q<1$时,这反常积分收敛,其值为$\dfrac{(b-a)^{1-q}}{1-q}$;当$q\geqslant 1$时,这反常积分发散.

和无穷限的反常积分相仿,定积分的一些性质包括换元法和分部积分法对无界函数的反常积分也成立.

例11　求反常积分$\int_0^{+\infty}\frac{1}{\sqrt{x(x+1)^3}}\mathrm{d}x$.

解　这里,积分上限为$+\infty$,且下限$x=0$为被积函数的瑕点.

令$x+\frac{1}{2}=\frac{1}{2}\sec t$,则$\mathrm{d}x=\frac{1}{2}\sec t\tan t\mathrm{d}t$,且当$x=0$时,$t=0$;当$x\to+\infty$时,$t\to\frac{\pi}{2}$. 于是

$$\int_0^{+\infty}\frac{1}{\sqrt{x(x+1)^3}}\mathrm{d}x=\int_0^{+\infty}\frac{1}{(x+1)\sqrt{\left(x+\frac{1}{2}\right)^2-\left(\frac{1}{2}\right)^2}}\mathrm{d}x$$

$$=\int_0^{\frac{\pi}{2}}\frac{1}{\frac{1}{2}(\sec t+1)\cdot\frac{1}{2}|\tan t|}\cdot\frac{1}{2}\sec t\tan t\mathrm{d}t$$

$$=2\int_0^{\frac{\pi}{2}}\frac{1}{1+\cos t}\mathrm{d}t=2\int_0^{\frac{\pi}{2}}\frac{1}{2\cos^2\frac{t}{2}}\mathrm{d}t=2\tan\frac{t}{2}\Big|_0^{\frac{\pi}{2}}=2.$$

注　反常积分是以正常积分(用和式极限为定义的定积分)为其特殊情况的. 所以,有的反常积分经过换元后会变成正常积分;而有的正常积分经过换元后也可能变为反常积分.

对于无界函数的反常积分,也有类似无穷限反常积分的审敛法.

由例10知道,反常积分$\int_a^b\frac{1}{(x-a)^q}\mathrm{d}x$当$q<1$时收敛,当$q\geqslant1$时发散. 于是,与定理3、定理5类似可得如下两个审敛法.

定理7(比较审敛法2)　设$f(x)$是$(a,b]$上的非负连续函数,$x=a$为$f(x)$的瑕点. 若存在常数M及$q<1$,使得

$$f(x)\leqslant\frac{M}{(x-a)^q}\ (a<x\leqslant b),$$

则反常积分$\int_a^b f(x)\mathrm{d}x$收敛;若存在常数N及$q\geqslant1$,使得

$$f(x)\geqslant\frac{N}{(x-a)^q}\ (a<x\leqslant b),$$

则反常积分$\int_a^b f(x)\mathrm{d}x$发散.

定理8(极限审敛法2)　设$f(x)$是$(a,b]$上的非负连续函数,$x=a$为$f(x)$的瑕点. 若存在常数$0<q<1$,使得

$$\lim_{x\to+\infty}(x-a)^q f(x)=\lambda<+\infty,$$

则反常积分 $\int_a^b f(x)\,\mathrm{d}x$ 收敛;若存在常数 $q \geqslant 1$, 使得

$$\lim_{x\to+\infty}(x-a)^q f(x) = \lambda > 0\ (\text{或}\ \lim_{x\to+\infty}(x-a)^q f(x) = +\infty\ )$$

则反常积分 $\int_a^b f(x)\,\mathrm{d}x$ 发散.

例 12 判别反常积分 $\int_0^{\pi} \frac{\sin x}{x^{3/2}}\mathrm{d}x$ 的收敛性.

解 这里 $x = 0$ 是被积函数的瑕点. 由于

$$\lim_{x\to0^+} x^{1/2}\cdot\frac{\sin x}{x^{3/2}} = \lim_{x\to0^+}\frac{\sin x}{x} = 1,$$

根据极限审敛法 2,知所给反常积分收敛.

例 13 判别反常积分 $\int_0^1 x^{p-1}(1-x)^{q-1}\mathrm{d}x$ 的收敛性.

解 当 时, 是被积函数的瑕点;当 $q < 1$ 时, $x = 1$ 是被积函数的瑕点. 为此,分别讨论下列两个积分

$$I_1 = \int_0^{\frac{1}{2}} x^{p-1}(1-x)^{q-1}\mathrm{d}x,\qquad I_2 = \int_{\frac{1}{2}}^1 x^{p-1}(1-x)^{q-1}\mathrm{d}x$$

的收敛性.

当 $1-p < 1$ 即 $p > 0$ 时,由于

$$\lim_{x\to0^+} x^{1-p}\cdot x^{p-1}(1-x)^{q-1} = 1,$$

根据极限审敛法 2,知 I_1 收敛.

当 $1-q < 1$ 即 $q > 0$ 时,由于

$$\lim_{x\to0^+}(1-x)^{1-q}\cdot x^{p-1}(1-x)^{q-1} = 1,$$

根据极限审敛法 2,知 I_2 也收敛.

由以上讨论即得反常积分 $\int_0^1 x^{p-1}(1-x)^{q-1}\mathrm{d}x$ 在 $p > 0, q > 0$ 时均收敛.

这个反常积分称为 B 函数,记为 $B(p,\ q)$.

例 14 判别反常积分 $\int_0^{+\infty} \mathrm{e}^{-x}x^{s-1}\mathrm{d}x\ (\ s > 0\ )$ 的收敛性.

解 这个积分的区间为无穷,又当 $s-1 < 0$ 时 $x = 0$ 是被积函数的瑕点. 为此,分别讨论下列两个积分

$$I_1 = \int_0^1 \mathrm{e}^{-x}x^{s-1}\mathrm{d}x,\qquad I_2 = \int_1^{+\infty} \mathrm{e}^{-x}x^{s-1}\mathrm{d}x$$

的收敛性.

先讨论 I_1. 当 $s \geqslant 1$ 时, I_1 是定积分;当 $0 < s < 1$ 时,由于

$$e^{-x}x^{s-1}=\frac{1}{e^x}\cdot\frac{1}{x^{1-s}}<\frac{1}{x^{1-s}},$$

根据比较审敛法 2,知反常积分 I_1 收敛.

再讨论 I_2. 由于

$$\lim_{x\to+\infty}x^2\cdot(e^{-x}x^{s-1})=\lim_{x\to+\infty}\frac{x^{s+1}}{e^x}=0,$$

根据极限审敛法 1,知反常积分 I_2 也收敛.

由以上的讨论即得反常积分 $\int_0^{+\infty}e^{-x}x^{s-1}dx$ 在 $s>0$ 时均收敛.

这个反常积分称为 Γ 函数,记为 $\Gamma(s)$.

习题 5.4

1. 判定下列各反常积分的收敛性. 如果收敛,计算反常积分的值:

(1) $\int_1^{+\infty}\frac{1}{x^4}dx$;

(2) $\int_1^{+\infty}\frac{1}{\sqrt{x}}dx$;

(3) $\int_0^{+\infty}4xe^{-x^2}dx$;

(4) $\int_{-\infty}^{+\infty}\frac{1}{x^2+4x+9}dx$;

(5) $\int_0^{+\infty}\frac{1}{(1+x^2)^2}dx$;

(6) $\int_{2a}^{+\infty}\frac{1}{(x^2-a^2)^{\frac{3}{2}}}dx(a>0)$;

(7) $\int_0^{+\infty}\frac{1}{(1+x)(1+x^2)}dx$;

(8) $\int_0^{+\infty}e^{-x}\sin x dx$;

(9) $\int_0^1\frac{x}{\sqrt{1-x^2}}dx$;

(10) $\int_1^e\frac{1}{x\sqrt{1-\ln^2x}}dx$;

(11) $\int_1^2\frac{x}{\sqrt{x-1}}dx$;

(12) $\int_0^1\frac{x}{(2-x^2)\sqrt{1-x^2}}dx$;

(13) $\int_0^2\frac{1}{(1-x)^2}dx$;

(14) $\int_1^3\frac{1}{x^2-4}dx$;

(15) $\int_{-1}^0\frac{\ln(1+x)}{\sqrt[3]{1+x}}dx$.

2. 证明:$\int_0^{+\infty}\frac{dx}{1+x^4}=\int_0^{+\infty}\frac{x^2}{1+x^4}dx=\frac{\pi}{2\sqrt{2}}$.

3. 利用递推公式计算反常积分 $I_n=\int_0^{+\infty}x^ne^{-x}dx$,$n$ 是正整数.

4. 判别反常积分的敛散性:

(1) $\int_{2}^{+\infty}\frac{x^{2}}{x^{4}-x^{2}-1}\mathrm{d}x$;　　(2) $\int_{1}^{+\infty}\frac{1}{x\cdot\sqrt[3]{x^{2}+1}}\mathrm{d}x$;

(3) $\int_{1}^{+\infty}\sin\frac{1}{x^{2}}\mathrm{d}x$;　　(4) $\int_{1}^{+\infty}\frac{x}{1-\mathrm{e}^{x}}\mathrm{d}x$;

(5) $\int_{1}^{+\infty}\frac{x\arctan x}{1+x^{3}}\mathrm{d}x$;　　(6) $\int_{0}^{+\infty}\frac{1}{1+x|\sin x|}\mathrm{d}x$;

(7) $\int_{1}^{2}\frac{1}{\ln^{3}x}\mathrm{d}x$;　　(8) $\int_{0}^{1}\frac{\ln x}{1-x}\mathrm{d}x$;

(9) $\int_{0}^{1}\frac{1}{\sqrt[4]{1-x^{4}}}\mathrm{d}x$;　　(10) $\int_{0}^{1}\frac{\arctan x}{1-x^{3}}\mathrm{d}x$;

(11) $\int_{0}^{1}\frac{1}{\sqrt{x}\ln x}\mathrm{d}x$;　　(12) $\int_{1}^{2}\frac{1}{\sqrt[3]{x^{2}-3x+2}}\mathrm{d}x$;

(13) $\int_{0}^{+\infty}\mathrm{e}^{x}\ln x\mathrm{d}x$.

5. 设反常积分 $\int_{1}^{+\infty}f^{2}(x)\mathrm{d}x$ 收敛,证明反常积分 $\int_{1}^{+\infty}\frac{f(x)}{x}\mathrm{d}x$ 绝对收敛.

第5节　定积分的应用

一、定积分在几何学上的应用

1. 平面图形的面积

在第1节中我们已经知道,由曲线 $y=f(x)$ $(f(x)\geqslant 0)$ 及直线 $x=a,x=b(a<b)$ 与 x 轴所围成的曲边梯形(图5-11)的面积 A 是定积分

$$A=\int_{a}^{b}f(x)\mathrm{d}x.$$

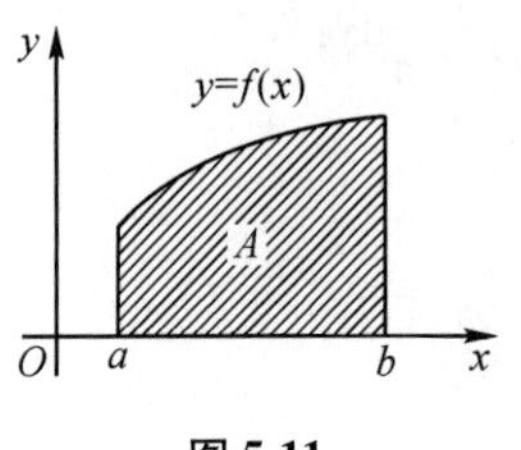

图5-11

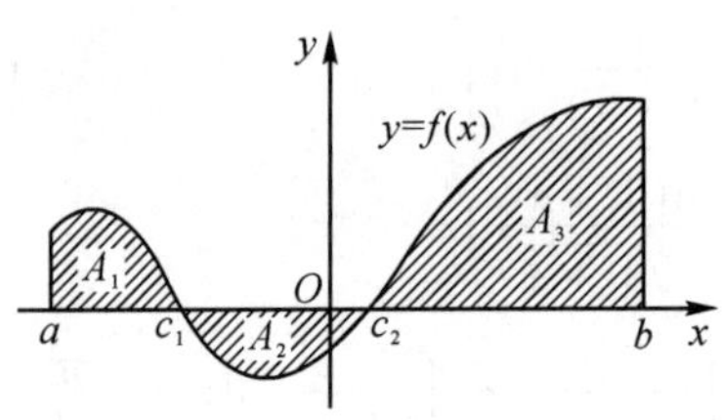

图5-12

如果在 $[a,b]$ 上 $f(x)$ 既取得正值又取得负值,则由曲线 $y=f(x)$ 及直线 $x=a$, $x=b(a<b)$ 与 x 轴所围成的图形(图5-12)面积 A 是

$$A = A_1 + A_2 + A_3 = \int_a^{c_1} f(x)\,dx - \int_{c_1}^{c_2} f(x)\,dx + \int_{c_2}^{b} f(x)\,dx = \int_a^b |f(x)|\,dx.$$

一般地，由上、下两条曲线 $y = f(x)$ 与 $y = g(x)$ 及直线 $x = a, x = b\,(a < b)$ 所围成的图形（图 5-13），它的面积 A 的计算公式为

$$A = \int_a^b f(x)\,dx - \int_a^b g(x)\,dx = \int_a^b [f(x) - g(x)]\,dx.$$

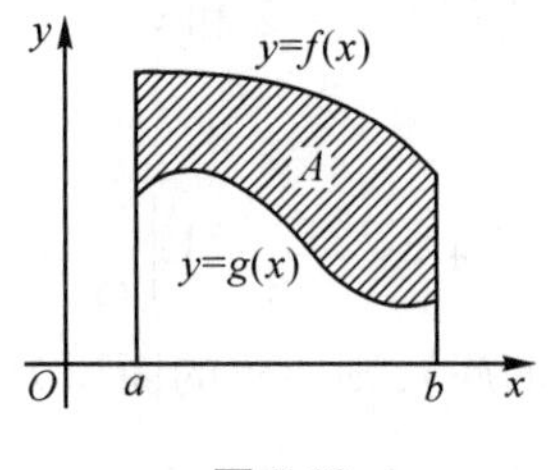

图 5-13

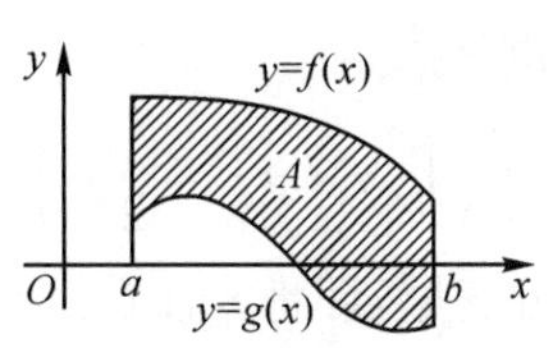

图 5-14

上述公式成立不必如图 5-13 所示假定 $f(x)$ 和 $g(x)$ 是非负的. 图 5-14 所示就是一例. 将该平面图形向上移动至 x 轴之上，我们就可把此情形化为图 5-13 的情况. 也就是说，我们选择一个足够大的正数 C，以保证对于 $[a, b]$ 内的所有 x，有 $0 \leqslant g(x) + C \leqslant f(x) + C$，则 $f(x) + C$ 与 $g(x) + C$ 之间的图形面积也就是 $f(x)$ 与 $g(x)$ 之间的图形面积，它的面积 A 一样由积分

$$A = \int_a^b \{[f(x) + C] - [g(x) + C]\}\,dx = \int_a^b [f(x) - g(x)]\,dx$$

给出.

例 1　求由抛物线 $y = x^2$ 与直线 $y = x, y = 2x$ 所围成的图形的面积.

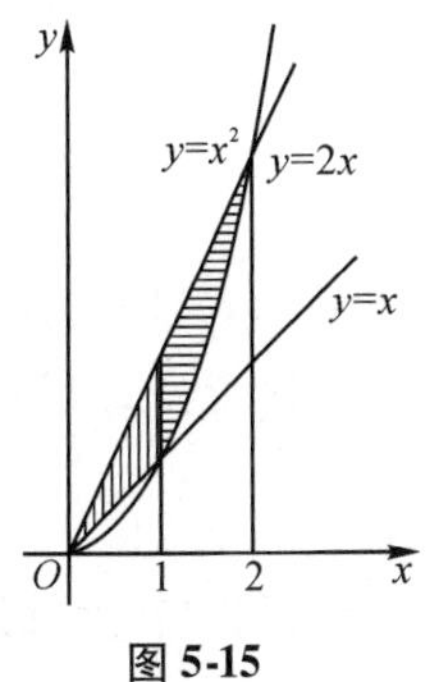

图 5-15

解　这个图形如图 5-15 所示. 为了定出这图形所在的范围，先求出所给抛物线和直线的交点. 解方程组

$$\begin{cases} y = x^2 \\ y = x \end{cases} \text{和} \begin{cases} y = x^2 \\ y = 2x \end{cases}$$

得交点 $(0, 0)$，$(1, 1)$ 和 $(2, 4)$，从而知道该图形在直线 $x = 0$ 及 $x = 2$ 之间.

由于在子区间 $[0, 1]$ 上有 $2x \geqslant x$，而在子区间 $[1, 2]$ 上有 $2x \geqslant x^2$，所以所求的面积为

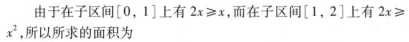

$$A = \int_0^1 (2x - x)\,dx + \int_1^2 (2x - x^2)\,dx = \frac{1}{2}x^2 \Big|_0^1 + \left(x^2 - \frac{1}{3}x^3\right)\Big|_1^2 = \frac{7}{6}.$$

例 2 计算抛物线 $y^2 = 2x$ 与直线 $y = x - 4$ 所围成的图形的面积.

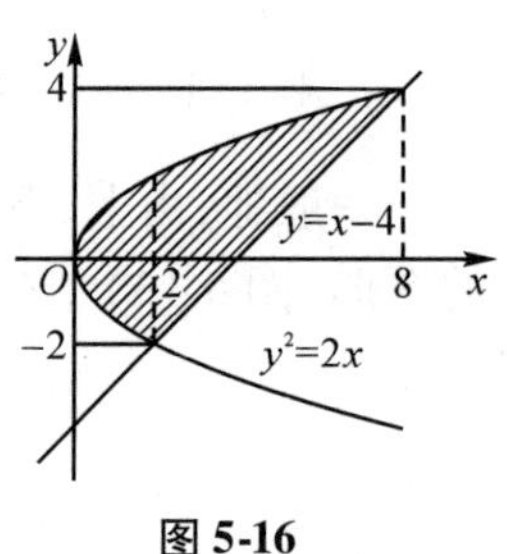

图 5-16

解 这个图形如图 5-16 所示. 求出抛物线与直线的交点为 $(2, -2)$ 和 $(8, 4)$.

若选 y 为积分变量(即将 y 轴看作曲边梯形的底),则所求的面积是直线 $x = y + 4$ 和抛物线 $x = \frac{1}{2}y^2$ 分别与直线 $y = -2$ 和 $y = 4$ 所围成的面积之差,即

$$A = \int_{-2}^{4}\left[(y+4) - \frac{1}{2}y^2\right]dy = \left(\frac{1}{2}y^2 + 4y - \frac{1}{6}y^3\right)\Big|_{-2}^{4} = 18.$$

若选 x 为积分变量(即将 x 轴看作曲边梯形的底),则所求的面积为

$$A = \int_0^2 [\sqrt{2x} - (-\sqrt{2x})]dx + \int_2^8 [\sqrt{2x} - (x-4)]dx$$

$$= 2\sqrt{2}\cdot\frac{2}{3}x^{\frac{3}{2}}\Big|_0^2 + \sqrt{2}\cdot\frac{2}{3}x^{\frac{3}{2}}\Big|_2^8 - \left(\frac{1}{2}x^2 - 4x\right)\Big|_2^8 = 18.$$

由例 2 可以看到,积分变量选得适当,可使计算方便.

下面讨论由参数方程表示和由极坐标方程表示的两种情形.

若所给的曲线方程为参数形式:

$$x = x(t), \quad y = y(t),$$

其中 $\alpha \leqslant t \leqslant \beta$,设 $x(t)$ 随 t 的增加而增加,且 $x(\alpha) = a$, $x(\beta) = b$, $x(t)$, $y(t)$ 及 $x'(t)$ 在 $[\alpha, \beta]$ 连续,那么由曲线 $x = x(t)$, $y = y(t)$, x 轴以及直线 $x = a$, $x = b$ 所围成的图形面积 A 的公式为

$$A = \int_{\alpha}^{\beta} |y(t)| x'(t)dt,$$

如果 $x(t)$ 随 t 的增加而减少,公式仍成立,这时 $x'(t) \leqslant 0$,同时 $\alpha > \beta$.

这个公式容易由

$$A = \int_a^b |y| dx$$

得到,只要在上面这个公式中作代换 $x = x(t)$ 即可.

例 3 求椭圆 $\frac{x^2}{a^2} + \frac{y^2}{b^2} = 1$ 所围成的图形的面积.

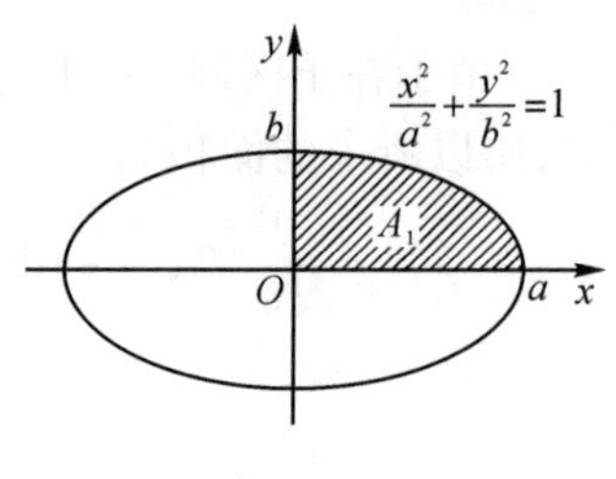

图 5-17

解 该椭圆关于两坐标轴都对称(图 5-17),所以椭圆所围成的图形的面积为

$$A = 4A_1,$$

其中 A_1 为该椭圆在第一象限部分与两坐标轴所围图形的面

积,因此

$$A = 4A_1 = 4\int_0^a y\mathrm{d}x.$$

利用椭圆的参数方程

$$\begin{cases} x = a\cos t, \\ y = b\sin t \end{cases} \left(0 \leqslant t \leqslant \frac{\pi}{2}\right),$$

应用定积分换元法,令 $x = a\cos t$,则 $y = b\sin t$, $\mathrm{d}x = -a\sin t\mathrm{d}t$,当 x 由 0 变到 a 时,t 由$\frac{\pi}{2}$变到 0,所以

$$A = 4\int_{\frac{\pi}{2}}^{0} b\sin t(-a\sin t\mathrm{d}t) = 4ab\int_0^{\frac{\pi}{2}} \sin^2 t\mathrm{d}t = 4ab \cdot \frac{1}{2} \cdot \frac{\pi}{2} = \pi ab.$$

若所给的曲线方程是极坐标方程

$$r = r(\theta).$$

假设 $r(\theta)$ 在$[\alpha,\beta]$上连续,$r(\theta) \geqslant 0$,我们求由两根向径 $\theta = \alpha$ 和 $\theta = \beta$ 以及曲线 $r = r(\theta)$ 所围成的图形的面积. 这可由定积分的定义出发来推导这个面积公式.

设区间$[\alpha,\beta]$分为 n 个部分区间,设其分点为:

$$\alpha = \theta_0 < \theta_1 < \theta_2 < \cdots < \theta_n = \beta,$$

记 $\Delta\theta_i = \theta_i - \theta_{i-1}(i = 1,2,\cdots,n)$, $\lambda = \max\limits_{1 \leqslant i \leqslant n}\{\Delta\theta_i\}$,在每一个部分区间$[\theta_{i-1},\theta_i]$内任取一点 $\bar{\theta}_i$,以 $r(\bar{\theta}_i)$ 为半径,以射线 $\theta = \theta_{i-1}$ 和 $\theta = \theta_i$ 为两个边作圆扇形 OAB(图 5-18),

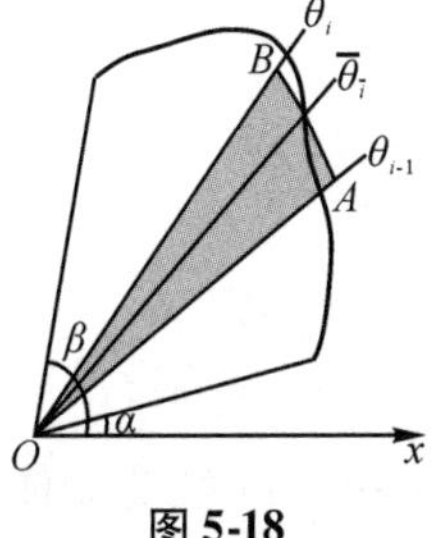

图 5-18

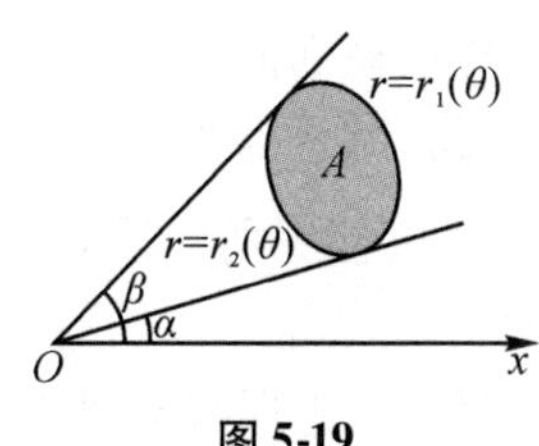

图 5-19

将这些小扇形的面积相加,得

$$\sum_{i=1}^{n} \frac{1}{2}r^2(\bar{\theta}_i)\Delta\theta_i,$$

它正好是$\frac{1}{2}r^2(\theta)$在 $\alpha \leqslant \theta \leqslant \beta$ 上的积分和数,λ 愈小,此和数愈近似于要求的面积 A,由于$\frac{1}{2}r^2(\theta)$在$[\alpha,\beta]$上连续,从而

$$\lim_{\lambda \to 0}\sum_{i=1}^{n} \frac{1}{2}r^2(\bar{\theta}_i)\Delta\theta_i = \frac{1}{2}\int_\alpha^\beta r^2(\theta)\mathrm{d}\theta,$$

所以

$$A=\frac{1}{2}\int_{\alpha}^{\beta}r^{2}(\theta)\mathrm{d}\theta.$$

如果要求出由 $\theta=\alpha,\theta=\beta(\alpha<\beta)$ 及两条连续曲线 $r=r_1(\theta),r=r_2(\theta)(r_2(\theta)\leqslant r_1(\theta))$ 所围成的面积,则这图形(图 5-19)的面积为

$$A=\frac{1}{2}\int_{\alpha}^{\beta}[r_1^2(\theta)-r_2^2(\theta)]\mathrm{d}\theta.$$

2. 体积

(1)平行截面面积为已知的立体体积

现在,我们考虑求夹在垂直于 x 轴的两平面 $x=a$ 和 $x=b(a<b)$ 之间的立体的体积. 假定在 $[a,b]$ 内任何一点 x 处作垂直于 x 轴的平面所截的截面面积 $A(x)$ 是一个连续函数(图 5-20).

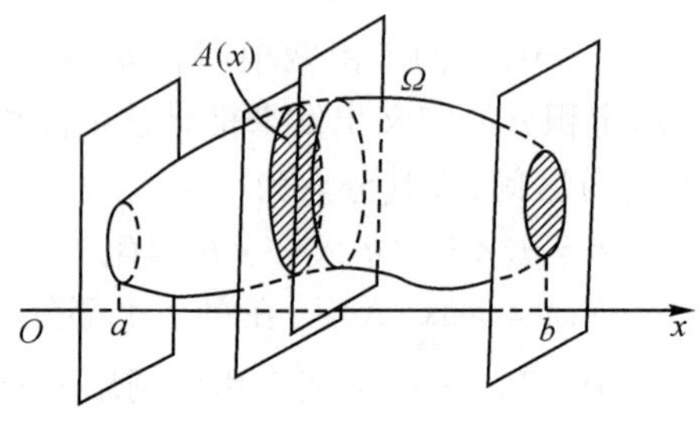

图 5-20

下面我们来推导由截面面积函数求立体体积的一般计算公式.

分 $[a,b]$ 为 n 份,其分点为

$$a=x_0<x_1<x_2<\cdots<x_n=b,$$

记 $\lambda=\max\limits_{1\leqslant i\leqslant n}\{\Delta x_i\}$.

过各个分点作垂直于 x 轴的平面 $x=x_i(i=1,2,\cdots,n)$ 截此立体为 n 个小部分,取任一点 $\xi_i\in[x_{i-1},x_i]$, 作和式,再取极限,有

$$\lim_{\lambda\to0}\sum_{i=1}^{n}A(\xi_i)\Delta x_i.$$

这个和式的极限的几何意义是很明显的,即用 n 个厚度为 Δx_i, 底面积为 $A(\xi_i)$ 的小薄片的体积之和逼近所求体积. 由于 $A(x)$ 是连续函数,所以这个和式的极限存在,它就是所求的体积

$$\lim_{\lambda\to0}\sum_{i=1}^{n}A(\xi_i)\Delta x_i=\int_a^b A(x)\mathrm{d}x.$$

这样就获得了在已知立体截面积 $A(x)$ (连续函数)的情况下,该立体的体积公式:

$$V = \int_a^b A(x)\,\mathrm{d}x.$$

(2)旋转体的体积

旋转体作为一种特殊情况,由前面导出的公式,就可以得出它的体积计算公式.

设有一块由连续曲线 $y = f(x)\,(f(x) \geqslant 0)$ 及直线 $x = a, x = b\,(a < b)$ 与 x 轴所围成的曲边梯形(图 5-21).

(ⅰ)绕 x 轴一周旋转而生成一个旋转体,则垂直于 x 轴的平面所切割的每个截面积是一个圆盘. 在点 x 处切割的圆盘的面积为

$$A(x) = \pi y^2 = \pi f^2(x).$$

代入体积公式,即得绕 x 轴的旋转体体积公式

$$V_x = \pi\int_a^b f^2(x)\,\mathrm{d}x.$$

(ⅱ)绕 y 轴旋转一周生成一个旋转体,则用平行于 y 轴的圆柱面去截此旋转体,其截面面积为

$$A(x) = 2\pi x \cdot f(x).$$

代入体积公式,即得绕 y 轴的旋转体体积公式

$$V_y = 2\pi\int_a^b x f(x)\,\mathrm{d}x.$$

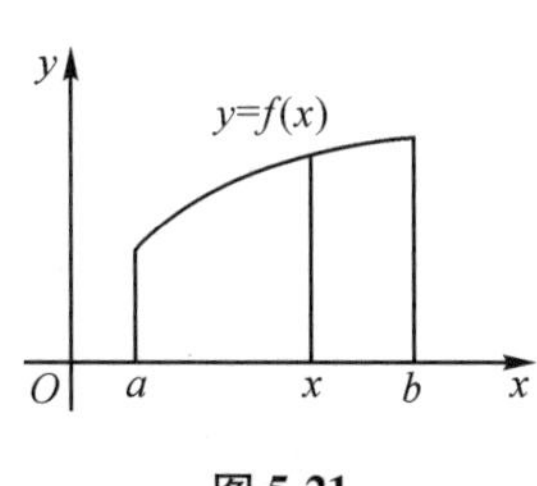

图 5-21

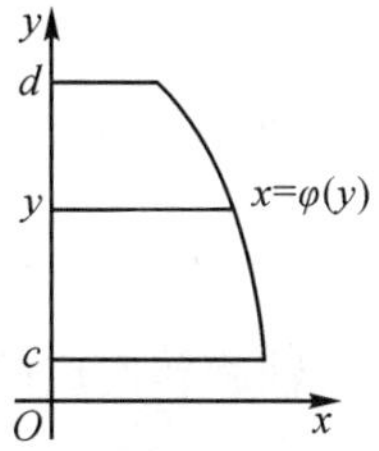

图 5-22

用与上面(ⅰ)类似的方法可以推出:由曲线 $x = \varphi(y)$,直线 $y = c, y = d\,(c < d)$ 与 y 轴所围成的曲边梯形(图 5-22),绕 y 轴轴旋转一周而成的旋转体的体积为

$$V_y = \pi\int_c^d \varphi^2(y)\,\mathrm{d}y.$$

例 4　计算由曲线 $y = x^3$ 与直线 $x = 2, y = 0$ 所围成的图形分别绕 x 轴、y 轴旋转而成的旋转体的体积.

解　按旋转体的体积公式,所述图形绕 x 轴旋转而成的旋转体的体积

$$V_x = \pi\int_0^2 (x^3)^2\,\mathrm{d}x = \frac{\pi}{7}x^7\Big|_0^2 = \frac{128}{7}\pi.$$

所述图形绕 y 轴旋转而成的旋转体的体积可看成矩形 $OABC$ 与曲边三角形 OBC(图

5-23)分别绕 y 轴旋转而成的旋转体的体积差. 因此,所求体积为

$$V_y = \pi \cdot 2^2 \cdot 8 - \pi\int_0^8 (y^{\frac{1}{3}})^2 \mathrm{d}y = 32\pi - \frac{3}{5}\pi y^{\frac{5}{3}}\Big|_0^8 = \frac{64}{5}\pi.$$

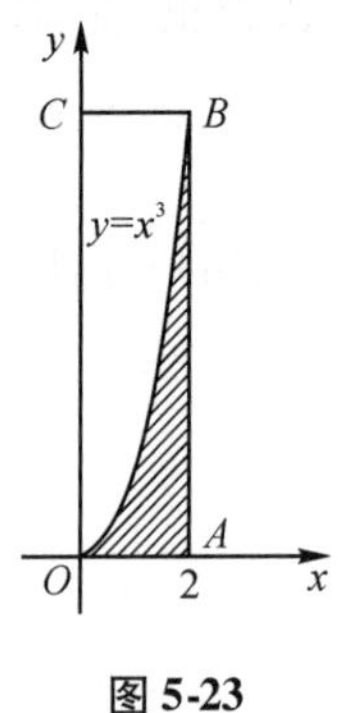

图 5-23

y=√(2−x²)
1
y=√x
O
1
x

图 5-24

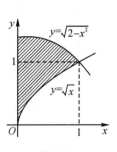

例 5 求由圆弧 $y = \sqrt{2 - x^2}$,抛物线 $y = \sqrt{x}$ 及 y 轴所围平面图形分别绕 x 轴和 y 轴旋转生成的旋转体体积.

解 该平面图形如图 5-24 所示. 解方程组

$$\begin{cases} y = \sqrt{2 - x^2}, \\ y = \sqrt{x}, \end{cases}$$

得交点坐标为(1, 1).

所述图形绕 x 轴旋转而成的旋转体的体积为

$$V_x = \pi\int_0^1 (\sqrt{2 - x^2})^2 \mathrm{d}x - \pi\int_0^1 (\sqrt{x})^2 \mathrm{d}x = \pi\left(2x - \frac{1}{3}x^3\right)\Big|_0^1 - \pi \cdot \frac{1}{2}x^2\Big|_0^1 = \frac{7}{6}\pi.$$

所述图形绕 y 轴旋转而成的旋转体的体积为

$$\begin{aligned} V_y &= 2\pi\int_0^1 x\sqrt{2 - x^2}\,\mathrm{d}x - 2\pi\int_0^1 x\sqrt{x}\,\mathrm{d}x \\ &= -\frac{2\pi}{3}(2 - x^2)^{\frac{3}{2}}\Big|_0^1 - \frac{4\pi}{5}x^{\frac{5}{2}}\Big|_0^1 = \frac{20\sqrt{2} - 22}{15}\pi. \end{aligned}$$

3. 平面曲线的弧长

一根直线的长度可以直接度量,但一条曲线段的“长度”一般却不能度量,因此需要用下面的办法来求.

设一条以 A,B 为端点的曲线段 l,我们在曲线段 l 上从 A 到 B 任意取 $n+1$ 个分点,$A = M_0, M_1, M_2, \cdots, M_n = B$,然后用弦将相邻的两点联结起来(图 5-25),这样就作出了曲线段的一条内折线,这条折线的长度是能够直接度量的.

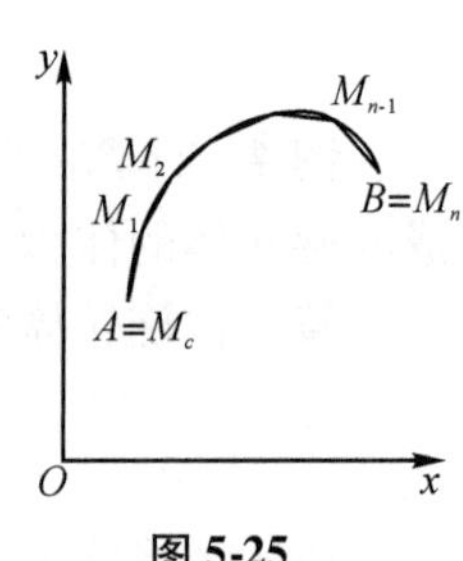

图 5-25

当分点不断增加,且每条弦的长度都趋于零时,如果这折线的长

度趋于某一极限,我们就定义此极限为曲线段 l 的长度. 这时也称曲线段 l 是**可求长的**.

我们在初等几何学中早已遇到过这种方法了,例如在那里曾把圆周的长度作为圆内接(或外切)正多边形的周长当边数无限增加时的极限.

往后,当我们利用定积分来计算某个量 Q 的时候,不再每次去重复说明为什么它可以归纳为一个积分,而是在所讨论的区间上取一小段 $[x, x+\mathrm{d}x]$, 写成

$$\Delta U \approx \mathrm{d}U = q(x)\mathrm{d}x,$$

并计算这个积分. 这种方法通常称为**微元法**.

设曲线弧由参数方程

$$\begin{cases} x=\varphi(t), \\ y=\psi(t) \end{cases} (\alpha \leqslant t \leqslant \beta)$$

给出,当 $t=\alpha, t=\beta(\alpha<\beta)$ 时,所给的点就是 A, B 点. 还假设 $\varphi(t), \psi(t)$ 在 $[\alpha, \beta]$ 上都有连续导数,且 $\varphi'(t), \psi'(t)$ 不同时为零.

取参数 t 为积分变量,它的变化区间为 $[\alpha, \beta]$. 相应于 $[\alpha, \beta]$ 上任一小区间 $[t, t+\Delta t]$ 的小弧段的长度 Δs 近似等于对应的弦的长度 $\sqrt{(\Delta x)^2+(\Delta y)^2}$, 因为

$$\Delta x = \varphi(t+\Delta t)-\varphi(t) \approx \mathrm{d}x = \varphi'(t)\mathrm{d}t,$$
$$\Delta y = \psi(t+\Delta t)-\psi(t) \approx \mathrm{d}y = \psi'(t)\mathrm{d}t,$$

所以, Δs 的近似值(**弧长微分**亦即**弧长元素**)为

$$\mathrm{d}s = \sqrt{(\mathrm{d}x)^2+(\mathrm{d}y)^2} = \sqrt{\varphi'^2(t)(\mathrm{d}t)^2+\psi'^2(t)(\mathrm{d}t)^2} = \sqrt{\varphi'^2(t)+\psi'^2(t)}\,\mathrm{d}t,$$

于是所求弧长为

$$s = \int_\alpha^\beta \mathrm{d}s = \int_\alpha^\beta \sqrt{\varphi'^2(t)+\psi'^2(t)}\,\mathrm{d}t.$$

当曲线弧由直角坐标方程 $y=f(x)(a \leqslant x \leqslant b)$ 给出,其中 $f(x)$ 在 $[a, b]$ 上具有一阶连续导数,这时曲线弧有参数方程

$$\begin{cases} x=x, \\ y=f(x) \end{cases} (a \leqslant x \leqslant b),$$

从而所求的弧长为

$$s = \int_a^b \sqrt{1+y'^2}\,\mathrm{d}x.$$

当曲线弧由极坐标方程 $r=r(\theta)(\alpha \leqslant \theta \leqslant \beta)$ 给出,其中 $r(\theta)$ 在 $[\alpha, \beta]$ 上具有连续导数,则由直角坐标与极坐标的关系可得

$$\begin{cases} x=x(\theta)=r(\theta)\cos\theta, \\ y=y(\theta)=r(\theta)\sin\theta \end{cases} (\alpha \leqslant \theta \leqslant \beta),$$

这就是以极角 θ 为参数的曲线弧的参数方程. 于是,弧长元素为

$$\mathrm{d}s = \sqrt{x'^2(\theta)+y'^2(\theta)}\,\mathrm{d}\theta = \sqrt{r^2(\theta)+r'^2(\theta)}\,\mathrm{d}\theta.$$

从而所求弧长为

$$s=\int_{\alpha}^{\beta}\mathrm{d}s=\int_{\alpha}^{\beta}\sqrt{r^{2}(\theta)+r'^{2}(\theta)}\,\mathrm{d}\theta.$$

例 6 计算曲线 $y=\frac{\sqrt{x}}{3}(3-x)$ 上相应于 $1\leqslant x\leqslant 3$ 的一段弧(图 5-26)的长度.

解 因 $y'=\frac{1-x}{2\sqrt{x}}$,从而弧长元素

$$\mathrm{d}s=\sqrt{1+\left(\frac{1-x}{2\sqrt{x}}\right)^{2}}\,\mathrm{d}x=\frac{1+x}{2\sqrt{x}}\mathrm{d}x,$$

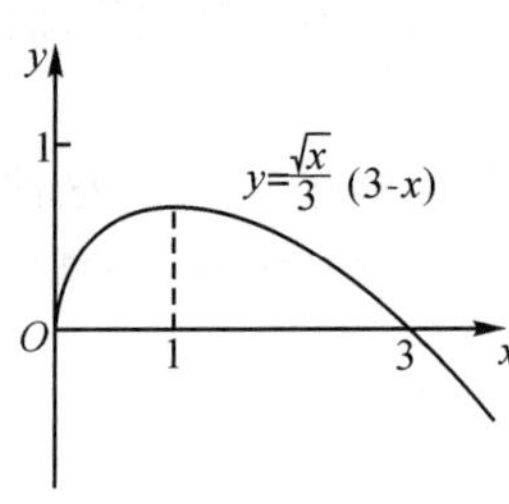

图 5-26

因此,所求弧长为

$$s=\int_{1}^{3}\mathrm{d}s=\int_{1}^{3}\frac{1+x}{2\sqrt{x}}\mathrm{d}x=\left(\sqrt{x}+\frac{1}{3}x^{\frac{3}{2}}\right)\Big|_{1}^{3}=2\sqrt{3}-\frac{4}{3}.$$

例 7 计算星形线 $x=a\cos^{3}t,y=a\sin^{3}t$(图 5-27)的全长.

解 由曲线的对称性,只须求它在第一象限的弧长,即曲线总长 s 的 $\frac{1}{4}$.

$$\frac{1}{4}s=\int_{0}^{\frac{\pi}{2}}\sqrt{x'^{2}(t)+y'^{2}(t)}\,\mathrm{d}t=\int_{0}^{\frac{\pi}{2}}\sqrt{(-3a\cos^{2}t\sin t)^{2}+(3a\sin^{2}t\cos t)^{2}}\,\mathrm{d}t$$

$$=3a\int_{0}^{\frac{\pi}{2}}\sin t\cos t\mathrm{d}t=3a\cdot\frac{1}{2}\sin^{2}t\Big|_{0}^{\frac{\pi}{2}}=\frac{3}{2}a,$$

所以 $s=6a$.

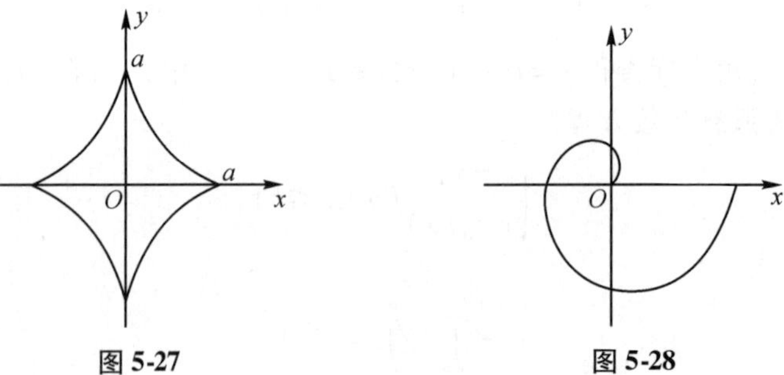

图 5-27　　图 5-28

例 8 求阿基米德螺线 $r=a\theta$ 最初一圈(图 5-28)的弧长.

解 弧长元素为

$$\mathrm{d}s=\sqrt{r^{2}(\theta)+r'^{2}(\theta)}\,\mathrm{d}\theta=\sqrt{a^{2}\theta^{2}+a^{2}}\,\mathrm{d}\theta=a\sqrt{1+\theta^{2}}\,\mathrm{d}\theta,$$

于是所求弧长为

$$s=\int_{0}^{2\pi}\mathrm{d}s=a\int_{0}^{2\pi}\sqrt{1+\theta^{2}}\,\mathrm{d}\theta=\frac{a}{2}\left[2\pi\sqrt{1+4\pi^{2}}+\ln(2\pi+\sqrt{1+4\pi^{2}})\right].$$

＊4. 旋转体的侧面积

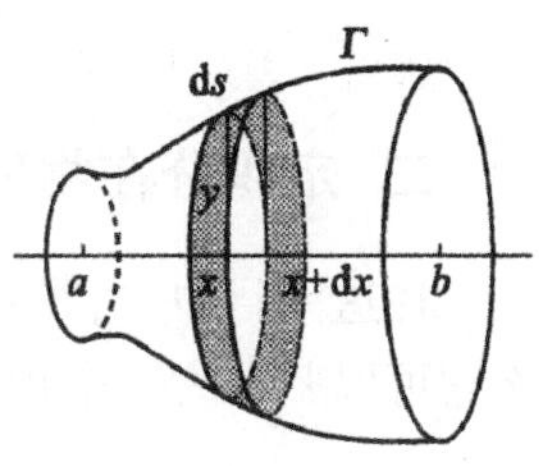

设光滑曲线 $\Gamma: y=f(x)\ (a\leqslant x\leqslant b)$（不妨设 $f(x)\geqslant 0$）绕 x 轴旋转，得一旋转曲面. 下面我们用微元法导出该旋转曲面面积的计算公式.

取 x 为积分变量，它的变化区间为 $[a,\ b]$，相应于 $[a,\ b]$ 上任一小区间 $[x,\ x+\Delta x]$ 上曲线段绕 x 轴旋转构成一个窄的环状体表面积. 这个环状体的表面积可以近似于一圆台的侧面积，也就是表面积元素为

$$\Delta S\approx \mathrm{d}S=2\pi y\mathrm{d}s=2\pi y\sqrt{1+y'^2}\mathrm{d}x.$$

于是所求旋转体的侧面积为

$$S=2\pi\int_a^b y\sqrt{1+y'^2}\mathrm{d}x.$$

如果光滑曲线 Γ 由参数方程

$$\begin{cases}x=\varphi(t),\\ y=\psi(t)\end{cases}\ (\alpha\leqslant t\leqslant\beta)$$

给出，那么曲线 Γ 绕 x 轴旋转所得旋转体的侧面积为

$$S=2\pi\int_\alpha^\beta \psi(t)\sqrt{\varphi'^2(t)+\psi'^2(t)}\mathrm{d}t.$$

例 9　某款反光镜可近似看做介于 $x=0$ 与 $x=\dfrac{1}{4}\mathrm{m}$ 之间的抛物线 $y^2=8x$ 绕 x 轴旋转所成的旋转抛物面. 求此反光镜镜面的面积.

解　根据旋转体侧面积的公式，有

$$S=2\pi\int_0^{\frac{1}{4}} y\sqrt{1+y'^2}\mathrm{d}x=2\pi\int_0^{\frac{1}{4}}\sqrt{8x}\cdot\sqrt{\frac{x+2}{x}}\mathrm{d}x=2\pi\int_0^{\frac{1}{4}}\sqrt{8x+16}\mathrm{d}x$$

$$=\frac{\pi}{4}\cdot\frac{2}{3}(8x+16)^{3/2}\Big|_0^{\frac{1}{4}}=\frac{\pi}{6}[(2+16)^{3/2}-16^{3/2}]\approx 6.47\mathrm{m}^2.$$

例 10　计算由星形线 $x=a\cos^3 t, y=a\sin^3 t$（图 5-27）绕 x 轴旋转所得旋转体的侧面积.

解　由于曲线关于 y 轴对称，所以所求旋转体的侧面积为第一象限部分绕 x 轴旋转所得旋转体侧面积的 2 倍，即

$$S=4\pi\int_0^{\frac{\pi}{2}} y(t)\sqrt{x'^2(t)+y'^2(t)}\mathrm{d}t$$

$$=4\pi\int_0^{\frac{\pi}{2}} a\sin^3 t\sqrt{(-3a\cos^2 t\sin t)^2+(3a\sin^2 t\cos t)^2}\mathrm{d}t$$

$$= 12\pi a^2\int_0^{\frac{\pi}{2}}\sin^4 t\cos t\mathrm{d}t = 12\pi a^2\cdot\frac{1}{5}\sin^5 t\Big|_0^{\frac{\pi}{2}} = \frac{12}{5}\pi a^2.$$

二、定积分在物理学上的应用

在这一目中,当我们利用定积分来计算某个量 Q 的时候,不再每次去重复说明为什么它可以归纳为一个积分,而是在所讨论的区间上取一小段 $[x,x+\mathrm{d}x]$,写成

$$\Delta U\approx \mathrm{d}U=q(x)\mathrm{d}x,$$

并计算这个积分.

1. 变力沿直线所作的功

假设某物体受力 F 的作用,沿直线从点 a 移动到点 b(图 5-29),力的方向与位移方向一致,我们知道,如果是常力作用,即 $F=$常数时,那么力 F 使物体从 a 移动到 b 所作的功为

$$W=F\cdot(b-a).$$

图 5-29

如果是变力作用,即 $F(x)=f(x)(a\leqslant x\leqslant b)$,这就不能直接运用常力情况下的公式了. 下面通过具体例子说明如何计算变力所作的功.

例 9 如图 5-30 所示,将弹簧一端固定,另一端连一小球,放在光滑面上,O 点为小球的平衡位置. 我们把小球从 O 点拉到 M 点($OM=s$),问克服弹性力需要作多少功?

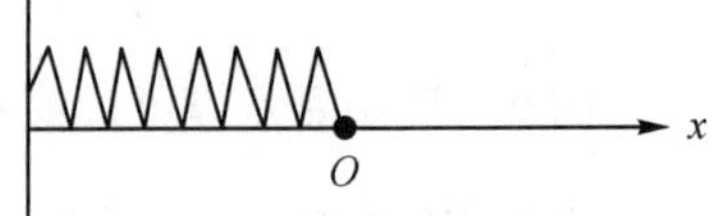

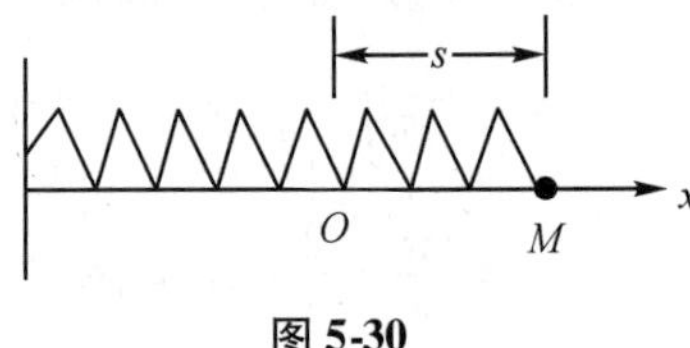

图 5-30

解 当我们拉长或压缩弹簧时,弹簧也有力作用在手上,这个力就是弹性力. 弹性力的大小和弹簧伸长或压缩的长度 x 成正比,它的方向始终指向平衡位置 O,即

$$F=-kx,$$

式中 k 是比例系数,“$-$”号表示 $x>0$ 时,F 的方向向左;$x<0$ 时,F 的方向向右.

我们把小球从 O 点($x=0$)拉到 M 点($x=s$)的过程中,作用外力 f 的大小和弹性力相等,方向向右,$f=kx$.

取 x 为积分变量,它的变化区间是 $[0,s]$. 设 $[x,x+\mathrm{d}x]$ 是 $[0,s]$ 上任一小区间,则把小球从 x 移动到 $x+\mathrm{d}x$ 时,外力 f 所作的功近似于 $kx\mathrm{d}x$,即功元素为

$$\mathrm{d}W=kx\mathrm{d}x,$$

于是所求的功为

$$W=\int_0^s \mathrm{d}W=\int_0^s kx\mathrm{d}x=\frac{1}{2}kx^2\Big|_0^s=\frac{1}{2}ks^2.$$

下面再举一个计算功的例子,它虽不是一个变力做功问题,但也可用积分来计算.

例 10　一圆柱形的贮水桶高为 5 m,底圆半径为 3 m,桶内盛满了水. 试问要把桶内的水全部吸出需作多少功?

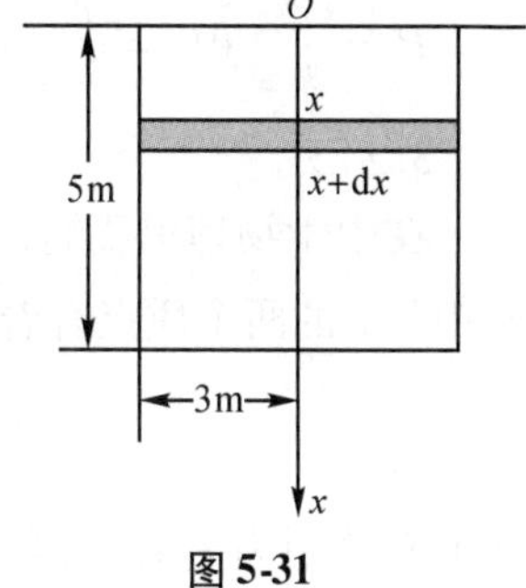

图 5-31

解　作 x 轴如图 5-31 所示. 取深度 x(单位为 m)为积分变量,它的变化区间为 $[0,5]$. 相应于 $[0,5]$ 上任一小区间 $[x,x+\mathrm{d}x]$ 的一薄层水的高度为 $\mathrm{d}x$,若重力加速度 g 取 9.8 $\mathrm{m/s^2}$,则这薄层水的重力为 $9.8\pi\cdot 3^2\mathrm{d}x$ kN. 把这薄层水吸出桶外需作的功的近似值,即功元素为

$$\mathrm{d}W=88.2\pi x\mathrm{d}x,$$

于是所求的功为

$$W=\int_0^5\mathrm{d}W=\int_0^5 88.2\pi x\mathrm{d}x=88.2\pi\cdot\frac{1}{2}x^2\Big|_0^5=88.2\pi\cdot\frac{25}{2}$$
$$\approx 3\,462(\mathrm{kJ}).$$

2. 水压力

在中学物理里我们已经知道,某一水深处的压强等于水的比重与深度的乘积. 我们还知道,在水里某一点上它所引起的压强是在各方向都相等的. 如果有一面积为 A 的平板水平地放置在水深为 h 处,那么平板一侧所受的水压力为

$$P=p\cdot A=\rho gh\cdot A,$$

其中 ρ 是水的密度,g 是重力加速度.

现在来考虑浸在水里的一个竖直平板,由于水深不同的点处的压强 p 不相等,平板一侧所受的水压力就不能用上述方法计算. 下面举例说明它的计算方法.

例 11　有一等腰梯形闸门,它的两条底边各长 10 m 和 6 m,高为 20 m,较长的底边与水面相齐. 计算闸门的一侧所受的水压力.

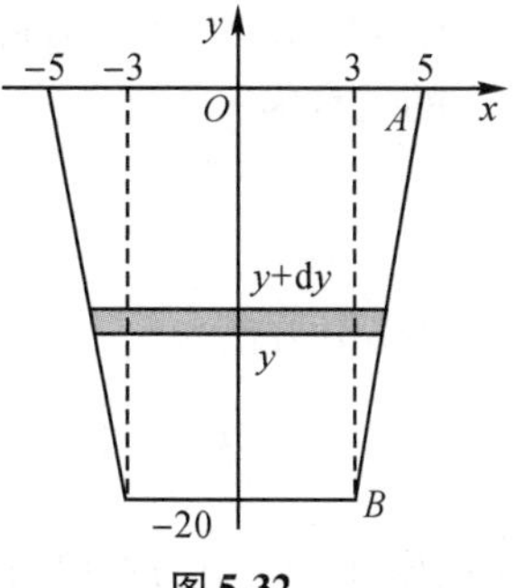

图 5-32

解　如图 5-32 建立坐标系,则过 A,B 两点的直线方程为 $y=10x-50$.

取 y 为积分变量,它的变化区间为 $[-20,0]$. 设 $[y,y+\mathrm{d}y]$ 为 $[-20,0]$ 上的任一小区间,梯形上相应于 $[y,y+\mathrm{d}y]$ 的窄条上各点处的压强近似于 $-y\rho g$,这窄条面积近似于 $2x\mathrm{d}y=\left(\frac{y}{5}+10\right)\mathrm{d}y$. 因此,这窄条一侧所受水压力的近似值,即压力元素为

$$\mathrm{d}P=(-y)\rho g\left(\frac{y}{5}+10\right)\mathrm{d}y.$$

于是所求压力为

$$P=\int_{-20}^{0}\mathrm{d}P=\int_{-20}^{0}(-y)\rho g\left(\frac{y}{5}+10\right)\mathrm{d}y=1.4373\times10^{7}(\mathrm{N})=14\ 373(\mathrm{kN}).$$

3. 引力

在中学物理里我们也已经知道万有引力定律. 这就是说,具有质量 m_1 和 m_2 并且彼此相距 r 的两个质点有着相互作用的引力大小为

$$F=G\frac{m_1m_2}{r^2},$$

其中 G 为引力系数,引力的方向沿着两质点的连线方向.

如果要计算一根细棒对一个质点的引力,那么,由于细棒上各点与该质点的距离是变化的,且各点对质点的引力方向也是变化的,因此就不能用上述公式来计算. 下面举例说明它的计算方法.

例 12 设有一长度为 l、线密度为 μ 的均匀细直棒,在其中垂线上距棒 a 单位处有一质量为 m 的质点 M. 试计算该棒对质点 M 的引力.

解 取坐标系如图5-33 所示,使棒位于 y 轴上,质点 M 位于 x 轴上,棒的中点为原点 O. 取 y 为积分变量,它的变化区间为 $\left[-\frac{l}{2},\frac{l}{2}\right]$. 设 $[y,y+\mathrm{d}y]$ 为 $\left[-\frac{l}{2},\frac{l}{2}\right]$ 上任一小区间,把细直棒上相应于 $[y,y+\mathrm{d}y]$ 的一小段近似地看成质点,其质量为 $\mu\mathrm{d}y$,与 M 相距 $r=\sqrt{a^2+y^2}$. 因此可以按照两质点间的引力计算公式求出这小段细直棒对质点 M 的引力

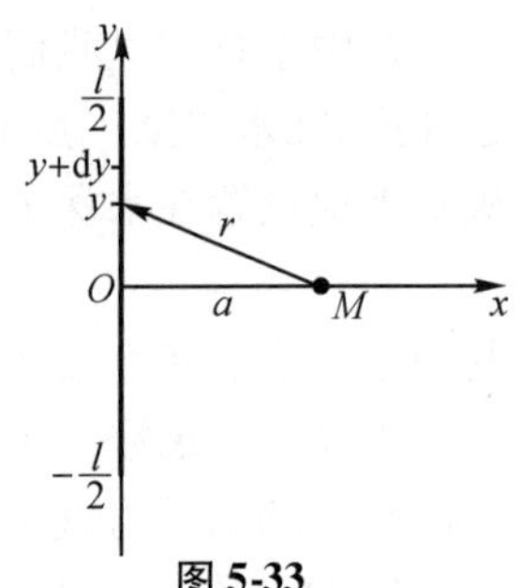

图 5-33

$$\Delta F\approx G\frac{m\mu\mathrm{d}y}{a^2+y^2},$$

从而求出 ΔF 在水平方向分力 ΔF_x 的近似值,即细直棒对质点 M 的引力在水平方向分力 F_x 的元素为

$$\mathrm{d}F_x=-G\frac{am\mu\mathrm{d}y}{(a^2+y^2)^{\frac{3}{2}}}.$$

于是得引力在水平方向分力为

$$F_x=\int_{-\frac{l}{2}}^{-\frac{l}{2}}\mathrm{d}F_x=-\int_{-\frac{l}{2}}^{-\frac{l}{2}}\frac{Gam\mu}{(a^2+y^2)^{\frac{3}{2}}}\mathrm{d}y=-\frac{2Gm\mu l}{a}\cdot\frac{1}{\sqrt{4a^2+l^2}}.$$

由对称性知,引力在铅直方向分力为 $F_y=0$.

当细直棒的长度 l 很大时,可视 l 趋于无穷. 此时,引力的大小为$\frac{2Gm\mu}{a}$,方向与细棒垂直且由 M 指向细棒.

习题 5.5

1. 求下列各曲线所围成的图形的面积:

(1) $y=\sqrt{x}$ 与直线 $y=x$;

(2) $y=e^x$ 与直线 $y=e$ 及 y 轴;

(3) $y=3-x^2$ 与直线 $y=2x$;

(4) $(y-1)^2=x+1$ 与直线 $y=x$;

(5) $y=\frac{1}{x}$ 与直线 $y=x$ 及 $x=2$;

(6) $y=x+\frac{1}{x}$ 与直线 $x=2,y=2$;

(7) $y=x^2,y=\sqrt{x}$ 及直线 $x=0,x=2$;

(8) $y=\sin x,y=\cos x$ 与直线 $x=0,x=\frac{\pi}{2}$.

2. 在曲线 $y=\sqrt{2x}$ 上点(2,2)作切线,求此切线与该曲线及直线 $y=0$ 所围平面图形的面积.

3. 求抛物线 $y=-x^2+4x-3$ 及其在点(0,−3)和(3,0)处的切线所围成的图形面积.

4. 求曲线 $y=x^3-3x+2$ 和它的右极值点处的切线所围区域的面积.

5. 设 $f(x)=\int_{-1}^{x}(1-|t|)\mathrm{d}t(x\geqslant -1)$. 试求曲线 $y=f(x)$ 与 x 轴所围图形的面积.

6. 半径为 a 的圆在一条直线上滚动,圆周上一定点 P 描出一条多拱形的曲线称为摆线,它的方程为 $x=a(t-\sin t),y=a(1-\cos t)$,求它的一拱$(0\leqslant t\leqslant 2\pi)$(图 5-34)与横轴所围成的图形的面积.

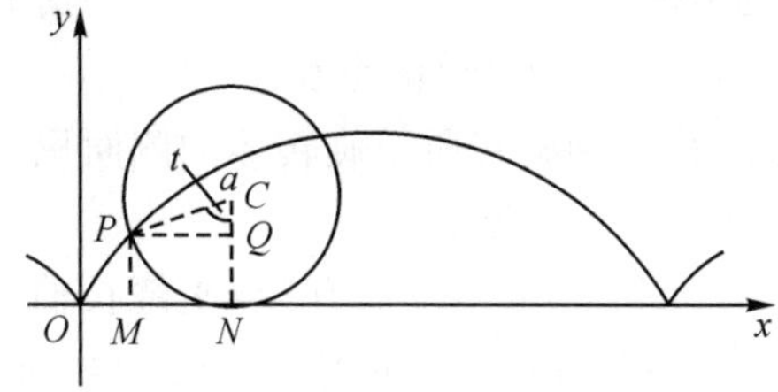

图 5-34

7. 求由圆周 $r=3\cos\theta$ 与心形线 $r=1+\cos\theta$ 所围成的公共部分的面积.

8. 求下列已知曲线所围成的图形,按指定的轴旋转所产生的旋转体的体积:

(1) $y=2-x^2, y=x(x\geqslant 0), x=0$, 绕 x 轴;

(2) $y=\dfrac{1}{x}, y=4x, x=2, y=0$, 绕 x 轴;

(3) $y=x^2, y=x^3$, 绕 y 轴;

(4) $y=\sin x\left(0\leqslant x\leqslant\dfrac{\pi}{2}\right), x=\dfrac{\pi}{2}, y=0$, 绕 y 轴.

9. 由圆周 $x^2+y^2=1$ 与抛物线 $y^2=\dfrac{3}{2}x$ 所围成的两个图形中较小的一块分别绕 x 轴及 y 轴旋转,计算两个旋转体的体积.

10. 把曲线 $y=\dfrac{\sqrt{x}}{1+x^2}$ 绕 x 轴旋转得一旋转体.

(1)求此旋转体的体积 V;

(2)记此旋转体于 $x=0$ 与 $x=a$ 之间的体积为 $V(a)$,问 a 为何值时,有 $V(a)=\dfrac{1}{2}V$.

11. 计算半立方抛物线 $y^2=\dfrac{2}{3}(x-1)^3$ 被抛物线 $y^2=\dfrac{x}{3}$ 截得的一段弧的长度.

12. 将绕在圆(半径为 a)上的细线放开拉直,使细线与圆周始终相切(图 5-35),细线端点画出的轨迹叫做圆的渐伸线,它的方程为 $x=a(\cos t+t\sin t), y=a(\sin t-t\cos t)$,求这曲线上相应于 $0\leqslant t\leqslant\pi$ 的一段弧的长度.

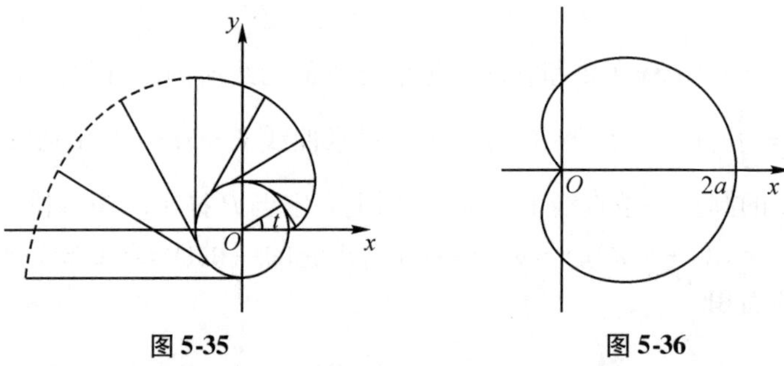

图 5-35　　图 5-36

13. 求心形线 $r=a(1+\cos\theta)$(图 5-36)的全长.

*14. 求下列平面曲线绕指定轴旋转所得旋转体的侧面积:

(1) $y=\sin x\ (0\leqslant x\leqslant\pi)$ 绕 x 轴;

(2)椭圆 $x=a\cos t, y=b\sin t\ (a>b>0)$ 分别绕长轴和短轴;

(3)摆线 $x=a(t-\sin t), y=a(1-\cos t)\ (0\leqslant t\leqslant 2\pi)$ 绕 x 轴.

*15. 设平面光滑曲线由极坐标方程

$$r = r(\theta), \alpha \leqslant \theta \leqslant \beta\ ([\alpha, \beta] \subset [0, \pi], r(\theta) \geqslant 0)$$

给出,试求它绕极轴旋转所得旋转体的侧面积.

16. 用铁锤将一铁钉击入木板,设木板对铁钉的阻力与铁钉击入木板的深度成正比,在击第一次时,将铁钉击入木板 1cm. 如果铁锤每次打击铁钉所作的功相等,问锤击第二次时,铁钉又击入了多少?

17. 设有一根粗细均匀的绳子放在地面上,绳长 50 m. 一致绳子每米质量为 0. 5 kg,若拉着绳子的一端将其挂到绳子所在位置的正上方离地面 120 m 处的钩子上,问至少需做多少功?

18. 将盛满水的圆锥形容器内的水全部抽到容器顶部上方 5 m 高处的水箱内,问至少需做多少功?

19. 一等腰三角形薄片高为 h,底为 a,现把该薄片顶向下铅直放入水中,其底边与水面相齐,求该薄片一侧所受压力.

20. 一个横放着的圆柱形水桶,桶内盛有半桶水. 设桶的底半径为 R,水的密度为 μ,计算桶的一个端面上所受的压力.

21. 设有质量为 M 的均匀细棒与质量为 m 的质点在同一直线上,求细棒与质点相互作用的引力.

复习题五

一、单项选择题

1. 设 $I_1 = \int_0^{\frac{\pi}{4}} \frac{\sin x}{x}dx, I_2 = \int_0^{\frac{\pi}{4}} \frac{x}{\sin x}dx$, 则(　　).

(A) $I_1 < \frac{\pi}{4} < I_2$　　(B) $I_1 < I_2 < \frac{\pi}{4}$

(C) $\frac{\pi}{4} < I_1 < I_2$　　(D) $I_2 < \frac{\pi}{4} < I_1$

2. 函数 $f(x) = \int_0^{x-x^2} e^{-t^2}dt$ 的极值点为 $x =$(　　).

(A) $\frac{1}{2}$　　(B) $\frac{1}{4}$　　(C) $-\frac{1}{4}$　　(D) $-\frac{1}{2}$

3. 设连续函数 $f(x)$ 满足 $\frac{d}{dx}\int_1^{2x} f(t)dt = 4xe^{-2x}$, 则 $f(x)$ 的一个原函数 $F(x) =$(　　).

(A) $(x+1)e^{-x}$　　(B) $-(x+1)e^{-x}$

(C) $(x-1)e^{-x}$　　(D) $-(x-1)e^{-x}$

4. 设函数 $f(x)$ 可导，且 $f(0)\neq 0$，则 $\lim\limits_{x\to 0}\dfrac{x[f(x)-f(0)]}{\int_0^x tf(t)\,\mathrm{d}t}=($　　$)$.

(A) $\dfrac{2f'(0)}{f(0)}$　　(B) $-\dfrac{2f'(0)}{f(0)}$

(C) $\dfrac{f'(0)}{2f(0)}$　　(D) $-\dfrac{f'(0)}{2f(0)}$

5. 若 e^{-x} 是 $f(x)$ 的一个原函数，则 $\int_1^{\sqrt{2}}\dfrac{1}{x^2}f(\ln x)\,\mathrm{d}x=($　　$)$.

(A) $-\dfrac{1}{4}$　　(B) -1　　(C) $\dfrac{1}{4}$　　(D) 1

6. 如图，连续函数 $y=f(x)$ 在区间 $[-3,-2]$，$[2,3]$ 上的图形分别是直径为 1 的上、下半圆周，在区间 $[-2,0]$，$[0,2]$ 的图形分别是直径为的上、下半圆周，设 $G(x)=\int_0^x f(t)\,\mathrm{d}t$，那么 $G(x)$ 非负的范围是(　　).

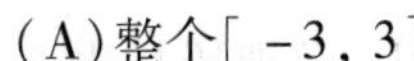
(A) 整个 $[-3,3]$

(B) 仅为 $[-3,-2]\cup[0,2]$

(C) 仅为 $[0,3]$

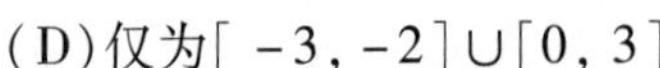
(D) 仅为 $[-3,-2]\cup[0,3]$

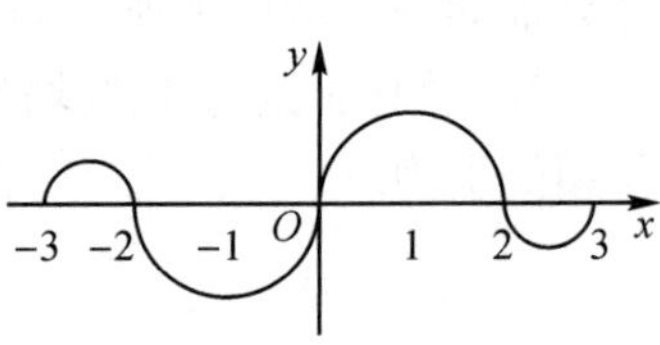

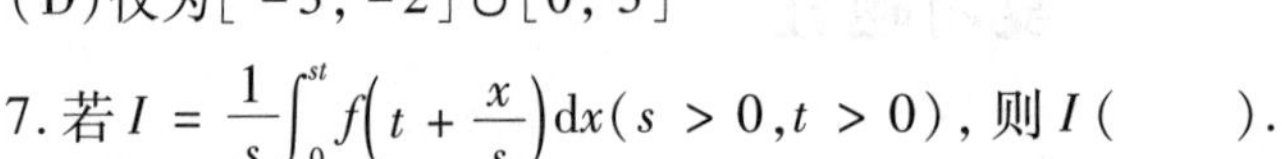
7. 若 $I=\dfrac{1}{s}\int_0^{st}f\left(t+\dfrac{x}{s}\right)\mathrm{d}x\,(s>0,t>0)$，则 I (　　).

(A) 依赖 s,t,x　　(B) 依赖于 t 和 s

(C) 依赖于 t，不依赖于 s　　(D) 依赖 s,x

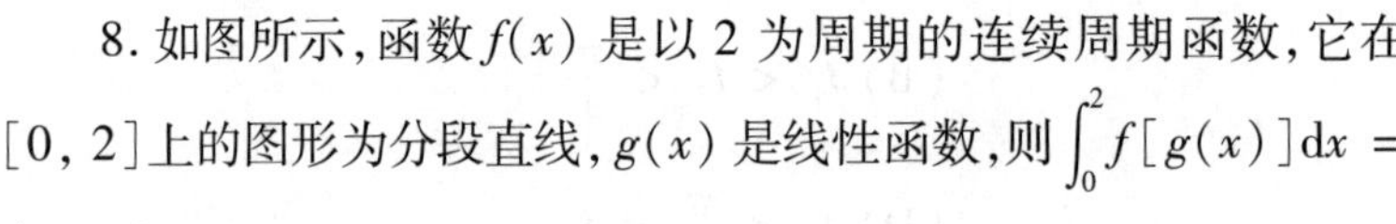
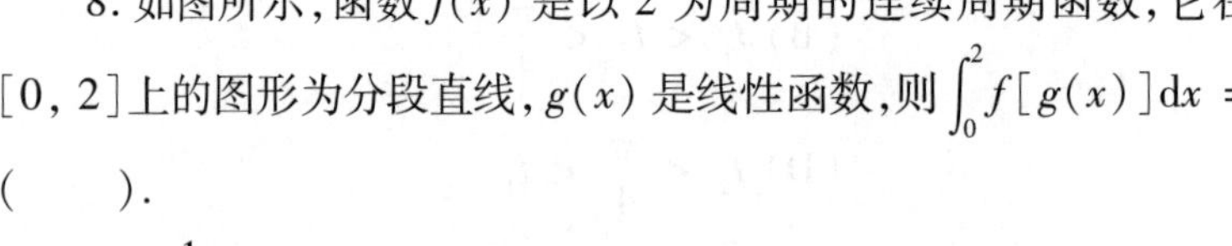
8. 如图所示，函数 $f(x)$ 是以 2 为周期的连续周期函数，它在 $[0,2]$ 上的图形为分段直线，$g(x)$ 是线性函数，则 $\int_0^2 f[g(x)]\,\mathrm{d}x=$ (　　).

y
y=g(x)
1
y=f(x)
$-\frac{1}{3}$
O
1
2
x

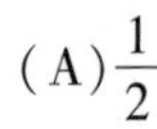
(A) $\dfrac{1}{2}$　　(B) 1

(C) $\dfrac{2}{3}$　　(D) $\dfrac{3}{2}$

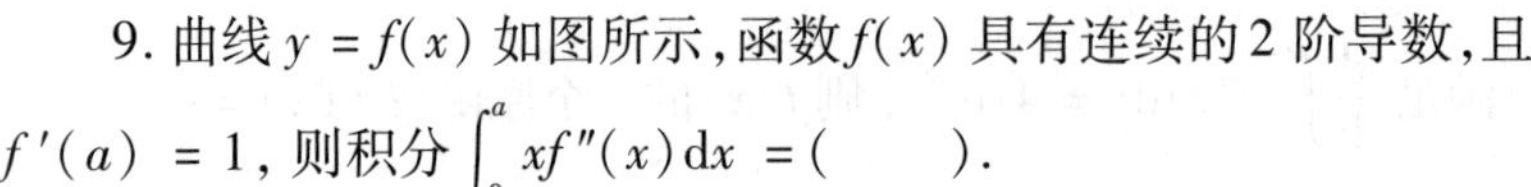
9. 曲线 $y=f(x)$ 如图所示，函数 $f(x)$ 具有连续的 2 阶导数，且 $f'(a)=1$，则积分 $\int_0^a xf''(x)\,\mathrm{d}x=($　　$)$.

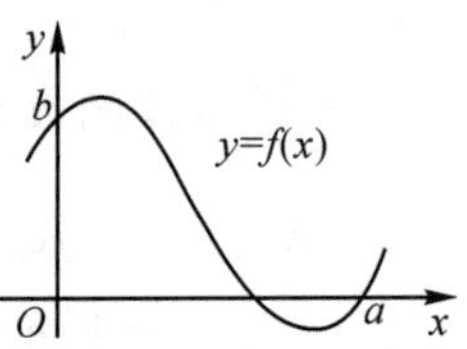

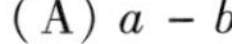
(A) $a-b$
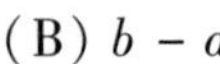
(B) $b-a$

(C) $a+b$　　(D) ab

10. 设 $f(x)$ 在 $[a,+\infty)$ 上连续，$\int_a^{+\infty} f(x)\,dx$ 收敛，又 $\lim\limits_{x\to+\infty} f(x)=l$，则(　　).

(A) $l>0$　　(B) $l<0$

(C) $l=0$　　(D) l 可为任意实数

11. 双扭线 $(x^2+y^2)^2=x^2-y^2$ 所围成的区域面积可用定积分表示为(　　).

(A) $2\int_0^{\frac{\pi}{4}} \cos 2\theta\,d\theta$　　(B) $4\int_0^{\frac{\pi}{4}} \cos 2\theta\,d\theta$

(C) $2\int_0^{\frac{\pi}{4}} \sqrt{\cos 2\theta}\,d\theta$　　(D) $\frac{1}{2}\int_0^{\frac{\pi}{4}} (\cos 2\theta)^2\,d\theta$

12. 如下图，x 轴上有一线密度为常数 μ，长度为 l 的细杆，有一质量为 m 的质点到杆右端的距离为 a. 已知引力系数为 k，则质点和细杆之间引力的大小为(　　).

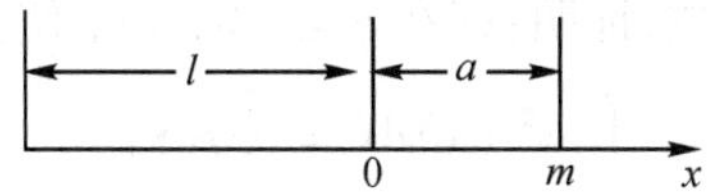

(A) $\int_{-l}^{0} \frac{km\mu\,dx}{(a-x)^2}$　　(B) $\int_0^{l} \frac{km\mu\,dx}{(a-x)^2}$

(C) $2\int_{-\frac{l}{2}}^{0} \frac{km\mu\,dx}{(a+x)^2}$　　(D) $2\int_0^{\frac{l}{2}} \frac{km\mu\,dx}{(a+x)^2}$

二、填空题

1. $\lim\limits_{n\to\infty} \frac{1}{n}\left(\sin\frac{\pi}{n}+\sin\frac{2\pi}{n}+\cdots+\sin\frac{n-1}{n}\pi\right)=$__________.

2. 使积分 $\int_a^b (x-x^2)\,dx$ 的值最大的积分区间 $[a,b]$ 是__________.

3. $\lim\limits_{x\to 2} \frac{\int_2^x \left[\int_t^2 e^{-u^2}\,du\right]dt}{(x-2)^2}=$__________.

4. 设 $f(x)=\frac{1}{1+x^2}+x^3\int_0^1 f(x)\,dx$，则 $\int_0^1 f(x)\,dx=$__________.

5. $\int_{-2}^{2} e^{|x|}(1+x)\,dx=$__________.

6. 设 $f(x)=e^{2x}$，$\varphi(x)=\ln x$，则 $\int_0^1 [f(\varphi(x))+\varphi(f(x))]\,dx=$__________.

7. $\int_0^1 x^{15}\sqrt{1+3x^8}\,dx=$__________.

8. $\int_0^{\frac{\pi}{2}} \frac{\sin^{2016} x}{\sin^{2016} x + \cos^{2016} x} dx =$ ________.

9. 设 $f(x)$ 满足 $\int_0^1 f(tx)dt = f(x) + x\sin x, f(0) = 0$ 且有一阶导数，则当 $x \neq 0$ 时，$f(x) =$ ________.

10. 反常积分 $\int_0^{+\infty} x^3 e^{-x^2} dx =$ ________.

11. 曲线 $y = \sqrt{x-1}$ 与 $x = 4$ 及 $y = 0$ 围成的平面图形绕 x 轴旋转一周得到的旋转体体积 $V =$ ________.

三、解答题

1. 试证：$\frac{1}{2} < \int_0^{\frac{1}{2}} \frac{dx}{\sqrt{1-x^n}} < \frac{\pi}{6} (n > 2)$.

2. 设 $f(x)$ 是一个连续函数，证明：存在 $\xi \in [0, 1]$，使得

$$\int_0^1 x^2 f(x) dx = \frac{1}{3} f(\xi)$$

成立.

3. 设 $f(x)$ 在 $[a, b]$ 上连续，且 $\int_a^b f(x) dx = 0$，试证：$\exists c \in (a, b)$，使得

$$\int_a^c f(t) dt = f(c).$$

4. 已知 $f(x)$ 为连续函数，且

$$\int_0^{2x} x f(t) dt + 2\int_x^0 t f(2t) dt = 2x^3(x-1),$$

求 $f(x)$ 在 $[0, 2]$ 上的最大值与最小值.

5. 设对于所有的实数 x，$f(x)$ 满足方程

$$\int_0^x f(t) dt = \int_x^1 t^2 f(t) dt + \frac{x^2}{2} + C.$$

试求函数 $f(x)$ 及常数 C.

6. 计算下列定积分：

(1) $\int_{-2}^2 \min\left\{\frac{1}{|x|}, x^2\right\} dx$；

(2) $\int_1^3 \sqrt{|x(x-2)|} dx$；

(3) $\int_0^a \frac{1}{x + \sqrt{a^2 - x^2}} dx (a > 0)$；

(4) $\int_0^{\frac{1}{2}} \arcsin x dx$；

(5) $\int_0^{2\pi} \left| x - \frac{\pi}{2} \right| \cos x dx$.

7. 计算下列反常积分：

(1) $\int_0^{+\infty}\frac{\mathrm{d}x}{(1+x^2)(1+x^\alpha)}(\alpha\geqslant 0)$；　(2) $\int_0^a x^3\sqrt{\frac{x}{a-x}}\mathrm{d}x(a>0)$.

8. 判别下列反常积分的收敛性：

(1) $\int_0^{+\infty}\frac{\sin x}{\sqrt{x^3}}\mathrm{d}x$；　(2) $\int_2^{+\infty}\frac{1}{x\cdot\sqrt[3]{x^2-3x+2}}\mathrm{d}x$.

(3) $\int_0^{\frac{\pi}{2}}\ln\sin x\mathrm{d}x$；　(4) $\int_2^{+\infty}\frac{\cos x}{\ln x}\mathrm{d}x$.

9. 设 $I_n=\int_0^{\frac{\pi}{4}}\tan^n x\mathrm{d}x(n\geqslant 1)$，证明：

(1) $I_{n+1}<I_n$；

(2) 当 $n\geqslant 2$ 时，$I_n+I_{n-2}=\frac{1}{n-1}$；

(3) 当 $n\geqslant 2$ 时，$\frac{1}{n+1}<2I_n<\frac{1}{n-1}$.

10. 设 $F(x)=\int_0^x \mathrm{e}^{-t}\cos t\mathrm{d}t$. 试求：(1) $F(0)$；(2) $f'(0)$；(3) $f''(0)$；(4) $F(x)$ 在闭区间$[0,\pi]$上的最大值与最小值.

11. 设$f(x)$ 在 $[a,b]$ 上连续，$g(x)$ 在 $[a,b]$ 上单调可导，证明：在 (a,b) 内存在 ξ，使 $\int_a^b f(x)g(x)\mathrm{d}x=g(a)\int_a^\xi f(x)\mathrm{d}x+g(b)\int_\xi^b f(x)\mathrm{d}x$.

12. 求由下列各组曲线所围成的图形的面积：

(1) $\sqrt{y}=x, y=2-x$ 及 x；

(2) $y^2=2x+6$ 与 $y^2=3-x$；

(3) $x^2+y^2=2x, x^2+y^2=4x$ 和直线 $y=x, y=0$.

13. 求 c 的值，使曲线 $y=x^2$ 与 $x=cy^2$ 在第一象限所围成的平面图形的面积为1.

14. 过曲线 $y=\sqrt[3]{x}(x\geqslant 0)$ 上点 A 作切线，使该曲线与切线及 x 轴围成的平面图形 D 的面积为$\frac{3}{4}$.

(1)求 A 点的坐标；

(2)求平面图形 D 绕 x 轴旋转一周所得旋转体的体积.

15. 设抛物线 $y=ax^2+bx+c$ 通过点$(0,0)$，且当 $x\in[0,1]$ 时，$y\geqslant 0$. 试确定 a，b，c 的值，使得抛物线 $y=ax^2+bx+c$ 与直线 $x=1, y=0$ 所围图形的面积为$\frac{4}{9}$，且使该图形绕 x 轴旋转而成的旋转体的体积最小.

16. 计算曲线 $y=\ln(1-x^2)$ 上相应于 $0\leqslant x\leqslant\frac{1}{2}$ 的一段弧的长度.

17. 为清除井底的污泥,用缆绳将抓斗放入井底,抓起污泥后提出井口(见右图).已知井深 30 m,抓斗自重 400 N,缆绳每米重 50 N,抓斗抓起的污泥重 2 000 N,提升速度为 3 m/s,在提升过程中,污泥以 20 N/s 的速率从抓斗缝隙中漏掉.现将抓起污泥的抓斗提升至井口,问克服重力需作多少焦耳的功?(说明:①1N×1m=1J;m,N,s,J 分别表示米,牛顿,秒,焦耳.②抓斗的高度及位于井口上方的缆绳长度忽略不计.)

18. 某闸门的形状与大小如图所示,其中直线 l 为对称轴,闸门的上部为矩形 $ABCD$,下部由二次抛物线与线段 AB 所围成.当水面与闸门的上端相平时,欲使闸门矩形部分承受的水压力与闸门下部承受的水压力之比为 5∶4,闸门矩形部分的高 h 应为多少 m(米)?

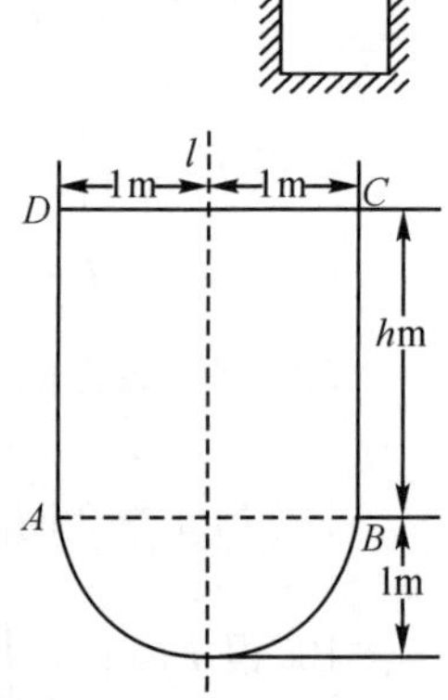

第 6 章　微分方程

有大量的科学问题需要人们试着从它的变化率来确定某些结果,例如我们可以根据一个运动质点的速度或加速度来计算质点的位置. 或者对于一种已知衰变率的放射性物质,需要确定在一给定时间后尚存物质的总量. 在这样一些例子中,都要试图从一个方程所表示的关系中确定一个未知函数,而这个方程至少含有未知函数的一个导数,这样的方程称为微分方程. 本章介绍微分方程的一些基本概念和几种简单常用的微分方程的求解及应用.

第 1 节　微分方程的基本概念

先看一个具体的例子.

例 1　实验表明,物体在自由下落过程中受到的空气阻力与物体下落的速度成正比,因此作用在该物体上的力是

$$F = mg - kv.$$

由牛顿第二定律

$$F = ma \text{ 或者 } F = m\frac{\mathrm{d}v}{\mathrm{d}t} = m\frac{\mathrm{d}^2 s}{\mathrm{d}t^2}$$

得到物体运动速度与其导数的关系式

$$m\frac{\mathrm{d}v}{\mathrm{d}t} + kv = mg, \tag{1}$$

或者物体位移与其一阶、二阶导数的关系式

$$m\frac{\mathrm{d}^2 s}{\mathrm{d}t^2} + k\frac{\mathrm{d}s}{\mathrm{d}t} = mg. \tag{2}$$

此外,位移函数 $s(t)$ 还应满足下列条件:

$$s(t)\big|_{t=0} = 0,\quad s'(t)\big|_{t=0} = v(0) = 0. \tag{3}$$

可以验证函数

$$s(t) = C_1 + C_2 \mathrm{e}^{-\frac{k}{m}t} + \frac{mg}{k}t\,(C_1, C_2 \text{ 是任意的常数}) \tag{4}$$

是满足关系式(2)的.

把条件 $s(0)=0$ 代入(3)得：$C_1+C_2=0$；

把条件 $s'(0)=0$ 代入(3)得：$C_2=\frac{m^2g}{k^2}$.

将 $C_1=-\frac{m^2g}{k^2}, C_2=\frac{m^2g}{k^2}$ 代入(2)得

$$s(t)=\frac{m^2g}{k^2}(1-e^{-\frac{k}{m}t})+\frac{mg}{k}t. \tag{5}$$

这就是自由落体的位移与时间的函数关系.

上述例子中的关系式(1)和(2)都含有未知函数的导数,它们都是微分方程.一般地,凡表示未知函数、未知函数的导数与自变量之间的关系的方程,叫作**微分方程**,有时也简称**方程**.根据未知函数只是一个变量还是两个或多个变量的函数分为两大类:**常微分方程**和**偏微分方程**.本章中只讨论常微分方程.

微分方程中所出现的未知函数的最高阶导数的阶数,叫作微分方程的**阶**.例如,方程(1)是一阶微分方程;方程(2)是二阶微分方程.又如方程

$$x^3y'''-4xy'=x^2$$

是三阶微分方程;方程

$$y^{(4)}-4y'''+10y''-12y'+5y=\sin 2x$$

是四阶微分方程.

n 阶微分方程的一般形式是

$$F(x, y, y', \cdots, y^{(n)})=0. \tag{6}$$

其中 x 是自变量, y 为未知函数,且 $y^{(n)}$ 必定出现.

经验表明,除少数类型外,获得微分方程的一般性的数学理论是困难的,而在这少数类型中有所谓线性微分方程,这类方程出现在各种各样的问题中.

如果方程(6)的左端为 y 及 $y', \cdots, y^{(n)}$ 的一次有理整式,则称(6)为 n 阶**线性微分方程**. n 阶线性微分方程具有一般形式

$$y^{(n)}+a_1(x)y^{(n-1)}+\cdots+a_{n-1}(x)y'+a_n(x)y=f(x), \tag{7}$$

这里 $a_1(x), \cdots, a_n(x), f(x)$ 是 x 的已知函数.

以后我们讨论的微分方程是线性微分方程中最简单的一类以及它们的某些应用.

如果把某个函数代入微分方程使它成为恒等式,这个函数就叫作该**微分方程的解**.确切地说,如果在区间 I 上,成立

$$F[x, \varphi(x), \varphi'(x), \cdots, \varphi^{(n)}(x)]=0, \tag{8}$$

那么函数 $y=\varphi(x)$ 就叫作微分方程(6)在区间 I 上的解.

如果关系式 $F(x, y)=0$ 确定的隐函数 $y=\varphi(x)$ 是方程(6)的解,则称 $F(x, y)=0$

为方程(6)的隐式解. 例如,一阶微分方程 $y' = -\frac{x}{y}$ 有解 $y = \sqrt{1-x^2}$ 和 $y = -\sqrt{1-x^2}$,而关系式 $x^2 + y^2 = 1$ 就是它的隐式解. 为简便起见,以后不把解和隐式解加以区分,通称为方程的解.

如果微分方程的解中含有任意常数,且独立任意常数的个数与微分方程的阶数相同,这样的解叫作微分方程的**通解**. 这里,所谓的独立任意常数,是指它们不能合并使得任意常数的个数减少. 例如,函数(4)是方程(2)的解,它含有两个独立任意常数,而方程(2)是二阶的,所以函数(4)是方程(2)的通解.

在很多问题中,需要从通解中挑出在某一点具有规定值的一个解. 规定值称为**初始条件**(也叫**初值条件**),而确定这样一个解的问题称为**初值问题**. 这一术语来源于力学问题,因为在力学问题中这些条件往往反映了运动物体的初始状态.

微分方程满足初始条件的解称为微分方程的**特解**. 初始条件不同,对应的特解也不同. 一般来说,特解可以通过初始条件的限制,从通解中确定任意常数而得到. 例如函数(5)是方程(2)满足初始条件(3)的特解.

微分方程的解的图形是一条曲线,叫作微分方程的**积分曲线**.

一阶微分方程的初值问题

$$\begin{cases} y' = f(x, y), \\ y\big|_{x=x_0} = y_0 \end{cases}$$

的几何意义,就是求通过点 (x_0, y_0) 的那条积分曲线.

例2　设微分方程 $y' = \frac{y}{x} + \varphi\left(\frac{x}{y}\right)$ 的通解为 $y = \frac{x}{\ln Cx}$(C 为任意常数),求 $\varphi(x)$.

解　由 $y = \frac{x}{\ln Cx}$ 得 $y' = \frac{1}{\ln Cx} - \frac{1}{\ln^2 Cx}$, 代入得

$$\varphi(\ln Cx) = -\frac{1}{\ln^2 Cx}.$$

令 $u = \ln Cx$, 则 $\varphi(u) = -\frac{1}{u^2}$, 即 $\varphi(x) = -\frac{1}{x^2}$.

习题 6.1

1. 指出下列各微分方程的阶数,并回答是否是线性的:

(1) $(y')^2 + xy' - 3y^2 = 0$;　(2) $(7x - 6y)\mathrm{d}x + (x + y)\mathrm{d}y = 0$;

(3) $xy'' - 5y' + 3xy = \sin x$;　(4) $\sin\left(\frac{\mathrm{d}^2 y}{\mathrm{d}x^2}\right) + \mathrm{e}^y = x$;

(5) $y'y''' - 3(y')^2 = 0$;　(6) $y^{(4)} - 4y'' + 4y = 6\mathrm{e}^{2x}$.

2. 验证下列各题中的函数为所给微分方程的解:

(1) $\frac{dy}{dx}+2y=2, y=e^{-2x}+1$;

(2) $(1+x^2)y''+4xy'+2y=0, y=\frac{1}{1+x^2}$.

3. 求以下列方程所确定的函数为通解的微分方程:

(1) $x^2+Cy^2=1$(C 是任意常数);

(2) $(y-C_2)^2=4C_1x$(C_1, C_2 是任意常数).

4. 写出由下列条件确定的曲线所满足的微分方程:

(1) 曲线在点 (x, y) 处的切线的斜率等于该点横坐标的平方;

(2) 曲线上点 $P(x, y)$ 处的法线与 x 轴的交点为 Q, 且线段 PQ 被 y 轴平分.

第 2 节　可分离变量的微分方程

在本节至第 4 节,我们将讨论能解出 y' 的一阶微分方程,它可以被写成如下形式

$$y'=f(x, y), \tag{1}$$

其中右边的表达式 $f(x, y)$ 具有各种具体的形式.

方程(1)最简单的情况是 $f(x, y)$ 和 y 无关的情形,这时(1)式变成

$$y'=f(x). \tag{2}$$

我们看到,求为微分方程(2)的通解问题就转化成了求 $f(x)$ 的不定积分问题. 将(2)改写成

$$dy=f(x)dx,$$

两边积分,得

$$\int dy=\int f(x)dx \text{ 即 } y=\int f(x)dx+C. \tag{3}$$

这里我们把 $\int f(x)dx$ 理解为 $f(x)$ 的任意一个确定的原函数(如无特别声明,以后也作这样的理解),则(3)就是方程(2)的通解.

考虑一个比方程(2)稍微复杂一些的方程:

$$\frac{dy}{dx}=f(x)g(y), \tag{4}$$

称为**可分离变量的微分方程**,这里 $f(x)$, $g(y)$ 分别是 x, y 的连续函数.

如果 $g(y)\neq 0$, 将(3)改写成

$$\frac{dy}{g(y)}=f(x)dx. \tag{5}$$

这样,变量就“分离”开来了,即方程的一端只含 y 的函数和 $\mathrm{d}y$, 另一端只含 x 的函数和 $\mathrm{d}x$.

像求解方程(2)一样,(5)两边积分,得

$$\int \frac{\mathrm{d}y}{g(y)} = \int f(x)\,\mathrm{d}x + C. \tag{6}$$

把(6)作为 y 是 x 的隐函数的关系式,则对任一常数 C, 微分(6)的两边可知(6)所确定的隐函数 $y = y(x, C)$ 满足方程(4),因而(6)是(4)的通解,称之为**隐式通解**.

如果存在 y_0 使 $g(y_0) = 0$, 直接代入可知 $y = y_0$ 也是(4)的解.

例 1　求微分方程 $f'(x) = f(x)$ 的通解.

解　我们用 y 代替 $f(x)$, 而用 y' 代替 $f'(x)$, 则原方程写成

$$\frac{\mathrm{d}y}{\mathrm{d}x} = y.$$

这是可分离变量的方程,分离变量后得

$$\frac{\mathrm{d}y}{y} = \mathrm{d}x,$$

两边积分

$$\int \frac{\mathrm{d}y}{y} = \int \mathrm{d}x,$$

得

$$\ln|y| = x + C_1,$$

从而

$$y = \pm \mathrm{e}^{x+C_1} = \pm \mathrm{e}^{C_1}\mathrm{e}^{x},$$

这里 $\pm \mathrm{e}^{C_1}$ 是任意非零常数,又 $y = 0$ 也是原方程的解,所以原方程的通解为

$$y = C\mathrm{e}^{x}, \quad C \text{ 是任意常数}.$$

例 2　求微分方程 $y' + \sin(x + y) = \sin(x - y)$ 的通解.

解　利用三角的差化积公式

$$\sin\alpha - \sin\beta - 2\cos\frac{\alpha+\beta}{2}\sin\frac{\alpha-\beta}{2},$$

原方程可写成

$$y' = -2\cos x\sin y$$

分离变量,得

$$\frac{\mathrm{d}y}{\sin y} = -2\cos x\,\mathrm{d}x.$$

两边积分,得

$$\int \frac{\mathrm{d}y}{\sin y} = -2\int \cos x \mathrm{d}x,$$

即

$$\ln|\csc y - \cot y| = -2\sin x + C_1.$$

由此求得方程的通解为

$$\csc y - \cot y = \pm \mathrm{e}^{-2\sin x + C_1} \text{ 或 } \tan\frac{y}{2} = C\mathrm{e}^{-2\sin x}(C = \pm \mathrm{e}^{C_1}).$$

例 3 求方程 $\frac{\mathrm{d}y}{\mathrm{d}x} = 1 - x + y^2 - xy^2$ 满足初始条件 $y(0) = 1$ 的特解.

解 方程变形为

$$\frac{\mathrm{d}y}{\mathrm{d}x} = (1-x)(1+y^2),$$

分离变量,得

$$\frac{\mathrm{d}y}{1+y^2} = (1-x)\mathrm{d}x.$$

两边积分,得

$$\arctan y = x - \frac{1}{2}x^2 + C.$$

由 $y(0) = 1$ 得 $C = \frac{\pi}{4}$. 于是所求特解为

$$y = \tan\left(x - \frac{1}{2}x^2 + \frac{\pi}{4}\right).$$

例 4 元素衰变模型 英国物理学家卢瑟福因对元素衰变的研究获 1908 年的诺贝尔化学奖. 他发现,在任意时刻 t, 物质的放射性与该物质当时的原子数 $N(t)$ 成正比. 设 $t = 0$ 时,放射性物质的原子数为 N_0, 求放射性物质随时间的变化规律.

解 设比率为 $\lambda(>0$, 称为**衰变常数**),则有

$$\frac{\mathrm{d}N(t)}{\mathrm{d}t} = -\lambda N(t),$$

其中“ - ”号表示在衰变过程中原子数是递减的.

这是可分离变量方程,容易求得其通解为

$$N(t) = C\mathrm{e}^{-\lambda t}.$$

由 $N(0) = N_0$ 得 $C = N_0$, 故放射性物质的衰变规律为

$$N(t) = N_0\mathrm{e}^{-\lambda t}.$$

为了描述元素衰变的快慢,物理上引进了**半衰期**的概念,即表示放射性元素的原子核有半数发生衰变的时间,记为 τ.

由 $\frac{1}{2}N_0 = N_0 e^{-\lambda t}$ 可知 $\tau = \frac{\ln 2}{\lambda}$.

例 5　C^{14} 年代测定法　长沙马王堆汉墓一号墓于 1972 年出土，专家们测得同时出土的木炭标本的 C^{14} 原子衰变为每分钟 29.78 次，而当时新烧成的木炭的 C^{14} 原子衰变为每分钟 38.37 次. 已知 C^{14} 的半衰期为 5 730 年，试估算该墓建成的年代.

解　将半衰期公式 $\tau = \frac{\ln 2}{\lambda}$ 代入元素衰变模型，得

$$N(t) = N_0 e^{-\frac{\ln 2}{\lambda}t},$$

解得 $t = \frac{\tau}{\ln 2}\ln\frac{N_0}{N(t)}$.

由于已知的是衰变速度，为应用这个条件，对 $N(t)$ 求导得

$$N'(t) = -\lambda N_0 e^{-\lambda t} = -\lambda N(t),$$

代入 $t = 0$，得

$$N'(0) = -\lambda N_0.$$

两式相除，得

$$\frac{N'(0)}{N'(t)} = \frac{-\lambda N_0}{-\lambda N(t)} = \frac{N_0}{N(t)}.$$

代入前式，得

$$t = \frac{\tau}{\ln 2}\ln\frac{N'(0)}{N'(t)}.$$

将 $N'(0) = 38.37$（次/分），$N'(t) = 29.78$（次/分），$\tau = 5\ 730$（年）代入：

$$t = \frac{5\ 730}{\ln 2}\ln\frac{38.37}{29.78} \approx 2\ 095\ (\text{年}).$$

因此，马王堆汉墓一号墓建成于大约出土前的 2100 年.

例 6　冰层厚度的微分方程模型　当湖面结冰时，湖水的最上一层首先结冰，而冰层下面水中的热量则是通过冰层向上传播，然后散失在空气中. 随着热量的流失，更多的水冻成了冰. 这里需要考虑的问题是，作为时间的函数，冰层厚度是如何随时间变化的？

解　当大气温度低于湖水温度时，冰层厚度随时间增长而增加. 另一方面，当冰层增厚时，湖水透过冰层向外传播热量的速度就会越来越慢. 因此，冰层厚度增加的速度自然也会越来越慢. 所以冰层厚度随时间变化的曲线将会是一条上凸曲线.

用 t 表示时间，y 表示冰层厚度. 冰层厚度越大，湖水向外传播热量的速度就越小. 因此可以假定冰层厚度增加的速度与已经结成的冰层厚度成反比，即存在整数 k，使得

$$\text{冰层厚度增加的速度} = \frac{k}{\text{冰层厚度}},$$

即

$$\frac{dy}{dt} = \frac{k}{y}.$$

分离变量得

$$y dy = k dt,$$

两边积分得

$$\frac{1}{2}y^2 = kt + C.$$

假定当 $t = 0$ 时 $y = 0$, 则可得 $C = 0$. 由于冰层厚度 $y \geqslant 0$, 于是得到

$$y = \sqrt{2kt}.$$

显然, $y(t)$ 是增函数. 又因为

$$y'' = -\frac{\sqrt{2k}}{4t^{\frac{3}{2}}} < 0, \quad t > 0.$$

所以曲线 $y(t)$ 是上凸的. 这完全符合我们在开始借助于物理常识对于冰层厚度变化规律的分析.

例 7 封闭环境中单一生物种群个体总量 $y(t)$ 随时间变化的过程满足微分方程

$$\frac{dy}{dt} = y(t)[a - by(t)],$$

其中 a,b 为正常数,一般 b 比较小.

求解这个微分方程可以得到 $y(t)$ 的表达式. 但是,无需求出 $y(t)$ 的表达式,我们也可以根据这个方程获得 $y(t)$ 的许多信息. 例如可以了解 $y(t)$ 的单调性、凹凸性、最大值,以及当 $t \to +\infty$ 时 $y(t)$ 的变化趋势等.

假定在开始时刻,该生物种群数量 $y(0) < \frac{a}{b}$.

首先知道 $y(t) > 0$. 其次看出,当 $y(t) < \frac{a}{b}$ 时, $\frac{dy}{dt} > 0$, $y(t)$ 单调增加;当 $y(t) > \frac{a}{b}$ 时, $\frac{dy}{dt} < 0$, $y(t)$ 单调减少. 从而 $\frac{a}{b}$ 是 $y(t)$ 的最大值.

以上分析说明, $y = \frac{a}{b}$ 是封闭环境对于该生物种群的最大承载量. 生物种群的个体达到这个数量之前,一直是随时间增长的,但是达到这个最大值以后,由于空间狭窄和资源短缺导致生存环境恶化,生物个体数量会单调减少.

在方程两边对 t 求导,得

$$\frac{d^2y}{dt^2} = a\frac{dy}{dt} - 2by\frac{dy}{dt} = y(a - 2by)(a - by).$$

前面已经知道，$\frac{a}{b}$ 是 $y(t)$ 的最大值，所以 $a-2by \geqslant 0$. 则由上式可以看出：

当 $y(t)<\frac{a}{2b}$ 时，$\frac{\mathrm{d}^2y}{\mathrm{d}t^2}>0$，$y(t)$ 增加速度逐渐加快；

当 $\frac{a}{2b}<y(t)<\frac{a}{b}$ 时，$\frac{\mathrm{d}^2y}{\mathrm{d}t^2}<0$，$y(t)$ 增加速度逐渐趋缓.

所以当 $y=\frac{a}{2b}$ 时，曲线 $y(t)$ 有拐点出现.

由此说明，当 $y(t)<\frac{a}{2b}$ 时，由于生存空间相对广阔和资源相对丰富，生物个体增加越来越快；但是当 $y(t)>\frac{a}{2b}$ 时，由于生存空间逐渐狭窄和资源逐渐减少，生物个体增加速度越来越慢，并逐渐趋于停滞.

根据上面的描述，就可以大致勾画出曲线 $y=y(t)$ 的简图了.

如果假定 $y(0)>\frac{a}{b}$，则 $y(t)$ 将会单调减少趋向于 $\frac{a}{b}$.

习题 6.2

1. 求下列微分方程的通解：

(1) $xy'+y=3$；

(2) $\frac{\mathrm{d}y}{\mathrm{d}x}+x+xy^2=1+y^2$；

(3) $x^2y'=(1-3x)y$；

(4) $x^2y\mathrm{d}x=(1-y^2-x^2y^2+x^2)\mathrm{d}y$；

(5) $\sin x\cos x\mathrm{d}y-y\ln y\mathrm{d}x=0$；

(6) $(\mathrm{e}^{x+y}-\mathrm{e}^x)\mathrm{d}x+(\mathrm{e}^{x+y}+\mathrm{e}^y)\mathrm{d}y=0$.

2. 求下列微分方程满足所给初始条件的特解：

(1) $y'=\mathrm{e}^{2x-y}$，$y|_{x=0}=0$；

(2) $\frac{\mathrm{d}y}{\mathrm{d}x}=\frac{\mathrm{e}^{-2y}}{3xy}$，$y|_{x=2}=1$；

(3) $xy\mathrm{d}x+\sqrt{1-x^2}\mathrm{d}y=0$，$y|_{x=0}=2$；

(4) $y'=\frac{y^2+1}{2y\sqrt{1-x^2}}$，$y|_{x=0}=1$；

(5) $\cos y\mathrm{d}x+(1+\mathrm{e}^{-x})\sin y\mathrm{d}y=0$，$y|_{x=0}=\frac{\pi}{4}$.

3. 一杯热茶放在桌子上，温度会慢慢降低，这是人们熟悉的生活常识. 可牛顿却发现，如果环境温度保持不变的话，物体温度的变化率和物体与环境的温度差成正比（这被称为**牛顿冷却定律**）. 试由牛顿冷却定律导出物体温度的变化规律.

4. 高血压病人服用的一种球形药丸在胃里溶解时，直径的变化率与表面积成正比. 药丸最初的直径是 0.50 厘米. 试验中测得：药丸进入人胃 2 分钟后的直径是 0.36 厘米. 问：多长时间后药丸的直径小于 0.02 厘米（此时认为药丸已基本溶解）？

5. 设曲线 $y=f(x)$ 过原点及点 $(2,3)$，且 $f(x)$ 单调并有连续导数. 在曲线上任取一点作两坐标轴的平行线，其中一条平行线与 Ox 轴和曲线 $y=f(x)$ 围成面积是另一条平行线与 Oy 轴和曲线 $y=f(x)$ 围成面积的两倍，求曲线 $y=f(x)$ 的方程.

第 3 节　一阶线性微分方程

形式如

$$\frac{\mathrm{d}y}{\mathrm{d}x}+P(x)y=Q(x) \tag{1}$$

的微分方程，称为**一阶线性微分方程**，因为它对于未知函数 y 及其导数 y' 是一次方程.

首先研究(1)右端 $Q(x)\equiv 0$ 的特殊情况.

方程

$$\frac{\mathrm{d}y}{\mathrm{d}x}+P(x)y=0 \tag{2}$$

称为对应于(1)的**齐次线性方程**.

若 $Q(x)\not\equiv 0$，方程(1)称为**非齐次线性方程**.

方程(2)是可分离变量的方程，分离变量后得

$$\frac{\mathrm{d}y}{y}=-P(x)\,\mathrm{d}x,$$

两边积分，得

$$\ln|y|=-\int P(x)\,\mathrm{d}x+C_1,$$

即

$$y=\pm \mathrm{e}^{C_1}\mathrm{e}^{-\int P(x)\mathrm{d}x}=C\mathrm{e}^{-\int P(x)\mathrm{d}x}, \tag{3}$$

这就是方程(1)对应的齐次线性方程(2)的通解.

方程(2)是方程(1)的特殊情况，两者既有联系又有差别. 因此设想它们的解也应该有一定的联系而又有差别.

将非齐次线性方程(1)写成

$$\frac{dy}{y}=\left[-P(x)+\frac{1}{y}Q(x)\right]dx,$$

两边积分,得

$$\ln|y|=\int\left[-P(x)+\frac{1}{y}Q(x)\right]dx+\ln|C|,$$

即

$$y=Ce^{\int\frac{1}{y}Q(x)dx}\cdot e^{-\int P(x)dx}.$$

观察上面的结果,并注意到 $Ce^{\int\frac{1}{y}Q(x)dx}$ 是 x 的函数. 这样我们就可以使用所谓**常数变易法**来求非齐次线性方程(1)的通解了. 在(3)中,将常数 C 变易为 x 的待定函数 $C(x)$ 使它满足方程(1),从而求出 $C(x)$. 为此,令

$$y=C(x)e^{-\int P(x)dx},\tag{4}$$

于是

$$\frac{dy}{dx}=C'(x)e^{-\int P(x)dx}-P(x)C(x)e^{-\int P(x)dx}.\tag{5}$$

将(4)和(5)代入方程(1)得

$$C'(x)e^{-\int P(x)dx}-P(x)C(x)e^{-\int P(x)dx}+P(x)C(x)e^{-\int P(x)dx}=Q(x),$$

即

$$C'(x)e^{-\int P(x)dx}=Q(x),\quad C'(x)=Q(x)e^{\int P(x)dx}.$$

两边积分,得

$$C(x)=\int Q(x)e^{\int P(x)dx}dx+C.$$

把上式代入(4),便得非齐次线性方程(1)的通解为

$$y=e^{-\int P(x)dx}\left(\int Q(x)e^{\int P(x)dx}dx+C\right).\tag{6}$$

将(6)式写成两项之和

$$y=Ce^{-\int P(x)dx}+e^{-\int P(x)dx}\int Q(x)e^{\int P(x)dx}dx,$$

上式右端第一项是对应的齐次线性方程(2)的通解,第二项是非齐次线性方程(1)的一个特解. 由此可知,一阶非齐次线性方程的通解等于对应的齐次方程的通解与非齐次方程的一个特解之和.

例 1　求方程 $\frac{dy}{dx}-\frac{2}{x+1}y=(x+1)^2e^x$ 的通解.

解　这是一个非齐次线性方程,先求对应齐次方程

$$\frac{dy}{dx}-\frac{2}{x+1}y=0$$

的通解.

分离变量,得

$$\frac{dy}{y}=\frac{2}{x+1}dx,$$

两边积分,得

$$\ln|y|=2\ln|x+1|+\ln|C|.$$

所以对应齐次线性方程的通解为

$$y=C(x+1)^2.$$

用常数变易法,将 C 换成 $C(x)$, 即令 $y=C(x)(x+1)^2$, 那么

$$\frac{dy}{dx}=C'(x)(x+1)^2+2C(x)(x+1).$$

代入所给非齐次方程,得

$$C'(x)=e^x.$$

两边积分,得

$$C(x)=e^x+C.$$

再将上式代入所设,即得所求方程的通解为

$$y=(e^x+C)(x+1)^2.$$

例 2 求微分方程 $y'-\frac{1}{x}y=-1$ 的通解.

解 这是一阶非齐次线性方程,其中 $P(x)=-\frac{1}{x},Q(x)=-1$. 利用通解公式(6),有

$$y=e^{-\int(-\frac{1}{x})dx}\left[\int(-1)e^{\int(-\frac{1}{x})dx}dx+C\right]=e^{\ln|x|}\left[\int(-1)e^{-\ln|x|}dx+C\right]$$

$$=\begin{cases} e^{\ln x}\left[\int(-1)e^{-\ln x}dx+C\right]=x(-\ln x+C), & x>0,\\ e^{\ln(-x)}\left[\int(-1)e^{-\ln(-x)}dx+C\right]=x(-\ln x-C), & x<0.\end{cases}$$

由于 C 是任意常数,所以所求通解为

$$y=x(-\ln x+C).$$

从这个例子可以知道,在用通解公式求解时,指数中的对数部分可以不加绝对值.

例 3 求微分方程 $\frac{dy}{dx}-y\cot x=2x\sin x$ 满足初始条件 $y|_{x=\frac{\pi}{2}}=0$ 的特解.

解 这是一阶非齐次线性微分方程,由通解公式:

$$y=e^{-\int(-\cot x)dx}\left(\int 2x\sin x\cdot e^{\int(-\cot x)dx}dx+C\right)$$

$$= e^{\ln\sin x}\left(\int 2x\sin x \cdot e^{-\ln\sin x}dx + C\right) = \sin x\left(\int 2x\sin x \cdot \frac{1}{\sin x}dx + C\right)$$

$$= \sin x \cdot (x^2 + C).$$

由 $y|_{x=\frac{\pi}{2}} = 0$ 得 $C = -\frac{\pi^2}{4}$，故所求特解为 $y = \left(x^2 - \frac{\pi^2}{4}\right)\sin x$.

例 4　求微分方程 $\frac{dy}{dx} = \frac{y^2+1}{y^4-2xy}$ 的通解.

解　原方程改写成

$$\frac{dx}{dy} = \frac{y^4-2xy}{y^2+1}, \text{即} \frac{dx}{dy} + \frac{2y}{1+y^2}x = \frac{y^4}{1+y^2}.$$

这是以 x 为未知函数的一阶线性微分方程，由通解公式得

$$x = e^{-\int P(y)dy}\left[\int Q(y)e^{\int P(y)dy}dy + C\right] = e^{-\int\frac{2y}{1+y^2}dy}\left(\int \frac{y^4}{1+y^2}e^{\int\frac{2y}{1+y^2}dy}dy + C\right)$$

$$= e^{-\ln(1+y^2)}\left(\int \frac{y^4}{1+y^2}e^{\ln(1+y^2)}dy + C\right) = \frac{1}{1+y^2}\left(\int \frac{y^4}{1+y^2} \cdot (1+y^2)dy + C\right)$$

$$= \frac{y^5+5C}{5(1+y^2)}.$$

习题 6.3

1. 求下列微分方程的通解：

(1) $y' - \frac{y}{x} = x^3$；

(2) $\frac{dy}{dx} - \frac{2y}{x+1} = (x+1)^{\frac{5}{2}}$；

(3) $(x^2-1)y' + 2xy - \cos x = 0$；

(4) $y' = y\tan x + \sec x$；

(5) $\frac{1}{y}\frac{dy}{dx} = 2x + \frac{x(1-x^2)}{y}$；

(6) $(1+y^2)dx + (x - \arctan y)dy = 0$；

(7) $(y^2 - 6x)\frac{dy}{dx} + 2y = 0$；

(8) $y\ln y dx + (x - \ln y)dy = 0$.

2. 求下列微分方程满足所给初始条件的特解：

(1) $\frac{dy}{dx} + 3y = 8, y|_{x=0} = 2$；

(2) $\frac{\mathrm{d}y}{\mathrm{d}x}+y\cot x=5\mathrm{e}^{\cos x}, y\big|_{x=\frac{\pi}{2}}=-4$;

(3) $\frac{\mathrm{d}y}{\mathrm{d}x}-xy=x\mathrm{e}^{x^2}, y(0)=2$;

(4) $x^2\mathrm{d}y+(2xy-x+1)\mathrm{d}x=0, y\big|_{x=1}=0$.

3. 已知微分方程

$$y'+p(x)y=0, \quad ①$$

$$y'+p(x)y=Q(x)(\neq 0). \quad ②$$

证明:(1)方程①的任意两个解的和或差仍是①的解;

(2)方程①的任意一个解的常数倍仍是①的解;

(3)方程①的一个解与方程②的一个解的和是方程②的解;

(4)方程②的任意两个解的差是方程①的解.

4. 设有连接点 $O(0,0)$ 和 $A(1,1)$ 的一段凸的曲线弧 $\overset{\frown}{OA}$ 上的任一点 $P(x,y)$,曲线弧 $\overset{\frown}{OP}$ 与直线段 $\overline{OP}$ 所围图形的面积为 x^2,求曲线弧 $\overset{\frown}{OA}$ 的方程.

5. 求连续函数 $f(t)$,使之满足 $f(t)=\cos 2t+\int_0^T f(u)\sin u\mathrm{d}u$.

6. 已知 $\int_0^1 f(tx)\mathrm{d}t=\frac{1}{2}f(x)+1$,其中 $f(x)$ 为连续函数,求 $f(x)$.

7. 设有微分方程 $y'+p(x)y=x^2$,其中 $p(x)=\begin{cases}1, & x\leqslant 1,\\ \frac{1}{x}, & x>1,\end{cases}$ 求在 $(-\infty,+\infty)$ 内的连续函数 $y=y(x)$,使其满足所给的微分方程,且满足条件 $y(0)=2$.

8. 设 $y=\mathrm{e}^x$ 是微分方程 $xy'+p(x)y=x$ 的一个特解,求此微分方程满足初始条件 $y(\ln 2)=0$ 的特解.

9. 已知 $f(x)$ 在 $(-\infty,+\infty)$ 内有定义,且对任意 x,y 满足

$$f(x+y)=\mathrm{e}^y f(x)+\mathrm{e}^x f(y),$$

又 $f'(0)=\mathrm{e}$,求 $f(x)$.

第4节 可用变量代换法求解的一阶微分方程

利用变量代换把一个微分方程化为变量可分离的方程,或化为已经知道其求解步骤的方程,这是解微分方程最常用的方法.下面我们介绍几种简单的情形.

一、齐次方程

形式如

$$\frac{\mathrm{d}y}{\mathrm{d}x}=\varphi\left(\frac{y}{x}\right) \tag{1}$$

的微分方程,称为**齐次方程**,这里 $\varphi(u)$ 是 u 的连续函数.

在齐次方程(1)中,引进新的未知函数

$$u=\frac{y}{x}. \tag{2}$$

由(2)有

$$y=ux,\quad \frac{\mathrm{d}y}{\mathrm{d}x}=u+x\frac{\mathrm{d}u}{\mathrm{d}x},$$

代入方程(1),便得方程

$$u+x\frac{\mathrm{d}u}{\mathrm{d}x}=\varphi(u),$$

即

$$x\frac{\mathrm{d}u}{\mathrm{d}x}=\varphi(u)-u.$$

分离变量,得

$$\frac{\mathrm{d}u}{\varphi(u)-u}=\frac{\mathrm{d}x}{x}.$$

两边积分,得

$$\int\frac{\mathrm{d}u}{\varphi(u)-u}=\int\frac{\mathrm{d}x}{x}.$$

求出积分后,再以 $\frac{y}{x}$ 代替 u,便得所给齐次方程的通解.

例 1　解方程 $(xy-y^2)\mathrm{d}x-(x^2-2xy)\mathrm{d}y=0$.

解　原方程可写成

$$\frac{\mathrm{d}y}{\mathrm{d}x}=\frac{xy-y^2}{x^2-2xy}=\frac{\frac{y}{x}-\left(\frac{y}{x}\right)^2}{1-2\frac{y}{x}},$$

因此是齐次方程.

令 $\frac{y}{x}=u$,则

$$y=ux,\quad \frac{\mathrm{d}y}{\mathrm{d}x}=u+x\frac{\mathrm{d}u}{\mathrm{d}x},$$

于是原方程变为

$$u+x\frac{\mathrm{d}u}{\mathrm{d}x}=\frac{u-u^2}{1-2u},$$

即

$$x\frac{\mathrm{d}u}{\mathrm{d}x}=\frac{u^2}{1-2u}.$$

分离变量,得

$$\left(\frac{1}{u^2}-\frac{2}{u}\right)\mathrm{d}u=\frac{\mathrm{d}x}{x}.$$

两边积分,得

$$-\frac{1}{u}-2\ln|u|=\ln|x|-C,$$

即

$$\ln|xu^2|=C-\frac{1}{u}.$$

将 $u=\frac{y}{x}$ 代回便得原方程的通解为

$$\ln\left|\frac{y^2}{x}\right|=C-\frac{x}{y}.$$

例 2 解方程 $\frac{\mathrm{d}y}{\mathrm{d}x}=\frac{1}{\mathrm{e}^{-\frac{x}{y}}+\frac{x}{y}}$.

解 原方程改写成

$$\frac{\mathrm{d}x}{\mathrm{d}y}=\mathrm{e}^{-\frac{x}{y}}+\frac{x}{y}.$$

设 $\frac{x}{y}=u$, 则 $x=yu,\frac{\mathrm{d}x}{\mathrm{d}y}=u+y\frac{\mathrm{d}u}{\mathrm{d}y}$, 代入上式得

$$u+y\frac{\mathrm{d}u}{\mathrm{d}y}=\mathrm{e}^{-u}+u.$$

分离变量,得

$$\mathrm{e}^{u}\mathrm{d}u=\frac{1}{y}\mathrm{d}y.$$

两边积分,得

$$\mathrm{e}^{u}=\ln y+C.$$

将 $u=\frac{x}{y}$ 代回得原方程的通解为

$$\mathrm{e}^{\frac{x}{y}}=\ln y+C.$$

二、可化为齐次的方程

形式如

$$\frac{\mathrm{d}y}{\mathrm{d}x}=f\left(\frac{ax+by+c}{a_1x+b_1y+c_1}\right) \tag{3}$$

的方程可以通过变换把它化为齐次方程.

下面分三种情形讨论：

情形1　当 $c=c_1=0$ 时，这时方程(3)就是齐次的.

情形2　当 $\frac{a}{a_1}=\frac{b}{b_1}$ 时，设此比值为 λ，则方程(3)可写成

$$\frac{\mathrm{d}y}{\mathrm{d}x}=f\left(\frac{\lambda(a_1x+b_1y)+c}{a_1x+b_1y+c_1}\right).$$

引入新变量 $u=a_1x+b_1y$，则

$$\frac{\mathrm{d}u}{\mathrm{d}x}=a_1+b_1\frac{\mathrm{d}y}{\mathrm{d}x}\text{ 或 }\frac{\mathrm{d}y}{\mathrm{d}x}=\frac{1}{b_1}\left(\frac{\mathrm{d}u}{\mathrm{d}x}-a_1\right).$$

于是方程(3)成为

$$\frac{1}{b_1}\left(\frac{\mathrm{d}u}{\mathrm{d}x}-a_1\right)=f\left(\frac{\lambda u+c}{u+c_1}\right),$$

这是可分离变量的方程.

情形3　当 $\frac{a}{a_1}\neq\frac{b}{b_1}$，且 c,c_1 不全为零时，由于

$$\begin{cases}ax+by+c=0,\\a_1x+b_1y+c_1=0\end{cases}$$

表示平面上两条相交的直线，设交点为 (α,β).

显然 $\alpha\neq0$ 或 $\beta\neq0$. 因为若 $\alpha=\beta=0$，即交点为坐标原点，那么必有 $c=c_1=0$，而这正是情形1. 从几何上知道，将所考虑的情形化为情形1，只需进行坐标平移，将坐标原点移至 (α,β) 就行了.

令

$$\begin{cases}X=x-\alpha,\\Y=y-\beta,\end{cases}$$

这样方程(3)便化为齐次方程

$$\frac{\mathrm{d}Y}{\mathrm{d}X}=f\left(\frac{aX+bY}{a_1X+b_1Y}\right).$$

求出这齐次方程的通解后，在通解中以 $x-\alpha$ 代 X，$y-\beta$ 代 Y，便可得方程(3)的通解.

例3　解方程 $\frac{\mathrm{d}y}{\mathrm{d}x}=\frac{x-y+1}{x+y-3}$.

解　解方程组

$$\begin{cases} x - y + 1 = 0, \\ x + y - 3 = 0, \end{cases}$$

得 $x = 1, y = 2$.

令 $x = X + 1, y = Y + 2$，则原方程成为

$$\frac{\mathrm{d}Y}{\mathrm{d}X} = \frac{X - Y}{X + Y} = \frac{1 - \frac{Y}{X}}{1 + \frac{Y}{X}},$$

这是齐次方程.

令 $\frac{Y}{X} = u$，则 $Y = uX, \frac{\mathrm{d}Y}{\mathrm{d}X} = u + X\frac{\mathrm{d}u}{\mathrm{d}X}$，于是方程变为

$$u + X\frac{\mathrm{d}u}{\mathrm{d}X} = \frac{1 - u}{1 + u} \text{ 或 } X\frac{\mathrm{d}u}{\mathrm{d}X} = \frac{1 - 2u - u^2}{1 + u}.$$

分离变量，得

$$\frac{1 + u}{1 - 2u - u^2}\mathrm{d}u = \frac{\mathrm{d}X}{X}.$$

两边积分，得

$$-\frac{1}{2}\ln|1 - 2u - u^2| = \ln|X| - \ln|C|, \text{ 即 } X^2(1 - 2u - u^2) = C.$$

以 $u = \frac{Y}{X}$ 代回，得

$$X^2 - 2XY - Y^2 = C.$$

以 $X = x - 1, Y = y - 2$ 代入上式并化简，得

$$x^2 - 2xy - y^2 + 2x + 6y = C_1,$$

其中 $C_1 = C + 5$.

三、伯努利方程

形如

$$\frac{\mathrm{d}y}{\mathrm{d}x} + P(x)y = Q(x)y^n (n \neq 0, 1) \tag{4}$$

的方程，称为**伯努利(Bernoulli)方程**.

当 $n = 0$ 或 $n = 1$ 时，这是线性微分方程. 当 $n \neq 0$ 或 $n \neq 1$ 时，这方程不是线性的，但是通过变量的代换，便可把它化为线性的. 事实上，以 y^n 除方程(4)两边，得

$$y^{-n}\frac{\mathrm{d}y}{\mathrm{d}x} + P(x)y^{1-n} = Q(x) \tag{5}$$

注意到，上式左端第一项与 $\frac{\mathrm{d}(y^{1-n})}{\mathrm{d}x}$ 只差一个常数因子 $(1-n)$，因此引入新的因变量

$$z = y^{1-n}, \tag{6}$$

那么

$$\frac{\mathrm{d}z}{\mathrm{d}x} = (1-n)y^{-n}\frac{\mathrm{d}y}{\mathrm{d}x}. \tag{7}$$

将(6)(7)代入(5)，得到

$$\frac{\mathrm{d}z}{\mathrm{d}x} + (1-n)P(x)z = (1-n)Q(x).$$

这是线性方程，求出这方程的通解后，以 y^{1-n} 代 z 便得到伯努利方程的通解.

例4　求方程 $\frac{\mathrm{d}y}{\mathrm{d}x} - xy = -\mathrm{e}^{-x^2}y^3$ 的通解.

解　以 y^3 除方程两端，得

$$y^{-3}\frac{\mathrm{d}y}{\mathrm{d}x} - xy^{-2} = -\mathrm{e}^{-x^2}，\text{即} -\frac{1}{2}\frac{\mathrm{d}(y^{-2})}{\mathrm{d}x} - xy^{-2} = -\mathrm{e}^{-x^2}.$$

令 $z = y^{-2}$，则上述方程成为

$$\frac{\mathrm{d}z}{\mathrm{d}x} + 2xz = 2\mathrm{e}^{-x^2}.$$

这是一个线性方程，它的通解为

$$z = \mathrm{e}^{-\int 2x\mathrm{d}x}\left(\int 2\mathrm{e}^{-x^2}\mathrm{e}^{\int 2x\mathrm{d}x}\mathrm{d}x + C\right) = \mathrm{e}^{-x^2}(2x + C).$$

以 y^{-2} 代 z，得所求方程的通解为

$$y^2 = \mathrm{e}^{x^2}(2x + C)^{-1}.$$

四、可降阶的二阶微分方程

二阶及二阶以上的微分方程叫做**高阶微分方程**. 对于有些高阶微分方程，我们可以通过代换将它化成较低阶的方程来解. 下面介绍二种容易降阶的二阶微分方程的求解方法.

类型1　$y'' = f(x, y')$ 型的微分方程

这种方程的右端不显含未知函数 y. 如果我们设 $y' = p$，那么 $y'' = \frac{\mathrm{d}p}{\mathrm{d}x} = p'$，而方程就成为

$$p' = f(x, p),$$

这是一个关于变量 x, p 的一阶微分方程. 设其通解为

$$p=\varphi(x,C_1)\text{，即}\frac{\mathrm{d}y}{\mathrm{d}x}=\varphi(x,C_1),$$

因此又得到一个一阶微分方程,对它进行积分,便可得方程的通解为

$$y=\int\varphi(x,C_1)\mathrm{d}x+C_2.$$

例 5 求微分方程$(1+x^2)y''=2xy'$满足初值条件 $y(0)=1,y'(0)=3$ 的特解.

解 所给方程是 $y''=f(x,y')$型的. 设 $y'=p$,代入方程并分离变量后,有

$$\frac{\mathrm{d}p}{p}=\frac{2x}{1+x^2}\mathrm{d}x.$$

两端积分,得

$$\ln|p|=\ln(1+x^2)+\ln|C_1|\text{，即 }p=y'=C_1(1+x^2).$$

由条件 $y'(0)=3$ 得 $C_1=3$,所以

$$y'=3(1+x^2).$$

两端再积分,得

$$y=x^3+3x+C_2.$$

又由条件 $y(0)=1$ 得 $C_2=1$,于是所求的特解为

$$y=x^3+3x+1.$$

类型 2 $y''=f(y,y')$型的微分方程

这种方程中不明显地含自变量 x. 为了求出它的解,令 $y'=p$,并利用复合函数的求导法则把 y''化为对 y 的导数,即

$$y''=\frac{\mathrm{d}p}{\mathrm{d}x}=\frac{\mathrm{d}p}{\mathrm{d}y}\cdot\frac{\mathrm{d}y}{\mathrm{d}x}=p\frac{\mathrm{d}p}{\mathrm{d}y},$$

这样,方程就成为

$$p\frac{\mathrm{d}p}{\mathrm{d}y}=f(y,p),$$

这是一个关于变量 y,p 的一阶微分方程. 设它的通解为

$$y'=p=\varphi(y,C_1),$$

分离变量并积分,便得方程的通解为

$$\int\frac{\mathrm{d}y}{\varphi(y,C_1)}=x+C_2.$$

例 6 求微分方程 $yy''-y'^2=0$ 的通解.

解 所给方程是 $y''=f(y,y')$ 型的. 设 $y'=p$,则 $y''=p\frac{\mathrm{d}p}{\mathrm{d}y}$,代入方程得

$$yp\frac{\mathrm{d}p}{\mathrm{d}y}-p^2=0.$$

在 $y \neq 0, p \neq 0$ 时，约去 p 并分离变量，得

$$\frac{\mathrm{d}p}{p} = \frac{\mathrm{d}y}{y}.$$

两端积分，得

$$\ln|p| = \ln|y| + \ln|C_1|，即 p = C_1 y，或 y' = C_1 y.$$

再分离变量并两端积分，便得方程的通解为

$$\ln|y| = C_1 x + \ln|C_2|，即 y = C_2 \mathrm{e}^{C_1 x}.$$

习题 6.4

1. 求下列微分方程的通解：

(1) $y^2 + x^2 \frac{\mathrm{d}y}{\mathrm{d}x} = xy \frac{\mathrm{d}y}{\mathrm{d}x}$；

(2) $\frac{\mathrm{d}y}{\mathrm{d}x} - \frac{y}{x} = \frac{1}{\ln(x^2 + y^2) - 2\ln x}$；

(3) $(1 + 2\mathrm{e}^{\frac{x}{y}})\mathrm{d}x + 2\mathrm{e}^{\frac{x}{y}}(1 - \frac{x}{y})\mathrm{d}y = 0$；

(4) $\left(2x\sin \frac{y}{x} + 3y\cos \frac{y}{x}\right)\mathrm{d}x - 3x\cos \frac{y}{x}\mathrm{d}y = 0$；

(5) $(x^3 + y^3)\mathrm{d}x - 3xy^2\mathrm{d}y = 0$；

(6) $x^2 y' + y(x - y) = 0$；

(7) $\frac{\mathrm{d}y}{\mathrm{d}x} = -\frac{2x + y - 4}{x + y - 1}$；

(8) $(x + y)\mathrm{d}x + (3x + 3y - 4)\mathrm{d}y = 0$；

(9) $\frac{\mathrm{d}y}{\mathrm{d}x} + \frac{y}{x} = a(\ln x)y^2$；

(10) $y' - y = -2xy^{-1}$；

(11) $\frac{\mathrm{d}y}{\mathrm{d}x} = \frac{4}{x}y + x\sqrt{y}\,(y > 0, x \neq 0)$.

2. 求下列微分方程满足所给初始条件的特解：

(1) $(y^2 - 3x^2)\mathrm{d}y + 2xy\mathrm{d}x = 0, y|_{x=0} = 1$；

(2) $\frac{\mathrm{d}y}{\mathrm{d}x} = \frac{xy}{x^2 - y^2}, y(0) = 1$；

(3) $\frac{\mathrm{d}y}{\mathrm{d}x} = \frac{2x^3 y}{x^4 + y^2}, y(1) = 1$.

3. 观察下列方程，通过引入新变量，使之转化为我们熟悉的某些特殊类型的方程，并

求解:

(1) $x\dfrac{dy}{dx}+x+\sin(x+y)=0$;

(2) $\dfrac{dy}{dx}=\dfrac{1}{x-y}$;

(3) $x\dfrac{dy}{dx}-y=x^2+y^2$;

(4) $xy'+y=y(\ln x+\ln y)$;

(5) $y'=y^2+2(\sin x-1)y+\sin^2x-2\sin x-\cos x+1$;

(6) $y'\cos y=(1+\cos x\sin y)\sin y$;

(7) $y''=1+y'^2$;

(8) $y''=y'+x$;

(9) $yy''+2y'^2=0$;

(10) $y^3y''-1=0$.

第5节　二阶常系数线性微分方程

这一节我们讨论在实际问题中应用得较多的**二阶线性微分方程**,它的一般形式是

$$\frac{d^2y}{dx^2}+P(x)\frac{dy}{dx}+Q(x)y=f(x). \tag{1}$$

当方程右端 $f(x)\equiv0$ 时,方程叫作**齐次**的;当 $f(x)\neq0$ 时,方程叫作**非齐次**的.

一、线性微分方程的解的结构

先讨论二阶齐次线性方程

$$y''+P(x)y'+Q(x)y=0. \tag{2}$$

定理1　如果函数 $y_1(x)$ 与 $y_2(x)$ 是方程(2)的两个解,那么

$$y=C_1y_1(x)+C_2y_2(x) \tag{3}$$

也是(2)的解,其中 C_1,C_2 是任意常数.

证　将(3)式代入(2)式左端,得

$$\begin{aligned}&[C_1y''_1+C_2y''_2]+P(x)[C_1y'_1+C_2y'_2]+Q(x)[C_1y_1+C_2y_2]\\=&C_1[y''_1+P(x)y'_1+Q(x)y_1]+C_2[y''_2+P(x)y'_2+Q(x)y_2].\end{aligned}$$

由于 y_1 与 y_2 是方程(2)的解,上式右端括号中的表达式都恒等于零,因而整个式子恒等于零,所以(3)式是方程(2)的解.

解(3)从形式上来看含有 C_1 与 C_2 两个任意常数,但它不一定是方程(2)的通解. 例

如 $y_1(x)$ 是(2)的一个解,则 $y_2(x)=2y_1(x)$ 也是(2)的解. 这时(3)式成为 $y=C_1y_1(x)+2C_2y_1(x)=Cy_1(x)$, 其中 $C=C_1+2C_2$, 这显然不是(2)的通解. 那么在什么情况下(3)式才是方程(2)的通解呢? 要解决这个问题,我们先解释一下两个函数线性相关与线性无关的概念.

设 $y_1(x)$、$y_2(x)$ 是定义在区间 I 上两个函数,如果它们的比是常数,那么就称它们**线性相关**;否则就称**线性无关**.

这样,我们有如下关于二阶齐次线性微分方程(2)的通解结构的定理.

定理 2　如果 $y_1(x)$ 与 $y_2(x)$ 是方程(2)的两个线性无关的特解,那么

$$y=C_1y_1(x)+C_2y_2(x)\ (C_1,C_2\text{ 是任意常数})$$

就是方程(2)的通解.

例如,方程 $(x-1)y''-xy'+y=0$ 是二阶齐次方程 $\left[\text{这里 } P(x)=-\dfrac{x}{x-1},\ Q(x)=\dfrac{1}{x-1}\right]$. 容易验证 $y_1=x, y_2=\mathrm{e}^x$ 是所给方程的两个解,且 $\dfrac{y_2}{y_1}=\dfrac{\mathrm{e}^x}{x}\neq$常数,即它们是线性无关的. 因此方程的通解是

$$y=C_1x+C_2\mathrm{e}^x.$$

下面我们讨论二阶非齐次线性方程(1)解的结构.

称方程(2)为非齐次方程(1)对应的齐次方程.

在第 3 节中我们已经看到,一阶非齐次线性微分方程的通解由两部分构成:一部分是对应的齐次方程的通解;另一部分是非齐次方程本身的一个特解. 实际上,不仅一阶非齐次线性微分方程的通解具有这样的结构,而且二阶非齐次线性微分方程的通解也具有同样的结构.

定理 3　设 $y^*(x)$ 是二阶非齐次线性方程

$$y''+P(x)y'+Q(x)y=f(x). \tag{1}$$

的一个特解, $Y(x)$ 是与(1)对应的齐次方程(2)的通解,那么

$$y=Y(x)+y^*(x) \tag{4}$$

是二阶非齐次线性微分方程(1)的通解.

证　把(4)式代入方程(1)的左端,得

$$\begin{aligned}&(Y''+y^{*\prime\prime})+P(x)(Y'+y^{*\prime})+Q(x)(Y+y^*)\\=&[Y''+P(x)Y'+Q(x)Y]+[y^{*\prime\prime}+P(x)y^{*\prime}+Q(x)y^*],\end{aligned}$$

由于 Y 是方程(2)的解, y^* 是方程(1)的解,可知第一个括号的表达式恒等于零,第二个恒等于 $f(x)$. 这样 $y=Y(x)+y^*(x)$ 使(1)两端恒等,即(4)式是方程(1)的解.

由于对应的齐次方程(2)的通解 $Y=C_1y_1+C_2y_2$ 中含有两个独立任意常数,所以 $y=Y(x)+y^*(x)$ 也含有两个独立任意常数,从而它就是二阶非齐次线性方程(1)的

通解.

例如 $(x-1)y''-xy'+y=(x-1)^2$ 是二阶非齐次线性微分方程,已知 $Y=C_1x+C_2e^x$ 是对应的齐次方程 $(x-1)y''-xy'+y=0$ 的通解;又容易验证 $y^*=-(x^2+x+1)$ 是所给方程的一个特解. 因此

$$y=C_1x+C_2e^x-(x^2+x+1)$$

是所给方程的通解.

非齐次线性微分方程(1)的特解有时可用下述定理帮助求出.

定理 4 设非齐次线性方程(1)的右端 $f(x)$ 是两个函数之和,即

$$y''+P(x)y'+Q(x)y=f_1(x)+f_2(x). \tag{5}$$

而 $y_1^*(x)$ 与 $y_2^*(x)$ 分别是方程

$$y''+P(x)y'+Q(x)y=f_1(x)$$

与

$$y''+P(x)y'+Q(x)y=f_2(x)$$

的特解,那么 $y_1^*(x)+y_2^*(x)$ 就是原方程(5)的特解.

证 将 $y=y_1^*(x)+y_2^*(x)$ 代入方程(5)的左端,得

$$\begin{aligned}&(y_1^*+y_2^*)''+P(x)(y_1^*+y_2^*)'+Q(x)(y_1^*+y_2^*)\\=&[y_1^{*''}+P(x)y_1^{*'}+Q(x)y_1^*]+[y_2^{*''}+P(x)y_2^{*'}+Q(x)y_2^*]\\=&f_1(x)+f_2(x).\end{aligned}$$

因此 $y_1^*(x)+y_2^*(x)$ 是方程(5)的一个特解.

这一定理通常称为线性微分方程的解的**叠加原理**.

以上我们讨论了二阶线性微分方程的通解在结构上的特征,需要指出的是,在一般情况下,由于方程(1)中的 $P(x)$,$Q(x)$ 及 $f(x)$ 的多样性与复杂性,故没有什么通用的公式可以用来表达 y_1,y_2 及 y^*. 然而,如果方程(1)中的 $P(x)$ 与 $Q(x)$ 都是常数的话,那么事情就变得简单许多. 在下二目,我们分别讨论二阶常系数齐次线性微分方程与非齐次线性微分方程的通解的解法.

二、二阶常系数齐次线性微分方程

在方程(2)中,如果 y' 及 y 的系数 $P(x)$ 和 $Q(x)$ 都是常数,及方程(2)成为

$$y''+py'+qy=0, \tag{6}$$

其中 p,q 是常数,则称(6)为**二阶常系数齐次线性微分方程**.

常系数齐次线性方程是完全能解出的第一个一般类型的微分方程,它的解法首先是由欧拉在 1743 年建立的. 除了它的历史意义外,这种方程出现在大量的应用问题中. 所以对它的研究有实际的重要性,而且我们还能用显式公式给出所有的解.

由上一目的讨论可知,只要求出方程(6)的两个线性无关解 y_1 与 y_2,那么 $y=C_1y_1+$

C_2y_2 就是方程(6) 的通解.

当 r 为常数时,指数函数 $y = e^{rx}$ 及其各阶导数只相差一个常数因子. 由于指数函数的这个特点,我们用 $y = e^{rx}$ 来尝试,看能否选取适当的常数 r, 使 $y = e^{rx}$ 满足方程(6).

将 $y = e^{rx}$ 求导,得到

$$y' = re^{rx}, \qquad y'' = r^2e^{rx}.$$

把 y,y' 与 y'' 代入方程(6),得到

$$(r^2 + pr + q)e^{rx} = 0,$$

由于 $e^{rx} \neq 0$, 所以

$$r^2 + pr + q = 0. \tag{7}$$

由此可见,只要 r 满足代数方程(7),函数 $y = e^{rx}$ 就是微分方程(6)的解. 我们称代数方程(7)为微分方程(6)的**特征方程**.

特征方程(7)是一个二次代数方程,其中 r^2, r 的系数及常数项恰好依次是微分方程(6)中 y'', y' 及 y 的系数.

特征方程(7)的两个根 r_1、r_2 可以用公式

$$r_{1,2} = \frac{-p \pm \sqrt{p^2 - 4q}}{2}$$

求出. 它们有三种不同情形,相应地,微分方程(6)的通解也有三种不同的情形,现分别讨论如下:

(1) 当 $p^2 - 4q > 0$ 时, r_1, r_2 是两个不相等的实根:

$$r_1 = \frac{-p + \sqrt{p^2 - 4q}}{2}, \quad r_2 = \frac{-p - \sqrt{p^2 - 4q}}{2}.$$

由上面的讨论知道, $y_1 = e^{r_1x}, y_2 = e^{r_2x}$ 是微分方程(6)的两个解,并且 $\frac{y_2}{y_1} = \frac{e^{r_2x}}{e^{r_1x}} = e^{(r_2-r_1)x}$ 不是常数,因此微分方程(6)的通解为

$$y = C_1e^{r_1x} + C_2e^{r_2x}.$$

(2) 当 $p^2 - 4q = 0$ 时, r_1, r_2 是两个相等的实根:

$$r_1 = r_2 = -\frac{p}{2}.$$

这时,只得到微分方程(6)的一个解

$$y_1 = e^{r_1x}.$$

为了得出微分方程(6)的通解,还需求出另一个解 y_2, 并且要求 $\frac{y_2}{y_1}$ 不是常数. 为此设 $\frac{y_2}{y_1} = u(x)$, 即 $y_2 = u(x)e^{r_1x}$, 其中 $u(x)$ 为待定函数.

将 y_2 求导,得

$$y_2' = e^{r_1x}(u' + r_1u),$$
$$y_2'' = e^{r_1x}(u'' + 2r_1u' + r_1^2u).$$

把 y_2,y_2',y_2'' 代入方程(6),得到

$$e^{r_1x}[(u'' + 2r_1u' + r_1^2u) + p(u' + r_1u) + qu] = 0,$$

即

$$u'' + (2r_1 + p)u' + (r_1^2 + pr_1 + q)u = 0.$$

由于 r_1 是特征方程(7)的二重根,因此 $r_1^2 + pr_1 + q = 0$, 且 $2r_1 + p = 0$, 于是得

$$u'' = 0.$$

因为只要得到一个不为常数的解,所以不妨选取 $u = x$, 由此得到微分方程(6)的另一个解

$$y_2 = xe^{r_1x}.$$

从而微分方程(6)的通解为

$$y = C_1e^{r_1x} + C_2xe^{r_1x} = (C_1 + C_2x)e^{r_1x}.$$

(3)当 $p^2 - 4q < 0$ 时, r_1,r_2 是一对共轭复根:

$$r_1 = \alpha + i\beta, \quad r_2 = \alpha - i\beta,$$

其中 $\alpha = -\frac{p}{2},\beta = \frac{\sqrt{4q - p^2}}{2}.$

这时 $y_1 = e^{(\alpha+i\beta)x},y_2 = e^{(\alpha-i\beta)x}$ 是微分方程(6)的两个解,但它们是复值形式. 为了得出实值函数形式的解,先利用欧拉公式 $e^{i\theta} = \cos\theta + i\sin\theta$ 把 y_1,y_2 改写为

$$y_1 = e^{\alpha x}\cdot e^{i\beta x} = e^{\alpha x}(\cos\beta x + i\sin\beta x),$$
$$y_2 = e^{\alpha x}\cdot e^{-i\beta x} = e^{\alpha x}(\cos\beta x - i\sin\beta x).$$

由于复值函数 y_1 和 y_2 之间成共轭关系,因此,取它们的和除以 2 就得到它们的实部;取它们的差除以 $2i$ 就得到它们的虚部. 由于方程(6)的解符合叠加原理,所以实值函数

$$\bar{y}_1 = \frac{1}{2}(y_1 + y_2) = e^{\alpha x}\cos\beta x,$$
$$\bar{y}_2 = \frac{1}{2i}(y_1 - y_2) = e^{\alpha x}\sin\beta x$$

还是微分方程(6)的解,且 $\frac{\bar{y}_2}{\bar{y}_1} = \frac{e^{\alpha x}\sin\beta x}{e^{\alpha x}\cos\beta x} = \tan\beta x$ 不是常数,所以微分方程(6)的通解为

$$y = e^{\alpha x}(C_1\cos\beta x + C_2\sin\beta x).$$

综上所述,求二阶常系数齐次线性微分方程

$$y'' + py' + qy = 0, \tag{6}$$

的通解的步骤如下：

第一步：写出微分方程(6)的特征方程

$$r^2+pr+q=0. \tag{7}$$

第二步：求出特征方程(7)的两个根 r_1, r_2.

第三步：根据特征方程(7)的两个根的不同情形，按照下列表格写出微分方程(6)的通解：

特征方程 $r^2+pr+q=0$	齐次方程 $y''+py'+qy=0$ 的通解
两相异的实根 $r_1 \neq r_2$	$y=C_1e^{r_1x}+C_2e^{r_2x}$
两相等的实根 $r_1=r_2$	$y=(C_1+C_2x)e^{r_1x}$
一对共轭复根 $r_{1,2}=\alpha \pm i\beta$	$y=e^{\alpha x}(C_1\cos\beta x+C_2\sin\beta)$

例 1　求微分方程 $y''-2y'-3y=0$ 的通解.

解　所给微分方程的特征方程为

$$r^2-2r-3=0,$$

其根 $r_1=-1, r_2=3$ 是两个不相等的实根，因此所求通解为

$$y=C_1e^{-x}+C_2e^{3x}.$$

例 2　求方程 $\frac{d^2y}{dx^2}+2\frac{dy}{dx}+y=0$ 满足初始条件 $y|_{x=0}=4, y'|_{x=0}=-2$ 的特解.

解　所给微分方程的特征方程为

$$r^2+2r+1=0,$$

其根 $r_1=r_2=-1$ 是两个相等的实根，因此所求微分方程的通解为

$$y=(C_1+C_2x)e^{-x}.$$

将条件 $y|_{x=0}=4$ 代入通解，得 $C_1=4$，从而

$$y=(4+C_2x)e^{-x}.$$

将上式对 x 求导，得

$$y'=(C_2-4-C_2x)e^{-x}.$$

再把条件 $y'|_{x=0}=-2$ 代入上式，得 $C_2=2$. 于是所求特解为

$$y=(4+2x)e^{-x}.$$

例 3　求微分方程 $y''-2y'+5y=0$ 的通解.

解　所给微分方程的特征方程为

$$r^2-2r+5=0,$$

其根 $r_{1,2}=1\pm 2i$ 为一对共轭复根，因此所求通解为

$$y=e^x(C_1\cos 2x+C_2\sin 2x).$$

上面讨论二阶常系数齐次线性微分方程所用的方法以及方程通解的形式,可推广到 n 阶常系数线性微分方程上去,对此我们不再详细讨论,只简单地叙述如下.

n **阶常系数线性微分方程**的一般形式是

$$y^{(n)}+p_1y^{(n-1)}+p_2y^{(n-2)}+\cdots+p_{n-1}y'+p_ny=0, \tag{8}$$

其中 $p_1, p_2, \cdots, p_n$ 都是常数.

如同讨论二阶常系数齐次线性微分方程那样,令 $y=\mathrm{e}^{rx}$,代入方程(8)得到

$$y^{(n)}+p_1y^{(n-1)}+\cdots+p_{n-1}y'+p_ny=(r^n+p_1r^{n-1}+\cdots+p_{n-1}r+p_n)\mathrm{e}^{rx}=0.$$

记 $F(\lambda)=r^n+p_1r^{n-1}+\cdots+p_{n-1}r+p_n$,它是 λ 的多项式,由上面的等式可知,$y=\mathrm{e}^{rx}$ 为方程(8)的解的充要条件是:λ 是代数方程

$$F(\lambda)=r^n+p_1r^{n-1}+\cdots+p_{n-1}r+p_n=0 \tag{9}$$

的根.称它为方程(8)的**特征方程**,它的根就称为**特征根**.下面根据特征根的不同情况分别给出方程(8)的通解形式.

(1)特征根是单根的情形

若 $r_1, r_2, \cdots, r_n$ 是特征方程(9)的 n 个彼此不相等的实根,则相应地方程(8)有如下 n 个解:

$$\mathrm{e}^{r_1x}, \mathrm{e}^{r_2x}, \cdots, \mathrm{e}^{r_nx}.$$

而方程(8)的通解可表示为

$$y=C_1\mathrm{e}^{r_1x}+C_2\mathrm{e}^{r_2x}+\cdots C_n\mathrm{e}^{r_nx},$$

其中 $C_1, C_2, \cdots, C_n$ 为任意常数.

若 $r=\alpha\pm\beta i$ 是特征方程(9)的一对共轭复根,则方程(8)相应有两个解:

$$\mathrm{e}^{\alpha x}\cos\beta x, \mathrm{e}^{\alpha x}\sin\beta x.$$

(2)特征方程有重根的情形

若特征方程有 k 重实根 r,则方程(8)相应有 k 个解:

$$\mathrm{e}^{rx}, x\mathrm{e}^{rx}, x^2\mathrm{e}^{rx}, \cdots, x^{r-1}\mathrm{e}^{rx}.$$

若特征方程有 k 重复根 $r=\alpha\pm\beta i$,则方程(8)相应有 $2k$ 个解:

$$\mathrm{e}^{\alpha x}\cos\beta x, x\mathrm{e}^{\alpha x}\cos\beta x, x^2\mathrm{e}^{\alpha x}\cos\beta x, \cdots, x^{k-1}\mathrm{e}^{\alpha x}\cos\beta x;$$

$$\mathrm{e}^{\alpha x}\sin\beta x, x\mathrm{e}^{\alpha x}\sin\beta x, x^2\mathrm{e}^{\alpha x}\sin\beta x, \cdots, x^{k-1}\mathrm{e}^{\alpha x}\sin\beta x.$$

例 4 求方程 $y^{(4)}-y=0$ 的通解.

解 这里的特征方程为 $r^4-1=0$,其根为 $r_1=1, r_2=-1, r_3=i, r_4=-i$.有两个实根和两个复根,均是单根,故所给微分方程的通解为

$$y=C_1\mathrm{e}^x+C_2\mathrm{e}^{-x}+C_3\cos x+C_4\sin x.$$

例 5 求解方程 $y'''+y=0$.

解 特征方程 $r^3+1=0$ 有根 $r_1=-1, r_{2,3}=\frac{1}{2}\pm\frac{\sqrt{3}}{2}i$,因此通解为

$$y = C_1 e^{-x} + e^{\frac{1}{2}x}\left(C_2\cos\frac{\sqrt{3}}{2}x + C_3\sin\frac{\sqrt{3}}{2}x\right).$$

例 6　求方程 $y''' - 3y'' + 3y' - x = 0$ 的通解.

解　特征方程 $r^3 - 3r^2 + 3r - 1 = 0$, 其根为 $\lambda_1 = \lambda_2 = \lambda_3 = 1$ 是三重根,因此,方程的通解为

$$y = (C_1 + C_2 x + C_3 x^2)e^x.$$

例 7　求解方程 $y^{(4)} + 2y'' + x = 0$.

解　特征方程为 $r^4 + 2r^2 + 1 = 0$ 或 $(r^2 + 1)^2 = 0$, 即特征根 $\lambda = \pm i$ 是重根. 因此方程有四个解:

$$\cos x,\ x\cos x,\ \sin x,\ x\sin x.$$

故通解为

$$y = (C_1 + C_2 x)\cos x + (C_3 + C_4 x\sin x).$$

三、二阶常系数非齐次线性微分方程

二阶常系数非齐次线性微分方程的一般形式是

$$y'' + py' + qy = f(x), \tag{8}$$

其中 p,q 是常数.

由定理 3 可知,求二阶常系数非齐次线性微分方程的通解,归结为求对应的齐次方程

$$y'' + py' + qy = 0 \tag{6}$$

的通解和非齐次方程(8)本身的一个特解. 由于二阶常系数齐次线性微分方程的通解的求法已在第二目得到解决,这里只需讨论二阶常系数非齐次线性微分方程的一个特解 y^* 的方法.

下面介绍当方程(8)中的 $f(x)$ 取两种常见形式时求 y^* 的方法,这种方法的特点是先确定解的形式,再把形式解代入方程定出解中包含的常数的值,称为**待定系数法**.

类型 1　$f(x) = e^{\lambda x}P_m(x)$, 其中 λ 是常数, $P_m(x)$ 为 x 的一个 m 次多项式.

此时,(8)式右端 $f(x)$ 是多项式 $P_m(x)$ 与指数函数 $e^{\lambda x}$ 的乘积,而多项式与指数函数乘积的导数仍然是多项式与指数函数的乘积,因此我们推测 $y^* = Q(x)e^{\lambda x}$ (其中 $Q(x)$ 是某个多项式)可能是方程(8)的特解. 为此,将

$$y^* = Q(x)e^{\lambda x},$$
$$y^{*\prime} = e^{\lambda x}[\lambda Q(x) + Q'(x)],$$
$$y^{*\prime} = e^{\lambda x}[\lambda^2 Q(x) + 2\lambda Q'(x) + Q''(x)],$$

代入方程(8)并消去 $e^{\lambda x}$, 得

$$Q''(x)+(2\lambda+p)Q'(x)+(\lambda^2+p\lambda+q)Q(x)=P_m(x). \tag{9}$$

如果 λ 不是(6)的特征方程 $r^2+pr+q=0$ 的根,即 $\lambda^2+p\lambda+q\neq0$, 由于 $P_m(x)$ 是一个 m 次多项式,要使(9)的两端恒等, $Q(x)$ 必须是一个 m 次多项式,设

$$Q(x)=b_0x^m+b_1x^{m-1}+\cdots+b_{m-1}x+b_m,$$

代入方程(8),比较等式两端 x 同次幂的系数,就得到以 b_0, b_1, $\cdots$, b_m 作为未知数的 $m+1$ 个方程的联立方程组,从而可以定出这些 $b_i(i=0, 1, \cdots, m)$, 并得到所求的特解 $y^*=Q(x)e^{\lambda x}$.

如果 λ 是特征方程 $r^2+pr+q=0$ 的单根,即 $\lambda^2+p\lambda+q=0$, 但 $2\lambda+p\neq0$, 要使(9)的两端恒等,那么 $Q'(x)$ 必须是 m 次多项式. 此时可令

$$Q(x)=xQ_m(x),$$

并且可用同样的方法来确定 $Q_m(x)$ 的系数 $b_i(i=0, 1, \cdots, m)$.

如果 λ 是特征方程 $r^2+pr+q=0$ 的重根,即 $\lambda^2+p\lambda+q=0$, 且 $2\lambda+p=0$, 要使(9)的两端恒等, 那么 $Q''(x)$ 必须是 m 次多项式. 此时可令

$$Q(x)=x^2Q_m(x),$$

并用同样的方法来确定 $Q_m(x)$ 中的系数.

综上所述,我们有如下结论:

如果 $f(x)=P_m(x)e^{\lambda x}$, 则二阶常系数非齐次线性微分方程(8)具有形如

$$y^*=x^kQ_m(x)e^{\lambda x} \tag{10}$$

的特解,其中 $Q_m(x)$ 是与 $P_m(x)$ 同次的多项式,而 k 按 λ 不是特征方程的根、是特征方程的单根或是特征方程的重根依次取 0、1 或 2.

例 4 求微分方程 $y''-2y'-3y=3x+1$ 的一个特解.

解 这是二阶常系数非齐次线性方程,且 $f(x)$ 是 $P_m(x)e^{\lambda x}$ 型(其中 $P_m(x)=3x+1,\lambda=0$).

所给方程对应的齐次方程 $y''-2y'-3y=0$ 的特征方程为

$$r^2-2r-3=0.$$

由于 $\lambda=0$ 不是特征方程的根,所以应设特解为

$$y^*=b_0x+b_1.$$

把它代入所给方程,得

$$-3b_0x-2b_0-3b_1=3x+1,$$

比较两端 x 同次幂的系数,得

$$\begin{cases}-3b_0=3,\\ -2b_0-3b_1=1.\end{cases}$$

由此解得 $b_0=-1,b_1=\frac{1}{3}$. 于是求得一个特解为

$$y^* = -x + \frac{1}{3}.$$

例5 求微分方程 $y'' - 3y' + 2y = xe^{2x}$ 的通解.

解 所给方程也是二阶常系数非齐次线性方程,且$f(x)$是$P_m(x)e^{\lambda x}$型(其中$P_m(x) = x, \lambda = 2$).

与所给方程对应的齐次方程 $y'' - 3y' + 2y = 0$ 的特征方程为

$$r^2 - 3r + 2 = 0$$

有两个实根 $r_1 = 1, r_2 = 2$. 于是所给方程对应齐次方程的通解为

$$Y = C_1 e^x + C_2 e^{2x}.$$

由于 $\lambda = 2$ 是特征方程的单根,所以应设特解为

$$y^* = x(b_0 x + b_1)e^{2x}.$$

把它代入所给方程,得

$$2b_0 x + 2b_0 + b_1 = x.$$

比较两端同次幂的系数,得

$$\begin{cases} 2b_0 = 1, \\ 2b_0 + b_1 = 0. \end{cases}$$

解得 $b_0 = \frac{1}{2}, b_1 = -1$. 因此求得一个特解为

$$y^* = x\left(\frac{1}{2}x - 1\right)e^{2x}.$$

从而所求通解为

$$y = C_1 e^x + C_2 e^{2x} + \frac{1}{2}(x^2 - 2x)e^{2x}.$$

类型2 $f(x) = e^{\lambda x}[P_l(x)\cos\omega x + P_n(x)\sin\omega x]$, 其中 λ, ω 是常数, $P_l(x), P_n(x)$ 分别是 x 的 l 次、n 次多项式.

应用欧拉公式可以将三角函数表示为复指数函数的形式,从而有

$$\begin{aligned} f(x) &= e^{\lambda x}[P_l(x)\cos\omega x + P_n(x)\sin\omega x] \\ &= e^{\lambda x}\left[P_l(x) \cdot \frac{e^{i\omega x} + e^{-i\omega x}}{2} + P_n(x) \cdot \frac{e^{i\omega x} - e^{-i\omega x}}{2i}\right] \\ &= \left[\frac{P_l(x)}{2} + \frac{P_n(x)}{2i}\right]e^{(\lambda + i\omega)x} + \left[\frac{P_l(x)}{2} - \frac{P_n(x)}{2i}\right]e^{(\lambda - i\omega)x} \\ &= P(x)e^{(\lambda + i\omega)x} + \bar{P}(x)e^{(\lambda - i\omega)x}, \end{aligned}$$

其中 $$P(x) = \frac{P_l(x)}{2} + \frac{P_n(x)}{2i} = \frac{P_l(x)}{2} - i\frac{P_n(x)}{2},$$

$$\bar{P}(x)=\frac{P_l(x)}{2}-\frac{P_n(x)}{2i}=\frac{P_l(x)}{2}+i\frac{P_n(x)}{2}$$

是互为共轭的 m 次复系数多项式(即它们对应项的系数是共轭复数),而

$$m=\max\{l,\ n\}.$$

应用类型1中的结果,对于 $f(x)$ 中的第一项 $P(x)\mathrm{e}^{(\lambda+i\omega)x}$,可以求出一个 m 次复系数多项式 $Q_m(x)$,使得 $y_1^*=x^kQ_m(x)\mathrm{e}^{(\lambda+i\omega)x}$ 是方程

$$y''+py'+qy=P(x)\mathrm{e}^{(\lambda+i\omega)x}$$

的特解,其中 k 按 $\lambda+i\omega$ 不是特征方程根或是特征方程的单根而依次取为0或1.由于 $f(x)$ 的第二项 $\bar{P}(x)\mathrm{e}^{(\lambda-i\omega)x}$ 与第一项 $P(x)\mathrm{e}^{(\lambda+i\omega)x}$ 成共轭,所以与 y_1^* 成共轭的函数 $y_2^*=x^k\bar{Q}_m(x)\mathrm{e}^{(\lambda-i\omega)x}$ 必然是方程

$$y''+py'+qy=\bar{P}(x)\mathrm{e}^{(\lambda-i\omega)x}$$

的特解,这里 $\bar{Q}_m$ 表示与 Q_m 成共轭的 m 次多项式.于是,根据定理4,方程(8)具有形如

$$y^*=x^kQ_m(x)\mathrm{e}^{(\lambda+i\omega)x}+x^k\bar{Q}_m(x)\mathrm{e}^{(\lambda-i\omega)x}$$

的特解.上式可以写成

$$\begin{aligned}y^*&=x^k\mathrm{e}^{\lambda x}[Q_m(x)\mathrm{e}^{i\omega x}+\bar{Q}_m(x)\mathrm{e}^{-i\omega x}]\\&=x^k\mathrm{e}^{\lambda x}[Q_m(x)(\cos\omega x+i\sin\omega x)+\bar{Q}_m(x)(\cos\omega x-i\sin\omega x)].\end{aligned}$$

由于括号内的两项相互共轭,相加后无虚部,故可以写成实函数的形式:

$$y^*=x^k\mathrm{e}^{\lambda x}[R_m^{(1)}(x)\cos\omega x+R_m^{(2)}(x)\sin\omega x].$$

综上所述,我们有如下结论:

如果 $f(x)=\mathrm{e}^{\lambda x}[P_l(x)\cos\omega x+P_n(x)\sin\omega x]$,则二阶常系数非齐次线性微分方程(8)的特解可设为

$$y^*=x^k\mathrm{e}^{\lambda x}[R_m^{(1)}(x)\cos\omega x+R_m^{(2)}(x)\sin\omega x],\tag{11}$$

其中 $R_m^{(1)}(x)$,$R_m^{(2)}(x)$ 是 m 次多项式,$m=\max\{l,\ n\}$,而 k 按 $\lambda+i\omega$(或 $\lambda-i\omega$)不是特征根、或是特征方程的单根取0或1.

例6 求微分方程 $y''-y=\mathrm{e}^x\cos 2x$ 的一个特解.

解 所给方程是二阶常系数非齐次线性方程,且 $f(x)$ 属 $\mathrm{e}^{\lambda x}[P_l(x)\cos\omega x+P_n(x)\sin\omega x]$ 型(其中 $\lambda=1,\omega=2,P_l(x)=1,P_n(x)=0$).

特征方程为 $r^2-1=0$,由于 $\lambda+i\omega=1+2i$ 不是特征方程的根,所以应设特解为

$$y^*=\mathrm{e}^x(a\cos 2x+b\sin 2x).$$

求导得

$$\begin{aligned}y^{*\prime}&=\mathrm{e}^x[(a+2b)\cos 2x+(-2a+b)\sin 2x],\\y^{*\prime\prime}&=\mathrm{e}^x[(-3a+4b)\cos 2x+(-4a-3b)\sin 2x].\end{aligned}$$

代入所给方程,得

$$4e^x[(-a+b)\cos 2x-(a+b)\sin 2x]=e^x\cos 2x,$$

比较两端同类项的系数,得

$$\begin{cases}-a+b=\dfrac{1}{4},\\ a+b=0.\end{cases}$$

由此解得 $a=-\dfrac{1}{8},b=\dfrac{1}{8}$. 于是求得一个特解为

$$y^*=\frac{1}{8}e^x(\sin 2x-\cos 2x).$$

例7　求微分方程 $y''-y=4x\sin x$ 的通解.

解　所给方程是二阶常系数非齐次线性方程,且 $f(x)$ 属 $e^{\lambda x}[P_l(x)\cos\omega x+P_n(x)\sin\omega x]$ 型(这里 $\lambda=0,\omega=1,P_l(x)=4x,P_n(x)=0$).

与所给方程对应的齐次方程 $y''-y=0$ 的特征方程为

$$r^2-1=0$$

有两个实根 $r_1=-1,r_2=1$. 于是所给方程对应齐次方程的通解为

$$Y=C_1e^{-x}+C_2e^x.$$

由于 $\lambda+i\omega=i$ 不是特征根,所以应设特解为

$$y^*=x^0e^{0\cdot x}[(ax+b)\cos x+(cx+d)\sin x]=(ax+b)\cos x+(cx+d)\sin x.$$

代入所给方程,得

$$(-2ax-2b+2c)\cos x+(-2cx-2a-2d)\sin x=4x\sin x.$$

比较两端同类项的系数,有

$$\begin{cases}-2a=0,\\ -2b+2c=0,\\ -2c=4,\\ -2a-2d=0.\end{cases}$$

解得 $a=0,b=-2,c=-2,d=0$. 于是所给方程的一个特解为

$$y^*=-2\cos x-2x\sin x.$$

从而所求的通解为

$$y=C_1e^{-x}+C_2e^x-2(\cos x+x\sin x).$$

形状为

$$x^ny^{(n)}+p_1x^{n-1}y^{(n-1)}+\cdots+p_{n-1}xy'+p_ny=f(x) \tag{12}$$

的方程称为**欧拉方程**,这里 $p_1,p_2,\cdots,p_n$ 为常数. 此方程可以通过变量变换化为常系数线性微分方程,因而求解问题也就可以解决.

当 $x>0$ 时,作变换 $x=e^t$ 或 $t=\ln x$, 将自变量 x 换成 t, 直接计算得到

$$\frac{\mathrm{d}y}{\mathrm{d}x}=\frac{\mathrm{d}y}{\mathrm{d}t}\cdot\frac{\mathrm{d}t}{\mathrm{d}x}=\frac{1}{x}\frac{\mathrm{d}y}{\mathrm{d}t},$$
$$\frac{\mathrm{d}^2y}{\mathrm{d}x^2}=\frac{1}{x^2}\left(\frac{\mathrm{d}^2y}{\mathrm{d}t^2}-\frac{\mathrm{d}y}{\mathrm{d}t}\right),$$
$$\frac{\mathrm{d}^3y}{\mathrm{d}x^3}=\frac{1}{x^3}\left(\frac{\mathrm{d}^3y}{\mathrm{d}t^3}-3\frac{\mathrm{d}^2y}{\mathrm{d}t^2}+2\frac{\mathrm{d}y}{\mathrm{d}t}\right).$$

如果采用记号 D(称为**微分算子**)表示对 t 求导的运算 $\frac{\mathrm{d}}{\mathrm{d}t}$,那么上述计算结果可以写成

$$xy'=\mathrm{D}y,$$
$$x^2y''=\frac{\mathrm{d}^2y}{\mathrm{d}t^2}-\frac{\mathrm{d}y}{\mathrm{d}t}=\left(\frac{\mathrm{d}^2}{\mathrm{d}t^2}-\frac{\mathrm{d}}{\mathrm{d}t}\right)y=(\mathrm{D}^2-\mathrm{D})y=\mathrm{D}(\mathrm{D}-1)y,$$
$$x^3y'''=\frac{\mathrm{d}^3y}{\mathrm{d}t^3}-3\frac{\mathrm{d}^2y}{\mathrm{d}t^2}+2\frac{\mathrm{d}y}{\mathrm{d}t}=(\mathrm{D}^3-3\mathrm{D}^2+2\mathrm{D})y=\mathrm{D}(\mathrm{D}-1)(\mathrm{D}-2)y.$$

一般地,有

$$x^ky^{(k)}=\mathrm{D}(\mathrm{D}-1)\cdots(\mathrm{D}-k+1)y.$$

将上述关系式代入欧拉方程(12),便得到一个以 t 为自变量的常系数线性微分方程.在求出这个方程的解后,再代回原来的变量,即得原方程的解.

例 8 求欧拉方程 $x^2y''-xy'+y=2x$ 的通解.

解 令 $x=\mathrm{e}^t$,则原方程化为

$$\mathrm{D}(\mathrm{D}-1)y-\mathrm{D}y+y=2\mathrm{e}^t,\ \text{即}\ \mathrm{D}^2y-2\mathrm{D}y+y=2\mathrm{e}^t$$

或

$$\frac{\mathrm{d}^2y}{\mathrm{d}t^2}-2\frac{\mathrm{d}y}{\mathrm{d}t}+y=2\mathrm{e}^t. \qquad (*)$$

方程(*)对应的齐次方程的特征方程为 $r^2-2r+1=0$,特征根为 $r_1=r_2=1$. 故方程(*)对应的齐次方程通解为

$$Y=(C_1+C_2t)\mathrm{e}^t.$$

因为自由项 $f(t)=2\mathrm{e}^t$,$\lambda=1$ 是二重特征根,故设特解 $y^*=At^2\mathrm{e}^t$. 代入方程(*)得 $A=1$, 即 $y^*=t^2\mathrm{e}^t$. 故方程(*)的通解为

$$y=Y+y^*=(C_1+C_2t)\mathrm{e}^t+t^2\mathrm{e}^t.$$

即原方程的通解为

$$y=(C_1+C_2\ln x)x+x\ln^2x.$$

习题 6.5

1. 验证 $y_1=\mathrm{e}^{x^2}$ 及 $y_2=x\mathrm{e}^{x^2}$ 都是方程 $y''-4xy'+(4x^2-2)y=0$ 的解,并写出该方

程的通解.

2. 验证 $y=\frac{1}{x}(C_1e^x+C_2e^{-x})+\frac{e^x}{2}$（$C_1,C_2$ 是任意常数）是方程 $xy''+2y'-xy=e^x$ 的通解.

3. 已知 $y_1=3,y_2=3+x^2,y_3=3+e^x$ 是二阶线性非齐次方程的解,求方程通解及方程.

4. 求 $u_1(x)=e^{2x},u_2(x)=xe^{2x}$ 所满足的二阶常系数线性齐次微分方程.

5. 求下列各微分方程的通解:

(1) $y''-3y'+2y=xe^x$;

(2) $2y''+y'-y=2e^x$;

(3) $y''+y=x^3$;

(4) $y''-y'-2y=3x$;

(5) $y''-2y'-3y=e^{-x}$;

(6) $y''-2y'-ky=e^x(k\geqslant-1)$;

(7) $y''+4y'+4y=\cos2x$;

(8) $y''+y=x\cos2x$;

(9) $y''-2y'+5y=e^x\sin2x$;

(10) $y''-3y'+2y=3x-2e^x$;

(11) $y''-2y'=2\cos^2x$;

(12) $y''+16y=\sin(4x+\alpha)$, 其中 α 是常数;

(13) $y^{(4)}-2y'''+5y''=0$;

(14) $y^{(4)}+5y''-36y=0$;

(15) $x^3y'''+3x^2y''-2xy'+2y=0$;

(16) $x^3y'''+x^2y''-4xy'=3x^2$;

(17) $x^3y'''+2xy'-2y=x^2\ln x+3x$.

6. 求下列各微分方程满足已给初始条件的特解:

(1) $y''-3y'+2y=2e^{3x},y(0)=0,y'(0)=0$;

(2) $y''-y=4xe^x,y(0)=0,y'(0)=1$;

(3) $y''-2y'+y=xe^x-e^x,y(1)=1,y'(1)=0$;

(4) $y''+4y'+3y=e^{-x}+1,y(0)=1,y'(0)=1$;

(5) $y''+2y'+2y=e^{-x}\sin x,y(0)=0,y'(0)=1$.

7. 设函数 $\varphi(x)$ 连续,且满足 $\varphi(x)=e^x-\int_0^x(x-t)\varphi(t)\mathrm{d}t$,试求 $\varphi(x)$.

8. 利用变换 $y=u(e^x)$ 将方程 $y''-(2e^x+1)y'+e^{2x}y=e^{3x}$ 化简,并求出原方程的通解.

复习题六

一、单项选择题

1. 若连续函数 $f(x)$ 满足关系式

$$f(x) = \int_0^{2x} f\left(\frac{t}{2}\right)\mathrm{d}t + \ln 2,$$

则 $f(x)$ 等于(　　).

(A) $\mathrm{e}^x \ln 2$　　(B) $\mathrm{e}^{2x}\ln 2$

(C) $\mathrm{e}^x + \ln 2$　　(D) $\mathrm{e}^{2x} + \ln 2$

2. 已知函数 $y = f(x)$ 在任意点 x 处的增量 $\Delta y = \dfrac{y\Delta x}{1+x} + o(\Delta x)\ (\Delta x \to 0)$, $y(0) = 1$, 则 $y(1) =$ (　　).

(A) -1　　(B) 0　　(C) 1　　(D) 2

3. 设线性无关的函数 y_1, y_2, y_3 都是二阶非齐次线性方程

$$y'' + p(x)y' + q(x)y = f(x)$$

的解, C_1, C_2 是任意常数,则该非齐次方程的通解是(　　).

(A) $C_1y_1 + C_2y_2 + y_3$　　(B) $C_1y_1 + C_2y_2 - (C_1 + C_2)y_3$

(C) $C_1y_1 + C_2y_2 - (1 - C_1 - C_2)y_3$　　(D) $C_1y_1 + C_2y_2 + (1 - C_1 - C_2)y_3$

4. 微分方程 $y'' - y = \mathrm{e}^x + 1$ 的一个特解应具有形式(式中 a, b 为常数)(　　).

(A) $a\mathrm{e}^x + b$　　(B) $ax\mathrm{e}^x + b$

(C) $a\mathrm{e}^x + bx$　　(D) $ax\mathrm{e}^x + bx$

5. 设 $y = y(x)$ 是二阶常系数微分方程 $y'' + py' + qy = \mathrm{e}^{3x}$ 满足初始条件 $y(0) = y'(0) = 0$ 的特解,则当 $x \to 0$ 时,函数 $\dfrac{\ln(1+x^2)}{y(x)}$ 的极限(　　).

(A)不存在　　(B)等于1

(C)等于2　　(D)等于3

二、填空题

1. $xy''' + 2x^2y'^2 + x^3y = x^4 + 1$ 是________阶微分方程.

2. 设 $y = y(x)$, 如果 $\int y\mathrm{d}x \cdot \int \dfrac{1}{y}\mathrm{d}x = -1$, $y(0) = 1$, 且当 $x \to +\infty$ 时, $y \to 0$, 则 $y =$ ____________.

3. 设 $u(t)$ 使得 $\dfrac{\mathrm{d}u(t)}{\mathrm{d}t} = u(t) + \int_0^1 u(s)\mathrm{d}s$, $u(0) = 1$, 则 $u(t) =$ ________________.

4. 设函数 $y=f(x)$ 具有二阶导数，且 $f'(x)=f\left(\frac{\pi}{2}-x\right)$，则该函数满足微分方程为________________.

5. 设二阶非齐次线性微分方程 $y''+P(x)y'+Q(x)y=f(x)$ 的三个特解 $y_1=x$，$y_2=e^x$，$y_2=e^{2x}$，则此方程满足条件 $y(0)=1$，$y'(0)=3$ 的特解是________________.

三、解答题

1. 求下列微分方程的通解：

(1) $3e^x\tan y\mathrm{d}x+(1-e^x)\sec^2 y\mathrm{d}y=0$；

(2) $xy'+2y=3x$；

(3) $\left(x\frac{\mathrm{d}y}{\mathrm{d}x}-y\right)\arctan\frac{y}{x}=x$；

(4) $\frac{\mathrm{d}y}{\mathrm{d}x}=\frac{1}{kx-y^2}$（$k$ 是常数）；

(5) $y'=\frac{1}{2x-y^2}$；

(6) $\frac{\mathrm{d}y}{\mathrm{d}x}=\frac{y}{2x}+\frac{1}{2y}\tan\frac{y^2}{x}$；

(7) $y''+y=e^x+\cos x$；

(8) $y''+4y=x\sin^2 x$.

2. 求下列微分方程满足所给初始条件的特解：

(1) $y'\sin x=y\ln y, y|_{x=\frac{\pi}{2}}=e$；

(2) $(e^y+e^{-y}+2)\mathrm{d}x-(x+2)^2\mathrm{d}y=0, y(0)=0$；

(3) $y'-\frac{y}{x\ln x}=\ln x, y|_{x=e}=e$；

(4) $y^3\mathrm{d}x+2(x^2-xy^2)\mathrm{d}y=0, y(1)=1$；

(5) $xy'-y=\sqrt{x^2+y^2}, y(1)=0$；

(6) $(1-x)y'+y=x, y|_{x=0}=2$；

(7) $y''-y'=(x+1)e^x, y(0)=2, y'(0)=1$；

(8) $y''+4y=f(x), y(0)=0, y'(0)=1$，其中 $f(x)=\begin{cases}\sin x, & 0<x\leqslant\frac{\pi}{2},\\ 1, & x>\frac{\pi}{2};\end{cases}$

(9) $yy''=2(y')^2-2y', y|_{x=0}=1, y'|_{x=0}=2$；

(10) $2y''-\sin 2y=0, y|_{x=0}=\frac{\pi}{2}, y'|_{x=0}=1$.

3. 设函数$f(x)$,$g(x)$满足条件$f'(x)=g(x)$,$g'(x)=f(x)$,$f(0)=0$,$g(x)\neq 0$. 又$F(x)=\dfrac{f(x)}{g(x)}$,试建立$F(x)$所满足的微分方程,并求$F(x)$.

4. 设函数$f(x)$在$(0,+\infty)$内连续,$f(1)=\dfrac{5}{2}$,且对所有x, $t\in(0,+\infty)$满足条件

$$\int_1^{xt}f(u)\,\mathrm{d}u=t\int_1^x f(u)\,\mathrm{d}u+x\int_1^t f(u)\,\mathrm{d}u,$$

求$f(x)$的表达式.

5. 设$y(x)$是初值问题

$$\begin{cases}y'=x^2+y^2,\\ y(0)=0\end{cases}$$

的解. 试研究函数$y(x)$的增减性和凹凸性,并求$\lim\limits_{x\to 0}\dfrac{y(x)}{x^3}$.

6. 求微分方程$xy'+ay=1+x^2$满足初始条件$y(1)=1$的解$y(x,a)$,其中a为参数,并证明$\lim\limits_{a\to 0}y(x,a)$是方程$xy'=1+x^2$的解.

7. 设某农作物长高到0.1米后,高度的增长速率与现有高度y及$(1-y)$之积成正比例(比例系数$k>0$),求此农作物生长高度的变化规律(高度以米为单位).

8. 设质量为m的物质在某种介质中受重力G的作用自由下坠,期间它还受到介质的浮力B与阻力R的作用. 已知阻力R与下坠的速度v成正比,比例系数为λ, 即$R=\lambda v$. 试求该落体的速度与位移的关系.

9. 求通过点$(1,1)$的曲线方程$y=f(x)$ $(f(x)>0)$,使此曲线在$[1,x]$上所形成的曲边梯形面积的值等于曲线终点的横坐标x与纵坐标y之比的2倍减去2,其中$x\geqslant 1$.

10. 设函数$y=y(x)$是微分方程$x\mathrm{d}y+(x-2y)\mathrm{d}x=0$满足条件$y(1)=2$的解,求曲线$y=y(x)$与$x$轴所围图形的面积$S$.

11. 设连续函数$\varphi(x)$满足$\varphi(x)\cos x+2\int_0^x\varphi(t)\sin t\,\mathrm{d}t=x+1$, 求$\varphi(x)$.

12. 求满足$x=\int_0^x f(t)\,\mathrm{d}t+\int_0^x tf(t-x)\,\mathrm{d}t$的可微函数$f(x)$.

13. 一曲线经过点$(0,1)$且在此点处与曲线$y=x^3+2x$相切并具有相同曲率,该曲线方程满足$y'''=x^2$,求此曲线方程.

14. 如果对任意$x>0$,曲线$y=f(x)$上的点(x,y)处的切线在y轴上的截距等于$\dfrac{1}{x}\int_0^x f(x)\,\mathrm{d}x$, 求函数$y=f(x)$的表达式.

15. 利用变换$t=\tan x$把微分方程

$$\cos^4 x\cdot\frac{\mathrm{d}^2y}{\mathrm{d}x^2}+2\cos^2 x(1-\sin x\cos x)\frac{\mathrm{d}y}{\mathrm{d}x}+y=\tan x$$

化成 y 关于 t 的微分方程,并求原方程的通解.

16. 设函数 $y=y(x)$ 在$(-\infty,+\infty)$内具有二阶导数,且 $y'\neq 0$,$x=x(y)$ 是 $y=y(x)$ 的反函数.

(1)试将 $x=x(y)$ 所满足的微分方程 $\frac{\mathrm{d}^2x}{\mathrm{d}y^2}+(y+\sin x)\left(\frac{\mathrm{d}x}{\mathrm{d}y}\right)^3=0$ 变换为 $y=y(x)$ 满足的微分方程.

(2)求变换后的微分方程满足初始条件 $y(0)=0$,$y'(0)=\frac{3}{2}$ 的特解.

习题答案与提示

第1章

习题1.1(第11页)

1. (1)相同;　(2)不同;　(3)不同　(4)不同.

2. (1)$(-\infty,0)\cup(0,4)\cup(4,+\infty)$;　(2)$(3,5)$;
   (3)$[-1,1)$;　(4)$(-\infty,1]\cup[3,+\infty)$;
   (5)$[2,4]$;　(6)$(-\infty,0)\cup(0,+\infty)$.

3. $f(-2)=4$;$f(-1)=2$;$f(\sqrt[3]{3})=1+\sqrt[3]{9}$;$f(\pi)=0$;

$$f(a-1)=\begin{cases}(a-1)^2, & a<0,\\ 1+(a-1)^2, & 0\leqslant a<3,\\ \sin(a-1), & a\geqslant 3.\end{cases}$$

4. (1)在$(-\infty,+\infty)$内单调减少;
   (2)在$[-5,-1)$上单调减少,在$[-1,1]$上单调增加;
   (3)在$(0,\pi)$内单调减少,在$[\pi,2\pi)$上单调增加;
   (4)在$(0,+\infty)$内单调增加.

5. (1)奇函数;　(2)奇函数;　(3)奇函数;　(4)奇函数;
   (5)偶函数.

6. 略.

7. 略.

8. (1)无界;　(2)有界.

9. (1)是周期函数,周期$l=2\pi$;　(2)不是周期函数;
   (3)是周期函数,周期$l=\pi$;　(4)是周期函数,周期$l=1$.

10. (1)$y=\ln(1+x)$;　(2)$y=\dfrac{1-x}{1+x}$;

(3) $y=-\sqrt{1-x^2}, x\in[0,1]$;　(4) $y=\begin{cases} x, & x<1, \\ \sqrt{x}, & 1\leqslant x<16, \\ \log_2 x, & x\geqslant 16. \end{cases}$

11. (1) $y=\cos^3 x$;　(2) $y=\sqrt{3^x}$;

(3) $y=\lg(\sec^2 x+1)$;　(4) $y=\sin\sqrt{2x+1}$.

12. (1) $y=\sqrt{u}, u=x+2$;　(2) $y=\mathrm{e}^u, u=x^2+1$;

(3) $y=\ln u, u=\arcsin v, v=\sqrt{w}, w=2+x$;

(4) $y=\dfrac{1}{u}, u=2+\sqrt{v}, v=\tan x$.

13. $\varphi(x)=\dfrac{2(\mathrm{e}^{x^2}+1)}{\mathrm{e}^{x^2}-1}, x\in(-\infty,0)\cup(0,+\infty)$.

14. $f[f(x)]=\begin{cases} 2+x, & x<-1, \\ 1, & x\geqslant -1. \end{cases}$

15. (1) $\dfrac{\pi}{6}$;　(2) $-\dfrac{\pi}{6}$;　(3) $\dfrac{3\pi}{4}$;　(4) $\dfrac{\pi}{3}$.

16. (1) $\sqrt{3}$;　(2) $-\sqrt{3}$;　(3) $\dfrac{24}{25}$;　(4) $-\dfrac{119}{169}$.

17. $y=\pi-\arcsin x$.

18. $F=\dfrac{9}{5}C+32$.

19. $C(x)=\begin{cases} 10x, & x\leqslant 20, \\ 7x+60, & 20<x\leqslant 200, \\ 5x+460, & x>200. \end{cases}$

习题 1.2(第 18 页)

1. (1)收敛,0;　(2)发散;　(3)发散;　(4)收敛,1;

(5)收敛,0;　(6)发散.

2. $\lim\limits_{n\to\infty} x_n=0, N=1000$.

3. 不妥.

4. 略.

5. 略.

6. 略.

习题 1.3(第 27 页)

1. 可以的.

2. 略.

3. 略.

4. 略.

5. 略.

习题 1.4(第 31 页)

1. 两个无穷小的商不一定是无穷小,例如:$\alpha = 4x, \beta = 2x$, 当 $x \to 0$ 时都是无穷小,但 $\frac{\alpha}{\beta}$ 当 $x \to 0$ 时不是无穷小.

2. 略.

3. (1)2;　(2)1;　(3)0.

4. $y = x\cos x$ 在 $(-\infty, +\infty)$ 内无界,但当 $x \to \infty$ 时,此函数不是无穷大.

5. 略.

习题 1.5(第 35 页)

1. (1) -9;　(2)0;　(3) $\frac{1}{6}$;　(4) $\frac{1}{2}$;

(5) $\frac{1}{2}$;　(6) $2a$;　(7) $\frac{n}{m}$;　(8) ∞;

(9) $\frac{1}{2}$;　(10)0;　(11)2;　(12)2;

(13) 2;　(14) $\frac{1}{5}$;　(15) $\frac{1}{2}$;　(16) $\frac{1}{5}$;

(17) 2;　(18) -1.

2. $f(x) = x^2 - 2x$.

3. $a = 1, b = -1$.

4. $a = 3, k = \frac{5}{4}$.

5. $a = 2, b = -8$.

习题 1.6(第 42 页)

1. (1) π;　(2) $\frac{a}{b}$;　(3)0;　(4) $\sqrt{2}$;

(5) $\frac{1}{7}$;　(6) e^{-1};　(7) e^{3};　(8) e^{-2};

(9) e^{4}.

2. $a=-2, b=-\frac{1}{2}$.

3. $a=-\frac{2}{\pi e}$.

4. e^{-3}.

5. 略.

6. 略.

习题 1.7(第 44 页)

1. 当 $x\to 0$ 时, x^2-x^3 是比 $2x-x^2$ 高阶的无穷小.

2. 略.

3. 略.

4. (1) $\frac{3}{2}$;　(2) $\frac{1}{3}$;　(3) 2;　(4) $\begin{cases}1, & n=m,\\ 0, & n>m,\\ \infty, & n>m;\end{cases}$

(5) -3.

5. $a=-2, b=1$.

6. $a=-1, b=1$.

习题 1.8(第 52 页)

1. (1) $x=1$ 为第一类可去间断点,补充定义 $f(1)=-2$; $x=2$ 为第二类无穷间断点.

(2) $x=0$ 和 $x=k\pi+\frac{\pi}{2}$ ($k\in\mathbf{Z}$) 为第一类可去间断点,补充定义 $f(0)=1$, $f(k\pi+\frac{\pi}{2})=0$; $x=k\pi$ ($k=\pm1, \pm2, \cdots$) 为第二类无穷间断点.

(3) $x=0$ 为第二类间断点.

(4) $x=1$ 为第一类跳跃间断点.

2. (1) $f(x)$ 在 $[0, 2]$ 上连续.

(2) $f(x)$ 在 $(-\infty, -1)$ 与和 $(-1, +\infty)$ 内连续, $x=-1$ 为跳跃间断点.

(3) $f(x)$ 在 $(-1, 0)$ 与 $(0, 1)$ 和 $(1, +\infty)$ 内连续.

3. 连续区间为 $(-\infty, -3)$, $(-3, 2)$, $(2, +\infty)$; $\lim\limits_{x\to 0}f(x)=\frac{1}{2}$, $\lim\limits_{x\to -3}f(x)=-\frac{8}{5}$,

$\lim\limits_{x\to 2}f(x) = \infty$.

4. $a = 1$

5. 求下列极限:

(1) $\sqrt{5}$; (2) 1; (3) 1; (4) 0;

(5) 2; (6) $-\frac{1}{2}$; (7) 1; (8) -50;

(9) $\frac{1}{e}$; (10) e; (11) $e^{-\frac{3}{2}}$; (12) $e^{-\frac{1}{2}}$;

(13) -1; (14) $\frac{2}{\pi}$; (15) $\frac{1}{2}$; (16) -6.

习题 1.9(第 56 页)

1. 略.
2. 略.
3. 略.
4. 略.
5. 略.

复习题一(第 56 页)

一、单项选择题

1. B. 2. D. 3. B. 4. B.
5. D. 6. D. 7. B. 8. B.
9. C. 10. A. 11. C. 12. D.

二、填空题

1. $[-3,0)\cup(2,3]$. 2. $1-\sqrt{x+2}$;$(-2,-1)$.

3. 原点. 4. $-\arcsin x$;$\pi-\arccos x$.

5. $6-2\pi$. 6. $\begin{cases}0, & x<0,\\ x^2, & x\leqslant 0.\end{cases}$

7. 不存在. 8. 0.

9. 4 . 10. 2.

11. $e^{\frac{2}{3}}$. 12. e^6.

13. 2. 14. 6.

15. $k\pi$, $(k\in \mathbf{Z}, k\neq 0)$.

三、解答题

1. (1) 0;　　(2) $\frac{3}{2}$;　　(3) 1;　　(4) -3;

(5) $\frac{1}{2}$;　　(6) $\frac{1}{e}$;　　(7) $e^{-\frac{1}{2}}$;　　(8) ∞;

(9) 1;　　(10) $\sqrt{ab}$.

2. $-\frac{1}{2}$.

3. $a=-3, b=\frac{9}{2}$.

4. e^2.

5. 函数$f(x)$的连续区间是$(-\infty, 1)\cup(1,+\infty)$,$x=1$是它的间断点,且

$$\lim_{x\to 1^-}f(x)=0,\lim_{x\to 1^+}f(x)=+\infty.$$

6. $x=1$第一类跳跃间断点.

7. $1+\sqrt{2}$.

8. $\sqrt{2}$.

9. 略.

10. 略.

11. 略.

第2章

习题2.1(第67页)

1. a.

2. 略.

3. 略.

4. 略.

5. 可导.

6. $f(x_0)-x_0f'(x_0)$.

7. 2.

8. 2015.

9. $y(x)$在点$x=4$处导数存在,且$y'(4)=-1$.

10. 当$a=1$时,$f(x)$在点$x=0$处可导,且$f'(0)=1$;当$a\neq 1$时,$f(x)$在点$x=$

0 处不可导.

11. $a=-7, b=10$.

12. 切线方程为 $4x+y-4=0$; 法线方程为 $2x-8y+15=0$.

13. $3x-y-4=0$.

14. $(2,4)$.

15. $(-4,-6.4)$.

16. 略.

17. (1)略;(2)结论不成立.

18. 略.

习题 2.2(第 76 页)

1. 略.

2. (1) $3x^2-\frac{28}{x^5}+\frac{2}{x^2}$;　(2) $-\frac{1}{2}x^{-\frac{3}{2}}+2x^{-\frac{1}{2}}+6x^{\frac{1}{2}}$;

(3) $15x^2-2^x\ln 2+3e^x$;　(4) $\sec x(2\sec x+\tan x)$;

(5) $x(2\cos x-x\sin x)$;　(6) $2e^x\cos x$;

(7) $x(2\ln x+1)$;　(8) $\cos 2x$;

(9) $-\frac{1+2x}{(1+x+x^2)^2}$;　(10) $\frac{2}{(1-x)^2}$;

(11) $\frac{1-\ln x}{x^2}$;　(12) $\frac{(x-2)e^x}{x^3}$;

(13) $\sec^2 t+2\cos t$;　(14) $\frac{1+\cos t+\sin t}{(1+\cos t)^2}$.

3. (1) $y'\big|_{x=\frac{\pi}{6}}=\frac{\sqrt{3}+1}{2}, y'\big|_{x=\frac{\pi}{4}}=\sqrt{2}$;

(2) $\frac{d\rho}{d\theta}\Big|_{\theta=\frac{\pi}{4}}=\frac{\sqrt{2}}{4}\left(1+\frac{\pi}{2}\right)$;

(3) $f'(0)=\frac{3}{25}, f'(2)=\frac{17}{15}$.

4. (1) $8(2x+5)^3$;　(2) $3\sin(4-3x)$;

(3) $-\tan x$;　(4) $\frac{2(1-x^2)}{(1+x^2)^2}\cos\frac{2x}{1+x^2}$;

(5) $-6xe^{-3x^2}$;　(6) $\frac{e^x}{1+e^{2x}}$;

(7) $\dfrac{1}{4\sqrt{x+x\sqrt{x}}}$; (8) $\dfrac{|x|}{x^2\sqrt{x^2-1}}$;

(9) $\sec x$; (10) $\csc x$;

(11) $n\sin^{n-1}x\cdot\sin(n+1)x$; (12) $-\dfrac{1}{2}e^{-\frac{x}{2}}(\cos 3x+6\sin 3x)$;

(13) $\dfrac{1}{(1-x)\sqrt{x}}$; (14) $\dfrac{4}{(e^x+e^{-x})^2}$;

(15) $\dfrac{\pi}{2\sqrt{1-x^2}\,(\arccos x)^2}$; (16) $-\dfrac{1}{\sqrt{x-x^2}}$;

(17) $\dfrac{2\arcsin\dfrac{x}{2}}{\sqrt{4-x^2}}$; (18) $\dfrac{\ln x}{x\sqrt{1+\ln^2 x}}$;

(19) $\dfrac{1}{2\sqrt{x}(1+x)}e^{\arctan\sqrt{x}}$; (20) 0;

(21) $\dfrac{\ln x-2}{x^2}\sin 2\left(\dfrac{1-\ln x}{x}\right)$; (22) $-\dfrac{1}{2\sqrt{1-x^2}}$;

(23) $\dfrac{1}{\sqrt{2x+x^2}}$; (24) $\dfrac{1}{2(1+x^2)}$;

(25) $\sqrt{a^2-x^2}$; (26) $-e^{-x}\arctan e^x$;

(27) $\left(\dfrac{x}{1+x}\right)^x\left(\ln\dfrac{x}{1+x}+\dfrac{1}{1+x}\right)$; (28) $x^{\cos x}\left(-\sin x\ln x+\dfrac{\cos x}{x}\right)$.

5. $f'(x)=\begin{cases}-\sin x, & x<0,\\ \dfrac{2x}{1+x^2}, & x>0.\end{cases}$

6. $f(x)$ 在点 $x=0$ 处可导,且 $f'(0)=0$;$f'(x)$ 在点 $x=0$ 处不连续.

7. 略.

8. (1) $e^{f(x)}[e^x f'(e^x)+f(e^x)f'(x)]$; (2) $\sin 2x[f'(\sin^2 x)-f'(\cos^2 x)]$.

9. (1) $-\dfrac{y}{x+e^y}$; (2) $\dfrac{2e^{2x}+\sin(x+y)}{3y^2-\sin(x+y)}$;

(3) $-\dfrac{y}{2x\ln x}$.

10. $\sqrt{3}x+4y-8\sqrt{3}=0$.

11. 1.

12. $-\dfrac{5}{2}$.

13. (1) $\dfrac{\sqrt{x+2}\,(3-x)^4}{(x+1)^5}\left[\dfrac{1}{2(x+2)}-\dfrac{4}{3-x}-\dfrac{5}{1+x}\right]$;

(2) $\dfrac{1}{5}\sqrt[5]{\dfrac{x-5}{\sqrt[5]{x^2+2}}}\left[\dfrac{1}{x-5}-\dfrac{2x}{5(x^2+2)}\right]$;

(3) $\dfrac{1}{2}\sqrt{x\sin x\sqrt{1-e^x}}\left[\dfrac{1}{x}+\cot x-\dfrac{e^x}{2(1-e^x)}\right]$.

习题 2.3(第 83 页)

1. (1) $4-\dfrac{1}{x^2}$;　　(2) $4e^{2x-1}$;

(3) $-2\sin x-x\cos x$;　　(4) $-\dfrac{2(1+x^2)}{(1-x^2)^2}$;

(5) $\dfrac{(x^2-2x+2)e^x}{x^3}$;　　(6) $2\arctan x+\dfrac{2x}{1+x^2}$;

(7) $-\dfrac{x}{(1+x^2)^{3/2}}$;　　(8) $-\dfrac{2}{x}\sin(\ln x)$.

2. (1) $\dfrac{(3-y)e^{2y}}{(2-y)^3}$;　　(2) $-\dfrac{\cos y}{(2+\sin y)^3}$.

3. -6.

4. (1) $\dfrac{dy}{dx}=-\dfrac{1}{2t}+\dfrac{3}{2}t,\dfrac{d^2y}{dx^2}=-\dfrac{1}{4}\left(\dfrac{1}{t^3}+\dfrac{3}{t}\right)$;

(2) $\dfrac{dy}{dx}=\dfrac{t}{2},\dfrac{d^2y}{dx^2}=\dfrac{1}{4}\left(\dfrac{1}{t}+t\right)$;

(3) $\dfrac{d^2y}{dx^2}=\dfrac{1}{f''(t)}$.

5. (1) $2f'(x^2)+4x^2f''(x^2)$;　　(2) $\dfrac{f''(x)f(x)-[f'(x)]^2}{f^2(x)}$;

(3) $\dfrac{f''(u)}{[1-f'(u)]^3}$.

6. $-\dfrac{1}{k^2e^{2x}}$.

7. $2^{51}(-2x^2\sin 2x+100x\cos 2x+1225\sin 2x)$.

8. (1) $\sin\left[2x+(n-1)\dfrac{\pi}{2}\right]\cdot 2^{n-1}$;　　(2) $4^{n-1}\cos\left(4x+n\cdot\dfrac{\pi}{2}\right)$;

(3) $\begin{cases} \ln x+1, & n=1, \\ \dfrac{1}{x}, & n=2, \\ \dfrac{(-1)^n(n-2)!}{x^{n-1}}, & n>2; \end{cases}$　　(4) $(n+x)e^x$;

(5) $\dfrac{4\cdot 3^{n-1}n!}{(4-3x)^{n+1}}$;　　(6) $\dfrac{(-1)^n n!}{(x-3)^{n+1}}-\dfrac{(-1)^n n!}{(x-2)^{n+1}}$;

(7) $(\sqrt{2})^2 e^x \sin\left(x+2\cdot\dfrac{\pi}{4}\right)$;　　(8) $(-1)^{n-1}ne^{-x}+(-1)^n xe^{-x}$.

习题 2.4(第 90 页)

1. $\Delta y\big|_{\substack{x=2\\ \Delta x=0.1}}=1.161, \mathrm{d}y\big|_{\substack{x=2\\ \Delta x=0.1}}=1.1; \Delta y\big|_{\substack{x=2\\ \Delta x=0.01}}=0.110601, \mathrm{d}y\big|_{\substack{x=2\\ \Delta x=0.01}}=0.11$.

2. (1) $\left(-\dfrac{1}{x^2}+\dfrac{1}{\sqrt{x}}\right)\mathrm{d}x$;　　(2) $2\cos(2x+1)\mathrm{d}x$;

(3) $-e^{1-3x}(3\cos x+\sin x)\mathrm{d}x$;　　(4) $\dfrac{\cot\sqrt{x}}{2\sqrt{x}}\mathrm{d}x$;

(5) $\dfrac{\mathrm{d}x}{(x^2+1)^{3/2}}$;　　(6) $2x(1+x)e^{2x}\mathrm{d}x$;

(7) $x\cos x\mathrm{d}x$;　　(8) $-2\tan(1-x)\cdot\sec^2(1-x)\mathrm{d}x$;

(9) $-\dfrac{x\mathrm{d}x}{|x|\sqrt{1-x^2}}$;　　(10) $-\dfrac{2x\mathrm{d}x}{1+x^4}$.

3. 略.

4. (1)0. 874 67;　　(2) −0. 965 09.

5. (1)30°47″;　　(2)0. 795 4.

6. (1)9. 987;　　(2)2. 005 2.

复习题二(第 91 页)

一、单项选择题

1. B.　2. C.　3. D.　4. D.

5. C.　6. D.　7. B.　8. D.

9. C.　10. D.

二、填空题

1. $\frac{1}{2}$.

2. $\frac{9}{16}$.

3. 100!.

4. $-\frac{1}{2\sqrt{x}}-\frac{1}{2\sqrt{x^3}}$.

5. $2^{2x}\ln 2$.

6. $-\frac{\ln 2}{x^2}2^{\tan\frac{1}{x}}\sec^2\frac{1}{x}$.

7. $\frac{4}{\pi+1}$.

8. $\frac{3}{4}\pi$.

9. $(1+nx^2)^{-\frac{3}{2}}$.

10. $\frac{4}{\pi}\mathrm{d}x$.

11. $a^x\ln^2 a+a(a-1)x^{a-2}$.

12. $\frac{1}{2^{28}}+2^{28}$.

三、解答题

1. 不可导.

2. $f'(0)$ 不存在.

3. $f(x)$ 在点 $x=a$ 处可导,且 $f'(a)=\varphi(a)$. 当 $\varphi(a)\neq 0$ 时, $F(x)$ 在点 $x=a$ 处不可导;当 $\varphi(a)=0$ 时, $F(x)$ 在点 $x=a$ 处可导,且 $f'(a)=0$.

4. e^{-2}.

5. (1) $\frac{\cos x}{|\cos x|}$;

(2) $\frac{3}{x}\cos\ln(x^3)$;

(3) $\sin x\ln\tan x$;

(4) $\frac{x\ln x}{(x^2-1)^{3/2}}$;

(5) $x^{\frac{1}{x}-2}(1-\ln x)$;

(6) $\begin{cases} e^{-x}-xe^{-x}, & x<0, \\ \cos(\sin^2 x)\cdot\sin 2x, & x>0. \end{cases}$

6. $\frac{x(\ln x+1)+y}{x(1-\ln x)}$.

7. 切线方程为 $x+2y-4=0$,法线方程为 $2x-y-3=0$.

8. (1) $\frac{\mathrm{d}y}{\mathrm{d}x}=-\tan\theta,\frac{\mathrm{d}^2y}{\mathrm{d}x^2}=\frac{\sec^4\theta\csc\theta}{3a}$;

(2) $\frac{\mathrm{d}y}{\mathrm{d}x}=\frac{1}{t},\frac{\mathrm{d}^2y}{\mathrm{d}x^2}=-\frac{1+t^2}{t^3}$.

9. (1) $-2\cos 2x\ln x-\frac{2\sin 2x}{x}-\frac{\cos^2 x}{x^2}$;

(2) $\frac{3x}{(1-x^2)^{5/2}}$;

(3) $\begin{cases} 12x^2\sin\dfrac{1}{x} - 6x\cos\dfrac{1}{x} - \sin\dfrac{1}{x} - \cos x, & x \neq 0, \\ -1, & x = 0. \end{cases}$

10. $y'(0) = e - e^4$; $y''(0) = e^3(3e^3 - 4)$.

11. $\dfrac{2(-1)^n n!}{(x+1)^{n+1}}$.

12. 1.007.

第3章

习题3.1(第101页)

1. $\xi = 2$.
2. 有分别位于区间(1,2),(2,3),(3,4)内的三个根.
3. 提示:构造辅助函数 $h(x) = \dfrac{f(x)}{g(x)}$.
4. 提示:令 $F(x) = e^x f(x)$.
5. 略.
6. 略.
7. 略.
8. 略.
9. 略.
10. 略.
11. 略.
12. 提示:对 $f(x)$, e^x 在 $[a,b]$ 上应用柯西中值定理.

习题3.2(第108页)

1. (1) $\cos a$; (2) 2; (3) $-\dfrac{1}{4}$; (4) $-\dfrac{1}{6}$;

(5) 0; (6) 1; (7) $\dfrac{4}{\pi}$; (8) $\ln\dfrac{a}{b}$;

(9) $\dfrac{1}{2}$; (10) $\dfrac{1}{2}$; (11) $\dfrac{1}{2}$; (12) 1;

(13) $e^{\cot a}$; (14) $e^{-\frac{2}{\pi}}$; (15) 1; (16) 1.

2. 略.

3. (1) $f'(x)=\begin{cases}\dfrac{xg'(x)-g(x)+(x+1)\mathrm{e}^{-x}}{x^2}, & x\neq 0;\\ \dfrac{g''(0)-1}{2}, & x=0.\end{cases}$

(2) $f'(x)$ 在$(-\infty,+\infty)$内连续.

习题 3.3(第 115 页)

1. $\tan x=x+\dfrac{2}{3!}\cdot\dfrac{1+2\sin^2(\theta x)}{\cos^4(\theta x)}x^3(0<\theta<1)$.

2. $\sqrt{x}=2+\dfrac{1}{4}(x-4)-\dfrac{1}{64}(x-4)^2+\dfrac{1}{512}(x-4)^3-\dfrac{15(x-4)^4}{4!16[4+\theta(x-4)]^{\frac{7}{2}}}(0<\theta<1)$.

3. $f(x)=-56+21(x-4)+37(x-4)^2+11(x-4)^3+(x-4)^4$.

4. $\ln x=\ln 2+\dfrac{1}{2}(x-2)-\dfrac{1}{2^3}(x-2)^2+\dfrac{1}{3\cdot 2^3}(x-2)^3-\cdots+(-1)^{n-1}\dfrac{1}{n\cdot 2^n}(x-2)^n+o((x-2)^n)$.

5. $\dfrac{1}{x}=-[1+(x+1)+(x+1)^2+\cdots+(x+1)^n]+(-1)^{n+1}\dfrac{(x+1)^{n+1}}{[-1+\theta(x+1)]^{n+2}}(0<\theta<1)$.

6. $x\mathrm{e}^{-x}=x-x^2+\dfrac{1}{2!}x^3-\cdots+\dfrac{(-1)^{n+1}}{(n-1)!}x^n+o(x^n)$.

7. $\sqrt{\mathrm{e}}\approx 1.645$.

8. (1) $\dfrac{1}{3}$;　(2) $-\dfrac{1}{12}$;　(3) $\dfrac{3}{2}$;　(4) $\ln^2 a$.

9. $f^{(n)}(0)=\dfrac{(-1)^{n-1}n!}{n-2}$.

习题 3.4(第 122 页)

1. 略.

2. (1)在$(-\infty,1)$,$(2,+\infty)$内单调增加,在$(1,2)$内单调减少;

(2)在$(-\infty,-1)$,$(1,+\infty)$内单调增加,在$(-1,0)$内单调减少;

(3)在$(0,e^{-1})$内单调减少,在$(e^{-1},+\infty)$内单调增加;

(4)在$\left(-\infty,\frac{1}{2}\right)$内单调减少,在$\left(\frac{1}{2},+\infty\right)$内单调增加;

(5)在$(0,1)$内单调增加,在$(1,2)$内单调减少;

(6)在$(0,n)$内单调增加,在$(n,+\infty)$内单调减少.

3. 略.

4. 略.

5. (1)在$(-\infty,1)$内是凸的,在$(1,+\infty)$内是凹的,拐点$(1,-2)$;

(2)在$(-\infty,0)$是凸的,在$(0,+\infty)$是凹的,没有拐点;

(3)在$(-\infty,2)$是凸的,在$(2,+\infty)$是凹的,拐点$(2,2e^{-2})$;

(4)在$(-1,+\infty)$内是凹的,没有拐点;

(5)在$(-\infty,\frac{1}{2})$内是凹的,在$(\frac{1}{2},+\infty)$内是凸的,拐点$\left(\frac{1}{2},e^{\arctan\frac{1}{2}}\right)$;

(6)在$(-\infty,-\frac{1}{5})$是凸的,在$(-\frac{1}{5},0)$、$(0,+\infty)$内是凹的,拐点$\left(-\frac{1}{5},-\frac{6}{5}\frac{1}{\sqrt[3]{25}}\right)$.

6. $a=1,b=6$.

7. $(x_0,f(x_0))$为拐点.

8. 略.

习题 3.5(第 128 页)

1. (1)极大值$y(e)=e^{-1}$; (2)极大值$y(-4)=60$,极小值$y(2)=-48$;
   (3)没有极值; (4)极小值$y(0)=0$;
   (5)极大值$y(-1)=3$; (6)极大值$y(1)=e^{-1}$.

2. (1)最大值$y(4)=142$,最小值$y(1)=7$;
   (2)最大值$y(0)=10$,最小值$y(8)=6$;
   (3)最大值$y(1)=e-1$,最小值$y(0)=1$;
   (4)最小值$y(0)=2$,没有最大值;
   (5)最大值$y\left(\frac{1}{\sqrt{2}}\right)=\frac{1}{\sqrt{2e}}$,最小值$y\left(-\frac{1}{\sqrt{2}}\right)=-\frac{1}{\sqrt{2e}}$.

3. 底面半径$r=1$,高$h=1.5$.

4. $(1,e^{-1})$.

5. $AD=15$千米.

习题 3.6(第 134 页)

1. (1)水平渐近线$y=0$;

(2)水平渐近线 $y=0$;

(3)斜渐近线 $y=x$,铅直渐近线 $x=0$;

(4)斜渐近线 $y=4x$,铅直渐近线 $x=1$;

(5)水平渐近线 $y=0$,垂直渐近线 $x=1,x=4$;

(6)斜渐近线 $y=2x+10$,垂直渐近线 $x=1,x=4$;

(7)斜渐近线 $y=x-\dfrac{1}{2},y=-x+\dfrac{1}{2}$;

(8)水平渐近线 $y=0$,垂直渐近线 $x=-1$.

2.(1)定义域$(-\infty,+\infty)$;在$(-\infty,1]$上单调增加,在$(1,+\infty)$内单调减少;极大值 $y(1)=2e^{-1}$;在$(-\infty,2]$上是凸的,在$(2,+\infty)$内是凹的;拐点$(2,4e^{-2})$;水平渐近线 $y=0$.

(2)定义域$(-\infty,+\infty)$;在$\left(-\infty,-\dfrac{1}{3}\right]$,$(1,+\infty)$内单调增加,在$\left(-\dfrac{1}{3},1\right]$上单调减少;极大值 $y\left(-\dfrac{1}{3}\right)=\dfrac{32}{27}$,极小值 $y(1)=0$;在$\left(-\infty,\dfrac{1}{3}\right]$上是凸的,在$\left(\dfrac{1}{3},+\infty\right)$内是凹的;拐点$\left(\dfrac{1}{3},\dfrac{16}{27}\right)$.

(3)定义域$(-\infty,+\infty)$,奇函数;在$[-1,1]$上单调增加,在$(-\infty,-1)$,$(1,+\infty)$内单调减少;极小值 $y(-1)=-1$,极大值 $y(1)=1$;在$(-\infty,-\sqrt{3})$,$(0,\sqrt{3}]$上是凸的,在$(-\sqrt{3},0)$,$(\sqrt{3},+\infty)$内是凹的;拐点$\left(-\sqrt{3},-\dfrac{\sqrt{3}}{2}\right)$,$\left(\sqrt{3},\dfrac{\sqrt{3}}{2}\right)$;水平渐近线 $y=0$.

(4)定义域$(-\infty,0)\cup(0,+\infty)$;在$\left(-\infty,\dfrac{1}{\sqrt[3]{2}}\right)$内单调减少,在$\left(\dfrac{1}{\sqrt[3]{2}},+\infty\right)$内单调增加;极小值 $y\left(\dfrac{1}{\sqrt[3]{2}}\right)=\dfrac{3}{2}\sqrt[3]{2}$;在$(-\infty,-1)$,$(0,+\infty)$内是凹的,在$[-1,0]$上是凸的;垂直渐近线 $x=0$.

(5)定义域$(-\infty,1)\cup(1,+\infty)$;在$(-\infty,0)$,$[1,+\infty)$上单调减少,在$(0,1)$内单调增加;极小值 $y(0)=0$;在$\left(-\infty,-\dfrac{1}{2}\right)$内是凸的,在$\left(-\dfrac{1}{2},+\infty\right)$内是凹的;拐点$\left(-\dfrac{1}{2},\dfrac{2}{9}\right)$;水平渐近线 $y=2$,垂直渐近线 $x=1$.

(6)定义域$(-\infty,1)\cup(1,+\infty)$;在$(-\infty,1)$,$(5,+\infty)$内单调增加,在$(1,5)$

内单调减少；极小值 $y(5)=\frac{27}{2}$；在 $(-\infty,-1)$ 内是凸的，在 $(-1,+\infty)$ 内是凹的；拐点 $(-1,0)$；斜渐近线 $y=x+5$，垂直渐近线 $x=1$.

习题 3.7（第 139 页）

1. $K=2$.

2. $K=\frac{1}{2\sqrt{2}}$.

3. $\left(\frac{\sqrt{2}}{2},-\frac{\ln 2}{2}\right)$ 处曲率半径有最小值 $\frac{3\sqrt{3}}{2}$.

4. 约 1246N.

复习题三（第 140 页）

一、单项选择题

1. D.　2. B.　3. B.　4. D.
5. B.　6. D.　7. D.　8. C.
9. A.　10. C.　11. C.　12. A.
13. C.　14. B.

二、填空题

1. 2.

2. 1，$f(x_0)+f'(x_0)(x-x_0)+\frac{f''(\xi)}{2!}(x-x_0)^2$.

3. $(e,+\infty)$.

4. $-n-1$，小，$-e^{-n-1}$.

5. $y=f(c)$.

6. $\left(\frac{3}{2},-\frac{27}{2}\right)$.

7. -1.

8. 1，-3，3.

9. 0 或 1，1，$\frac{1}{2}$，$\frac{3}{5}$.

10. 1.

11. $y=2x+1$.

12. 2.

三、解答题

1. $\frac{1}{2}$.

2. 0.

3. 2.

4. $\frac{4}{3}$.

5. e.

6. e^3.

7. $e^{-\frac{1}{3}}$.

8. 36.

9. e^{-2}.

10. ak.

11. 极小值点 $x=-2$.

12. $a=\dfrac{4}{3},b=-\dfrac{1}{3}$.

13. $\varphi=\dfrac{2\sqrt{6}}{3}\pi$.

14. 所求点为$\left(\sqrt{2},\dfrac{\sqrt{2}}{2}\right)$,最小面积为$2-\dfrac{\pi}{2}$.

15. 在$(0,e^{-1})$,$(1,+\infty)$内单调增加,在$(e^{-1},1)$内单调减少;极大值$y(e^{-1})=e^{-1}$,极小值$y(1)=0$;在$(0,1)$内是凸的,在$(1,+\infty)$内是凹的.

16. $\sqrt[3]{3}$.

17. 略.

18. 略.

19. 略.

20. 略.

第4章

习题4.1(第148页)

1. (1) $-\dfrac{1}{2x^2}+C$;　(2) $\dfrac{2}{7}x^{\frac{7}{2}}+C$;

   (3) $-3x^{-\frac{1}{3}}+C$;　(4) $\dfrac{2^x e^x}{1+\ln 2}+C$.

2. 略.

3. $\cos\dfrac{x}{2}$.

4. $-2xe^{-x^2}+C$.

5. $y=\ln|x|+1$.

6. $y = \frac{1}{2}x^2 + \frac{5}{2}$.

习题 4.2(第 150 页)

1. $\frac{1}{5}x^5 + \frac{2}{3}x^3 + x + C$.
2. $2e^x + 3\ln|x| + C$.
3. $e^x - 2\sqrt{x} + C$.
4. $3\arctan x - 2\arcsin x + C$.
5. $\frac{2}{7}x^3\sqrt{x} - \frac{10}{3}x\sqrt{x} + C$.
6. $\frac{4}{7}x^{\frac{7}{4}} + 4x^{-\frac{1}{4}} + C$.
7. $2x - \frac{5}{\ln\frac{2}{3}}\left(\frac{2}{3}\right)^x + C$.
8. $\frac{4^x}{\ln 4} - \frac{2\cdot 6^x}{\ln 6} + \frac{9^x}{\ln 9} + C$.
9. $\tan x - \sec x + C$.
10. $-\cos\theta + \theta + C$.
11. $-4\cot x + C$.
12. $-\cot x - \tan x + C$.
13. $-\frac{1}{2}\cot x + \frac{1}{2}\csc x + C$.
14. $\sec x - \tan x + x + C$.
15. $\frac{1}{3}x^3 - x + \arctan x + C$.
16. $\frac{2}{3}x^3 - x + 4\arctan x + C$.
17. $\arctan x - \frac{1}{x} + C$.
18. $-\frac{1}{3x^3} + \frac{1}{x} + \arctan x + C$.

习题 4.3(第 163 页)

1. $-\frac{1}{2}\ln|1-2x| + C$.

2. $-\frac{1}{2}(2-3x)^{\frac{2}{3}}+C.$

3. $-2\cos\sqrt{t}+C.$

4. $2\sin\frac{x}{2}+C.$

5. $-e^{\frac{1}{x}}+C.$

6. $-\cot\frac{x}{2}+C.$

7. $\frac{1}{2}e^{2x}-e^{x}+x+C.$

8. $\arctan e^{x}+C.$

9. $e^{x}-\ln(1+e^{x})+C.$

10. $\frac{1}{2}\ln(1+x^{2})+\frac{1}{2}(\arctan x)^{2}+C.$

11. $\ln|x+\sin x|+C.$

12. $\frac{3}{2}(\sin x-\cos x)^{\frac{2}{3}}+C.$

13. $-\frac{1}{x\ln x}+C.$

14. $\frac{x}{x-\ln x}+C.$

15. $-\frac{1}{\arcsin x}+C.$

16. $-\frac{1}{2\ln 10}10^{2\arccos x}+C.$

17. $\ln|\ln\sin x|+C.$

18. $\frac{1}{2}(\ln\tan x)^{2}+C.$

19. $\frac{1}{2}\tan^{2}x+C.$

20. $\sin x-\frac{1}{3}\sin^{3}x+C.$

21. $-\frac{8}{3}\cot^{3}2x-8\cot 2x+C.$

22. $-\cot x-\frac{3}{2}x-\frac{1}{4}\sin 2x+C.$

23. $\frac{1}{3}\tan^3 x - \tan x + x + C.$

24. $\frac{1}{6}\tan^6 x + \frac{1}{8}\tan^8 x + C.$

25. $\frac{1}{3}\sin\frac{3x}{2} + \sin\frac{x}{2} + C.$

26. $-\frac{1}{24}\sin 12x + \frac{1}{4}\sin 2x + C.$

27. $\frac{1}{3}\left[(x+1)^{3/2} - (x-1)^{3/2}\right] + C.$

28. $\frac{4}{21}(x^3+1)^{\frac{7}{4}} - \frac{4}{9}(x^3+1)^{\frac{3}{4}} + C.$

29. $\frac{1}{4}\ln\left|\frac{x-1}{x+1}\right| - \frac{1}{2}\arctan x + C.$

30. $\frac{1}{2\sqrt{2}}\ln\left|\frac{x^2-\sqrt{2}x+1}{x^2+\sqrt{2}x+1}\right| + C.$

31. $\arctan x + \frac{1}{3}\arctan x^3 + C.$

32. $\frac{1}{2(\ln 5 - \ln 3)}\ln\left|\frac{5^x-3^x}{5^x+3^x}\right| + C.$

33. $2[\sqrt{2+x} - \ln(1+\sqrt{2+x})] + C.$

34. $\frac{1}{15}(3x+1)^{\frac{5}{3}} + \frac{1}{3}(3x+1)^{\frac{2}{3}} + C.$

35. $6(\sqrt[6]{x} - \arctan\sqrt[6]{x}) + C.$

36. $-2\sqrt{\frac{1+x}{x}} + 2\ln\left(\sqrt{\frac{1+x}{x}} + 1\right) + \ln|x| + C.$

37. $2\arctan\sqrt{e^x - 1} + C.$

38. $2\sqrt{1+\ln x} + \ln\left|\frac{\sqrt{1+\ln x}-1}{\sqrt{1+\ln x}+1}\right| + C.$

39. $-\frac{4}{11}(2-x)^{11} + \frac{1}{3}(2-x)^{12} - \frac{1}{13}(2-x)^{13} + C.$

40. $-\frac{1}{1-x} + \frac{1}{2(1-x)^2} + C.$

41. $-\frac{\sqrt{4-x^2}}{4x} + C.$

42. $\ln\left|\frac{1-\sqrt{1-x^2}}{x}\right|-\frac{2\sqrt{1-x^2}}{x}+C.$

43. $\frac{x+1}{\sqrt{1-x^2}}+C.$

44. $-\ln(\sqrt{4-x^2}+1)+C.$

45. $\frac{x}{\sqrt{x^2+1}}+C.$

46. $\sqrt{x^2-1}-\arccos\frac{1}{x}+C.$

47. $\ln|x+1+\sqrt{2x+x^2}|+C.$

48. $\frac{1}{2}\arcsin\frac{2}{3}x+\frac{1}{4}\sqrt{9-4x^2}+C.$

49. $\frac{1}{2}\ln(x^2+2x+3)-\sqrt{2}\arctan\frac{x+1}{\sqrt{2}}+C.$

50. $-\sqrt{2-x-x^2}+\frac{1}{2}\arcsin\frac{2x+1}{3}+C.$

51. $-\frac{1}{7x^7}+\frac{1}{5x^5}-\frac{1}{3x^3}+\frac{1}{x}-\arctan\frac{1}{x}+C.$

52. $\frac{1}{2}\ln(x^2-2x+2)+2\arctan(x-1)-\frac{x}{x^2-2x+2}+C.$

习题 4.4(第 170 页)

1. $-\frac{1}{2}x\cos2x+\frac{1}{4}\sin2x+C.$

2. $-xe^{-x}-e^{-x}+C.$

3. $x\arccos x-\sqrt{1-x^2}+C.$

4. $x\ln x-x+C.$

5. $-\frac{1}{4}x\cos2x+\frac{1}{8}\sin2x+C.$

6. $\frac{1}{4}x\sec^4x-\frac{1}{4}\left(\frac{1}{3}\tan^3x+\tan x\right)+C.$

7. $2\sin x e^{\sin x}-2e^{\sin x}+C.$

8. $-2\sqrt{1-x}\arcsin\sqrt{x}+2\sqrt{x}+C.$

9. $x(\arcsin x)^2+2\sqrt{1-x^2}\arcsin x-2x+C.$

10. $\dfrac{x^2}{2}\ln^2 x-\dfrac{x^2}{2}\ln x+\dfrac{1}{4}x^2+C.$

11. $\dfrac{x\ln x}{(1-x)}+\ln|1-x|+C.$

12. $\dfrac{1}{2}(x^2-1)\ln(x-1)-\dfrac{1}{4}x^2-\dfrac{1}{2}x+C.$

13. $\dfrac{1}{2}(x^2-1)\ln\dfrac{1+x}{1-x}+x+C.$

14. $x\ln(x+\sqrt{1+x^2})-\sqrt{1+x^2}+C.$

15. $-\dfrac{\arctan x}{2x^2}-\dfrac{1}{2x}-\dfrac{1}{2}\arctan x+C.$

16. $-\mathrm{e}^{-x}\arctan\mathrm{e}^x+x-\dfrac{1}{2}\ln(1+\mathrm{e}^{2x})+C.$

17. $\dfrac{1}{6}x^3+\dfrac{1}{2}x^2\sin x+x\cos-\sin x+C.$

18. $(\arctan x)^2-x\arctan x+\dfrac{1}{2}\ln(1+x^2)+C.$

19. $\dfrac{\mathrm{e}^x}{x+1}+C.$

20. $x\ln(\ln x)+C.$

21. $(\sqrt{2x+1}-1)\mathrm{e}^{\sqrt{2x+1}}+C.$

22. $x\arctan(1+\sqrt{x})-\sqrt{x}+\ln(x+2\sqrt{x}+2)+C.$

23. $\dfrac{1}{2}x[\cos(\ln x)+\sin(\ln x)]+C.$

24. $\dfrac{1}{5}\mathrm{e}^{2\arctan x}\left(\dfrac{x}{\sqrt{1+x^2}}+\dfrac{2}{\sqrt{1+x^2}}\right)+C.$

习题 4.5（第 178 页）

1. $4\ln|x-3|-3\ln|x-2|+C.$

2. $2x^2+\ln\left|\dfrac{x^2-1}{x^2+1}\right|+C.$

3. $\ln|x-1|+\dfrac{1}{x-1}-\ln|x+1|+C.$

4. $-\dfrac{2}{9}\ln|x+2|+\dfrac{2}{9}\ln|x-1|-\dfrac{1}{3(x-1)}+C.$

5. $\frac{2}{\sqrt{3}}\arctan\frac{2x+1}{\sqrt{3}}+\frac{1}{x+1}+C.$

6. $\frac{1}{2}x^2+x+\ln|x-1|-\frac{1}{2}\ln(x^2+1)-\arctan x+C.$

7. $\frac{1}{8}\ln\left|\frac{x^2-1}{x^2+1}\right|-\frac{1}{4}\arctan x^2+C.$

8. $\frac{1}{4}\arctan\frac{x^2+1}{2}+C.$

9. $\frac{1}{4}\tan^2\frac{x}{2}+\tan\frac{x}{2}+\frac{1}{2}\ln\left|\tan\frac{x}{2}\right|+C.$

10. $\frac{1}{8}\cot^2\frac{x}{2}-\frac{1}{4}\ln\left|\tan\frac{x}{2}\right|+C.$

11. $\frac{1}{\sqrt{15}}\ln\left|\frac{\sqrt{3}\tan\frac{x}{2}+\sqrt{5}}{\sqrt{3}\tan\frac{x}{2}-\sqrt{5}}\right|+C.$

12. $\frac{1}{\sqrt{5}}\arctan\frac{3\tan\frac{x}{2}+1}{\sqrt{5}}+C.$

13. $\frac{1}{\sqrt{2}}\arctan(\sqrt{2}\tan x)-\frac{1}{2\sqrt{2}}\ln\frac{\sqrt{2}+\cos x}{\sqrt{2}-\cos x}+\arctan(\sin x)+C.$

14. $\frac{1}{3}\cos^3x+\cos x+\frac{1}{2}\ln\frac{1-\cos x}{1+\cos x}+C.$

复习题四(第 178 页)

一、单项选择题

1. C. 2. B. 3. A. 4. D.
5. C. 6. D. 7. C. 8. C.
9. B. 10. B.

二、填空题

1. $2\cos2x+C.$ 2. $-\ln x+C.$

3. $\frac{1}{3}x^3.$ 4. $2x^2-x+C.$

5. $\frac{5}{18}(x^3+1)^{\frac{6}{5}}+C.$ 6. $\frac{2}{\sqrt{\cos x}}+C.$

7. $\frac{1}{2x}+C.$

8. $-\frac{1}{3}\sqrt{(1-x^2)^3}+C.$

9. $2\arcsin\frac{\sqrt{x}}{2}+C.$

10. $-2\arctan\sqrt{1-x}+C.$

11. $\frac{1}{2}(x^2-1)e^{x^2}+C.$

12. $-\frac{\ln x}{x}+C.$

三、解答题

1. $-x^2-\ln(1-x)+C.$

2. $\frac{1}{\sqrt{2x}(1+x)}.$

3. (1) $\arctan(e^x-e^{-x})+C$;

(2) $\frac{2}{3}(1+\ln x)^{\frac{3}{2}}-2(1+\ln x)^{\frac{1}{2}}+C$;

(3) $-\frac{1}{2}[\ln(x+1)-\ln x]^2+C$;

(4) $\ln^2(2+\sqrt{x})+C$;

(5) $\ln|xe^x|-\ln|1+xe^x|+C$;

(6) $\frac{1}{4}x^4+\ln\frac{\sqrt[4]{x^4+1}}{x^4+2}+C$;

(7) $\frac{1}{\sqrt{6}}\arctan\frac{\sqrt{2}\tan x}{\sqrt{3}}+C$;

(8) $\tan x-\frac{2}{\tan x}-\frac{1}{3\tan^3 x}+C$;

(9) $-\frac{1}{2}\arctan(\cos 2x)+C$;

(10) $\ln(1+\sin x)+\frac{1}{1+\sin x}+C$;

(11) $\frac{1}{\sqrt{2}}\arcsin\frac{\sqrt{2}\sin x}{\sqrt{3}}+C$;

(12) $\frac{1}{2}\ln\frac{1-\cos x}{1+\cos x}+\frac{1}{\cos x}+\frac{1}{3\cos^3 x}+C$;

(13) $\frac{4}{3}x^{\frac{3}{4}}-\frac{4}{3}\ln(1+x^{\frac{3}{4}})+C$;

(14) $-\frac{4}{3}\sqrt{1-x\sqrt{x}}+C$;

(15) $2\sqrt{1+\sqrt{1+x^2}}+C$;

(16) $\dfrac{2x-3}{4\sqrt{3+4x-4x^2}}+C$;

(17) $\sqrt{1+x^2}+\dfrac{1}{2}\ln\dfrac{\sqrt{1+x^2}+1}{\sqrt{1+x^2}-1}+C$;

(18) $\dfrac{1}{2}\arccos\dfrac{1}{x+1}+\dfrac{1}{2}\dfrac{\sqrt{x^2+2x}}{(x+1)^2}+C$;

(19) $\dfrac{1}{2}\ln\dfrac{\sqrt{1+x^4}-1}{x^2}+C$;

(20) $\dfrac{1}{4}\arctan\sqrt{\dfrac{x-2}{2}}+\dfrac{\sqrt{2x-4}}{4x}+C$;

(21) $-(e^{-x}+1)\ln(1+e^x)+x+C$;

(22) $\dfrac{1}{2}(x^2-1)\arctan\sqrt{x}-\dfrac{1}{6}\sqrt{x}(x-3)+C$;

(23) $x\tan\dfrac{x}{2}+C$;

(24) $-e^x\cot x+\dfrac{e^x}{\sin x}+C$;

(25) $2(x-2)\sqrt{e^x-2}+4\sqrt{2}\arctan\sqrt{\dfrac{1}{2}e^x-1}+C$;

(26) $-\dfrac{2x}{\sqrt{1+e^x}}+2\ln\dfrac{\sqrt{1+e^x}-1}{\sqrt{1+e^x}+1}+C$;

(27) $-\dfrac{\ln(1+x^2)+1}{2(1+x^2)}+C$;

(28) $\dfrac{x\ln(x+\sqrt{1+x^2})}{\sqrt{1+x^2}}-\dfrac{1}{2}\ln(1+x^2)+C$;

(29) $-\dfrac{1}{3}(2+x^2)\sqrt{1-x^2}\arccos x-\dfrac{1}{9}x(6+x^2)+C$;

(30) $-2e^{-\frac{x}{2}}\arctan e^{\frac{x}{2}}+x-\ln(1+e^x)-(\arctan e^{\frac{x}{2}})^2+C$.

4. 略.

5. $I_{n+2}=-\dfrac{n}{n+1}I_n-\dfrac{\sqrt{1+x^2}}{(n+1)x^{n+1}}$.

第5章

习题5.1(第192页)

1. (1)$\frac{1}{3}$;　　(2)$e-1$.

2. 略.

3. (1) $\frac{\pi}{9}\leqslant\int_{\frac{1}{\sqrt{3}}}^{\sqrt{3}}x\arctan x\mathrm{d}x\leqslant\frac{2}{3}\pi$;　　(2) $\frac{1}{2}\leqslant\int_{\frac{\pi}{4}}^{\frac{\pi}{2}}\frac{\sin x}{x}\mathrm{d}x\leqslant\frac{\sqrt{2}}{2}$;

(3) $\sqrt{2}e^{-\frac{1}{2}}\leqslant\int_{-\frac{1}{\sqrt{2}}}^{\frac{1}{\sqrt{2}}}e^{-x^2}\mathrm{d}x\leqslant\sqrt{2}$.

4. 略.

5. (1) $\int_0^1 x^2\mathrm{d}x>\int_0^1 x^3\mathrm{d}x$;　　(2) $\int_1^2 x^2\mathrm{d}x<\int_1^2 x^3\mathrm{d}x$;

(3) $\int_1^2 \ln x\mathrm{d}x>\int_1^2 \ln^2 x\mathrm{d}x$;　　(4) $\int_0^1 x\mathrm{d}x>\int_0^1 \ln(1+x)\mathrm{d}x$.

6. 6.

7. 略.

习题5.2(第198页)

1. 当 $x=0$ 时,函数取得唯一极小值.

2. $\frac{1}{5}$.

3. $\frac{\ln\cos x}{2ye^{y^2}}$.

4. $\frac{\pi}{4}$.

5. 略.

6. $\frac{3x^2}{\sqrt{1+x^{12}}}-\frac{2x}{\sqrt{1+x^8}}$.

7. -2.

8. (1)1;　　(2)2;　　(3)$\frac{1}{2}$;　　(4)1.

9. (1)$\frac{20}{3}$;　　(2)$\frac{21}{8}$;　　(3) $-\ln 2$;　　(4) $1+\frac{\pi}{4}$;

(5) $1-\frac{\pi}{4}$;　(6) $2\sqrt{2}$;　(7) $\frac{4}{15}(2+\sqrt{2})$;　(8) $10-\frac{8}{3}\sqrt{2}$.

10. $I(x)=\begin{cases}1-\cos x, & |x|<\frac{\pi}{2},\\ 1, & |x|\geqslant\frac{\pi}{2}.\end{cases}$

11. 略.
12. 略.
13. 略.
14. 略.
15. 略.

习题 5.3(第 208 页)

1. (1) $\frac{51}{512}$;　(2) $\ln 5$;

(3) $\frac{1}{6}$;　(4) $\pi-\frac{4}{3}$;

(5) 1;　(6) $\arctan e-\frac{\pi}{4}$;

(7) $\frac{\sqrt[4]{2}}{3}$;　(8) $-\ln 2$;

(9) $\frac{22}{3}$;　(10) 6;

(11) $2-\frac{\pi}{2}$;　(12) $\begin{cases}\frac{1}{2}\ln 2, & n=0,\\ \frac{1}{n}\ln\frac{2^{n+1}}{2^n+1}, & n\neq 0;\end{cases}$

(13) $\frac{64}{15}$;　(14) $\frac{\pi}{12}-\frac{\sqrt{3}}{8}$;

(15) $\sqrt{2}-\frac{2\sqrt{3}}{3}$;　(16) $\frac{\pi}{12}$;

(17) $\ln\left(1+\frac{2}{\sqrt{3}}\right)$;　(18) $\frac{8\pi}{3\sqrt{3}}+1$;

(19) 2;　(20) 2π;

(21) $\frac{\sqrt{2}}{2}$;　(22) 2.

2. $\tan\frac{1}{2}-\frac{1}{2}e^{-4}+\frac{1}{2}$.

3. $\ln^2 x$.

4. 略.

5. 略.

6. 略.

7. 略.

8. 提示:连续函数 $f(x)$ 的原函数的一般表达式为 $F(x)=\int_0^x f(t)\mathrm{d}t+C$.

9. (1) $\frac{1}{2}(1-\ln 2)$;　(2) $\frac{1}{4}(e^2+1)$;

(3) $\frac{\pi}{8}-\frac{1}{4}\ln 2$;　(4) $\frac{\pi}{8}$;

(5) $\pi-2$;　(6) $\frac{\pi}{2}$;

(7) $5\ln 2-3\ln 3$;　(8) $2\left(1-\frac{1}{e}\right)$;

(9) $-\frac{\pi}{3\sqrt{3}}+\frac{\pi}{4}+\frac{1}{2}\ln\frac{3}{2}$;　(10) $\frac{\pi^3}{6}-\frac{\pi}{4}$;

(11) $1-\sqrt{3}+\frac{5\pi}{6}$;　(12) $2-\frac{\pi}{2}$;

(13) $\frac{e}{2}(\sin 1-\cos 1)+\frac{1}{2}$;　(14) $\frac{1}{5}(e^{\pi}-2)$;

(15) $\frac{4}{3}\pi-\sqrt{3}$.

10. 3.

11. 略.

习题 5.4(第 221 页)

1. (1) $\frac{1}{3}$;　(2) 发散;　(3) 2;　(4) $\frac{\pi}{\sqrt{5}}$;

(5) $\frac{\pi}{4}$;　(6) $\frac{2-\sqrt{3}}{\sqrt{3}a^2}$;　(7) $\frac{\pi}{4}$;　(8) $\frac{1}{2}$;

(9) 1;　(10) $\frac{\pi}{2}$;　(11) $\frac{8}{3}$;　(12) $\frac{\pi}{4}$;

(13)发散；　(14)发散；　(15) $-\frac{9}{4}$.

2. 略.

3. $I_n = n!$.

4. (1)收敛；　(2)收敛；　(3)收敛；　(4)收敛；
(5)收敛；　(6)发散；　(7)发散；　(8)收敛；
(9)收敛；　(10)发散；　(11)发散；　(12)收敛；
(13)收敛.

5. 略.

习题 5.5(第 235 页)

1. (1) $\frac{1}{6}$；　(2) 1；　(3) $\frac{32}{3}$；　(4) $\frac{9}{2}$；
(5) $\frac{3}{2}-\ln 2$；　(6) $\ln 2-\frac{1}{2}$；　(7) $\frac{10-4\sqrt{2}}{3}$；　(8) $2\sqrt{2}-2$.

2. $\frac{4}{3}$.

3. $\frac{9}{4}$.

4. $6\frac{3}{4}$.

5. $1+\frac{2\sqrt{2}}{3}$.

6. $3\pi a^2$.

7. $\frac{5}{4}\pi$.

8. (1) $\frac{38}{15}\pi$；　(2) $\frac{13}{6}\pi$；　(3) $\frac{\pi}{10}$；　(4) 2π.

9. $V_x=\frac{19}{48}\pi$；$V_y=\frac{7\sqrt{3}}{10}\pi$.

10. (Ⅰ) $V=\frac{\pi}{2}$；　(Ⅱ) $a=1$.

11. $\frac{8}{9}\left[\left(\frac{5}{2}\right)^{3/2}-1\right]$.

12. $\frac{a}{2}\pi^2$.

13. $8a$.

*14. (1) $2\pi[\sqrt{2}+\ln(\sqrt{2}+1)]$;

(2) $2\pi a^2+\frac{2\pi ab^2}{\sqrt{b^2-a^2}}\arcsin\frac{\sqrt{b^2-a^2}}{b}, 2\pi a^2+\frac{2\pi ab^2}{\sqrt{a^2-b^2}}\ln\frac{a+\sqrt{a^2-b^2}}{b}$;

(3) $\frac{64}{3}\pi a^2$.

*15. $2\pi\int_{\alpha}^{\beta} r\sin\theta\sqrt{r^2+r'^2}\,\mathrm{d}\theta$.

16. $(\sqrt{2}-1)$ cm.

17. 23 275(J).

18. $325\mu g\pi$.

19. $\frac{1}{6}\mu gah^2$.

20. $\frac{2\mu g}{3}R^3$.

21. $\frac{mM}{ab}$.

复习题五(第 237 页)

一、单项选择题

1. A. 2. A. 3. B. 4. A.

5. A. 6. A. 7. C. 8. B.

9. C. 10. C. 11. A. 12. A.

二、填空题

1. $\frac{2}{\pi}$.

2. $[0, 1]$.

3. $-\frac{1}{2e^4}$.

4. $\frac{\pi}{3}$.

5. $2e^2-2$.

6. $\frac{4}{3}$.

7. $\frac{29}{270}$.

8. $\frac{\pi}{4}$.

9. $\cos x-x\sin x-1$.

10. $\frac{1}{2}$.

11. $\frac{9}{2}\pi$.

三、解答题

1. 略.

2. 略.

3. 提示:构造辅助函数 $g(x) = e^{-x}\int_a^x f(t)\,dt$.

4. 最大值为 6,最小值为 $-\frac{3}{4}$.

5. $f(x) = \frac{x}{1+x^2}, C = \frac{1}{2}(\ln 2 - 1)$.

6. (1) $2\left(\frac{1}{3} + \ln 2\right)$;　(2) $\frac{\pi}{4} + \sqrt{3} - \frac{1}{2}\ln(2+\sqrt{3})$;

(3) $\frac{\pi}{4}$;　(4) $\frac{\pi}{12} + \frac{\sqrt{3}}{2} - 1$;

(5)2.

7. (1) $\frac{\pi}{4}$;　(2) $\frac{35}{128}\pi a^4$.

8. (1)收敛;　(2)收敛;　(3)收敛;　(4)收敛.

9. 略.

10. (1)0;　(2)1;　(3) −1;　(4)最小值 0,最大值 $\frac{e^{-\frac{\pi}{2}}+1}{2}$.

11. 略.

12. (1) $\frac{5}{6}$;　(2)16;　(3) $\frac{3}{2} + \frac{3}{4}\pi$.

13. $c = \frac{1}{3}$.

14. (1) $A(1, 1)$;　(2) $\frac{2}{5}\pi$.

15. $a = -\frac{5}{3}, b = 2, c = 0$.

16. $\ln 3 - \frac{1}{2}$.

17. 91 500(J).

18. $h = 2$ m.

第6章

习题 6.1(第 245 页)

1. (1)一阶非线性； (2)一阶非线性； (3)二阶线性；
   (4)二级非线性； (5)三阶非线性； (6)四阶线性.
2. 略.
3. (1) $xy+(1-x^2)y'=0$； (2) $2xy''+(y')^2=0$.
4. (1) $y'=x^2$； (2) $yy'+2x=0$.

习题 6.2(第 251 页)

1. (1) $y=\frac{C}{x}+3$； (2) $\arctan y=x-\frac{1}{2}x^2+C$；
   (3) $y=Cx^{-3}e^{-\frac{1}{x}}$； (4) $x-\arctan x=\ln|y|-\frac{1}{2}y^2+C$；
   (5) $y=e^{C\tan x}$； (6) $(e^y-1)(e^x+1)=C$.
2. (1) $y=\ln(e^{2x}+1)-\ln 2$； (2) $(2y-1)e^{2y}=\frac{4}{3}\ln|x|+e^2-\frac{4\ln 2}{3}$；
   (3) $y=2e^{\sqrt{1-x^2}-1}$； (4) $\ln(y^2+1)=\arcsin x+\ln 2$；
   (5) $e^x+1=2\sqrt{2}\cos y$.

3. 物体在 t 时刻的温度 $T(t)=(T_0-T^*)e^{-kt}+T^*$，其中 T_0 是开始时的温度，T^* 是环境温度.

4. 约 2 小时零 3 分钟.

5. $y^2=\frac{9}{2}x$.

习题 6.3(第 255 页)

1. (1) $y=\frac{1}{3}x^4+Cx$； (2) $y=(x+1)^2\left[\frac{2}{3}(x+1)^{\frac{3}{2}}+C\right]$；
   (3) $y=\frac{\sin x+C}{x^2-1}$； (4) $y=\frac{x+C}{\cos x}$；
   (5) $y=\frac{1}{2}x^2+Ce^{x^2}$； (6) $y=Ce^{-\arctan y}+\arctan y-1$；

(7) $x=\frac{y^2}{2}+Cy^3$;　　(8) $x=\frac{1}{\ln y}\left(\frac{1}{2}\ln^2 y+C\right)$.

2. (1) $y=\frac{2}{3}(4-e^{-3x})$;　　(2) $y=\frac{1-5e^{\cos x}}{\sin x}$;

(3) $y=e^{x^2}+e^{\frac{1}{2}x^2}$;　　(4) $y=\frac{1}{2}-\frac{1}{x}+\frac{1}{2x^2}$.

3. 略.

4. $y=\begin{cases}x(-4\ln x+C), & x>0,\\ 0, & x=0.\end{cases}$

5. $f(t)=4(\cos t-1)+e^{1-\cos t}$.

6. $f(x)=2+Cx$.

7. $y=\begin{cases}x^2-2x+2, & x\leqslant 1,\\ \frac{1}{4}x^3+\frac{3}{4x}, & x>1.\end{cases}$

8. $y=e^x-e^{x+e^{-x}-\frac{1}{2}}$.

9. $f(x)=xe^{x+1}$.

习题 6.4(第 263 页)

1. (1) $\ln|y|=\frac{y}{x}+C$;

(2) $\frac{y}{x}[\ln(x^2+y^2)-2\ln x-2]+2\arctan\frac{y}{x}-\ln x=C$;

(3) $x+2ye^{\frac{x}{y}}=C$;

(4) $\sin^3\frac{y}{x}=Cx^2$;

(5) $x^3-2y^3=Cx$;

(6) $y=\frac{2x}{1-Cx^2}$;

(7) $2x^2+2xy+y^2-8x-2y=C$;

(8) $x+3y+2\ln|x+y-2|=C$;

(9) $yx\left(C-\frac{a}{2}\ln^2 x\right)=1$;

(10) $y^2=Ce^{2x}+2x+1$;

(11) $y^2=x^4\left(\frac{1}{2}\ln x+C\right)^2$.

2. (1) $y^3=y^2-x^2$;　(2) $y=e^{-\frac{x^2}{2y^2}}$;　(3) $x^4=y^2(2\ln y+1)$.

3. (1) $x[\csc(x+y)-\cot(x+y)]=C$;

(2) $\ln|x+y+1|-y=C$;

(3) $\arctan\frac{y}{x}=x+C$ 或 $y=x\tan(x+C)$;

(4) $xy=e^{Cx}$;

(5) $y=1-\sin x-\frac{1}{x+C}$;

(6) $\frac{2}{\sin y}+\cos x+\sin x=Ce^{-x}$;

(7) $y=-\ln|\cos(x+C_1)|+C_2$;

(8) $y=C_1e^x-\frac{x^2}{2}-x+C_2$;

(9) $y^3=C_1x+C_2$;

(10) $C_1y^2-1=(C_1x+C_2)^2$.

习题 6.5(第 276 页)

1. 略.
2. 略.
3. $y=C_1x^2+C_2e^x+3$; $(2x-x^2)y''+(x^2-2)y'+2(1-x)y=6(1-x)$.
4. $y''-4y'+4y=0$.
5. (1) $y=C_1e^x+C_2e^{2x}-\frac{1}{2}x^2e^x-xe^x$;

(2) $y=C_1e^{\frac{1}{2}x}+C_2e^{-x}+e^x$;

(3) $y=C_1\cos x+C_2\sin x+x^3-6x$;

(4) $y=C_1e^{-x}+C_2e^{2x}-\frac{3}{2}x+\frac{3}{4}$;

(5) $y=C_1e^{3x}+C_2e^{-x}-\frac{1}{4}xe^{-x}$;

(6) $y=(C_1+C_2x)e^x+\frac{1}{2}x^2e^x$;

(7) $y=(C_1+C_2x)e^{-2x}+\frac{1}{8}\sin 2x$;

(8) $y=C_1\cos x+C_2\sin x-\frac{1}{3}x\cos 2x+\frac{4}{9}\sin 2x$;

(9) $y = e^x(C_1\cos 2x + C_2\sin 2x) - \frac{1}{4}xe^x\cos 2x$;

(10) $y = C_1e^x + C_2e^{2x} + \frac{3}{2}x + \frac{9}{4} + 2xe^x$;

(11) $y = C_1 + C_2e^{2x} - \frac{1}{2}x - \frac{1}{8}\cos 2x - \frac{1}{8}\sin 2x$;

(12) $y = C_1\cos 4x + C_2\sin 4x - \frac{1}{8}x\cos(4x + \alpha)$.

(13) $y = C_1 + C_2x + e^x(C_3\cos 2x + C_4\sin 2x)$;

(14) $y = C_1e^{2x} + C_2e^{-2x} + C_3\cos 3x + C_4\sin 3x$;

(15) $y = (C_1 + C_2\ln x)x + \frac{C_3}{x^2}$;

(16) $y = C_1 + \frac{C_2}{x} + C_3x^3 - \frac{1}{2}x^2$;

(17) $y = C_1x + x(C_2\cos\ln x + C_3\sin\ln x) + (\frac{1}{2}\ln x - 1)x^2 + 3x\ln x$.

6. (1) $y = e^x - 2e^{2x} + e^{3x}$;

(2) $y = (x^2 - x + 1)e^x - e^{-x}$;

(3) $y = \left[\frac{2}{e} - \frac{1}{6} + \left(\frac{1}{2} - \frac{1}{e}\right)x\right]e^x + \frac{1}{6}x^2(x - 3)e^x$;

(4) $y = \frac{5}{4}e^{-x} - \frac{7}{12}e^{-3x} + \frac{1}{2}xe^{-x} + \frac{1}{3}$;

(5) $y = \frac{3}{2}e^{-x}\sin x - \frac{1}{2}xe^{-x}\cos x$.

7. $\varphi(x) = \frac{1}{2}(\cos x + \sin x + e^x)$.

8. $u''(t) - 2u'(t) + u(t) = t$; $y = (C_1 + C_2e^x)e^{e^x} + e^x + 2$.

复习题六(第 278 页)

一、单项选择题

1. B. 2. D. 3. D. 4. B.

5. C.

二、填空题

1. 3. 2. e^{-x}.

3. $\frac{2e^t - e + 1}{3 - e}$. 4. $f''(x) + f(x) = 0$.

5. $y=2e^{2x}-e^{x}$.

三、解答题

1. (1) $\tan y=C(e^{x}-1)^{3}$;

(2) $y=\dfrac{C}{x^{2}}+x$;

(3) $C\sqrt{x^{2}+y^{2}}=e^{\frac{y}{x}\arctan\frac{y}{x}}$;

(4) $x=\begin{cases}-\dfrac{1}{3}y^{3}+C, & k=0,\\ Ce^{ky}+\dfrac{1}{k}y^{2}+\dfrac{2}{k^{2}}y+\dfrac{2}{k^{2}}, & k\neq 0;\end{cases}$

(5) $x=Ce^{2y}+\dfrac{1}{2}y^{2}+\dfrac{1}{2}y+\dfrac{1}{4}$;

(6) $\sin\dfrac{y^{2}}{x}=Cx$;

(7) $y=C_{1}\cos x+C_{2}\sin x+\dfrac{1}{2}e^{x}+\dfrac{1}{2}x\sin x$;

(8) $y=C_{1}\cos 2x+C_{2}\sin 2x+\dfrac{1}{8}x-\dfrac{1}{32}x\cos 2x-\dfrac{1}{16}x^{2}\sin 2x$.

2. (1) $y=e^{\csc x-\cot x}$;

(2) $y=\ln(x+1)$;

(3) $y=x\ln x$;

(4) $y^{2}=x(2\ln|y|+1)$;

(5) $y=\dfrac{1-x^{2}}{2}$;

(6) $\dfrac{y-1}{x-1}=-\ln|x-1|-1$;

(7) $y=1+e^{x}+\dfrac{1}{2}x^{2}e^{x}$;

(8) $y=\begin{cases}-\dfrac{1}{6}\sin 2x+\dfrac{1}{3}\sin x, & 0<x\leqslant\dfrac{\pi}{2},\\ -\dfrac{1}{12}\cos 2x-\dfrac{1}{6}\sin 2x+\dfrac{1}{4}, & x>\dfrac{\pi}{2};\end{cases}$

(9) $y=\tan\left(x+\dfrac{\pi}{4}\right)$;

(10) $y=2\arctan e^{x}$.

3. $\dfrac{dF}{dx}=1-F^2$; $F=\dfrac{e^{2x}-1}{e^{2x}+1}$.

4. $f(x)=\dfrac{5}{2}(1+\ln x)$.

5. $y(x)$ 单调增加;在$(0,+\infty)$下凸(凹); $\lim\limits_{x\to 0}\dfrac{y(x)}{x^3}=\dfrac{1}{3}$.

6. $y(x,a)=\dfrac{a^2-2}{a(a+2)}x^{-a}+\dfrac{x^2}{a+2}+\dfrac{1}{a}$.

7. $y=\dfrac{e^{kt}}{e^{kt}+9}$.

8. $-\dfrac{v}{\lambda}-\dfrac{G-B}{\lambda^2}\ln\left(\dfrac{G-B-\lambda v}{G-B}\right)=\dfrac{x}{m}$.

9. $y=\dfrac{\sqrt{2}x}{\sqrt{1+x^2}}$.

10. $\dfrac{1}{6}$.

11. $\varphi(x)=\sin x+\cos x$.

12. $f(x)=\cos x-\sin x$.

13. $y=\dfrac{x^5}{60}+2x+1$.

14. $y=C_1\ln x+C_2$.

15. $\dfrac{d^2y}{dt^2}+2\dfrac{dy}{dt}+y=t$; $y=(C_1+C_2\tan x)e^{-\tan x}+\tan x-2$.

16. (1) $y''-y=\sin x$;　(2) $y=e^x-e^{-x}-\dfrac{1}{2}\sin x$.